国家科学技术学术著作出版基金资助出版

国家社会科学基金重大项目（项目批准号：17ZDA291）
"情报学学科建设与情报工作未来发展路径研究"
中国科学技术情报学会重点支持工程

新时代情报学与情报工作论丛
苏新宁◎主编　李　纲◎副主编

大数据观下的国家情报工作制度研究

马海群　等◎著

科学技术文献出版社
SCIENTIFIC AND TECHNICAL DOCUMENTATION PRESS

·北京·

图书在版编目（CIP）数据

大数据观下的国家情报工作制度研究 / 马海群等著. —北京：科学技术文献出版社，2023.7（2025.1重印）
 ISBN 978-7-5235-0505-2

Ⅰ.①大… Ⅱ.①马… Ⅲ.①图书情报工作—工作制度—研究 Ⅳ.① G250

中国国家版本馆 CIP 数据核字（2023）第 140463 号

大数据观下的国家情报工作制度研究

| 策划编辑：郝迎聪 | 责任编辑：韩 晶 | 责任校对：张吲哚 | 责任出版：张志平 |

出 版 者	科学技术文献出版社
地 址	北京市复兴路15号　邮编 100038
编 务 部	（010）58882938，58882087（传真）
发 行 部	（010）58882868，58882870（传真）
邮 购 部	（010）58882873
官方网址	www.stdp.com.cn
发 行 者	科学技术文献出版社发行　全国各地新华书店经销
印 刷 者	北京虎彩文化传播有限公司
版 次	2023年7月第1版　2025年1月第2次印刷
开 本	787×1092　1/16
字 数	440千
印 张	25.25
书 号	ISBN 978-7-5235-0505-2
定 价	108.00元

版权所有　违法必究

购买本社图书，凡字迹不清、缺页、倒页、脱页者，本社发行部负责调换

《新时代情报学与情报工作论丛》

丛书顾问委员会

黄长著　梁战平　马费成　胡昌平　靖继鹏　赖茂生　王知津　张晓军　戴国强

丛书编委会

主　任　赵志耘　苏新宁

副主任　夏立新　李　纲　孙建军　卢小宾　潘云涛

编　委（按姓氏拼音排序）

毕　强　曹树金　陈　超　初景利　邓三鸿　樊　博　高金虎　黄水清
蒋　颖　冷伏海　李广建　李月琳　栗　琳　陆　伟　马　捷　马海群
沈固朝　王　芳　王东波　王延飞　王曰芬　吴　鹏　吴晨生　许　鑫
杨建林　姚乐野　臧国全　曾建勋　章成志　郑彦宁　周晓英　朱庆华

学术秘书　赵筱媛

《大数据观下的国家情报工作制度研究》
著者名单

（按姓氏拼音排序）

迟玉琢　贺延辉　洪伟达　马海群　蒲　攀　孙瑞英
王　英　魏明坤　闫　冰　杨国立　周丽霞　朱娜娜

总　序

情报学的发展与情报工作的重点任务紧密相关，不同时期的情报工作重点，引导着情报学研究和情报学学科建设的发展方向。20世纪50—80年代，我国科学技术的发展亟待情报工作能够提供国内外最新的科技发展动态和文献资料，我国情报学研究也起始于探讨科技文献交流规律的情报研究。20世纪90年代，信息爆炸和信息化浪潮的袭来，使得情报工作更加重视信息资源建设和信息服务，情报学研究的重点转向了信息处理、检索与服务及信息资源建设。21世纪以来，随着互联网的普及，情报工作更加重视网络信息资源的构建和服务，并在国家智库建设中开始显现作用。因此，情报学研究开始转向网络信息资源的构建和知识服务的研究，以及如何融入国家战略的情报学研究尝试。可以说，我国情报学研究历经了"文献"情报学、"信息"情报学、"网络信息"情报学等多个发展阶段。今天，我们进入了大数据时代，情报环境的变化、技术发展的推动、国家战略的需求，情报学与情报工作将向何处发展？这是情报工作者和情报学者必须思考的问题。

作为一名情报学学者，长期以来我一直关注情报学的发展，迫切感觉到：时代的发展、社会的需求，情报学与情报工作必须与时俱进，需要做出响应，需要顺应转型，需要在新的时代做出更大贡献。因此，2017年年初，我向全国哲学社会科学规划工作办公室提交了国家社会科学基金重大项目"情报学学科、理论、方法及情报工作未来发展研究"选题，在本学科专家学者的支持和关爱下，该选题得以立项招标。我们团队经过对选题的充分讨论，并请教多位情报学前辈、专家，最后确定以"情报学学科建设与情报工作未来发展路径研究"为题申报国家社会科学基金重大项目。有幸再次得到评审专家的垂青，使本申报课题得以成为 2017 年国家社会科学基金重大项目之一。

课题在申请时，设立了 5 个子课题，团队成员也只有 30 余人。但学科专家高度重视该课题的研究，提出了扩充项目研究内容的建议。根据专家们的建议，我们进行了充分的论证，并向全国哲学社会科学规划工作办公室提出了课题变更申请，即从原有的 5 个子课题扩大到 9 个子课题，同时也得到了全国哲学社会科学规划工作办公室批准，从而使这项研究从原有的情报学学科建设、情报学教育体系、情报学理论与方法体系、情报工作未来发展、国家安全情报工作发展等 5 个方面的研究，又拓展到情报与智库的作用与关系、国外情报学与情报工作、情报工作制度建设、中国情报事业发展史等研究领域。课题组也得到了壮大，成员达到了 140 余人，涉及南京大学、武汉大学、北京大学、中国人民大学、中国科学院大学、南开大学、南京理工大学、南京农业大学、上海交通大学、华东师范大学、军事科学院、国防科技大学、中国人民公安大学、北京市科学技术情报研究所等 20 多所高校和 10 余家科研机构。

新时代的到来，新的环境、新的需求、国家战略实施的期待，使得情报学与情报工作迎来了大好的发展机遇，同样也面临许许多多的挑战。为了探讨我国情报学与情报工作的未来发展，2017 年 10 月，中国科学技术情报学会、中国社会科学情报学会在南京大学召开了"首届情报学与情报工作发展论坛"，会议发布了由本课题组执笔撰写的《情报学与情报工作发展南京共识》（简称《南京共识》）。《南京共识》针对新时代国家安全与发展对情报学与情报工作的要求，重点强调了 5 个重新：重新定位情报学科发展目标，重新认识情报工作的性质和作用，重新设计情报学课程体系，重新认识理论、技术、方法的重要性，重新认识情报能力。《南京共识》为我们开展重大项目的研究指明了方向，也促使我们下定决心出版一套反映新时代情报学与情报工作发展的学术论丛。

为了写好这套学术丛书，课题组进行了反复论证，召开了 10 余次书稿论证会，并邀请了情报领域前辈、专家到会指导，专家对书稿的题名、大纲、初稿、修订稿等提出了许多建设性意见，保证了书稿内容的全面和完善。本套丛书涵盖了情报学理论、方法和技术，情报学学科建设和培养体系，情报应用方面的情报工作、情报感知、情报与智库、竞争情报，国外的情报学与情报工作发展，情报制度，中国情报事业的发展等，其中多本著作的主题为国内首次出版。整套丛书从新时代、新使命、新任务的角度来阐述情报学与情报工作的新内容，为我国情报学研究、情报学教育、情报工作和情报事业的发展提供了有力指导。

综观全套丛书，每一本都具有自己的创新和特色：

杨建林教授等所著的《情报学学科建设与发展》以哲学的视角阐述了情报学基本原理和基础理论体系，并基于信息范式与情报范式融合的指导思想，构建了情报学学科体系基本框架，并以此探讨了情报学学科知识体系建设与学科功能单位建设的主要内容。这些研究对促进人们更清晰地认识情报学、助力情报学学科良性发展有很大的帮助作用。

王东波教授等所著的《情报学教育和人才培养研究》紧扣大数据和人工智能下"耳目、尖兵、参谋"情报学人才培养的总目标，通过内容分析、调查问卷和文本挖掘的方法，在所掌握的多个维度的第一手数据基础上，首次对新中国成立以来情报学教育体系进行了系统的探析和全面的梳理，并对情报人才培养方案给出了切实可行的建议。

王芳教授等所著的《情报学理论：哲学基础与应用发展》用历史主义的视角对情报学理论流派和研究范式进行了系统梳理，对情报学理论支撑的哲学思想，包括本体论、认识论、方法论、元理论和范式等命题进行了深入探析，首次以哲学视角对情报学的理论研究进行了系统的审视。该书对于情报学的发展和学术研究的深化具有十分重要的意义，将会在情报学教学和实际工作中发挥理论指导作用。

章成志教授等所著的《情报学研究方法与技术体系》综合使用了信息组织、自然语言处理、机器学习等理论与技术，构建了情报学研究方法与技术体系，开发了情报学研究方法知识库与检索系统，并针对特定场景下的情报学体系问题进行探索。该书开创了机器辅助构建学科研究方法体系的先河，提出多层次、细粒度的情报学研究方法与技术体系，推动了人工智能时代的情报学理论研究。

吴晨生、李辉研究员等所著的《新时代我国情报工作的发展》站在我国情报工作发展的时代潮头，以新时代、新机遇为背景，以"转型"和"融合"两大核心问题为主线，着力从情报工作的使命担当、重点任务、情报机构的智库能力提升、国家情报工作体制构建等方面规划勾勒新时代我国情报工作战略转型的总体方向，为我国情报工作未来发展绘制了新的蓝图和大展宏图的愿景。

初景利教授等所著的《国外情报学与情报工作》立足国外情报学与情报工作历史与现实发展，梳理了部分发达国家的情报学与情报工作起源与发展、情报学理论研究、情报工作机制、情报学代表人物、情报学教育等，并以比较的视角审视了中国情报学与情报工作发展对策。全书以宏观的视野展示部分发达国家情报学与情报工作全貌，总结情报学与情报工作发展的主要特点，揭示情报学与情报工作历史变化与发展现状。

王延飞教授和杜元清研究员所著的《情报感知论》是作者在情报实践基础上所进行的情报理论深耕创新之作。作者秉持"解决决策信息不完备问题"的情报宗旨，着眼"早醒远眺"的情报使命，创造性地提出情报感知理论，阐明了通过情报感知、刻画和响应去应对和解决新时期战略性情报研究所面临的不确定性问题，构建了适合中国国情的情报感知理论和方法体系。

栗琳研究员和初景利教授等所著的《情报与智库》在深入研究战略情报理论方法，系统梳理具有中国特色的科技情报工作、智库建设实践基础上，对学界争论多年的情报与智库若干基础问题提出了独到的见解。作者团队来自科技情报和智库领域，其独特的研究经历为该书奠定了理论与实践基础。作为第一本系统论述情报学、智库研究及相关联系的著作，它的出版对于新时代情报学发展具有很大的推动作用。

许鑫教授等所著的《竞争情报分析方法及应用》立足大数据环境，展现了竞争情报在数据采集、组织存储、数据分析等全链条上的方法变化。该书寻数据驱动之门而入，立方法拓展之地而耕，破应用创新之门而出，极大地丰富了竞争情报分析既有的理论与知识体系，既为学界开阔学术视野，也为业界提供更具洞察力、科学性、普适性的竞争情报分析新范式。

马海群教授等所著的《大数据观下的国家情报工作制度研究》针对信息技术所创造的情报工作新场景、新模式和新业态，构建了国家情报工作制度新思维、新理论、新格局，并指出这是新时期我国情报学内涵演变及情报工作路径创新的根本性的核心组织部分，尤其以《中华人民共和国国家情报法》为标志的国家情报政策法律制度，彰显了我国情报工作制度的新图景与新定位。

周晓英教授等所著的《中国情报学历史与发展进程》对20世纪50年代中期情报学（中国科技情报学）诞生以来的中国情报学发展演变历史展开研究，采用先梳理归纳后分析演绎的方法，梳理中国情报学发展过程中的事件，提炼出一般性的概念，分析发展过程和结果，并阐述情报学发展演变过程及其规律。迄今为止，我国尚没有关于中国情报学历史方面的专门著作面世，该书的出版填补了国内该领域的一项空白。

今天，世界正处于百年未有之大变局，这一"变局"为情报学与情报工作带来了前所未有的发展良机。国家安全、经济发展、社会进步需要情报学与情报工作勇于担当，国家战略的实施赋予了情报学与情报工作神圣的使命。情报学与情报工作需要在新的时期有所作为，必须能够在新的时期做到守正与拓展，即守住情报领域，坚持在新环境、新技术、新需求下，对情报学理论、技术和方法的创新，突出情报本质，体现学科的情报话语内涵，展现学科的情报核心话语权，建立以情报为核心的学科话语体系。另外，拓展情报的应用领域，引进先进的理论技术和方法，以完善情报学学科体系。拓展强调两个方面：一是以大情报观构建情报学学科体系，建立适应国家安全与发展战略的大情报学科体系，构成包括科技、经济、医学、环境、生态、能源、社会科学、军事、国防、安全、外交等领域的情报学学科体系，实现各领域情报工作相互融合又各守其职；二是将先进的理念、理论、技术、方法引入情报学研究领域，开展深度的情报学研究，而不是专门研究人工智能、深度学习、人文计算、区块链等。准确地说，是将这些成果更科学合理地应用于情报学领域，拓展情报学研究方法，促进情报研究更加科学和精准。本套丛书正是在守正与拓展这一思想指导下，集情报学领域集体智慧构思完成的。

本套丛书为国家社会科学基金重大项目（项目批准号：17ZDA291）"情报学学科建设与情报工作未来发展路径研究"成果，出版过程中得到2020年度国家科学技术学术著作出版基金的资助，同时也得到中国科学技术情报学会的大力支持和资助。本套丛书在撰写过程中，还得到情报学前辈和专家们的大力支持与指导，他们是黄长著先生、梁战平先生、马费成先生、张晓军将军、胡昌平先生、靖继鹏先生、赖茂生先生、王知津先生等。在丛书付梓之际，由衷地感谢在本套丛书撰写出版过程中给予我们帮助与支持的机构和专家们。

扬帆起航正当时，潮头掌舵逐浪高。在中华民族伟大复兴中国梦、强国梦践行时期，情报学与情报工作将以更加崭新的面貌，矗立在科学领域和国家安全与发展战略实施中。在这样一个契机下，《新时代情报学与情报工作论丛》面世了，相信这套丛书一定会在我国情报学建设及情报事业发展中发挥重要作用。

苏新宁

2021年元旦于南京

前　言

国家情报工作制度是国家情报工作的基本体制和机制，涉及国家情报工作的基本结构、组织方式和运行状态。由于历史的原因，我国国家情报工作制度长期以来总体上呈现非显性状态。而当今，为国家重大决策提供情报参考，为国家科技创新战略实施提供"耳目""尖兵""参谋"支撑，为防范和化解危害国家安全的风险提供情报支持，既是情报工作与情报学的历史新责任，又是应对新形势、新机遇和新挑战的战略选择，也是法律赋予的神圣职责。以大数据、云计算、移动互联网、物联网、人工智能为代表的当代信息技术，为数据挖掘、情报分析、人文计算、态势识别、话语分析、主题识别、数据监管、知识发现、成果评价、战略咨询、智库服务等业务提供了重要的物质手段与技术支撑；以《中华人民共和国国家安全法》《中华人民共和国反间谍法》《中华人民共和国网络安全法》《中华人民共和国国家情报法》《中华人民共和国电子商务法》《关于加强信息资源开发利用工作的若干意见》《国家信息化发展战略纲要》《国家网络空间安全战略》《网络空间国际合作战略》《政务信息资源共享管理暂行办法》《促进大数据发展行动纲要》《关于社会智库健康发展的若干意见》《科学数据管理办法》《中华人民共和国数据安全法（草案）》等为标志的国家信息化政策法律法规，为数据类、情报类、智库类机构的功能定位、业务开展、发展方向等提供了重要的行动指南和制度保障。基于大数据观探讨大数据环境下面向数据密集范式和数据驱动范式的情报学学科建设的深入发展及情报学教育的转型变革，基于总体国家安全观探讨国家安全战略视角下的情报政策法制与标准规范的创新工具与支撑要素，基于军民融合观定位科技情报、社科情报、军事情报、国防情报、安全情报、公安情报等多维情报逻辑关联及由此形成的覆盖诸多行业、领域的情报工作体系（即大情报观），是新时期我国情报学内涵演变权衡及情报工作路径创新探索的综合性复杂工程。其中，面向现代信息技术创造的情报工作日新月异的新应用场景、新型业务模式和业态，构建国家情报工作制度新思维、新理论、新格局等是该工程根本性的核心组成部分。可以看出，在新的形势下，总体国家安全观将国家情报工作制度建设上升到国家战略的层面，大情报观拓展了国家情报工作的内涵与范围，大数据观提供了国家情报工作制度运作的新思维、新工具、新技术。尤其是以《中华人民共和国国家情报法》为标志的国家情报政策法律制度，彰显了我国国家情报工作制度的新图景与新定位。

本书主要从大数据观视角探讨国家情报工作制度的构建新方式，内容涉及国家情报工作制度发展历程、大数据观视角下的情报工作机制、总体国家安全观与情报新思维、大数据观对国家情报工作制度的影响分析、大数据观下的国家情报政策与法律制度、大数据观下的国家情报相关制度、大数据观下的国家情报工作战略新布局、大数据观下的国家情报工作制度构建，试图解读大数据观对国家情报工作政策法律及相关制度的影响，并从战略新布局角度探索国家情报工作制度的模式构建。

本书是集体创作的成果，具体完成情况如下：周丽霞著第 1 章，杨国立著第 2 章，蒲攀、马海群著第 3 章，王英著第 4 章，洪伟达著第 5 章，朱娜娜、魏明坤、闫冰著第 6 章，孙瑞英、马海群著第 7 章，贺延辉、迟玉琢著第 8 章，由马海群设置全书框架结构并统稿。

目 录

第1章 国家情报工作制度发展历程 ··· 1

1.1 国家情报工作制度的起源 ··· 1
1.1.1 制度的产生 ··· 2
1.1.2 情报工作的产生 ··· 5
1.1.3 国家情报工作制度的产生 ··· 10

1.2 主要国家情报工作制度的演进 ··· 14
1.2.1 美国情报工作制度的演进 ··· 14
1.2.2 俄罗斯（苏联）情报工作制度的演进 ··························· 17
1.2.3 英国情报工作制度的演进 ··· 18
1.2.4 其他主要国家情报工作制度的演进 ······························ 19
1.2.5 中国情报工作制度的演进 ··· 20
1.2.6 主要国家情报工作制度比较 ·· 21

1.3 国家情报工作制度的新环境 ··· 21
1.3.1 国家情报工作制度建设的外部环境 ······························ 22
1.3.2 国家情报工作制度建设的内部环境 ······························ 25

1.4 国家情报工作制度的新需求 ··· 30
1.4.1 大数据观视角下的国家情报工作制度需求 ···················· 30
1.4.2 大情报观视角下的国家情报工作制度需求 ···················· 31
1.4.3 总体国家安全观视角下的国家情报工作制度需求 ·········· 32

本章小结 ··· 35

第2章 大数据观视角下的情报工作机制 …… 36

2.1 大数据观视角下的大情报观重塑 …… 37
2.1.1 大数据观下情报研究的发展 …… 37
2.1.2 虚实共存环境中的大情报观重塑 …… 39

2.2 大数据战略中的情报工作角色 …… 40
2.2.1 多源数据全面融合的组织者 …… 40
2.2.2 数据安全的守卫者 …… 41
2.2.3 数据治理的重要参与者 …… 43

2.3 匹配大数据政策与规划的情报工作机制 …… 44
2.3.1 建设国家情报工作制度，推动大数据转化为情报资源 …… 46
2.3.2 构建国家竞争情报体系，创造动态数据资源优势 …… 47
2.3.3 构建数据服务平台，积累与整合分散的数据资源 …… 49
2.3.4 构建国家情报中心，保障大数据应用的健康发展 …… 50
2.3.5 构建情报治理机制，提高数据获取和评估能力 …… 54

本章小结 …… 56

第3章 总体国家安全观与情报新思维 …… 57

3.1 总体国家安全观内涵 …… 57
3.1.1 总体国家安全观释义 …… 58
3.1.2 总体国家安全观下的安全形态 …… 60
3.1.3 总体国家安全观下的安全制度 …… 76

3.2 总体国家安全观的情报需求 …… 80
3.2.1 总体国家安全观对安全与发展的要求 …… 80
3.2.2 总体国家安全观视阈下国家安全对情报的需求 …… 86
3.2.3 总体国家安全观视阈下国家发展对情报的需求 …… 92

3.3 总体国家安全观下的情报新思维 …… 98
3.3.1 情报思维的产生 …… 99
3.3.2 传统情报思维 …… 106
3.3.3 基于总体国家安全观的情报新思维 …… 115

本章小结 ·· 135

第4章 大数据观对国家情报工作制度的影响分析 ························· 137

4.1 国外情报工作制度建设现状分析 ·· 137
4.1.1 美国情报工作制度 ·· 138
4.1.2 英国情报工作制度 ·· 143
4.1.3 法国情报工作制度 ·· 149
4.1.4 俄罗斯情报工作制度 ·· 155

4.2 我国情报工作制度建设与发展 ·· 159
4.2.1 我国情报工作制度建设现状 ··· 160
4.2.2 我国情报工作制度的不足 ·· 165
4.2.3 我国情报工作制度发展趋势分析 ··· 168

4.3 国家情报工作制度变革的大数据思维 ·· 175
4.3.1 安全思维 ··· 177
4.3.2 文化思维 ··· 179
4.3.3 技术思维 ··· 181
4.3.4 发展思维 ··· 185
4.3.5 资源思维 ··· 189

本章小结 ·· 191

第5章 大数据观下的国家情报政策与法律制度 ······························ 192

5.1 政策范式与法律范式 ·· 192
5.1.1 政策范式 ··· 193
5.1.2 法律范式 ··· 195

5.2 国家情报政策框架 ·· 197
5.2.1 国家情报政策框架的概念、意义和作用 ······································ 197
5.2.2 国内外情报政策框架现状 ·· 199
5.2.3 国家情报政策框架分析 ·· 212

5.3 国家情报法律体系 ·· 215
5.3.1 国家情报法律体系的概念、意义和作用 ······································ 215

5.3.2　国内外情报法律体系现状 218
5.3.3　国内外情报法律体系分析 233
5.4　国家数据政策 236
5.4.1　大数据时代国家情报法律与政策的冲击与变化 236
5.4.2　大数据观下的国家情报法律政策体系框架发展 237
本章小结 237

第6章　大数据观下的国家情报相关制度 238

6.1　国家情报管理制度 238
6.1.1　美国情报管理制度 238
6.1.2　日本情报管理制度 245
6.1.3　俄罗斯情报管理制度 246
6.1.4　中国情报管理制度 249
6.2　国家情报评估制度 249
6.2.1　国家情报评估的含义 250
6.2.2　美国情报评估制度 250
6.2.3　英国情报评估制度 252
6.2.4　中国情报评估制度建设的启示 253
6.3　国家情报共享制度 254
6.3.1　美国情报共享制度 254
6.3.2　日本情报共享制度 258
6.3.3　中国情报共享制度 264
6.4　国家税收情报交换制度 266
6.4.1　税收情报交换的基本理论 266
6.4.2　国际税收情报交换制度 267
6.4.3　中国税收情报交换制度 269
6.5　国家情报工作标准与规范制度 274
6.5.1　国外情报工作标准与规范制度 275
6.5.2　国内情报工作标准与规范制度构建 276
本章小结 278

第 7 章　大数据观下的国家情报工作战略新布局 ············· 279

7.1　国家情报工作演替趋势 ············· 280
7.1.1　大数据时代特点与其对国家情报工作的要求 ············· 280
7.1.2　国家情报工作不和谐的现象 ············· 282
7.1.3　国家情报工作出现不和谐的必然性 ············· 285
7.1.4　国家情报工作走向和谐的生态演替趋势 ············· 285
7.1.5　国家情报工作系统演替的动力机制 ············· 287

7.2　国家情报工作制度战略规划 ············· 297
7.2.1　相关概念内涵阐释 ············· 298
7.2.2　总体国家安全观对情报工作的战略要求 ············· 302
7.2.3　《孙子兵法》缜密的制胜逻辑对情报安全体系构建的启示 ············· 303

7.3　基于《孙子兵法》哲理的国家情报安全体系构建策略 ············· 307
7.3.1　"道"胜视角——遵从总体国家安全观战略引领 ············· 309
7.3.2　知"天"视角——加快核心技术突破 ············· 312
7.3.3　知"地"视角——促进"一体化"情报体系落地 ············· 314
7.3.4　择"将"视角——全方位人才培养 ············· 317
7.3.5　保"法"视角——加强多维综合治理 ············· 320

本章小结 ············· 323

第 8 章　大数据观下的国家情报工作制度构建 ············· 324

8.1　国家情报工作制度构建的基本模式 ············· 324
8.1.1　分散模式 ············· 325
8.1.2　集中模式 ············· 326
8.1.3　协调模式 ············· 327
8.1.4　国家情报工作制度构建模式的基本原则 ············· 328

8.2　国家情报工作制度构建的基本逻辑 ············· 331
8.2.1　国家情报工作制度构建的逻辑起点 ············· 333
8.2.2　国家情报工作制度建立的根本方式 ············· 334
8.2.3　国家情报工作制度运转机制的设计依据 ············· 336

8.2.4 国家情报工作制度变迁的关键诱因 …………………………… 339
8.3 国家情报工作制度构建的顶层设计 ………………………………… 342
　　8.3.1 顶层设计的内涵 ……………………………………………… 342
　　8.3.2 顶层设计理念与思维方法适用于情报工作制度建设 ……… 343
　　8.3.3 我国情报工作需要国家顶层的制度设计 …………………… 345
8.4 国家情报工作制度构建的现实路径 ………………………………… 351
　　8.4.1 国家情报工作制度构建的信息准备 ………………………… 351
　　8.4.2 国家情报工作制度构建的要素组成 ………………………… 354
本章小结 …………………………………………………………………… 359

参考文献 …………………………………………………………………… 360

索　引 ……………………………………………………………………… 384

第 1 章
国家情报工作制度发展历程

社会制度是一个社会的经济、政治、思想、文化等制度的总称。其中经济制度是基础，政治、思想、文化等上层建筑中的各项制度都由经济制度决定，并为经济基础服务①。

情报制度属于政治制度的范畴，受国家政治和社会形态的影响，为国家安全、对外交往和经济发展服务。本章将就国家情报制度的起源、主要国家情报工作制度的演进、国家情报工作制度的新环境和新需求进行概述，以使读者对国家情报制度有基础性认识。

1.1 国家情报工作制度的起源

理解国家情报制度的基础是理解情报的概念。情报的概念最初源于战争和军事活动，后来随着科学技术的迅速发展，其内涵也在发生变化。例如，1915 年版《辞源》将情报解释为"定敌情如何，而报于上官者"；1939 年版《辞海》将其解释为"战时关于敌情之报告"。进入 20 世纪 60 年代后，情报的概念发生了比较大的变化。例如，1965 年版《辞海》将其解释为"情报是作为存储、传递和转换对象的知识，亦泛指一切最新的情况报道，如科学技术情报"；1979 年版《辞海》中情报的定义是"①以侦察手段或其他方法获得的有关敌人军事、政治、经济等各方面的情况，以及对这些情况进行分析研究的成果。②泛指一切最新的情况报道，如科学技术情报"。20 世纪 70 年代，我国著

---

① "政治社会学热点问题"专题学习心得［EB/OL］. ［2021-08-03］. https：//wenku.baidu.com/view/3d351731df80d4d8d15abe23482fb4daa58d1dc8.html.

名科学家钱学森提出"情报是特定时间、特定状态下,传递给特定的人的特定部分的有用知识",这一提法充分体现了情报的知识特性,而且强调知识的传递。20 世纪末 21 世纪初,以全球化和信息化为主要特征的知识经济蓬勃发展,导致信息和知识作为一种战略资源显得空前重要,成为国家、民族、组织乃至个人生存发展的基础和提高核心竞争力的关键。1999 年版《辞海》将情报解释为"获取的地方有关情况以及对其分析判断的成果,按内容和性质分为政治情报、经济情报、军事情报和科技情报等"①。这一提法已经将情报概念的外延扩大至整个社会,强调情报的价值。

关于情报一词的由来得到公认的是日本留德学生森欧外在 1884—1888 年把德国冯·克劳塞维茨的《战争论》中的"nachricht"译为汉字"情报",法语"renseignement"已在 1916 年左右的日本对应英语"intelligence",即智能、智力,甚至谍报之意;我国留日学生于 20 世纪初期从日本引进了汉语"情报"一词②。情报的概念一直都是情报学界争论不休的问题,国外比较有代表性的认识主要有:①英国文献学家维克利(B. C. Vickery)认为"情报是有意发出的改变接收者知识结构的信息内容";②英国著名情报学家布鲁克斯认为情报是"使人的知识结构发生改变的那部分知识";③中国科学技术情报研究所重庆分所刘植惠教授认为"情报是能解决问题的社会信息";④武汉大学严怡民教授认为"情报是作为交流传递对象的知识",从信息论的角度看,情报是"用来消除不确定性的东西";⑤中国人民大学谢晓专认为"情报的核心义项是以冲突、对抗、竞争等博弈活动为内容,情报从主客观维度讲有智慧和谋略性,从时间维度讲有时效性,从空间角度讲有竞争与对抗性,从价值角度讲有高价值性,其目的在于支持决策或指导行动而实现目标并赢得胜利";⑥中国人民解放军外国语学院张晓军教授综述美国学者(如谢尔曼·肯特)及官方(如美国中情局)等关于 intelligence 的定义后认为情报的本质是知识。综合而言,至今存在信息观、知识观、intelligence 观等情报概念③。根据以上分析可以得出,钱学森先生提出的情报定义基本上是业界的共识,是能够体现情报特性的命题。

1.1.1 制度的产生

对于"制度"一词,东汉许慎编写的《说文解字注》中是这样描述的:"制,裁

---

① 甄桂英. 情报概念的内涵、外延与相关学科的分析评述[J]. 情报理论与实践, 2011 (3): 6-9.
② 王崇德. 情报学引论[M]. 天津: 天津大学出版社, 1994: 1-18.
③ 田杰. 情报学的核心概念、真正起源及逻辑起点研究[J]. 情报杂志, 2014 (7): 16-19, 37.

也,从未从刀。度,法制也,从又,庶省声。"① "度"是动词"制"的标准、尺度、规则;"制"是使"度"具有社会意义和自然属性及其社会价值的生成,是使"制"的对象成形、成象的动作,从而可以判断"制度"是一个动宾词组。1989年版《辞海》对制度的解释为:①要求成员共同遵守的、按一定程序办事的规程;②一定历史条件下形成的政治、经济、文化等方面的体系;③政治上的规模法度。

关于制度是如何形成的这一问题,被公认的一个解释来自苏格兰哲学家大卫·休谟(David Hume,1711—1776)在其著作《情感心理学》中的一句名言——"理性是且只应当是激情的奴隶,并且除了服从激情和为激情服务之外,不能扮演其他角色(Reason is, and ought only to be the slave of the passions, and can never pretend to any other office than to serve and obey them)",能够很好地诠释制度为何形成。制度是后来者构建的,而不是先行者创造的,只有在这一先例为后人遵循且必须遵循的时候才成为制度。所以,促使人们采取具体行动的更多是在当下情境中产生的欲求,是激情,而不是,也不可能是在对遥远的未来予以总体反思后的选择。即使从历史的角度看来似乎是必然的事物,也无法否认个体活动的创造性因素,更无法否认后来者对于传统的重新构建作用②。

任何事物的概念都会有盲点,制度也不例外。其盲点在于难以解释制度改变的原因,即制度的变革可能无法达成制度支持者的预期效果,甚至还可能产生不良的后果③。

制度的起源可以从三个维度来分析。如图1-1所示。

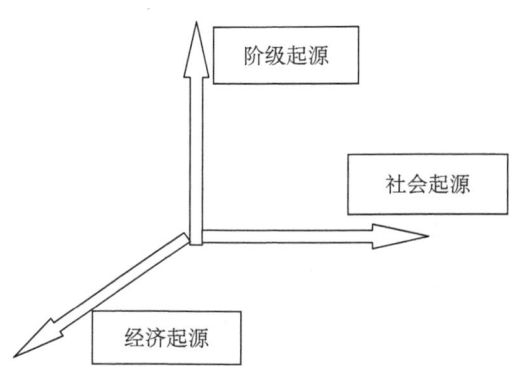

图1-1 制度起源的三维分析

---

① 许慎. 说文解字注 [M]. 段玉裁, 注. 上海:上海古籍出版社,1981:116, 182.
② 苏力. 制度是如何形成的 [M]. 北京:北京大学出版社,2007:6-10.
③ 国际民主和选举协助研究所(International IDEA). 选举制度设计手册 [M]. 香港:商务印书馆,2013:28.

阶级起源论是传统的理论，原始社会初期人与人之间没有等级之分，等级制度的萌芽出现在原始社会末期私有制产生之前，阶级的形成标志着等级制度正式形成，届时大多数的权力掌握在少数人手里①。社会起源论是美国当代社会学家巴林顿·摩尔（Barrington Moore，1913—2005）提出的，其1966年出版的著作《民主与专制的社会起源》（Social Origins of Dictatorship and Democracy）是研究民主与专制起源问题的经典，认为制度是随社会出现而产生的，表现出对传统阶级起源论的不满。经济起源论是美国麻省理工学院经济学家达伦·阿西莫格鲁（Daron Acemoglu）提出的，其2005年出版的著作《民主与专制的经济起源》（Economic Origins of Dictatorship and Democracy）同样被称为经典②，很有意思的一点是，阿西莫格鲁的经济起源论是对社会起源论的不满，认为经济发展是制度产生的原因，进而又从制度方面探寻经济发展的原因，使二者相辅相成。

除了可以从上述三个维度分析制度的产生外，在维基百科上还可以发现有很多理论或学派对制度有着不同的理解。20世纪60年代出现的古典制度主义也称旧制度主义，其理论通常被用作分析政府、组织的实际运作，但以价值判断为前提。20世纪80年代出现的新制度主义强调环境影响制度的改变，认为制度不限于组织，重视非形式的因素（如群众对领袖的崇拜）并强调制度之间的差异性和协同性。规范性制度主义学者认为制度的形成是规范性价值影响的结果。不同的社会都会有不同的价值，这就会导致制度迥异，而制度亦会随社会的变迁而变更。理性选择论则认为制度的规则会影响个体如何最大化自己的利益。制度提供的环境会令个人采取不同的策略以最大化自身的利益，以达成目的为最终手段。而个体亦可以为了最大化自身利益而促使建制的改变，以求达到利益最大化的效果。历史制度主义以历史作为分析框架，认为制度的构成是历史的产物，蕴含历史性的权力分配。不同的历史事件，会导致建制的改变③。

由此可见，制度的产生一定程度上是由人的合作性本能和有限理性决定的。制度关注的是相对稳定的社会秩序，即一定的合作规则，如果社会动荡，人们之间难以合作或来不及合作，那么规则就无法显现，制度也就不存在了。同时，人是有限理性的动物，

---

① 等级制度［EB/OL］．［2021-08-03］．https：//zh.wikipedia.org/wiki/%E7%AD%89%E7%BA%A7%E5%88%B6%E5%BA%A6．

② 方绍伟．民主与专制的制度起源［EB/OL］．［2021-08-03］．http：//www.caogen.com/blog/Infor_detail.aspx?id=0&articleId=38314．

③ 制度［EB/OL］．［2021-06-03］．https：//zh.wikipedia.org/wiki/%E5%88%B6%E5%BA%A6．

这意味着人们不能完全掌握现实世界，只能在不断的尝试中满足自我的目标①。

1.1.2 情报工作的产生

从古至今的政治家、军事家早已认识到情报工作与国家兴衰存亡关系密切。战争时期情报工作对于战争起着中流砥柱的作用；和平时期情报工作的重点转向国家利益、国家发展、国际关系和国际贸易等领域②。

1.1.2.1 西方情报活动的历史发展

本部分重点谈美国情报活动的发展历程。美国情报活动的历史发展可以追溯至美国独立战争到第二次世界大战结束，各个时期的情报活动各有特色。

第一，美国情报活动中充满着富有革命性的思想。在第一次总统国情咨文演讲中，乔治·华盛顿（George Washington）要求国会为情报活动设立秘密服务基金。作为革命战争期间大陆军的总司令，华盛顿知道这些秘密行动对新国家的重要性。在与强大、资金更充足、组织更好的英国军队的战争中，间谍活动、反间谍活动和秘密行动都至关重要。华盛顿、本杰明·富兰克林（Benjamin Franklin）及约翰·杰伊（John Jay）等连续指挥了一系列广泛的秘密行动计划，帮助平衡了竞争环境，并让欧洲大陆有机会对抗当时世界上的超级大国——英国。充满活力的美国人经营着代理人和双重间谍网络，对英国军队进行了精心设计的欺骗行为、协调的破坏活动和准军事突击，使用代码和密码传播虚假信息以影响外国政府。保罗·里维尔（Paul Revere）就是第一批著名的"情报"特工之一。美国领导层的创始人都同意华盛顿的观点，"获得良好情报的必要性是显而易见的，不需要进一步敦促，成功取决于大多数企业，但缺乏情报，它们通常会被打败"。经过国会的同意，在华盛顿国情咨文演讲后的两年内，秘密服务基金占联邦预算的10%以上。不久之后的19世纪早期，托马斯·杰斐逊（Thomas Jefferson）从这个基金中汲取资金，以资助美国推翻北非巴巴里海盗国政府。1810—1812年，詹姆斯·麦迪逊（James Madison）利用这笔资金聘请特工和秘密准军事部队来影响西班牙放弃佛罗里达州的领土。几位总统派遣秘密特工到海外从事间谍任务，这是富兰克林在革命战争前和战争期间担任大使时在美国开创的战略。后来，一名伪装成土耳其人的美国间谍获得了奥斯曼帝国与法国之间条约的副本。在此期间，美国国会试图对秘密服务基金进行监

---

① 陈胜. 制度的形成与演变［D］. 济南：山东大学，2012.
② 两次世界大战期间西方情报机构的发展及其转变［EB/OL］.［2021-08-03］. https：//wenku.baidu.com/view/7ada7c6390c69ec3d5bb75cb.html.

督,但总统詹姆斯·波尔克(James K. Polk)拒绝了立法者,他说:"地球上每个国家的经验都表明,可能会出现紧急情况,这些紧急情况将成为绝对必要的支出,其目的就是通过情报和宣传来打败对方。"

第二,积极培养情报人员。在南北战争期间,即1861—1865年,联邦和南部联邦都参与了秘密活动,并扩大了秘密活动范围。不仅热气球(间谍飞机的先驱)和今天的卫星都被用来监视部队的行动和军团规模,而且不太明显的行动也收集了双方的重要情报。虽然南北两个政府都没有正式的国家级军事情报部门,但双方都充分利用了秘密特工和军事侦察员,通过抓获文件、截获邮件、解码电报(报纸)及对囚犯和逃兵的审讯来获取情报。虽然美国内战期间建立起来的来之不易的专业知识和组织在南方投降后解散了,但已经确定了未来情报的基础。

第三,情报技术随新战争而转变。第一批正式的美国情报机构成立于19世纪80年代,即海军情报局和陆军军事情报部,其官员被派驻在欧洲几个主要城市,主要收集开源情报。然而,当1898年西班牙和美国战争爆发时,许多军官转而从事间谍活动,他们创建了线人圈并进行了侦察行动,以了解西班牙军事意图和能力,最重要的是获取强大的西班牙海军的位置。一名美国军官使用他在哈瓦那西联汇报办公室得到的有利位置的消息来拦截马德里和古巴的西班牙军事指挥官之间的通信。美国特勤局在战争期间负责国内反间谍活动,在蒙特利尔可能渗入美国陆军之前解散了一个驻扎在蒙特利尔的西班牙间谍团伙。

第一次世界大战后,美国情报部门的工作重点是针对德国和日本的代码进行破解和反间谍行动。赫伯特·亚德利(Herbert Yardley)领导的"黑暗分庭",威廉·弗里德曼(William Friedman)旗下的陆军信号情报局和海军密码分析师破解了东京的外交加密系统。弗里德曼的团队通过拦截情报弄清楚了日本人使用的是什么样的密码设备。这种情报使联邦调查局能够在20世纪30年代末和40年代初对德国和日本的间谍活动和破坏活动发动极为有效的反间谍攻击。

第四,情报机构的建立和情报立法。战争期间美国情报部门最重要的进展是在陆军建立了一个永久性通信情报机构,后来成为国家安全局的先行者。与此同时,美国特勤局(Secret Service)、纽约市警察局(New York Police Department)和军事反间谍部(Military Counterintelligence)积极挫败了美国境内的许多德国秘密行动,包括使用心理战、政治和经济行动,以及针对英国公司和提供弹药的工厂的数十次破坏行动。司法部的调查局(Justice Department's Bureau of Investigation)(后来成为联邦调查局)在1916

年开始了反间谍活动，国会于 1917 年通过了第一部联邦间谍法（Federal Espionage Law）。尽管美国国务卿亨利·斯蒂姆森（Henry Stimson）经常引用评论说"绅士们不读对方的邮件"，但到 1941 年，美国已经建立了世界级的情报能力。随着美国不可避免地将进入第二次世界大战，富兰克林·罗斯福（Franklin D. Roosevelt）总统于 1941 年创建了第一个和平时期的民间情报机构——信息协调员办公室（Office of the Coordinator of Information），该办公室旨在组织若干机构的活动。不久之后，1941 年 12 月 7 日，当日本轰炸珍珠港时，美国遭受了代价最高的情报灾难。这种情报失败（包括分析误解、收集差距、官僚主义混乱等）促使美国在 1942 年建立了一个更大、更多元化的机构，即战略服务办公室（Office of Strategic Services），也是当今中央情报局的先驱，随后在 1947 年颁布国家安全法（National Security Act of 1947）[①]。

除美国之外，德国从第一次世界大战开始就十分重视情报工作，充分地搜集对战争有利的情报，甚至在当时的法国地图上标记出所有的小街路，为德军顺利入侵法国提供支持。与此同时，德国还建立了全世界第一所特工学校，专门培养情报人才。英国在 1909 年成立秘密情报局，统一指挥和协调国家情报工作。英国重视情报技术的发展，特别是在无线电技术和密码技术方面成就显著，在战争时期显示出强大优势。

1.1.2.2 中国情报活动的历史发展

中国的情报活动历史悠久、源远流长，孕育了内涵丰厚、影响深远的情报思想。军事、科技、市场、公安等行业领域的情报活动各具特色，不断发展，发挥了情报为所属行业决策服务的基础作用。

（1）军事情报的发展。情报活动源于军事战争。自夏商周到明清，历代兵书及专门论著记载了大量情报活动并凝练了丰富的情报思想。值得一提的是《孙子兵法》，其中很多情报思想开启了人类情报学研究的先河，其论述构成了丰富、完善的情报思想体系。我国古代的军事情报思想是中华文化的宝贵遗产，对情报活动和情报学（Intelligence Studies）产生了重要影响。

（2）科技情报的发展。从 1956 年 2 月开始，航空科技情报研究所、中国科学院科学情报研究所及其他部委、省市科技情报机构的相继建立，标志着我国科技情报事业的开始。中国科学技术情报学会（1978 年成立）及情报研究专业委员会（1983 年成立）

---

① History of American intelligence [EB/OL]. [2021-08-03]. https://www.cia.gov/kids-page/6-12th-grade/operation-history/history-of-american-intelligence.html.

的成立使科技情报有了专业研究组织。1983年,聂荣臻、张爱萍等老一辈无产阶级革命家将国防科技情报工作的功能定位为科技工作的"耳目""尖兵",要参与决策,当好参谋,这与intelligence对环境变化认知和应对的内涵十分贴切。20世纪90年代,国家在科技情报政策引领方面也小有成就。1990年出台的《国家科委、国防科工委关于加强情报研究工作的意见》及1991年出台的《国家科学技术情报发展政策》都对情报研究有明确的界定:情报研究是科技情报工作的重要组成部分,是科学决策的一个重要环节;情报研究是对情报的深度加工,属思想库范畴,各级情报研究部门应做好为决策和为科技服务的工作。然而,随着1992年"科技情报"改称为"科技信息",情报研究工作及intelligence功能受到了很大程度的削弱,已有的科技情报工作机构也随之发生改变①。

国家科学技术委员会(State Scientific and Technological Commission,简称国家科委)是中华人民共和国国务院曾经存在的一个部门,管理国家科技事务。我国最早于1956年成立了科学规划委员会和国家技术委员会,1958年两个委员会合并为国家科学技术委员会,1970年与中国科学院合并,1977年9月再度成立国家科学技术委员会,1998年改名为科学技术部。中国科学技术情报研究所成立于1956年,前身为中国科学院科学情报研究所,履行全国科技情报中心的职能。1984年1月,经国务院批准,国家科委成立科技情报局,人员纳入中国科学技术情报研究所编制,执行政府职能。6月,建成中国第一个中文文献数据库"中文药学文献数据库自动编排及检索系统"。同年,经国务院学位委员会批准获得情报学专业硕士学位授予权②。1992年9月,中国科学技术情报研究所更名为中国科学技术信息研究所。12月,中国科学技术信息研究所与国家科委信息研究中心合并,名称仍为中国科学技术信息研究所(简称中信所)。2006年1月,其获得图书馆、情报与档案管理一级学科硕士学位授予权。2017年,中信所官网显示,中信所拥有9位博士生导师及所内硕士生导师71位、所外硕士生导师10位。

科技情报局是1960年国务院批准成立的,是当时我国科技情报工作的最高职能机构,负责统一规划、组织协调全国的科技情报工作。

中国科学技术情报研究所重庆分所于1960年由中国科学技术情报研究所在重庆建立,"文化大革命"期间停滞,在1984年全国科技情报工作会议上恢复,1995年成立重

---

① 包昌火,马德辉,李艳.Intelligence视域下的中国情报学研究[J].情报杂志,2015,34(12):1-6,47.

② 中国科学技术信息研究所[EB/OL].[2021-08-03].https://baike.baidu.com/item/中国科学技术信息研究所/2267181?fr=aladdin.

庆维普资讯有限公司。

中国国外科技文献编译委员会成立于1961年10月，由国家科委领导，完成以下职责：制订全国国外科学技术文献的翻译方针及任务；制订全国国外科学技术文献翻译的年度计划和长远规划；制订全国国外科学技术文献翻译工作的规章制度；组织协调全国国外科学技术文献翻译工作中出现的问题。

中国科学技术情报学会于1978年8月成立，组织了大量学术活动及为经济建设和科技进步服务的咨询、研讨和科普活动。其迄今已召开国内外学术活动100余次，其中包括四届北京国际计算机信息管理学术研讨会；组织过展示国内外信息机构及信息公司的产品和技术的展览会；组织过9个代表团、百余人次参加美国情报学会年会、FID大会、亚太地区信息大会和海峡两岸学术交流活动及参观访问；邀请近百名国外、海外专家、学者前来学术交流；先后派团访问过英国、法国、德国、奥地利、意大利、比利时、荷兰、日本、加拿大、泰国、马来西亚、印度等国家及我国台湾和香港地区，与世界各国科技信息专家建立了广泛联系。

目前我国科技情报工作机构包括三支主要力量，第一支是来自政府下设的科技情报机构，包括综合机构（如中国科学技术信息研究所）和专门机构（如中国核科技信息与经济研究院）等；第二支来自各行业主管部门下设的情报机构，如化工部科技情报所、航空航天部情报所等；第三支来自图书馆分设的情报机构，包括公共图书馆和高校图书馆下设的情报研究部门。我国科技情报工作机构的主要任务是信息的搜集、加工整理、分析研究，为科研、决策、技术开发服务，同时关注信息爆炸与信息高效利用之间的关系处理[①]。

（3）市场情报的发展。市场情报是企业经营过程中必不可少的信息资源，现实中更多表现为竞争情报。竞争情报是关于竞争环境、竞争对手、竞争策略的信息和研究，它既是一个对竞争情报收集和分析的过程，又是一个形成情报或策略产品的过程。我国竞争情报研究的专业机构有1994年1月28日成立的中国科技情报学会情报研究暨竞争情报专业委员会及1995年4月28日成立的中国科技情报学会竞争情报分会等。竞争情报的引入开阔了情报研究的国际视野，动摇了我国情报界的泛信息化思潮，使科技情报工作向 intelligence 方向回归，对我国情报工作和情报学的发展具有重要作用。

（4）公安情报的发展。20世纪80年代，公安信息化开始起步。90年代末提出科技

---

① 郑彦宁. 我国科技情报机构核心业务研究 [J]. 情报理论与实践, 2007 (4): 444-446.

强警战略,建设金盾工程。2004年,提出建设公安情报信息体系的任务。2008年,公安情报工作进入全面推进阶段。与此同时,随着2005年公安情报学专业的获批,公安情报学学科建设和研究也开始起步。此后,公安情报学在学科专业建设、专业人才培养、基础科学研究、交流合作培训等方面取得了较好、较快的发展。

1.1.3 国家情报工作制度的产生

任何一项工作制度都随社会制度的变迁而产生、发展和灭亡。国家情报工作制度与国家政治制度和技术环境,以及国家安全和人民生活需要息息相关。所以,在不同时代会产生不同的情报工作制度。

1.1.3.1 国家情报体制形成

中国人民解放军国际关系学院刘宗和教授从军事情报学的角度出发,认为当今世界各国大都建立了复杂的国家情报体制,但是这种体制并不是一蹴而就的,它有一个形成过程[①]。

中国人民武装警察部队学院(现为中国人民警察大学)郭永良教授认为,从广义上讲,国家情报体制的形成历史分为军事情报体制形成、松散的社会情报体制形成、国家情报体制形成三个时期。进入21世纪,信息全球化也给情报工作和决策工作带来了严峻的挑战,军事部门是保卫国家安全的重要支柱,警察、司法、监狱为维护社会秩序、打击犯罪活动的职能部门,其他政治、经济、文化等各部门在维护国家安全中也都是各司其职,各个部门、行业的内部情报工作为它们充分发挥其职能提供保障,在这种情况下,情报与决策相分离的军事情报体制及松散的"各自为政"的社会情报体制已经不能满足一个国家经济发展、政治稳定、军事斗争及国内安全的需要,迫切需要有战略高度或国家层次的情报体制的形成来完成对获取情报的综合性、动态性、潜在性的分析,迫切需要情报与决策成为一个不可分割的整体。各国(尤其是发达国家)普遍认识到,通过情报工作的协调,即成立国家级的情报体制,使其能够协调各职能部门,才能在维护国家安全上步调一致。"二战"后美国的国家安全委员会、中央情报局评估委员会及后来的国家情报主任(Director of National Intelligence)的设立,就是为了在国家层面统筹国家各个行业、各个机构的情报,其发展过程也充分体现了这一点,这也是大情报观念在国家安全层面上的反映。国家情报体制随着情报需求的高涨而逐步在发达国家萌芽与

---

① 刘宗和,高金虎. 外国情报体制研究 [M]. 北京:军事科学出版社,2003:2-10.

发展，而且当今的情报活动除了涉及军事、政治领域外，其范围扩展到信息安全、经济安全、文化安全、生态环境、健康状态乃至有组织地打击犯罪（反恐、打击贩毒）等新领域①。

为了加强和保障国家情报工作，维护国家安全和利益，我国于2017年6月28日起实施《中华人民共和国国家情报法》。该法由第十二届全国人民代表大会常务委员会第二十八次会议审议通过，以法律的形式授予中国的情报部门在国内外广泛进行情报搜集的权力。

此法应和当前中国面临的国家安全风险和压力有关，包括对外维护国家主权安全的挑战、对内维护政治安全和社会稳定的双重压力。近年来各种风险不仅明显增多且呈现多样态势，因此，习近平总书记于2014年初设立中央国家安全委员会，加强对国家安全工作集中统一领导，提出总体国家安全观，积极在国家机密和安全方面立法，通过一系列反恐、管理外国非政府机构及加强网络安全的措施和法规，以期能稳定政治社会基础。《中华人民共和国国家情报法》意在衔接2014年通过的《中华人民共和国反间谍法》、2015年通过的《中华人民共和国国家安全法》和《中华人民共和国反恐怖主义法》，以及2016年通过的《中华人民共和国境外非政府组织境内活动管理法》和《中华人民共和国网络安全法》。《中华人民共和国国家情报法》的颁布标志着我国国家情报和国家安全工作正式迈入法制化轨道，有利于贯彻落实"总体国家安全观"，保障和推进国家情报工作，维护国家安全利益②。

1.1.3.2 情报公开制度建立

情报公开制度是政府信息公开的关键。瑞典1766年制定《出版自由法》，被认为是最早建立情报公开制度的国家。芬兰于1951年制定《公文书公开法》，但对文书公开的限制不透明。丹麦于1970年6月制定《行政文书公开法》。挪威也于1970年制定《行政公开法》，适用于国家行政机关、地方公共团体和公共机关③。美国制定了一系列有关情报公开的法规，如1966年制定的《情报自由法》、1972年制定的《咨询委员会法》、1974年制定的《隐私权法》、1976年制定的《阳光下的政府法》、1986年制定的《知道权利法（right-to-know act）》（主要规定对公民安全有影响的化学污染物质的情报公开）、

---

① 郭永良. 国家情报体制的历史沿革 [J]. 情报资料工作, 2008（1）: 15-19.
② 邓灵斌.《国家情报法》解读：基于"总体国家安全观"视角的思考 [J]. 图书馆, 2018（8）: 52-56.
③ 平松毅. 情报公开 [M]. 东京: 有斐阁, 1983: 195.

1996年制定的《电子情报自由法》等，已经形成了较为完备、合理的情报公开制度体系①。法国于1978年制定《行政文书公开法》，澳大利亚于1982年制定《情报自由法》，同年，加拿大制定了《情报公开法》和《私人秘密法》。英国与欧美先进国家不同，奉行较强的秘密主义传统，对政府情报的公开不积极，20世纪末才开始制定相关法律，包括《公务员秘密法》（1991年）、《地方自治法》（1985年）和《情报公开法案》（1999年）等。德国尚未制定一般的情报公开法，1994年制定的《环境情报法》是最具代表性的情报公开法律规范。韩国于1998年1月开始实施《公共机关情报公开法》，相对早于日本于1999年5月7日制定的《关于行政机关保有的情报公开的法律》。我国没有一部情报公开法，最具权威的是2007年颁布的《中华人民共和国政府信息公开条例》。

1.1.3.3 其他情报制度展示

除了情报公开制度外，各国还出台一些与情报工作相关的其他制度。

（1）英国国家情报评估制度。该制度倡导跨部门情报协调和评估，是以联合情报委员会为核心、评估办公室（Assessment Staff，AS）为主体、跨部门协调为特征的英国国家情报评估制度，其情报评估体系较为庞大，各部门分工明确，各自发挥优势②。

（2）日本标准情报制度。日本设立的标准情报（通称技术报告）制度是为了在尖端技术等技术进步迅速的领域里，将有些还不成熟、达不到制定成为JIS（Japanese Industrial Standards）程度的标准的有关情报快速、准确地向有关方面提供，以此弥补JIS制度的不足③。

（3）美国涉外情报监控法院制度。美国1978年颁布《涉外情报监控法》，由此建立涉外情报监控法院制度，通过引入司法审查机制防止政府部门滥用情报监控权。"9·11"事件后，美国国会相继颁布《爱国者法》《保护美国法》及《涉外情报监控法修正案》，对《涉外情报监控法》进行修改，使涉外情报监控法院不断行政部门化④。

（4）美国情报业务外包制度。情报业务外包是情报机关按照商业运作模式，依据政府工作的基本流程，将部分情报搜集、情报研判、技术研发、战略咨询、后勤管理等业务转给符合相关资质的企业或科研机构（一般称之为承包商或合同公司）加以完成，并

---

① 王名扬. 美国行政法 [M]. 北京：中国法制出版社，1995：953-962.
② 刘帅，刘志良. 英国国家情报评估制度初探 [J]. 国际研究参考，2015（6）：21-26.
③ 王宁远. 日本设立标准情报制度 [J]. 化工标准化与质量监督，1997（9）：34.
④ 吴常青，薛大政，李晨蕾. 美国涉外情报监控法院制度研究 [J]. 情报杂志，2017（4）：6-11.

最终由情报部门进行审核验证的一种制度安排。美国的情报业务外包在冷战时期初见端倪，之后一直缓慢发展，"9·11"事件成为其发展史上的重要分水岭，大规模招募承包商由此启动并一发不可收拾。最初政府雇用承包商旨在限制永久员工规模，绕开烦琐的联邦选拔程序，提高招聘效率并节省费用，但事与愿违。到现在，外包商提供的业务涉及战略咨询、计算机网络维护、多语种服务、情报搜集、招募线人、审讯囚徒、暗杀、情报信号与图像分析、卫星监控体系等，可谓是无孔不入、无所不在①。

（5）美国开源情报制度。开源情报（Open Source Intelligence，OSINT）这一情报学科正式诞生于20世纪90年代初。1992年颁布的国家安全法开启了美国情报界的大改革，奠定了开源情报在情报界中的地位，同时一些相关机构也纷纷建立。例如，根据1994年中情局局长第2/12号指令《美国情报界从公开资源中获取情报的计划》成立了共享公共资源计划办公室，其在1995年发布的《开源战略计划》（COSPO），确立了开源情报的概念原理，包括情报信息源的采集、共享等政策性原则，以及如何建立情报界虚拟非保密网络（OSIS，2006年更名为Intelink-U）的规定等。1996—2004年，美国国防部国防情报局制定和实施了《国防开源情报计划》（DOSIP），并委托相关开源情报公司对《开源战略计划》所确立的项目进行了信息技术跟踪。在《美国情报与打击恐怖主义改革法》的要求下，2005年11月在国外广播情报部门的基础上成立了隶属国家情报总监的国家开源中心，具体事务由中情局负责管理②。

（6）美国国会现代情报授权制度。美国国会情报授权是指国会相关情报委员会按照宪法和法律规定的规则和程序，对其所管辖范围内的情报机构、情报政策项目或活动进行年度立法审议，通过立法授权支出的决策行为。美国国会委员会"先授权后拨款"的立法传统、20世纪70年代以来美国国会与总统争夺情报领域的决策权等因素，共同导致美国国会在20世纪70年代中期建立起以参众两院情报委员会为中心的现代情报授权制度。此后美国情报活动的授权一直是通过国会情报委员会审议和批准独立的年度情报授权法案的方式进行。尽管存在着结构性的制度缺陷，但在"9·11"事件后总统情报决策权力膨胀的背景下，情报授权制度成为国会监督和制约总统行政权力扩张、维护美国分权制衡的政治体制的重要手段③。

---

① 李志鹏. 美国情报业务外包制度述评：以"斯诺登事件"为切入点［J］. 江南社会学院学报，2014（1）：13-18，43.
② 马增军，耿卫，汪川. 美国开源情报制度分析及发展趋势［J］. 创新科技，2017（9）：78-81.
③ 刘磊. 美国国会现代情报授权制度探析［J］. 人文杂志，2013（6）：96-103.

(7) 美国电子监控与情报搜集制度。随着恐怖主义活动的不断隐秘化、复杂化，传统的侦查取证方式难以有效承担起预防恐怖袭击和惩治恐怖分子的任务。借助于现代科技以秘密手段搜集情报、证据成为国家提高侦查效率、精确预防和打击犯罪的重要手段。以美国宪法第四修正案所保障的"公民不受无理搜查"为基础，立法机关通过制定《全面控制犯罪和街道安全法》和《涉外情报监控法》等法律，在保障个人基本权利与维护国家安全利益之间寻找平衡点①。

通过以上分析可以看出，国家情报工作制度是国家情报机构及其人员在开展国家情报活动过程中遵守的规范系统，它通过权威手段实现对国家情报工作强有力的管控与协调，以实现维护国家安全与发展的目标，其中包括国家情报工作相关机构的组织结构形式及其权责，即所谓的国家情报工作体制，同时也包括该规范系统作用于国家情报机构、机构成员及情报活动各要素的方式和过程，即所谓的国家情报工作机制②。

1.2 主要国家情报工作制度的演进

没有完美无缺的制度，制度的形成是组织成员之间相互妥协的产物，是大多数组织成员基于环境及自身利益最大化所做出的选择。制度的变革是必然的，就像制度的形成不能一蹴而就一样，人们需要不断地比较和选择，还需要较长时间的理解和权衡。现代意义的科技情报工作是随着科学研究活动的不断发展而逐步形成和发展起来的，并在第二次世界大战后蓬勃发展③。

1.2.1 美国情报工作制度的演进

建立中央情报局（Central Intelligence Agency，CIA）的决定反映了美国在第二次世界大战期间战略服务办公室（Office of Strategic Services，OSS）的经历及"二战"后创建中央组织防御的愿望。CIA 由总统担任主席的国家安全委员会（National Security Council，NSC）负责管辖。

---

① 王新清，李响. 美国电子监控与情报搜集制度研究：兼论我国反恐情报与技术侦查制度的完善[J]. 中国刑事法杂志，2017（1）：94-112.
② 迟玉琢，马海群. 国家情报工作制度的基本构建逻辑[J]. 情报资料工作，2019（1）：23-32.
③ National intelligence systems [EB/OL]. [2021-08-03]. https：//www.britannica.com/topic/intelligence-international-relations/National-intelligence-systems.

在"二战"结束时,美国国内对情报工作在多大程度上集中化进行了激烈的辩论。有些人建议建立一个单一的总体情报系统,除了技术军事情报部门外,一切情报向国务院提交。结果是妥协创造了中央情报局,允许其他部门和机构保留自己的情报部门。从那时起,单一情报系统的概念已经让位于"情报界"(Intelligence Community)的概念,其中包括中央情报局,国防情报局(Defense Intelligence Agency,DIA),独立的陆军、海军和空军情报人员,国务院情报部门,国家安全局(National Security Agency,NSA),情报和反情报办公室(Office of Intelligence and Counterintelligence),联邦调查局(Federal Bureau of Investigation,FBI)。《国家安全法》(1947年)仍然是美国情报组织的基本章程,为中央情报局指定了5项具体职能:

①向国家安全委员会提供有关国家安全的情报事项的建议;

②向国家安全委员会提出建议和措施并有效协调政府部门和机构的情报活动;

③收集和评估外国情报并确定其在政府内部得到适当沟通;

④为国家安全委员会确定的其他情报机构提供集中额外服务;

⑤履行国家安全情报中与国家安全情报有关的其他职责。

中央情报局还在其他国家进行秘密的政治和经济干预,以及心理战和准军事行动,这些功能在对原始宪章稍有松散的解释的基础上被视为冷战必需品。在2001年9月11日袭击事件和次年通过国土安全法案之后,中央情报局的分析人员被纳入了新的国土安全部的情报部门。中央情报局官员也被分配到FBI工作,FBI特工开始在中央情报局总部工作。随后成立了国家情报总监一职,以协调各种情报机构的活动,该总监还担任总统的情报首席顾问。

21世纪初,中央情报局被认为在美国全职雇用15 000~20 000人,主要是在华盛顿特区,还有数千人在海外。中央情报局的政策和操作指南包含在定期修订的总统行政命令和众多秘密的国家安全委员会情报指令中,这些指令定义了中央情报局的职能,并在其他情报机构可能提出索赔的领域建立了司法管辖区。

中央情报局由4个主要部门组成,分别负责情报、运作、行政和科学技术,由一名董事和一名副主任管理,由总统任命并接受参议院的确认。中央情报局局长(Director of Central Intelligence,DCI)扮演两个不同的角色,既是中央情报局局长,也是总统关于国家安全情报事务的主要顾问,多年来归属于DCI办公室的权力有所增加。

美国中央情报局提供独立情报信息,包括公告和总统每日简报。自冷战结束以来,它越来越关注非国家行为者的活动,以及经济情报和工业间谍活动。它还为美国的军事行动提供了更大的直接支持。在波斯湾战争（1990—1991年）之后，中央情报局被要求迅速提高其为战场上的军事指挥官提供直接战术支持的能力，并在接下来的10年中应用于巴尔干和阿富汗。

FBI的主要作用是国内反间谍，联邦调查局局长同时兼任司法部部长。联邦调查局助理主任负责国家安全部门，其预算、人员和组织都是秘密的。联邦调查局和中央情报局在反间谍和反恐，以及打击国际犯罪方面进行合作。DIA和武装部门的机构也在其有限的管辖范围内履行反间谍职能。

NSA是所有美国情报机构中规模最大、预算最高、最不为人知的国家安全局。它的基本功能是代码和密码的制作和破解。NSA在1952年由总统哈里·S.杜鲁门创建，尽管规模巨大，在世界范围内活动，但仍然是公认的美国情报部门中最秘密的，甚至创建该机构的指令都是秘密的。NSA由国防部部长管辖，由一名高级军官领导，但保持适度的自治。NSA的"Echelon"计算机程序在英国、加拿大、澳大利亚和新西兰的情报机构的协助下被维护，建立在全球计算机网络上，并通过截获的电子邮件、传真和电话自动搜索预选关键字的消息。系统自动搜索所选频率、频道或地址中的所有消息。该方案旨在提供反恐和反间谍信息，并使运用的国家能够更有效地解决全球犯罪问题。然而，它引起了对公民自由的重大关注，因为它允许情报机构打开任何个人商业或信息。据估计，NSA雇用了2万人，其活动还涉及武装部队的数千名额外人员。

DIA成立于1961年，是国防部情报的主要制作人和管理者，也是国防部部长和参谋长联席会议主席军事情报事务的主要顾问。它为国家提供军事情报，协调国防部收集军事指挥官为规划和作战目的请求的机密信息，并管理军事随员系统。虽然该机构配备了来自每个武装部队的人员，但是所有DIA员工中有一半以上是平民。

能源部（Department of Energy）由一个负责国防计划的助理部长代表情报界，其职责涉及有关核方面的情报，该部门的情报办公室负责向决策者提供情报支持，收集和评估核不扩散情报，以及制作和传播能源评估。这些报告包括有关一个国家核武库及其生产核武器潜力的信息。

尽管DIA的创建大大弱化了单独武装部队情报部门的作用，但其他部门都继续执行重要的战术、技术情报及反间谍活动。陆军情报由副参谋长负责；由海军情报局局长领导的海军情报局（Office of Naval Intelligence，ONI）负责外国情报和密码学；空军情报由情报、监视和侦察主管领导，其负责管理技术和情报计划。国家航空情报中心（National Air Intelligence Center）为目标和任务规划制作战术情报。

国防部还控制着国家侦察办公室（National Reconnaissance Office，NRO），该办公室是设计、建造和运营卫星的几个高度机密的单位之一。虽然它是在20世纪60年代早期创建的，但其存在于1992年被解密。随着监视技术的进步，它的规模和重要性也在增长，它的数据可能是美国政府可获得的最昂贵、最有用的情报来源。国家图像和测绘局（National Imagery and Mapping Agency，NIMA）于1996年在国防部的支持下成立，为美国军方和其他政府机构提供图像情报。

1.2.2 俄罗斯（苏联）情报工作制度的演进

在20世纪90年代初苏联解体之前，其国家安全委员会（Комитéт госудáрственной безопáсности，克格勃，KGB）就像是美国中央情报局、联邦调查局和特勤局（负责保护总统和副总统及其家属的机构）的组合。将外国情报、反间谍和内部安全三个角色整合在一个机构中是不寻常的，尽管旧的苏维埃制度为其他共产主义国家的情报服务设定了模式。

克格勃的血统始于1917年由布尔什维克建立的秘密警察（Cheka）组织。1922年，Cheka被重组为GPU（国家政治保卫局），并于1934年更名为NKVD（人民内部事务委员会）。在第二次世界大战期间，它又发生了几次重组，其中MGB（国家安全部）是新增加的。

苏联情报的最终重组发生在1954年克格勃成立时。人们普遍认为克格勃统治了整个苏联情报系统，一些西方分析家认为其主要领导是一个拥有巨大政治权力的个人。克格勃的最后一位长官尤里安德罗波夫领导该机构15年，并于1982年成为苏联共产党的领导人，直到1984年去世。其他苏联情报机构中最重要的是GRU（首席情报局），军队总参谋部的首席情报局主要负责军事情报。尽管GRU和克格勃之间偶尔会出现竞争和冲突，但后者占主导地位。

克格勃负责外国情报、反间谍、国内反间谍和安全，以及维持武装部队的安全并监查军队和情报部门的潜在叛徒。该组织的一些官员会拥有专门的情报职能或特定的地理管辖权。许多在国外服役的苏联官员与克格勃或格鲁派联盟有直接联系。例如，苏联外交官被派去联合国，偶尔被发现是情报人员，大多数国家都遵循将间谍置于外交职位的做法。

关于苏联情报网络的规模和年度支出，没有完全可靠的信息来源。然而，据估计，在冷战结束时，克格勃有近500 000名工作人员（不包括线人），约有2万名克格勃参谋人员受雇于外国情报部门，其中大多数人参与反间谍、公众监视、技术情报和边境管制。克格勃还控制了大量稳定的线人，据估计这些人数占该国人口的5%~10%。

尽管克格勃在20世纪90年代初解体，但俄罗斯的情报和反情报服务依然强大，特别是负责内部安全和反间谍活动的联邦安全局（FSB）。自冷战结束以来，这些服务继续招募和派遣间谍到美国中央情报局和联邦调查局。尽管如此，俄罗斯情报系统存在各种结构性问题，被情报不实分析或错误采取行动所困扰。

1.2.3 英国情报工作制度的演进

早在英国女王伊丽莎白一世统治时期，英国的情报就是沿着现代路线组织起来的。英国的长期经验影响了大多数其他欧美国家的情报系统结构。与美国和苏联的情报机构不同，英国的情报机构在历史上对其组织和行动高度保密，即便如此，英国情报部门仍然遭受了大量本土出生的双重间谍的干扰。

英国两个最主要的情报机构是秘密情报局（Secret Intelligence Service，SIS，通常称其战时名称军情六处，MI6）和英国安全局（British Security Service，BSS，通常称其战时名称军情五处，MI5）。其战时名称源自秘密情报局曾经是军事情报部门的第六分部，英国安全局为第五分部。

与美国情报界相比，英国情报界更像是一个独立机构的联盟。如今，MI6是一个很像美国中央情报局的民间组织，负责收集海外信息和其他战略服务，包括外国间谍活动和秘密政治干预。该组织领导通常被称为"C"，仍然是一个匿名的人物。保密的高墙同样围绕着该组织的其他部门。事实上，英国政府几乎不承认其存在，但必须向议会公开提交年度一次性拨款申请。

军情六处由联合情报委员会监督，联合情报委员会是外交部常务副秘书长下属的内阁小组委员会，负责监督所有英国情报机构的联合情报委员会，掌控情报政策并批准类似于美国国家情报委员会所做的"国家评估"。英国内阁和议会政府拥有美国缺乏的问责制度。

军情五处的支出也包括在提交议会的年度预算中，该组织大致相当于美国联邦调查局或苏联克格勃的内部安全（反间谍）部门，但是，它与FBI的不同之处在于它在海外执行某些反间谍任务。军情五处的主要责任是保护英国国内的秘密免受外国间谍的侵害，并防止国内破坏、颠覆和窃取国家机密。该服务由一名总干事领导，总干事通过内政大臣向总理报告。其主要领导的传统代码名称为"K"，来源于Vernon Kell爵士，军情五处没有直接逮捕犯人的职责，而是秘密地与苏格兰更为公开的"特别分支"合作。

英国情报界的另一个主要成员是国防情报局,它类似于美国国防情报局。该组织集成了来自皇家陆军、海军和空军的国防部情报专家,并提供智能通信服务,专注于电子监控和密码学。

1.2.4 其他主要国家情报工作制度的演进

当代法国情报和反情报系统由一个可以追溯到拿破仑一世时期的机构及由戴高乐将军开发的第二次世界大战中自由法国领袖组织组成。1946—1981年,法国的主要情报部门是对外情报和反间谍局(Service de Documentation Extérieure et de Contre-Espionnage, SDECE)。1981年,SDECE被重组为对外安全总局(Direction Générale de la Sécurité Extérieure, DGSE)。虽然该机构改变了其结构,但仍保留了其传统功能:外国情报、法国境外的反间谍和海外秘密政治干预。另一个主要的法国情报机构是国防参谋部的第二局,它在某种程度上整合了以前独立的陆军、海军和空军情报机构。领土安全局(Direction de la Surveillance du Territoire, DST)是法国情报系统的第三个重要成员,负责内部安全,扮演类似美国联邦调查局的角色,由内政部控制。

继第二次世界大战德国分裂后,德意志联邦共和国(西德)试图建立一个与阿道夫·希特勒纳粹政权下存在的情报界截然不同的情报界。德国的情报网络由一个议会委员会监督,组织松散。联邦情报局(Bundesnachrichtendienst, BND)主要负责外国情报,是总统办公室的一部分,并向情报协调员报告。BND的工作人员在冷战期间达到了超过7500人的最高点,在重新统一后被大幅削减。联邦宪法保卫局(Bundesamt für Verfassungsschutz, BfV)是内政部的一部分,负责保护国家免受反民主势力,特别是新纳粹主义的影响。该机构在科隆(德语:Köln,德国第四大城市,北威州最大的城市,亦是德国内陆最重要的港口之一,莱茵地区的经济、文化和历史中心)总部雇用了约2500名员工。此外,通过BfV或其内部部门执行类似的反间谍职能。在冷战期间,BND和BfV都遭遇了丑闻,涉及叛逃到德意志民主共和国(东德)和苏联的高级官员。20世纪90年代,德国情报部门因未能进入激进的伊斯兰组织而受到广泛批评。在德国的分治期间,东德国家安全部(Ministerium für Staatssicherheit, MfS)是世界上最大的情报和安全服务机构之一。它被称为东德国人的史塔西(Stasi),它雇用了大约90 000名普通员工(几乎是那些告密者数量的两倍)来监视该国1700万人口。史塔西档案在该组织崩溃后幸存下来,即包含了400多万名东德公民的超过102英里(164公里)的文件。史塔西外国情报由传奇的间谍大师马库斯沃尔夫管理了30多年,他的组织成员渗透了西德武装部队、情报机构和政党。所有观察家都认为东德人在德国赢得了情报冷战。自1990年德国统一以来,德国的情报和安全部门已经接受了西德民主的原则,并且规模缩小了。东德MfS已解散,其中一些领导人已经被公开审判并被判入狱,一些低级别的东德军事情报部门已被纳入德国军种。

1.2.5 中国情报工作制度的演进

中国情报系统在战争年代产生,和平时期分工较明确,各自有相关任务。

中国共产党中央委员会对外联络部,简称中联部,成立于1951年,是我国所有情报系统的指导协调机构,是中共中央情报工作的办事机关。

中国共产党中央军事委员会政治工作部,由原中国人民解放军总政治部改编而来。此部虽设在军队系统,但所承担的任务侧重于政治方面,以在国家与国家之间发展亲华派为主要目的,分工较细。

中国人民解放军中央军事委员会联合参谋部,2016年1月10日前名称为中国人民解放军总参谋部。其情报部以收集军事情报为主要目的,驻各国的使领馆武官处是其公开的办事机构,主要是了解各国的军事动态、搜集军事情报和外军的军事技术等。

中华人民共和国国家安全部,1983年7月由原中共中央调查部整体、公安部政治保卫局及中央统战部部分单位、国防科工委部分单位合并而成,主要工作是间谍与反间谍,可以行使宪法和法律规定的公安机关的侦查拘留、预审和逮捕的职权①。

几乎所有的涉外机构、组织都有收集情报和插手所谓敌对、反华势力的任务,如外交部、中宣部、政协、教育部、国家体育总局、旅行社及各种各样的友协等,各省市也是如此。我国情报部门制度极为严格,在某一具体任务上至多存在配合、协助,很少有交叉的现象②。

我国在科技情报工作方面也有很大进展,1956年,党中央发出"向科学进军"的号召,制定了12年科学技术发展远景规划,建立专门的科技情报机构作为我国发展科学技术的一项重要措施,随后又决定在科学院组建科技情报研究所。1958年5月14日,国务院批准原国家科学规划委员会和国家技术委员会提出的《关于开展科学技术情报工作的方案》,提出中国科学技术情报研究所(前身为中国科学院科学情报研究所)作为

---

① 中华人民共和国国家安全部 [EB/OL]. [2021-08-03]. https://baike.baidu.com/item/.
② 姚城. 我所了解的中共情报系统 [EB/OL]. [2021-08-03]. https://www.boxun.com/news/gb/pubvp/2018/02/201802050248.shtml.

全国科技情报中心，科技情报工作的任务是：报道最近在各种重要科学技术领域中国内外的成就和动向，使科学技术、经济和高等教育部门及时获得必要的情报与资料，以便吸收现代科学技术成就。

1.2.6 主要国家情报工作制度比较

从上文国家情报工作制度的概念出发，本部分从情报工作体制和情报活动规范机制两方面对美、俄、英及中国的国家情报制度进行比较研究。

情报工作体制表现为国家情报机构组织形式及权责，"二战"后美国国家情报机构为中央情报局（CIA），由总统担任主席的国家安全委员会（NSC）负责管辖。其权责由1947年出台的《国家安全法》指定。就其组织形式及权责来看，美国国家情报工作体制相对完善，机构级别高，有专门的法律赋予其特定的权责。情报工作机制是情报机构开展情报活动的规范，就美国来讲，情报机构的活动规范包含在定期修订的总统行政命令和众多秘密的国家安全委员会情报指令中，针对不同时期的需要遵循特定的行动指南。

苏联最完善的国家情报机构是克格勃，其最高长官由苏联共产党的主要领导人担任。就其权责来看，并没有像美国那样有专门的法律规定，而是掌握在该组织的一些官员手里，包括特定的地理管辖权。苏联的情报机构负责外国情报、反间谍和内部安全事宜，其行动规范也没有专门的成文条例，主要由党内主要领导人决策。苏联解体后，俄罗斯继承了苏联强大的情报系统，更名为联邦安全局（FSB）。

英国最主要的两个情报机构（秘密情报局和英国安全局）来源于军事情报部门，所以其组织和行动具有高度保密性，其领导人也不对外公开。情报机构的活动受联合情报委员会监督，另外英国内阁和议会政府拥有问责制度。

中国的情报机构与西方国家不同，其名称中基本不带"情报"字样（除科技情报工作外），且比较分散，不同历史时期有较大变化，不同部门下属的情报机构拥有的权责也各不相同。中国的情报事业起步较晚，2017年6月《中华人民共和国国家情报法》出台前，基本不能够从公开的资料中找到相应情报工作的法律规范。

综上可以看出，各国的情报工作制度与历史环境、政治环境及军事环境密切相关，在国家治理中占有较重要的地位，且很多事宜是保密的，尤其财政支出大多不为人知。

1.3 国家情报工作制度的新环境

制度环境（Institutional Environment）是指一系列用来建立生产、交换与分配基础的政治、社会和法律基础规则①。从百度百科给出的定义可见制度环境是相对复杂的,它是制度安排的范围,形成生产、交换与分配的基础。情报学融合了政治、经济、军事、外交、国安、公安、社会、科技、文化等不同门类的知识,具有典型的交叉学科特征,情报工作的制度环境包括外部环境和内部环境,其中外部环境主要依赖政治环境、技术环境和经济环境;内部环境则与情报工作自身密切相关。

1.3.1 国家情报工作制度建设的外部环境

制度环境由国家、社会、专业和组织中普遍存在的法规、习俗和规范组成,这些规范会影响和塑造组织行为和结果,它们通常被描述为一种外部力量,用以塑造和约束组织的行动和政策②。对国家情报工作制度建设影响较突出的外部环境包括政治环境、市场环境和网络环境。政治环境是任何一项工作必须面对且依赖的,而情报工作除了需要政治环境的支持外,还涉及经济和技术环境。

1.3.1.1 政治环境

政治环境是指国家、政府及其机构和立法,以及与系统相互作用或相互影响的公共和私人利益相关者③。政治环境是一个国家其他事业环境的基础,是一种政府行为,政治氛围的良好与稳定会极大程度影响情报工作的效果。

由于全球化力量的作用,世界各地的政治环境正在发生变化,最突出的特点是对传统的国家、文化和经济市场边界的渗透。全球化正在创造一个动荡的全球社会政治环境,表现为政治行动者的竞争、权力关系的转变,以及世界各国经济中政治驱动的变化。

政治环境的影响力是一个多层面的问题,可以从4个维度来探讨,包括政治竞争的独立性、民众的支持性、政治提议的独特性、现任者的任期安全性④(图1-2)。

---

① 制度环境 [EB/OL]. [2021-08-03]. https://baike.baidu.com/item/%E5%88%B6%E5%BA%A6%E7%8E%AF%E5%A2%83/10957763?fr=aladdin.

② SWAMINATHAN A, WADE J B. Institutional environment [EB/OL]. [2021-08-03]. https://link.springer.com/referenceworkentry/10.1057%2F978-1-349-94848-2_608-1.

③ Political environment [EB/OL]. [2021-08-03]. https://www.mbaskool.com/business-concepts/marketing-and-strategy-terms/2515-political-environment.html.

④ BÜHLMANN M, ZUMBA CH D. On the multidimensionality of political competiti [EB/OL]. [2021-08-03]. https://www.researchgate.net/profile/Marc_Buehlmann/publication/281754654_On_the_multidimensionality_of_political_competition_Measuring_political_competition_in_a_Bartolinian_Way/links/5614efe708aec62244114edd/On-the-multidimensionality-of-political-competition-Measuring-political-competition-in-a-Bartolinian-Way.pdf.

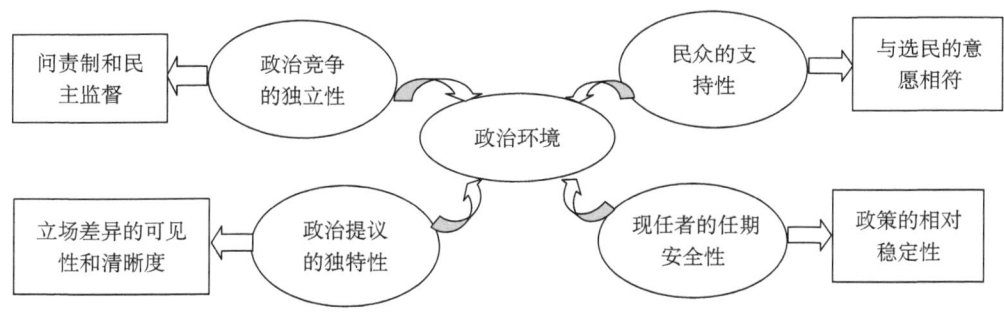

图 1-2 政治环境的 4 个维度

政治环境中的第一要素即表现为政治竞争的独立性。竞争必须区别于冲突、谈判和合作。政治竞争是在行动原则和目标方面发生冲突，竞争双方在谈判和合作安排中拒绝将自己的利益置于共同或全球利益中。然而，在冲突互动中，竞争双方的目标并不是试图互相造成损害，在竞争关系中，二者的目标是类似的，即获得力量。与合作相反，独立的行动者不会分享手段和信息，也不会像过去那样推进承诺或威胁谈判。竞争将个人驱动的利益转变为社会渴望的目标，并通过问责制和民主监督保证政治竞争的独立性。因此，民主是竞争的必要条件，反之亦然。是民主的，必须是自由、公平和有竞争力的。换句话说，民主不仅必须接受问责制，还必须接受回应（义务），政府要做公民想要的事情。

选民具有一定的敏感性，一般参与选举的民众不会被告知竞争者任何一方的意图，而这种意图活跃在政治组织和公共领域中。在一个理论上理想的竞争中，所有有资格投票的人都会参加投票，他们为他们最喜欢或期望最高的竞争者提供支持。

政府领导人的政治提议必须立场鲜明，取决于问题的区分及这种差异的可见性和清晰度。政治竞争基于共同的基本前提条件，首先要提出承诺，其次内容必须清晰，最后要有对不同阶层的优惠。稳定的民主取决于竞争与合作、冲突与谈判之间的平衡，所以还要充分尊重协同民主的理念。

现任者必须通过实际经验得到滋养，从而保证政策的相对稳定。政治环境中的竞争不等同于互动隔离，因此，在许多系统中政策是可以延续的，这样能够提高完成各项工作的可能性，并且政府不推卸责任。

从目前国际政治环境看，各国对情报工作都给予大力支持，政策制定者从自身利益出发从未阻止情报工作，并且持续从财力、物力上给予关照。

1.3.1.2 经济环境

影响全球化和政治动荡的基本经济力量和事件包括从基于自然资源的经济转向基于知识产业的经济和人口变化、全球经济的发展、增加贸易自由化、通信技术的进步、全球恐怖主义威胁加剧等，从而导致一个没有主导经济、政治或军事力量的时代的到来①。

经济全球化几乎影响了现代生活的方方面面，并继续成为全球经济中不断增长的力量。大多数经济学家都认为，全球化通过提高市场效率，增加竞争，限制军事冲突，以及在全球范围内更平等地分配财富，为全球各个经济体带来净收益。经济全球化还可以吸引外国直接投资而促进技术转让并同时刺激新技术的发展，使全球企业能够实现降低成本和价格的规模经济②。

自由贸易是没有障碍的经济理念，消费者通常会感受到自由贸易的好处③。目前比较有代表性的全球自由贸易区包括北美自由贸易区（包括美国、加拿大、墨西哥三国）、欧盟自由贸易区（包括所有欧盟成员国）、中国—东盟自由贸易区（包括中国与东盟十国）、欧盟与墨西哥自由贸易区等。自由贸易可以扩大消费者的选择范围，节约成本，增进国家和地区间的了解与友好，对情报工作的开展十分有利。尤其是知识经济的兴起，为情报工作的开展提供了良好的环境。知识经济是建立在知识的生产、创新、流通和应用等基础之上的经济形态，美国经济学家、斯坦福大学教授保罗·罗默（Paul Michael Romer）认为知识可以提高投资效益，知识积累是现代经济增长的源泉④。情报分析不仅可以为决策者提供有力的政治数据，还可以为生产经营者提供参考。

1.3.1.3 技术环境

世界上有一半的人口已经连接到互联网，互联网和手机永远改变了人们沟通、传播信息和组织的方式。无论互联网在哪里传播，它都引入了一种新的现实，即与之前的任何事物都有着根本不同的人际互动。与此同时，人工智能、机器人技术和合成生物学等技术将成为主流，它们对人们生活和权利的影响将是巨大的。

---

① Business in the global political environment［EB/OL］.［2021-08-03］. https：//www.enotes.com/research-starters/business-global-political-environment.

② KUEPPER J. The impact of globalization on economic growth［EB/OL］.［2021-08-03］. https：//www.thebalance.com/globalization-and-its-impact-on-economic-growth-1978843.

③ FEIGENBAUM E. The effects of free trade［EB/OL］.［2021-08-03］. https：//smallbusiness.chron.com/effects-trade-3842.html.

④ 知识经济［EB/OL］.［2021-08-03］. https：//wiki.mbalib.com/wiki/%E7%9F%A5%E8%AF%86%E7%BB%8F%E6%B5%8E.

首先，物联网（Internet of Things）将迫使我们重新思考隐私意味着什么。到 2020 年，将有 20 亿～30 亿台设备，并且可能有数十亿个传感器连接到互联网。最终，任何设备、汽车或小工具都可以收集有关其使用情况和环境的信息①，尤其是监控设施，必须收集大量数据以保证社会安全。

其次，技术正在以非常根本的方式影响业务。优步（Uber）可能是现代技术推动的全新商业模式中最引人注目的例子，它推翻了现有的行业，这些新的商业模式正在以显著的方式改变雇佣关系。美国推行的情报业务外包制度就是情报界典型的代表，虽然情报外包业务强调依据"有限政府理论""劳动分工理论""价值链理论"等，但归根结底与技术和人员相关。美国情报界的主要承包商包括 Booz Allen（博思艾伦咨询公司）、General Dynamics（通用动力公司）、SAJC（科学应用国际公司）、Rand Company（兰德公司）、CSC（计算机科学公司）、Accenture Consulting（埃森哲公司）、Raytheon Company（雷神公司）等②，这些公司都是以人才和技术著称，可见科技进步对情报工作压力之大和情报机构人力资源捉襟见肘的现状。

最后，情报预警将成为现实。政府机构收集和使用情报来确定国内或其他国家可能采取对其有害计划的位置，并试图在实施之前阻止它，这并不是什么新鲜事。美国和英国的一些警察部队已经在使用或试验预测性警务：该方法使用有关过去犯罪和人工智能的现有信息来确定犯罪发生的可能性和位置。

人们总是倾向于线性思考，但当我们投射到未来时，我们会想象 5 年之内与 5 年前相比，周围的事物或多或少会有所不同。但是，许多技术呈指数级增长，从人工智能到机器人技术、从 3D 打印再到合成生物学，这些技术将从根本上改变情报工作和社会。

综上所述，国家情报工作制度建设所处的政治、经济、技术等外部环境是有利的，所以制度建设要充分结合当前环境，一方面有利于促进情报工作的开展；另一方面有利于提升情报工作的地位。

1.3.2　国家情报工作制度建设的内部环境

国家情报工作制度建设属于国家顶层设计的范畴，制度建设的内部环境包括国家领

---

① ELSAYED-ALI S. Five ways technology will shape the future of politics, society and human rights [EB/OL]. [2021-08-03]. https://medium.com/@sherifea/five-ways-technology-will-shape-the-future-of-politics-society-and-human-rights-8ee0bb12944a.

② 李志鹏. 美国情报业务外包制度述评：以"斯诺登事件"为切入点 [J]. 江南社会学院学报, 2014（1）：13-18, 43.

导人对情报工作的态度、情报领袖的工作和情报工作人员的素质。此外，制度级别、制度制定机构的权威性及制度建设的可持续性都体现出国家情报工作的地位和受重视程度。

1.3.2.1　国家领导人对情报工作的态度

纵观历史可以发现，国家情报工作制度建设与国家所处的政治、经济、技术环境有关，但更多取决于领导者的性格、经历、治国理念、决策风格和情报观念。纪真在其著作《总统与情报》中分析了美国历届总统对待情报的不同态度、不同做法及其对美国情报事业的不同影响①。富兰克林·德拉诺·罗斯福（在位时间：1933—1945 年）是美国任期最长的总统，他从轻视情报发展到重视情报，设立了部际情报协调委员会、情报协调局并组建了战略情报局，开启了美国成为超级情报大国的大门。哈里·S. 杜鲁门（在位时间：1945—1953 年）上台后解散了战略情报局，并对中央情报机构进行重组，成立了中央情报组和中央情报局并一度走马换将。德怀特·戴维·艾森豪威尔（在位时间：1953—1961 年）是军人出身，任命艾伦·杜勒斯为中央情报局局长，非常重视保密工作和秘密行动，加强了对情报的管理与协调，开展了国家情报评估工作。约翰·菲茨杰拉德·肯尼迪（在位时间：1961—1963 年）被称为"谜"一样的总统，经过猪湾事件后撤换了中央情报局局长，并在反思和变革中推进情报工作。林登·贝恩斯·约翰逊（在位时间：1963—1969 年）是一位争强好胜的总统，上任后也撤换了中央情报局局长，领导了越南战争。理查德·米尔豪斯·尼克松（在位时间：1969—1974 年）拥有近似疯狂的决策风格和独特的情报管理和使用方式，其在任期间很少与中央情报局、联邦调查局合作，而是组建了白宫"业余"反间谍班子，启用基辛格作为其"政治局长"，但这与美国党派之争密切相关。杰拉尔德·鲁道夫·福特（在位时间：1974—1977 年）在任期间中央情报局开始衰落，他对中央情报局进行了全面的调查，不仅控制其秘密行动，还撤换了局长。詹姆斯·厄尔·卡特（在位时间：1977—1981 年）一直被质疑为最无能的总统，他启用了重视技术的特纳作为中央情报局局长，在伊朗人质危机事件中崭露头角。罗纳德·威尔逊·里根（在位时间：1981—1989 年）让情报机构重整旗鼓，协调运作国家情报机构，并让韦伯斯特临危受命。大家对里根的评价褒贬不一，有人认为他是伟人，也有人认为他是傻子。冷战后期上任的乔治·赫伯特·沃克·布什（在位时间：1989—1993 年）是唯一担任过中央情报局局长的总统，所以他对情报工作无比重视。布

---

①　纪真. 总统与情报［M］. 北京：军事科学出版社，2008：34-223.

什上任后留任韦伯斯特为中央情报局局长，在其卸任后又任命巴伯特·盖茨为中央情报局局长。他在海湾战争和苏联解体过程中充分利用情报工作支撑其决策。众所周知，比尔·克林顿（在位时间：1993—2001年）是绯闻缠身的总统，在任期间他调整国家战略和情报工作重心，频繁更换中央情报局局长，削减情报经费和人员。他很重视技术发展，成立了国家图像与测绘局。乔治·沃克·布什（在位时间：2001—2008年）受老布什的情报灌输和影响，也十分重视情报工作，但"9·11"事件让人产生诸多疑问。例如，美国总统是否忽视了预警情报？是否情报失误？小布什是否"政治化"情报？"伊拉克情报门"丑闻后，小布什听取了"9·11"独立调查委员会提出的进行情报机构改革的建议，一天内签署了三道命令，启动美国情报机构改革：加大政府情报机构负责人的权力，设立国家情报总监一职；建立国家反恐中心；使不同情报机构之间信息共享等①。贝拉克·侯赛因·奥巴马（在位时间：2009—2016年）是美国历史上第一位非裔美国人总统，曾经授权中央情报局训练和资助叙利亚叛乱派，2011年5月在其发表的演讲中，奥巴马强调他选择Leon Panetta担任中央情报局局长、选择Jim Clapper担任国家情报局局长是正确的，肯定二人的卓越领导力，并对二人寄予厚望。奥巴马认为情报社区应该作为一个整合的团队开展工作，整个情报界是美国国家安全的基础，情报工作的使命是保护美国人民和保护国家安全。奥巴马执政期间，打败基地组织（包括奥萨马·本·拉登）是情报工作的头等大事②。

Jay Luvaas在其文章"Napoleon's use of intelligence: the Jena campaign of 1805"中展示了19世纪早期拿破仑与情报工作的记录，但没有足够的类似研究来确定拿破仑对情报工作的深刻兴趣在他那个年代是否典型。拿破仑对各级情报都会采取理性和谨慎的态度，即使掌握很多优势情报，他仍然想知道关于敌方的一切政治意图、策略、行动计划和部队士气，他需要有关地形、道路、河流过境及可能的后勤支持来源等的最佳数据，他还想要深入敌人的内部，了解敌人如何评估自己的意图、计划和力量③。拿破仑作为情报官员非常成功，由于他是唯一准确知道目标是什么的人，因此，他可以亲自指导一

---

① 平俊丽. 近看美国［M］. 北京：中央编译出版社，2007：71-92.
② Barack Obama: address to the intelligence community at CIA headquarters［EB/OL］.［2021-08-03］. https://www.americanrhetoric.com/speeches/barackobama/barackobamaciaheadquarters.htm.
③ LUVAAS J. Napoleon's use of intelligence: the Jena campaign of 1805［J］. Intelligence and national security，1988（3）：40-54.

个精心设计的网络来收集信息①。

Jablonsky 在其作品中阐述了希特勒对于情报的一般态度,并解释了他出乎意料的矛盾习惯,即依靠意外在战争中取得决定性成功,同时因为不注重留意即将发生的突然袭击的警告而成为其潜在的受害者。希特勒的性格、工作习惯和经验使他成为最糟糕的情报消费者。他的无谬误感使他完全不了解不同的想法,他对日常情报工作的不耐烦削弱了他处理事情的能力②。

中国政治领导人中,周恩来曾经主持中央特科(1927 年建立的情报部门)的工作,刘少奇也亲自做过情报工作,他们都无比重视战时情报。另一位中国共产党早期领导人杨殷是中国情报工作的重要开拓者,在中央特科正式建立之前,他已经在广东、香港进行情报保卫活动的实践,并在广州起义中负责情报和安全工作,以其敏锐的洞察力,注意到情报工作的极端重要性,建立了功能强大的情报交通网,为取得战争胜利立下功劳③。

1.3.2.2 情报领袖的工作

领导力是每个人都渴望但难以捉摸的一种属性。人们通常要求那些处于权威地位的人拥有此种特质。情报工作领导人的能力对整个情报工作的影响很大,那么他们应该承担什么样的责任呢?在美国海军服役 20 年、担任海军密码专家的詹姆斯·伯奇对情报领域的领导者提出了自己的看法。他认为情报界与国土安全和应急管理界类似,也必须处理预防问题,作为该学科的核心,力求防止不良事件的发生④。因此,情报活动通常发生在具有高度不确定性和有时间限制的环境中,并且往往面对复杂的组织文化。作为情报界的领导,首先必须处理好与政治决策者的关系。这方面目前主要存在两种观点:一是情报专业人员应与决策者保持脱节;二是他们应被视为决策者的合作伙伴。这两种理念都适用,但又都有其局限性。许多专业人士认为,这两种理念之间存在平衡,而情报界普遍被认为无论采取什么理念,在与决策者合作时都应保持客观。情报界领导需要面对的第二个挑战是创新发展。国际环境是动态的、多方面的、不断发展的,领导者必

---

① HANDEL M I. Leaders and intelligence [M]. London:Frank Cass&Co. Ltd,2004:20-21.

② JABLONSKY D. The paradox of duality:Adolf Hitler and the concept of military surprise [J]. Intelligence and national security,1988(3):55-117.

③ 中国共产党早期领导人杨殷:情报工作重要开拓者 [EB/OL]. [2021-08-03]. http://www.chinanews.com/cul/2012/08-13/4102278.shtml.

④ BURCH J. What will it take to be tomorrow's intelligence leader? [EB/OL]. [2021-08-03]. https://inpublicsafety.com/2016/11/what-will-it-take-to-be-tomorrows-intelligence-leader/.

须能够适应这种快速变化。此外，技术的力量从根本上改变了信息获取和利用方式，情报界必须全方位大规模收集和筛选数据，并需要不断改进现代分析方法以跟上技术的发展。另外，情报界必须保证在分类环境中运行，这不仅要求领导者建立一套符合国家民主方针的价值观，而且要求他们免受那些寻求将情报政治化的决策者的影响。综上，情报领导者必须在情报行业中拥有坚实而专业的基础，必须具备应对动态威胁环境和复杂挑战所需的技能和能力。对于情报界而言，能力范围从收集、管理、分析、定位和规划到其他技能，如团队建设、沟通、项目和人事管理等。未来的情报领导者还必须能够在日益复杂的环境中有效运作，处理越来越多的未知因素，熟练地利用知识、团队合作和组织能力来应对日益不确定的外部环境。

1.3.2.3 情报工作人员的素质

美国公立大学安全与全球研究学院的瓦莱丽·戴维斯（Valerie E. Davis）博士总结了情报职业所需的四项核心能力：研究和写作能力（value of research and writing）、语言技巧（language skills）、多样化知识（diverse knowledge）和团队协作能力（teamwork）[1]。情报分析是一种激动人心且具有挑战性的职业，情报分析师首先必须掌握的，也是最重要的技能是如何正确地进行研究和写作。情报工作人员必须了解如何系统地调查材料来源，以确定由其形成的逻辑结论和事实。与研究技能相辅相成，情报工作人员必须清楚如何撰写，即以读者能够理解其预期含义的方式表达想法，含义单一、明确。因为情报分析师经常需要撰写包含信息和论证的结构化报告，这需要更复杂的写作技巧。美国中央情报局为新入职的情报分析师提供写作训练营，掌握情报写作的最大障碍之一就是从学术写作风格中脱离出来。学术论文往往鼓励一种冗长的写作风格，而情报写作几乎消除所有形容词。及时性在情报工作中非常重要，通常情况下，情报分析师会得到一些关键信息，在不到一小时的时间里，他们必须为总统或国会制作一份情报，而总统的每项计划间隔为5分钟，没有时间阅读学术论文[2]。

情报工作人员需要具备的第二项技能是语言技巧。因此，学习另一种语言显得十分重要。情报工作人员要会流利地用另一种语言说和写作，特别是在高威胁地区使用的语言，这将提升其价值。第三项技能是多样化知识，要求情报工作人员构建个人知识库，

---

[1] DAVIS V E. The 4 core abilities needed for a career in intelligence [EB/OL]. [2021-08-03]. https://inpublicsafety.com/2015/09/the-4-core-abilities-needed-for-a-career-in-intelligence/.

[2] STELTER L. Could you pass the CIA's writing boot camp? [EB/OL]. [2021-08-03]. https://inpublicsafety.com/2015/05/could-you-pass-the-cias-writing-boot-camp/.

在相关主题中发展多元化背景,如网络战、信息操作、开源情报和战略情报。情报工作人员要具备有关计算机科学和网络安全的知识,以保护数据、软件和网络。第四项技能是团队协作能力。情报工作人员必须是强大的团队成员,因为情报分析成果取决于共同的决策,是团队成员为每项任务和项目做出贡献的集合。

国家情报工作制度建设的内部环境需要情报工作自身来创建,当然政治领导人的态度是占主要地位的。

1.4 国家情报工作制度的新需求

随着大数据观、大情报观和总体国家安全观理论的提出,情报工作有了更强大的理论基础,同时也对情报工作的使命提出了更高要求,要提升情报工作国家安全服务能力,那么与此同时,国家情报工作制度建设在新理论的支撑下也有新需求。

1.4.1 大数据观视角下的国家情报工作制度需求

每天世界都被数据所淹没,手机、智能家居、卫星传感器和无数其他来源正在创造大量信息,这些信息的集合统称为"大数据"①。大数据的应用范围不断拓展,从教育、环境、生物医学研究、科学发现到国家安全,大数据的特性使大数据观下的国家情报工作制度建设产生新的需求。

第一,情报工作制度建设与技术发展紧密结合。近年来各国情报机构都得到不同程度的发展,未来各国情报部门面临的最大挑战将是开发管理和利用大数据的新能力。所以在情报工作制度建设过程中要制订软件采购解决方案、基础技术平台整合方案、信息资源维护方案等。

政府采购制度是西方国家公共支出管理的一项重要制度,我国《政府采购法》于2002年6月出台、2014年8月修订,已经形成了相对完善的政府采购法律体系以配套这一法律制度,情报工作制度在软件和平台采购或定制方面应该有专门的规定,以规范不同情报机构的采购行为,为情报部门信息资源兼容与共享提供保障。

因为国家情报工作涉及行业较多,所以有必要对基础技术平台进行整合,如竞争情

---

① Big data is a big deal at the CIA [EB/OL]. [2021-08-03]. https://www.cia.gov/news-information/featured-story-archive/2012-featured-story-archive/big-data-at-the-cia.htm.

报服务系统、互联网情报分析研判系统、公安情报分析系统、科技情报决策系统、反恐情报信息平台等，在基础技术应用方面给予统一指导，如对云计算技术、大数据技术、人工智能技术的应用，使这些平台能够在需要的时候进行交流和信息共享。

情报部门信息资源维护应采用标准化软件，包括信息资源的定期维护和远程维护，保证可用性、安全性、及时性和规范性，也可通过制度建设为服务外包提供保证，包括对外包公司的行为约束等。

第二，情报工作制度建设与技术人才引进紧密结合。要广泛招聘知识渊博、技术精湛的个人，以便合理组织和解释复杂信息。如今的就业市场为拥有数据分析、计算机科学、数学和工程经验的人提供了越来越多的职业，情报部门为大数据专家提供了更让人着迷的机会，包括告知政策制定者、推动成功的情报行动、塑造未来的国家情报技术、定义资源需求和投资。数据科学家还可以与来自整个情报界的同事合作，参加学术和技术会议，并通过继续教育建立专业知识，使创造力和情报知识完美结合，为国家服务并保护国家安全。

第三，情报工作制度建设与产权制度紧密结合。情报生产必定要应用大数据，从经济学的角度来看，大数据可以看作一种新的社会资本，那么情报就更可以理解为一种资产，对于这一资产产权的界定将深度影响情报交易和商业化。例如，情报机构要为微小企业服务，想获取微小企业通过EMS的快递业务数据，那么EMS可以同意也可以拒绝情报机构的请求，这时需得到微小企业的授权，尽管有授权，EMS也可以收取费用。因为情报机构得到数据后经过数据分析会为微小企业经营提供建设性意见，情报机构也是可以收取费用的，这就是大数据的产权。情报工作制度一定要包含产权界定，也要有隐私条款，这样才能使情报业务在法律允许范围内顺畅开展。

此外，大数据环境下情报工作制度建设需要公平竞争的环境。其实情报工作也存在竞争，对数据资源的获取、使用权限都应有相应法律规定，在立法时应充分考虑公平问题，使不同类型和不同行业的情报工作在社会公平环境下开展。

1.4.2 大情报观视角下的国家情报工作制度需求

大情报观产生于20世纪60—70年代，是在"大科学"概念基础上提出的。我国学者对于大情报观的理解不尽相同，但基本上认为大情报观的核心是突破早期科技情报的局限，将情报学研究拓展到社会、政治、经济、军事、管理等领域[1]，提升情报服务能

---

[1] 严怡民. 现代情报学理论 [M]. 武汉：武汉大学出版社，1997：60-80.

力，为国家及社会发展提供全方位智力支持。目前，大情报观涵盖的范围得到进一步的扩大。大情报观对情报工作产生了积极影响，同时也带来国家情报工作制度建设的新需求。

第一，关注情报工作制度的行业性特征。情报工作已涉及全社会生产生活的方方面面，所以情报制度建设要充分考虑各行各业的综合和具体要求。例如，医疗机构的电子病例是否可以共享？教育机构的教学资源是否可以公开免费使用？公共安全机构的数据公民是否有权查阅？那么就需要考虑相关行业立法，如果能通过行业性立法把这些能够利用的数据放在开放平台上，那么对公民知情权行使和社会信息利用将起到极大的促进作用。

第二，关注情报工作制度的行业职能。大情报观使情报工作范围扩大，那么制度建设可以按不同行业特征给予其不同职能。例如，美国国家地理空间情报局（NGA）主持的地理空间情报项目，其除了为国际共享图像和地图信息及相关系统的执行提供服务外，还提供所谓的安全援助服务，即为对外军售和相关项目向伙伴国家提供系统和服务①。对于不同行业的情报机构职能的界定应体现在国家情报工作制度中。

第三，关注情报工作制度的内容建设。情报工作制度建设在大情报观的环境下应充分考虑制度对象和制度内容。Gunilla Eriksson 认为关键政策分析和政策网络分析中的理论方法构成研究情报与政策关系的有效框架，并强调知识生产者的作用②。所以情报工作制度建设要以人为本，情报工作者即知识生产者，其利益应受法律保护。制度内容建设要有理论基础，要合理搭建制度框架，提升制度有效性。

1.4.3 总体国家安全观视角下的国家情报工作制度需求

总体国家安全观的提出已有 5 年多的时间（于 2014 年 4 月 15 日在中央国家安全委员会第一次会议上提出），这期间我国出台了一系列法律法规来规范各行业安全问题，如《中华人民共和国反间谍法》将现行国家安全法从名称到内容进行了全面修订，首次对具体间谍行为进行法律认定；《中华人民共和国国家安全法》将总体国家安全观法律化；《中华人民共和国反恐怖主义法》重点提出维护国家安全、公共安全和人民生命财

---

① DOTY J M. Geospatial intelligence：an emerging discipline in national intelligence with an important security assistance role［J］. The DISAM journal，2005，27（3）：1-14.

② ERIKSSON G. A theoretical reframing of the intelligence-policy relation［J］. Intelligence and national security，2018（4）：553-561.

产安全措施;《中华人民共和国境外非政府组织境内活动管理法》为规范、引导境外非政府组织在中国境内的活动而制定;《中华人民共和国网络安全法》为维护网络空间主权和国家安全、促进经济社会信息化健康发展而制定;《中华人民共和国国家情报法》将加强和保障国家情报工作、维护国家安全和利益提升到法律层面等。法治是国家治国理政的基本方式,这些法律的出台为权力行使、权利落实和社会安全起到保驾护航的作用。

国家安全体系涵盖的十一种安全中的文化安全、信息安全、资源安全等都与情报工作有关,那么在总体国家安全观视角下,国家情报工作制度建设也有新需求。

第一,情报工作制度与信息安全紧密结合。总体国家安全观下比产权还要重要的就是安全,所以在情报工作中必须包括一些安全预警与审查机制,以及数据存储的地域限制。国务院发展研究中心创新发展研究部副部长田杰棠指出,对国家数据的外泄要立法,他举了一个例子,欧洲做云计算时提出了一个原则:欧洲的一些关键数据不能够放在美国的云计算中心[1]。从这一点可以看出,我国情报工作制度建设也要有一定原则,发挥情报这一重要资产作用的同时,要注意保护信息安全,与国家安全方面的法律衔接,在制度安排上给予充分考虑。

第二,明确情报工作在国家安全战略中的地位。Michael J. Gallagher 对冷战时期美国的"日光工程"(Project Solarium)进行评价,因为情报专业人员参与了"日光工程"项目的各个方面,而情报产品提供了一个共同的分析基准,所以情报在整个项目中发挥了关键性作用,认为有必要对情报在国家安全战略设计中的作用进行更广泛的推广[2]。Huwdylan 与 Martin S. Alexander 两位作者在其文章中写到,我们继续生活在一个有趣而危险的时代,一个更安全、更平淡的未来似乎遥遥无期,随着西方老牌大国继续面对一些过去的挑战,并适应应对与全球实力再平衡相关的新挑战,情报仍将是治国之道的核心[3]。

总体国家安全观视角下情报工作的地位应予以明确,情报与国家安全战略之间的关系应受到更密切的审视,这不仅是情报工作制度建设需求,也是国家顶层设计的需要。

---

[1] 田杰棠. 大数据的潜在影响及制度需求 [EB/OL]. [2021-08-03]. http://tech.sina.com.cn/it/2014-08-04/13509534086.shtml.

[2] GALLAGHER M J. Intelligence and national security strategy: reexamining project solarium [J]. Intelligence and national security, 2015 (4): 461-485.

[3] HUWDYLAN, ALEXANDER M S. Intelligence and national security: a century of British intelligence [J]. Intelligence and national security, 2012 (1): 1-4.

第三，建立情报工作问责制度。情报工作制度建设中还应包括问责制度。Scott Sigmund Gartner 将情报失误分成两类：第一类叫情报错误，因为战略情境会产生动机偏差，情报部门会错误预测以前观察到的行为；第二类叫情报失败，即情报部门无法预测后来观察到的行为。情报部门更容易犯的是第一类错误，因为在不明确的情况下，如果不采取行动的危险很大，而军事行动的代价很小，则情报部门更有可能预测出从未观察到的错误威胁，伊拉克战争就是一个鲜明的例子①。面对各种情报失误，有必要对情报工作成果进行评估，建立情报机构的问责制。评估的内容应该包括以下几方面。①准确性。必须对情报部门提交的报告进行检查，并对准确性进行复核——这是判断情报是否具有附加价值的起点。中国驻贝尔格莱德大使馆在 1999 年北约（NATO）对塞尔维亚的空袭中就发生过这样的错误，以后就不再把外国大使馆贴上军火库的标签。②相关性。情报部门提交的报告必须解决引起决策者关注的问题，如中东地区的骚乱、蒙古国男性伏特加消费的研究等。③及时性。没有政策制定者愿意看上周的报纸，他们需要最新的信息。情报机构必须在一定程度上参与新闻事件，报道过去 24 小时内发生的事情。由于情报部门有信息的秘密来源和方法，除了电视新闻、广播所提供的信息外，还会有附加价值。④全面性。全源融合是一个重要目标，但鉴于政府机构的狭隘倾向及对资源和方法的嫉妒保护，这往往难以实现。⑤可读性。政策制定者们忙得不可开交，因此，情报部门的报告必须以生动活泼的方式书写或口头呈现智能产品。仅有可靠的报告是不够的，必须积极地"推销"情报，以吸引它应得的关注。⑥概率。决策者倾向于对预测事件实际发生的可能性有一种感觉，因此，在情报报告中提出概率报表是有帮助的。数值概率特别有用，它指出一个预期事件有 90% 或 20% 发生的可能性。即使是低的、中等的或高的估计也比完全没有概率要好。⑦客观性。在性能标准中排名靠前的必须是情报产品的纯度，它必须不受情报分析师或其管理人员引入的政治和政策偏见的影响。政治化是分析的原罪，不管分析的目的是取悦决策者，向他们提供有倾向性的信息，以支持他们的政策愿望，还是作为一名分析师，促进自己的政策偏好。⑧可操作性。虽然情报是一个特别难以满足的高绩效指标，但情报应包括威胁和机会的具体信息，以便决策者根据这些信息采取行动。

总之，情报工作制度在大数据观、大情报观和总体国家安全观下出现新需求是理所

---

① GARTNER S S. All mistakes are not equal: intelligence errors and national security [J]. Intelligence and national security, 2013 (5): 634-654.

当然的，观念、技术和人才的影响将是持续的。

本章小结

　　本章是本书的开篇，从宏观层面梳理国家情报工作制度的发展历程，包括 4 个小节，第 1 节讲述西方国家及我国情报活动的历史，重点介绍国家情报工作制度的产生背景及发展脉络；第 2 节主要介绍美国、俄罗斯、英国等发达国家情报工作制度的演进，从其历史发展进程中发掘各国情报工作取得的成就，并对各国国家情报工作制度从体制和机制两方面进行了比较；第 3 节从历史过渡到现实，介绍情报工作所处的新环境，包括政治环境、经济环境、技术环境等外部环境，以及情报工作自身的内部环境，经过分析发现国家领导人的态度对情报工作有着巨大的影响；第 4 节阐述大数据观、大情报观和总体国家安全观下国家情报工作制度的新需求。其中，大数据观视角下的国家情报工作制度建设需要与技术发展、技术人才引进和产权制度紧密结合；大情报观视角下的国家情报工作制度建设需要关注情报工作制度的行业性特征、行业职能和内容建设；总体国家安全观视角下的国家情报工作制度建设需要与信息安全紧密结合，明确情报工作在国家安全战略中的地位，同时建立情报工作问责制度。

　　制度建设任重道远，需要综合考虑本国和国际形势，以充分发挥情报工作在国家经济、技术、国防、公共安全等领域的先导作用。

第 2 章
大数据观视角下的情报工作机制

  大数据的特征实际上包括了两个主要方面：一是数据特征，即通常所说的体量大、多样性、密度低、速率高；二是问题特征，即粒度缩放（问题数据化，并可分解、可聚合）、跨界关联和全局视图[①]。无所不在的大数据必然形成对问题求解的"大数据观"，即从大数据角度看待某一个问题的发生、发展，大数据角度通常包括数据间的关联分析、多源数据的整合和基于数据的量化计算分析。大数据中蕴含着大量的情报价值，大数据分析具有强大的数据处理与分析能力，大数据分析必然会融入到情报分析中，实际上，大数据分析与情报分析在数据的定量分析、多源数据融合和相关关系挖掘等方面具有很多相似之处[②]，因此，大数据观对情报工作的影响是明显的。例如，苏新宁提出大数据环境下情报学理论要重建[③]；曾建勋、魏来从信息资源内容构成、信息组织方式、情报分析方法及服务功能拓展4个方面诠释了大数据环境下情报学新的核心内涵[④]；彭知辉分析了大数据环境下公安情报学"学科基点→学科理论基础→学科归属"的"变"与"不变"[⑤]；韩毅、李红认为，大数据时代情报学既应坚守历史演化所积累的学科特色，也应积极响应时代挑战，拓展新的研究领域[⑥]。大数据观下，情报研究获得了快速

---

  ① 陈国青，吴刚，顾远东，等. 管理决策情境下大数据驱动的研究和应用挑战：范式转变与研究方向[J]. 管理科学学报，2018，21（7）：1-10.
  ② 李广建，化柏林. 大数据分析与情报分析关系辨析[J]. 中国图书馆学报，2014，40（5）：14-22.
  ③ 苏新宁. 大数据时代情报学与情报工作的回归[J]. 情报学报，2017，36（4）：331-337.
  ④ 曾建勋，魏来. 大数据时代的情报学变革[J]. 情报学报，2015，34（1）：37-44.
  ⑤ 彭知辉. 论公安情报学的学科属性及大数据环境下的变化[J]. 情报资料工作，2017（5）：42-48.
  ⑥ 韩毅，李红. 大数据语境下情报学的坚守与拓展[J]. 图书情报工作，2015，59（5）：47-52,81.

发展，情报工作需要重新定位角色，情报工作也必须进行体制与机制的变革来支撑大数据战略和应对情报工作在大数据观下的新变化。

2.1 大数据观视角下的大情报观重塑

2.1.1 大数据观下情报研究的发展

梅尔腾斯认为，情报工作者应该发现同他们的世界观最有联系的世界观，以指导自己的思想和实践。在大数据环境下情报研究的基础性问题，如情报来源、情报组织、情报分析等均发生着显著变化。大数据环境拓宽了情报资源的获取渠道、丰富了获取方式、扩大了获取规模。大数据环境打破了传统情报资源主要来源于文本信息和结构化数据（如数据库）的限制，各种形式和载体的数据均可作为情报的来源，其中包括实体或文本、音视频信息的数字化，更为重要的是来自互联网、通信网和传感器的数据成为情报的主要信息来源。在大数据环境下，情报来源主要包括电子踪迹数据、用户生成内容（UGC）数据、文本数据、空间位置数据①。电子踪迹数据指用户在使用互联网以后留下来的踪迹，主要包括点击流和搜索日志，如用户点击网络情况、浏览情况及 IP 地址等都属于电子踪迹范围。用户生成内容（UGC）数据包括社交媒体数据，以及采用群体智慧机制的互联网百科数据等。文本数据是电子化处理后形成的文本数据，包括各类数字化图书馆网络数据库存储的文本数据等。空间位置数据是利用 GPS 等定位系统获取的定位数据②。信息来源也无限丰富，现在存留在虚拟空间中的数据规模已经从 TB 级别上升到了 PB 级别，甚至未来还会出现 EB、ZB，甚至是 YB 级别。此外，信息来源不仅源自客观数据（历史数据、事实数据），也需对实时数据、动态数据进行持续不断的监测，从而更加精确地进行预测分析。这些在以往的以小数据、样本数据为主要信息源的时代是无法企及的。

大数据环境下情报组织颠覆了以往的线性组织模式（文献采集—加工—分发—服务），以用户为中心的情报组织模式更为突出，用户参与到情报组织中，情报组织不再

---

① 郝龙，李凤翔．社会科学大数据计算：大数据时代计算社会科学的核心议题［J］．图书馆学研究，2017（22）：20，35．

② 马费成．推进大数据、人工智能等信息技术与人文社会科学研究深度融合［N］．光明日报，2018-07-29（6）．

遵循某种固定的模式,而是根据用户的现实需求实时、交互式地进行;情报组织所依赖的空间也由传统的物理空间(图书馆、情报中心)拓展到物理空间和虚拟空间(互联网)并存,众包等协同化的组织模式成为情报组织的一种重要方式,基于大数据技术的自动化信息组织方法获得广泛应用。

大数据技术与方法的应用也推动了情报分析的发展。在大数据环境下,情报分析深受计算思维的影响,突破了人收集、处理和分析庞大信息的自然局限,以计算机、机器学习、知识理解等计算与智能分析技术为工具,用数学模型进行组织并识别情报学的计算。(大)数据、文本、互联网、社交媒体和移动媒体等均将成为情报分析的主要对象;数据语义关联、数据整合聚类、数据深度挖掘、深度学习、空间分析、时间序列分析、可视化技术等①将极大地丰富情报研究方法。情报分析技术也高度依赖数据存储技术(BigTable、GFS、NoSQL、Dynamo、Hbase)、数据组织技术(MapReduce、语义关联技术、数据聚合与融合技术、高维数据降维技术)、情报发现技术(数据挖掘技术、知识发现技术、话题演化分析技术)等,同时,也需加强面向情报发现的分析工具研发。总之,在大数据环境下,情报学研究方法呈现出从介入性方式到非介入性方式、从部分探究到整体研究、从以人工分析为主到以计算机分析为主的变化趋势②。

在大数据环境下,数据向情报的转化可以越过中间环节,数据直接可以转化为情报,数据即情报,特别是在数据挖掘技术、语义关联技术等智能化技术的支撑下,可以进行自动的数据分析与计算,从而形成按需情报。马费成教授在2017年情报学与情报工作发展论坛上做的报告中,将情报学(intelligence studies)定位于信息链的后端,包含在 information science 内,知识向情报转化构成情报学的主要研究内容(图2-1)。

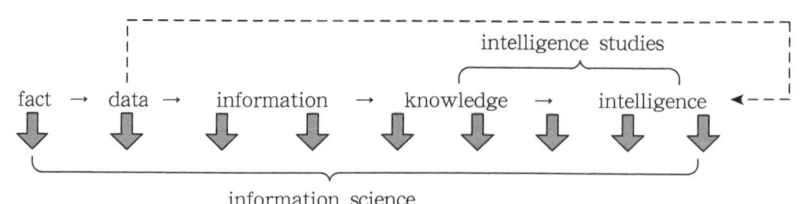

图2-1 信息链上的情报学

(资料来源:马费成教授的报告)

---

① MANYIKA J, CHUI M, BROWN B, et al. Big data: the next frontier for innovation, competition and productivity [R/OL]. [2021-08-03]. http://www.mckinsey.com/insights/business_technology/bid data the next frontier for innovation.

② 马费成,张瑞,李志元. 大数据对情报学研究的影响 [J]. 图书情报知识, 2018 (5): 4-9.

在大数据环境下，数据的情报价值巨大，不同状态的数据（静态数据与流数据）、不同形态的数据（音视频数据、文字、图片数据等）、不同结构的数据十分丰富，这些数据暗藏着丰富的情报价值[1]，正如彭知辉所认为的，数据具有强大的描述功能和预测功能，因此，数据本身便具有重要的情报价值[2]。数据的情报价值完全可以越过信息这一环节直接转化为情报，利用大数据技术与方法可以实现从数据到情报的直接转化[3]。具有支持大数据分布式处理的 Hadoop、具有强大计算能力的 MapReduce 等大数据技术与方法为数据直接向情报转化提供了坚实的技术保障。综合应用大数据技术可以对不同来源的数据进行整合、迁移、复制和虚拟化，并开展多层次、多维度的情报价值挖掘，如超越不同数据源的列重叠分析、匹配关键原型、敏感信息的识别等[4]。"数据即情报"的思维与理念逐渐深入人心。

2.1.2 虚实共存环境中的大情报观重塑

1987 年卢泰宏先生首次提出大情报观念，并将其界定为"从科技情报延拓到各类社会需求的情报，从单一领域的情报系统演变为综合的社会情报系统"[5]，之后在 1988 年的全国情报政策与发展战略学术讨论会上，大情报观取得共识[6]。王崇德先生指出"社会成员对情报的看法，即情报观，历来情报观都富时代感"[7]，大情报观本质上是想推动情报学的开放，使情报学介入社会、经济与管理的各个方面，推动情报学从科技情报拓展到社会情报[8]。我国情报工作发展的历史显示了情报观随着社会发展环境的变化而不断变化的过程。1949 年中华人民共和国刚刚成立，国家科技、经济、社会发展困难重重，百废待兴，当时又面对西方国家科技、经济的封锁，为了解决科技人员获取国外科技资料的困难，使其了解、分析国外科技发展现状，国家在 1956 年成立了中国科学技术情报研究所，其目的是向科学技术领域、向科学家们提供最新国际科技动态，跟踪国外

---

[1] 杨国立，李品．总体国家安全观背景下情报工作的深化［J］．情报杂志，2018，37（5）：52-58，122．
[2] 彭知辉．数据：大数据环境下情报学的研究对象［J］．情报学报，2017，36（2）：123-131．
[3] LEWIS B, MONTEMAYOR J, PIATKO C, et al. Supporting insight-based information exploration in intelligence analysis [J]. Communications of the ACM, 2006（4）：63-68.
[4] 桑尼尔·索雷斯．大数据治理［M］．匡斌，译．北京：清华大学出版社，2014：231-246．
[5] 卢泰宏，杨联纲．变革中的情报工作新观念与新方式［J］．科技情报工作，1987（3）：15-17．
[6] 刘植惠．评"大情报"观［J］．情报理论与实践，1999（2）：6-8，26．
[7] 王崇德．情报观的进化［J］．情报业务研究，1990（4）：169-173．
[8] 华勋基．试论情报科学体系［J］．情报学报，1987（6）：446-450．

的最新科技成果，解决科技人员获取资料难的问题，等等①，此时的情报工作更偏向于文献情报工作；20世纪90年代后情报学者对信息技术的热衷，再加上图书情报学改名为信息管理和中国科学技术情报研究所改名为中国科学技术信息研究所，一时间以信息检索系统等为代表的信息工作成为情报工作的主要内容，此时的情报工作更偏向于信息管理工作；到了21世纪，互联网兴起，情报工作开始重点关注网络信息资源建构与服务平台建设。可见，随着社会环境的变化我国情报工作的重点不断发生着变化，随之情报观也在这一过程中发生着显著变化，从单一领域（科技情报）向概念泛化及框架扩大（整个社会和行业）拓展。

在大数据环境下，情报工作的着眼点不再局限于物理世界，虚拟世界也进入到情报工作范畴中，在虚实共存环境下，大情报观进一步得到拓展，拓展到虚拟世界与物理世界并存的综合性世界中。不同于21世纪初所关注的网络信息资源的开发与管理，大数据环境下虚拟世界中的情报工作，更加关注面向国家安全与发展及社会治理的各种平台与媒介的情报挖掘，由此，物理世界与虚拟世界相互补充、相互印证的情报工作实现了大情报观的趋于完整。例如，逐渐兴起的社交媒体蕴含着大量的有关国家安全、舆情传播等方面的情报，这对于国家安全预警防护、舆情传播治理具有重要的支撑作用；逐渐普及的电子商务使得每个人都在进行着线上交易，而在交易过程中产生的商品信息、用户信息及评论信息等，是商业情报的重要组成部分。与此同时，在大数据环境下对实时数据的情报挖掘，可以有效洞察社会热点事件，而且在总体国家安全观背景下，信息安全成为国家安全的重要组成部分。总之，虚实共存的发展环境为重塑大情报观提供了广阔的发展空间，情报观从概念泛化及框架扩大（整个社会和行业）进一步进行扩大，拓展到以网络大数据为主要手段的战略性、实时性的国家决策支持和社会治理。

2.2 大数据战略中的情报工作角色

2.2.1 多源数据全面融合的组织者

数据融合相比于数据集成和数据整合而言，更强调数据之间的"化学反应"，从而改变原有数据的属性与内容，形成具有新知识或新情报价值的数据。目前冠以"数据融合"的研究多集中于方法和技术层面，而基于方法与技术层面的所谓"数据融合"实际上更偏重于数据的集成或整合，也就是不同空间、不同形式的数据汇总，数据汇总的目

---

① 苏新宁. 大数据时代情报学学科崛起之思考［J］. 情报学报，2018，37（5）：451-459.

的是聚合较为全面的对问题求解的数据，从而发现一些规律性知识和认知，这一过程固然具有相应的情报价值和创新价值，但深度还远远不够。数据融合的目的是强调新知识和新情报的产生，就是将多源、异构、碎片化、实时、历史的等各种时空范围的数据集合到一起后，将它们打碎重新匹配组合，从知识元的层面进行细粒度和精细化的元素重组，实现知识的创新和新情报价值的挖掘，这一过程显然单纯依靠来自计算机、数学、物理学等学科领域的技术、方法和模型实现起来是比较困难的。

情报学是与数据组织最为接近的学科，通过知识与数据组织产生新的情报价值与情报服务向来是情报工作的老本行。从大数据中获得知识创新、提炼情报元素，需要情报工作作为组织者，从跨学科角度，以来自其他学科的技术与方法为支撑，从情报学的视角对数据进行融合，以期进行知识发现、情报发现。首先，作为数据融合的组织者，情报工作要建立一套全面而完整的元数据标准，这一标准不仅包括大数据本身的元数据设计，而且包括大数据所存在的时空范围的背景信息，因为同样的数据在不同的背景下所具有的情报价值有可能存在显著差异。也就是数据融合中要将数据本身及数据所处的背景数据一块进行组织。其次，情报工作要注重计算机等学科领域数据整合技术与方法的转化，要从情报学的视角将它们的技术与方法转化为发现情报的工具，而不是纯技术与方法的应用。这需要在与其他学科进行跨学科合作过程中，一方面要以情报问题和情报任务为导向来开发相应的数据分析工具，不仅要注重数据之间语义关联的挖掘，而且要注重各类异常性数据的识别；不仅要注重数据收集的全面性，而且要注重建立假设模型、验证模型、思维模型等。另一方面要充分借助于专家的智慧，用专家的经验与知识去协助发现数据融合后所产生新数据的知识与情报价值。最后，要重视数据库的建设，数据积累是发现数据新价值的基础，要对面向某一特定问题的历史数据、碎片数据，甚至经过验证的认知数据、假设数据等进行长期积累，这不仅是时间维度的纵深积累，而且是空间范围内的广度积累，通过数据积累可以促进数据融合的可持续而深入的发展。

2.2.2 数据安全的守卫者

数据安全风险防范大体包括两个方面：一方面为技术与方法角度，包括用户访问控制、数据隔离、数据完整性、隐私保护、安全审计、高级持续性攻击防范等[1]；另一方

---

[1] 王丹，赵文兵，丁治明．大数据安全保障关键技术分析综述［J］．北京工业大学学报，2017，43（3）：322，335-349.

面为管理角度，这方面目前主要以政策与制度建设为主。技术与方法角度的数据安全风险防范具有一定的盲目性，特别是有些数据的安全风险并非"硬性的"，而是"软性的"，也就是说，在大数据环境下，海量的公开数据通过关联分析，即可发现其中蕴含的决策者意图或涉密信息。例如，通过对多源数据的三角测定分析来推断个人身份信息①，通过资金流、物流、消费流、能源流轨迹的数据分析，即可洞察一个区域的经济运行态势。单纯通过隔离、阻断等方式的数据安全风险防范更多的是防止数据基础设施和平台免受攻击与保密数据泄露，而对公开数据的泄密风险防范并不在其管辖范围内；而且数据获取更具隐蔽性，遍布全球各个角落的传感器等电子设备可以实时获取用户的行为轨迹，名目多样的各类云服务也在不经意间诱使用户主动上传信息，数据的攫取越来越公开化、在线化。与此同时，大数据时代的数据获取方式更为隐蔽，往往通过大量数据关联获取价值②。政策与制度角度的风险防范具有一定的滞后性，特别是竞争与对抗性国际环境，以及应急性社会事件与病毒式传播的网络环境，具有个性化、突发性、紧迫性等特征，面向普适性的具有一定建设周期的政策与制度很难在当时充分发挥效用。

数据安全防范实际上应包括三个阶段，即风险识别与预警、风险应对与处置、数据安全性维护，分别对应风险潜伏期、风险攻击期和风险反击期，情报工作在此过程中具有用武之地。情报工作善于捕捉风险信号，不管是强信号还是弱信号，情报工作均能通过持续的数据监测和分析发现它们，从而提前做出预警，将风险扼杀于萌芽之中；数据风险正在暴发时，情报工作可以通过评估等手段，对风险等级进行分类评估，建立竞争情报机制以发现风险意图，并提出相应的决策方案，以免数据安全遭受更大的破坏；在风险攻击过后，情报工作可以通过反情报、竞争情报等机制与方法，加强数据的自我保护，发现数据攻击方的后续意图，为以后的数据安全保护提供决策支持。作为数据安全的守卫者，情报工作要建设面向国家安全的多层次情报工作体系，一方面建立积极情报、反情报与欺骗性情报联合工作网络，特别是加强反情报和欺骗性情报工作体系的建设③。在美国第12333号行政命令中，将反情报定义为：识别、欺骗、利用、瓦解或防

---

① GERARD G, HAAS M, PENTLAND A. Big data and management [J]. Academy of management journal, 2014 (2): 321-326.
② 常小兵. 筑牢我国大数据管理的安全防线 [J]. 求是, 2014 (24): 55-56.
③ 杨国立, 李品. 总体国家安全观背景下情报工作的深化 [J]. 情报杂志, 2018, 37 (5): 52-58, 122.

止由外国或非国家行为者实施的间谍活动和其他活动,并为此搜集的信息,以及采取的活动①。反情报远不只是一种防御性的情报工作,通常而言反情报工作应包括三类:第一类是评估型反情报,旨在评估对手针对本国开展情报工作的能力,以及敌我对比中我方情报能力的评估;第二类是防御型反情报,是针对对手的情报渗透而采取的情报保护和对对手的挫败行为;第三类是进攻型反情报,是主动识别对手的情报工作,必要时输送虚假情报,并操控其攻击活动。欺骗性情报是以误导敌方情报分析,削弱敌方情报分析能力,并将其引导至有利于我方的情报工作为最终目标。欺骗性情报工作应包括三个层面:一是封锁自身信号,即对自身情报的保护,以防被敌方所识别;二是释放虚假信号,以误导敌方情报工作;三是反欺骗,即努力识别敌方可能释放的假信号,并采取必要的情报工作防止并利用被欺骗。另一方面要建设国家竞争情报体系,通过国家竞争情报辅助决策者做好应对战略突袭的准备,发现早期预兆,提供情报预警,尤其是对弱信号、问题端倪和风险防控的认知和评估②。

2.2.3 数据治理的重要参与者

国际数据管理协会将数据治理放在数据管理职能中的核心位置③,美国学者桑尼尔·索雷斯将大数据治理定义为与大数据有关的数据优化、隐私保护和数据变现政策④,数据治理的本质是定义数据管理的规则⑤。以中信银行为例,其数据治理的目标包括:①数据具有清晰、准确、一致的定义;②数据符合标准化要求;③数据满足质量要求;④数据有明确的责任方;⑤数据的成本和价值可计量;⑥数据实现集中的存储与管理;⑦数据存储有合理的期限和方式;⑧数据进行统一的加工和整合;⑨数据具有安全可靠的控制机制;⑩数据易用、易访问⑥。数据治理的终极目标是能够使数据获得最有效的应用,并且保证数据的安全和可持续性。在大数据环境下进行有效的数据治理是大数据

---

① LOWENTHAL M M. 情报从秘密到政策 [M]. 杜效坤,译. 北京:金城出版社,2014:216.
② 高庆德. 美国情报组织揭秘 [M]. 北京:时事出版社,2016:398.
③ DAMA International. The DAMA guide to the data management body of knowledge [M]. NJ: Technics Publications,2009:8.
④ 索尼尔·索雷斯. 大数据治理 [M]. 匡斌,译. 北京:清华大学出版社,2014:34.
⑤ TALLON P. Corporate governance of big data: perspectives on value, risk, and cost [J]. Computer, 2013(6):32-38.
⑥ 商业银行数据治理体系构建思考 [EB/OL]. [2021-08-03]. http://www.cfc365.com/technology/data%20center/2012-09-04/5775_2.shtml.

应用的基础,因为大数据应用的最核心问题是实现各类数据之间的融合,从而从密度稀疏和实时变化的大数据相关关系中获得有价值的信息和知识。数据融合需要统一的数据标准与规则,不断更新价值密度稀疏的大数据需要进行有效的数据积累,对其应用的生命周期进行有效的管理,情报工作在这一过程中必有可为、大有可为。

作为数据治理的重要参与者,情报工作在以下五个方面具有得天独厚的优势。一是定义元数据标准。作为数据组织的重要组成部分,统一的元数据标准是大数据得以融合的基础。情报工作在元数据研究中具有很长的历史,特别是在数字图书馆建设过程中积累了丰富的经验,开发了不少可用于元数据建设的技术与工具,可以说元数据是情报学的重要研究领域,也是特色研究领域,这是其他学科所无法比拟的。情报学应致力于面向大数据建立元数据标准,将其作为国家和社会数据治理的基础。二是数据重用。数据重用涉及数据搜集、数据组织及数据的二次开发利用,显然这些都是情报工作的专长,情报学应在大数据搜集(智能化搜集机制、方法等)、数据组织(自动摘要、自动语义识别等)和大数据开发利用中大展身手,特别是基于云计算技术建立大数据资源库,以期为大数据重用提供支撑。三是数据质量评估。情报工作可以通过建立相应的评估指标体系、评估机制与方法等,开展面向具体任务和问题的数据质量评估,使大数据能够得到精确和有效应用。四是数据加值。简单地讲,数据加值就是从数据中获得增值效应,即进行情报分析,从而尽可能深刻和全面地从数据中获得知识创新和新的情报价值。情报分析工作是情报工作的核心议题,进行大数据的情报价值挖掘已得到广泛认可并开展实践。但当前还局限于技术驱动和数据驱动层面,后续情报工作要在这二者基础上,向场景驱动进发,就是面向特定的情报分析任务,将相关的全渠道(主要指互联网与物联网)数据进行整合,结合特定的使用场景,开展情报分析。五是数据风险治理。情报工作在风险治理中可在协助数据立法(如数据应用案例调研分析等)、数据自主自控(如数据安全与情报保护教育等)和数据显隐形价值保护(如从情报预警和战略情报等角度避免从大量数据相关互联中挖掘出秘密信息等)中发挥重要作用。

2.3 匹配大数据政策与规划的情报工作机制

我国从国家和地方层面已经制定了很多与大数据发展相关的政策性文件和规划,特别是 2015 年以后,相关文件密集出台,截至 2018 年 5 月,我国已出台大数据资源建设相关规划 54 项，其中国家级规划 17 项、省市级规划 37 项①，表 2-1 列出部分文件②。例如，《大数据产业发展规划（2016—2020 年）》指出：数据是国家基础性战略资源，是 21 世纪的"钻石矿"。党中央、国务院高度重视大数据在经济社会发展中的作用，党的十八届五中全会提出"实施国家大数据战略"，国务院印发《促进大数据发展行动纲要》，全面推进大数据发展，加快建设数据强国。

表 2-1 部分国家和地方层面起草的大数据文件示例

文件起草单位	文件名称
国家层面	《促进大数据发展行动纲要》
国家层面	《中华人民共和国国民经济和社会发展第十三个五年规划纲要》
国家层面	《政务信息系统整合共享实施方案》
国家层面	《"十三五"国家政务信息化工程建设规划》
部门层面（工业和信息化部）	《大数据产业发展规划（2016—2020 年）》
部门层面（环境保护部）	《生态环境大数据建设总体方案》
部门层面（农业部）	《关于推进农业农村大数据发展的实施意见》 《农业农村大数据试点方案》
部门层面（国家林业局）	《关于加快中国林业大数据发展的指导意见》
地方层面（贵州省）	《贵州省大数据产业发展应用规划纲要（2014—2020 年）》 《贵州省数字经济发展规划（2017—2020 年）》 《贵阳市大数据产业发展"十三五"规划》 《大数据+产业深度融合 2017 年行动计划》
地方层面（广东省）	《广东省促进大数据发展行动计划（2016—2020 年）》 《广东省大数据发展规划（2015—2020 年）》
地方层面（北京市）	《北京市大数据和云计算发展行动计划（2016—2020 年）》
地方层面（河北省）	《关于促进和规范健康医疗大数据应用发展的实施意见》

大数据时代，情报工作的作用体现在通过整理从公开来源得到的海量信息，为政策制定者提供独特类型的情报信息。决策者需要情报机构提供信息，消除疑虑，减少决策

---

① 常大伟. 面向政府决策的大数据资源建设研究 [J]. 图书馆学研究, 2018 (13): 28-32.
② 翟云. 中国大数据治理模式创新及其发展路径研究 [J]. 电子政务, 2018 (8): 12-26.

过程中的不确定因素。发生战争时，领导者需要随时掌握敌军的部署情况；和平年代里，政客们觉察到危险临近或外交机会到来时，也可以从情报机构获益①。对于情报机构而言，他们需要政治指导，以便明确努力的方向。如果缺乏相应的指导，他们的工作对于政策需要而言就会变得效率低下、毫无价值②。因此，情报工作与政策之间是相互制约和相互支撑的关系。当前的大数据政策与规划对大数据资源建设和大数据应用提出了明确要求和设想，情报工作可以利用自身数据组织技术与方法上的优势，建设相应的数据资源库和服务平台，在国家竞争情报体系和数据服务平台支撑下，创造国家竞争中的资源优势，提供数据资源的整合与积累；通过构建国家情报中心，提高大数据应用的深度，保障大数据应用的安全；通过构建情报治理机制，培养情报机构和情报工作从业者掌控、挖掘数据的能力。

2.3.1 建设国家情报工作制度，推动大数据转化为情报资源

麦肯锡的一项研究报告指出，大数据是一个大的数据池，其中的数据可以被采集、传递、聚集、存储和分析。与固定资产和人力资本等其他重要的生产要素类似，没有数据，很多现代经济活动、创新和增长都不会发生，这正成为越来越普遍的现象③。正因如此，目前许多研究中已将大数据作为一种与自然资源和人力资源同等重要的资源。有学者调研指出，各种大数据的定义指出大数据是数据集、资源、资产④，因此，应该从国家层面构建大数据资源规划管理体制与机制，促进大数据成为反映人们经济社会行为的重要依据。在此过程中，情报学应该发挥其在信息资源管理的理论与方法上的优势，从信息组织角度为国家层面的大数据资源规划管理体制与机制的建立提供理论与方法论依据。

从情报工作的角度看，将大数据作为一种数据资源对大数据价值应用还是不够的。DIKW（Data-Information-Knowledge-Wise）信息链揭示，数据可以经过一系列的过程转化为智慧（情报），在大数据环境下，数据可以直接转化为智慧（情报）。从这个意义上

---

① 约书亚·瑞夫纳. 锁定真相：美国国家安全与情报战略 [M]. 张旸，译. 北京：金城出版社，2015：5.

② KENT S. Strategic intelligence and American foreign policy [M]. Princeton：Princeton University Press，1949：195.

③ MANYIKA J，CHUI M，BROWN B，et al. Big data：the next frontier for innovation，competition，and productivity [R]. Mc Kin-sey Global Institute，2011：1-137.

④ 朱扬勇，熊赟. 大数据是数据、技术，还是应用 [J]. 大数据，2015，1（1）：71-81.

说，大数据资源应该上升到情报资源，从而为管理决策提供支持。因此，DIKW 应进一步发展为情报价值链（Intelligence Value Chain），即将大数据资源用于国家的决策支持系统建设，而在这一过程中，需要将大数据资源转化为情报资源。从情报工作制度角度看，大数据资源转化为情报资源，并用于国家的决策支持，需要相关管理体制与机制的支撑，如国家层面情报资源治理机制、国家层面的相关机构竞争与合作机制、国家层面的情报资源管理体制等。

2.3.2　构建国家竞争情报体系，创造动态数据资源优势

《大数据产业发展规划（2016—2020 年）》指出：大数据成为塑造国家竞争力的战略制高点之一，国家竞争日趋激烈。一个国家掌握和运用大数据的能力成为国家竞争力的重要体现。国务院在《促进大数据发展行动纲要》中指出，大数据成为重塑国家竞争优势的新机遇，发掘和释放数据资源的潜在价值，有利于更好地发挥数据资源的战略作用，增强网络空间数据的主权保护能力，维护国家安全，有效提升国家竞争力。历史证明，对资源的争夺是引发国际冲突的主要根源，那些拥有丰富资源却不具备自卫能力的国家屡次遭受外敌入侵。从这个意义上讲，信息（数据）让资源匮乏的国家通过追求技术进步和创新获得发展空间，减少因土地和能源资源争夺带来的冲突[①]。

进行大数据分析的数据来源及其细节信息常常需要情报分析的创新发现，即使对信息最开放的美国也是如此。以美国著名的娱乐城市拉斯维加斯的公司为例，尽管该市的政府已有非常详细的游客统计数据、游客调查数据，以及各研究部门的分析数据，但企业要深入了解具体游客的消费行为，仍需要采取各种创新的手段来收集数据。以哈乐斯公司为例，为尽可能地了解游客（公司的主要顾客），他们采用的创新方法包括通过提供各种积分，奖励和鼓励游客成为公司的会员。成为会员需要填写会员申请，提供比较详细的各种个人资料，包括姓名、电话号码、出生年月、家庭住址等。一旦有了游客的这些数据，只要游客使用会员卡消费，公司就能够获得游客的"可辨识个人行为资料"。游客在什么时间、什么地方消费了什么、消费了多久，都详细记录在案，这样，公司就可以针对具体的个人提供营销和服务。即使这样，公司收集的数据仍有缺陷，如公司难以收集不愿意成为会员的游客的行为数据。针对这些游客，哈乐斯公司采取的创新方法

---

① 汪晓风. 信息与国家安全：美国国家安全战略转型中的信息战略分析［D］. 上海：复旦大学，2004.

是让游客免费使用 Wi-Fi，但前提是每天使用都需要申请，在酒店房间里使用和房间外使用要分别申请。由于游客入住酒店时公司已掌握了游客的姓名、年龄、性别、国别等资料，接下来游客只要使用 Wi-Fi，公司就知道什么游客什么时间在房间里，什么时间离开房间，离开房间后光顾了酒店的什么餐馆、剧院、商店等（通过手机定位系统）①。

国家竞争情报体系是基于全球经济一体化和当前复杂多变的宏观环境，以服务于国家战略决策为内容，从国家整体利益出发，为维持国家竞争优势和提升国家综合国力，在制度和法律允许的范围内围绕针对国际竞争环境、国家竞争对手和国际竞争态势所进行的情报搜集、情报整理、情报分析、情报传递等活动而构建的国家战略决策支持系统。例如，美国对中国开展的"301调查"，要求解的正是这类典型的国家竞争情报问题②。创造动态资源优势是竞争情报体系对国家战略决策支持作用发挥的重要内容之一。具体而言，首先，国家竞争情报体系可以根据国家竞争优势获取而进行数据资源的动态调动、协调和配置，使数据资源真正如大数据战略中要求的那样，发挥其战略支撑作用，由此也能够使数据资源更具敏捷性，发挥适时性、针对性的资源支撑作用。数据资源的敏捷性对于国家的发展实际上也具有至关重要的作用。例如，卢森堡人口仅50万，国土面积还不到2600平方公里，是一个微型经济体，但人均GDP排在世界第二位，创新竞争力仅次于美国排在第二位，经济的整体健康状况排名世界第二。研究人员发现，该国成功的经验是灵活、敏捷和善于应变③。其次，国家竞争情报体系可以根据国家竞争情报挖掘需要，对数据资源进行重新组合，从而发现隐藏在其内部的重要情报价值。数据资源除了涵盖通过各种搜集手段获取的数据外，还包括对获得的数据资源进行解读、分析和研判而构成的新的资源，以及对数据进行某些调节，甚至重组而形成的新的数据资源，甚至智慧数据（即强调数据语义互联，强调自动知识推理），等等，这些都是数据资源的重要组成部分，如对先行指标变化数据（即在商业领域代表生产和投资过程的早期阶段）的监测与分析、对反常情况数据（新思维、信息归类、信息组合）的识别与研判等。显然，通过国家竞争情报体系可以深化对这部分数据资源的开发。最后，国家竞争情报体系可以全面提升国家大数据资源的掌控能力、分析支撑能力和价值挖掘

---

① 曾忠禄. 大数据分析：方向、方法与工具[J]. 情报理论与实践，2017，40（1）：1-5.
② 陈峰，张薇. 从"美国301调查"看国家竞争情报产品的特征及形成条件[J]. 情报杂志，2018，37（6）：1-5.
③ OLIVER W，CHRISTIAN S，SABINE D. Specialized international financial centres and their crisis resilience：the case of Luxembourg[J]. Geographische zeitschrift，2011，99（2-3）：123-142.

能力。虽然信息自动存储和检索系统可以处理大量信息，但只有训练有素的情报分析和研究人员才能阐释数据，进行判断，得出结论。例如，俞天任在其所著的《有一类战犯叫参谋》中指出，日本在公开情报搜集方面不遗余力，但分析信息、提炼情报能力却很弱，他们看到了劫掠来的堆积如山的书籍，却没有意识到这些图书毕竟不是情报，并不会自动告诉日本中国的国力情况，更不会告诉日本中国决策者的意图，因此，第二次世界大战中日本的战略情报工作一团糟。

2.3.3 构建数据服务平台，积累与整合分散的数据资源

国家"十三五"规划纲要指出，要全面推进重点领域大数据高效采集、有效整合，深化政府数据和社会数据关联分析、融合利用，提高宏观调控、市场监管、社会治理和公共服务精准性和有效性。依托政府数据统一共享交换平台，加快推进跨部门数据资源共享共用。加快建设国家政府数据统一开放平台，推动政府信息系统和公共数据互联开放共享。号称我国三大数据平台的北京、上海、贵州的政府数据网，公布的数据也非常少，非常粗略。单是获得数据还不够，还需要获得有关资料的很多细节，如对数据使用范围的说明、数据产生背景介绍，以及其他能帮助分析员理解数据的信息。如果没有这些细节，对数据的正确解读就可能有困难，数据就会失去价值①。构建数据服务平台的重要目的是，实现不同行业、领域大数据的融合，扩大服务范围，提高服务能力，推动包括科研活动获取和产生的科学数据在内的各类型和来源数据的逐步开放共享，实现对国家经济、社会发展重要数据的权威汇集、长期保存、集成管理和全面共享。

数据服务平台对数据资源的积累与整合是国家战略情报工作的重要基础。"9·11"事件情报失误调查报告表明，情报失误的主要原因在于情报体制上，大量事实证明，由于美国中央情报局、联邦调查局和国家安全局对所掌握的情报缺乏有效的沟通和情报共享机制，无法把分散在各情报部门的情报联系起来综合判断，因此，造成了此次重大事件中的情报失误②。2009年美国《国家情报战略》提出要加强情报数据的合成与综合分析，提高自身预测和发现新挑战、新机遇的能力，提供更有远见、更加深入和更高质量的情报分析③。美国

---

① 曾忠禄.21世纪商业情报分析［M］.北京：中国经济出版社，2018：109.
② 陶翔.国家竞争情报：是什么　为什么　如何做［M］.上海：上海科学技术文献出版社，2008：2.
③ Office of the director of national intelligence. 2009 national intelligence strategy［EB/OL］.［2021-08-03］. https：//www.odni.gov/files/documents/Newsroom/Reports%20and%20Pubs/2009_NIS.pdf.

的情报搜集能力非常强大，每一种情报搜集都由一个专门机构负责①。例如，中央情报局负责人力情报搜集，国家安全局负责信号情报搜集，国家侦察办公室和国家地理空间情报局负责地理空间情报搜集。分散（即"烟囱式"）的情报体制提高了情报搜集的效率，但由于这些情报机构都只对自己的主管部门负责人负责，各个情报机构搜集的情报资料总是相互封锁，相互之间没有信息共享②。日本掌握大庆油田的情报，至少需要4个方面知识：东北的地理情报、东北的地质情报、石油开采的知识和石油提炼方面的知识。这些知识储存在不同的地方，需要整合。可见，数据整合对于情报挖掘及国家战略的重要作用。

构建大数据服务平台，首先，要突破大规模异构数据融合、集群资源调度、分布式文件系统等大数据基础技术，面向多任务的通用计算框架技术，以及流计算、图计算等计算引擎技术，支持深度学习、类脑计算、认知计算、区块链、虚拟现实等前沿技术创新，提升数据分析处理和知识发现能力。结合行业应用，研发大数据分析、理解、预测及决策支持与知识服务等智能数据应用技术。其次，要培育数据服务模式。发展数据资源服务、在线数据服务等模式，支持用户充分整合、挖掘、利用自有数据或公共数据资源，面向具体需求和行业领域，开展数据分析、数据咨询等服务，形成按需提供数据服务的新模式。再次，要完善金融、税收、审计、统计、农业、规划、消费、投资、进出口、城乡建设、劳动就业、收入分配、电力及产业运行、质量安全、节能减排等领域国民经济相关数据的采集和利用机制，推进各级政府按照统一体系开展数据采集和综合利用，加强对宏观调控决策的支撑。最后，要注重文本信息及各类数据资源与其产生背景和应用场景之间的关联。世界上的信息有80%都是定性的、文字性的、非结构性或半结构性的文本信息③，这些文本信息实际上已经构成了大数据资源的重要组成部分，而对这些文本信息的数据挖掘，属于自然语言处理范围，需要深度学习、语义分析等相应的技术，更多是从定性角度挖掘情感类、观点类信息。

2.3.4 构建国家情报中心，保障大数据应用的健康发展

国家情报中心是一种国家整体层面的情报工作管理体制，可以实现各个情报机构能

---

① CLARK R M. The technical collection of intelligence [M]. Washington D. C.: Congressional Quarterly Press, 2010: 279.
② 高金虎. 军事情报学 [M]. 南京: 江苏人民出版社, 2016: 124-125.
③ BAARS H, KEMPER H G. Management support with structured and unstructured data: an integrated business intelligence framework [J]. Information systems management, 2009 (25): 132-148.

力与资源的整合,特别是匹配国家大数据战略的要求,能够从多角度保障大数据资源的健康应用。具体而言,国家情报中心可从以下几个方面来保障大数据资源的健康应用。

(1) 将大数据的相关关系分析上升为因果关系挖掘。这也就是要将大数据分析置于国家、社会需求的各种行业背景和宏观环境的背景(历史的、政治的、经济的、社会的、文化的与语言的)之下来加以解读,从而将相关关系提升为因果关系,唯有如此,才能使大数据资源获得更具深度的应用。另外,只知道相关关系,而不知道因果关系,大数据分析结果是具有很大风险性的。由于数据体量庞大,可能产生各个方向辐射的各种关系,因此,大数据产生的相关关系有可能是虚假的。正如 Leinweber 所指出的,只要数据量足够大,数据挖掘总能够发现一些相关关系。例如,通过将 1983—1993 年的标准普尔 500 股票指数和联合国 140 个国家的经济数据整合,数据挖掘发现标准普尔 500 股票指数同美国的绵羊数量的相关度高达 99%,显然这是一种伪相关[1]。

(2) 通过情报思维与方法,再联合相关领域专家,在大数据分析过程中,控制数据的范围及分析的方向。成功的大数据分析首先需要分析人员确定方向、目标,然后根据他们确定分析的对象,有针对性地收集和分析数据。正如 Mike Flowers 所指出的,大数据驱动的分析主要的挑战不是技术问题,而是方向和组织领导的问题[2]。在进行大数据分析时,要将注意力集中在重点数据上,要考虑数据的代表性。例如,进行微信数据分析时,要考虑到不是所有人都使用微信,因此,其应用目标和方向应是使用微信的那部分群体。进行网络数据分析也是如此,并不是所有人都上网,网上的数据只能代表网民的信息行为,而非网民不在此列。数据量不是越大越好,随着数据规模的扩大,信号和噪声的比例可能恶化[3],信号是针对分析方向而言有用的数据,而噪声是垃圾,甚至错误的数据,数据体量的增大会增加噪声数据的数量,因此,要围绕数据分析目标选择适当体量的数据进行分析,而不是尽可能全面地获取全局数据,特别是在利用数据资源进行情报价值挖掘时,有时少量的异常点数据、关键点数据直接可以得出情报结论。

(3) 避免唯数据论,充分重视"假设"在大数据分析中的重要作用。无论是多么有经验的数据搜集者,受有限理性的制约,对数据获取与分析都可能存在"就近效应""定向思维"和"先入为主"等认知缺陷。美国虽然具有强大的数据搜集系统,但并未

---

[1] 曾忠禄. 21 世纪商业情报分析 [M]. 北京:中国经济出版社,2018:112-113.
[2] LEE P. Big apple, big lessons for the DON [EB/OL]. [2021-08-03]. http://www.secnav.navy.mil/innovation/Documents/2015/10/MODA.pdf.
[3] KLEINMAN M. Cities, data and digital innovation [R]. Toronto:University of Toronto, 2016.

能避免"9·11"事件的发生。因此,数据收集与分析需要有假设作为指引。美国中央情报局前分析员 Heuer 指出,分析员不是将所有信息放在一起,从而形成图画,而是先形成一幅图画,然后选择适合的图片来拼凑。准确的估计不仅取决于收集的图片的数量,而且取决于形成图画时的思维模式(假设)①。假设能帮助我们区别信号和噪声。Frick 指出,数据本身是不会说话的,没有假设指引,无论多么丰富的数据都是毫无价值的。不需要任何假设,仅凭观察就能分析是荒诞的②。例如,谷歌的趋势服务提供从 2004 年 1 月以来的上千万条搜索查询数据和数百种搜索类别的数据。谷歌也提供现成的数据处理能力。利用谷歌的分析工具,有时候很容易发现搜索词和某些潜在的因变量之间存在显著统计学意义的关系。但是,正如 Silver 指出的,有这么多容易处理的数据,人们可以从中发现非常多的相关关系,但这些关系的因果关系不是都清楚的。没有假设指引的数据挖掘获得的结果只适合解释,不能提供未来的预见。几乎任何事情都很容易做到适合的解释③,这样的数据资源实际上并没有发挥它们的真正价值。没有假设的指引,使用谷歌的搜索引擎数据,不但不能减少,反而可能提高预测的失败率④。

(4) 提高数据应用的安全性。20 世纪 60 年代,日本从公开发表的出版物中掌握了大庆油田的基本情况;70 年代,美国派克公司派人拍下了"英雄""金星"两厂抛光机的结构及运作程序,窃取了我国钢笔不锈钢笔套抛光技术;80 年代,日本人窃取了我国世代秘传不泄的国宝级生产技术——宣纸技术和景泰蓝制作技术,以及人造地球卫星的发射与云南白药秘方、二步发酵法生产维生素 C 工艺等⑤。这些情报无不是从公开信息源获得的。在大数据时代,数据之间关联性的挖掘,使情报泄露风险更为严峻。国家情报中心可以通过建立数据的审核机制和评估机制,来确保我国公开数据资源尽可能安全,避免国家重要技术及政治、社会、外交等数据的泄露。此外,我们也经常使用大数据分析手段获取他方的战略意图、能力和所要采取的行动等,而在竞争和对抗性等复杂

---

① HEUER R. The psychology of intelligence analysis [M]. Washington, D. C.: Center for the Study of Intelligence, Central Intelligence Agency, 1999.

② FRICK M. Big data and its epistemology [J]. Journal of the association for information science and technology, 2014 (66): 651-661.

③ SILVER N. The signal and noise [M]. New York: Penguin, 2012.

④ NYMAN R, ORMEROD P, SMITH R, et al. Big data and economic forecasting: a top-down approach using directed algorithmic text analysis [C] //In: ECB Workshop on using big data for forecasting and statists. Frankfurt, 2014.

⑤ 李沐,卓尔. 全球经济间谍案 [M]. 广州:南方日报出版社,2002.

环境下，数据具有不完整性、欺骗性，使得我们在进行数据分析中数据源存在安全风险，因此，如何获取完整数据、如何从不完整数据中获得重要情报信号、如何识别欺骗性数据等一系列问题均需要情报分析作为保障。总之，国家情报中心可以通过积极情报（对外情报）、反情报（进攻型和防御型结合）和情报评估等思维与方法，保障大数据应用的安全性。

（5）提高公开数据源利用的深度。美国一份情报评估报告认为，利用公开资源能够搜集以下情报：①突发危机和地区不稳定事件的初期信息；②主要领导人、持不同政见者和反对派领导人，以及恐怖分子和犯罪人员的有关信息；③地理、人口和基础设施的国家安全影响信息；④国内外政策调整的动向；⑤有关军事力量组织、装备和部署的情况；⑥民族、种族和宗教问题对国家安全有影响的信息；⑦信息战应用战略；⑧犯罪组织信息[①]。公开来源信息在1991年海湾战争和科索沃战争中发挥重要作用。在"沙漠盾牌"行动期间，美国中央情报局和其他情报机构发现，通过分析电视台对萨达姆和其他伊拉克高官的报道可以获得有价值的情报。中央情报局的医疗和心理专家通过分析电视访谈节目，发现伊拉克领导人具有压力和焦虑的迹象。国防情报局的分析员研究了电视报道（尤其是来自巴格达的电视台的报道）背景中反映军事车辆的镜头，并定格相关画面，将镜头中的车辆外形与计算机记录的伊拉克装备情况进行比对，以判断伊拉克军队是否装配了新型装备[②]。

美国利用我国的公开信息来源获得了很多有价值的情报。例如，2003年的一份评估报告就是介绍如何利用研究目录、百科全书和地址名录、专著、期刊、电子数据库等公开信息来源研究中国人民解放军。该报告作者认为，"通过公开信息来源的资料能够了解一般不透明的中国战略方向问题"，而且"中国的公开信息来源能够提供大量解放军内部的兵力计划数据和观点"。可以作为情报来源的中国国内期刊有《舰船知识》和《船舶制造》。20世纪80年代，《舰船知识》被认为一般提供低质量且不可信的海军信息，不过偶尔会包含一些有用的数据。该刊登载的一篇标题为《导弹快艇在战斗中的作用》的文章认为，"决策者"正在考虑安排六艘编制的"奥沙"或"柯马"级导弹快艇中队的一至两艘负责防空任务。《船舶制造》主要关注舰艇发动机研究。根据一名分析师的研究，"该刊物能够提供有关中国舰艇发动机研究的最新信息，反映了中国技术发

---

① 杰弗里·里彻逊. 美国情报界 [M]. 郑云海, 陈玉华, 王捷, 译. 北京: 时事出版社, 1988: 413.
② 同①415.

展是如何借鉴国外信息来源,以及在该领域实验的结果"。利用该来源的信息与其他情报可以"合理、准确地评估中国在该技术领域的发展水平"。《现代军事》期刊也是情报分析人员关注的资料。该刊会全面地关注太平洋和印度洋地区的安全威胁问题。很受关注的有《航天电子对抗》,该刊在2013年的首期中收录了15篇文章,其中有《对"全球鹰"及反制措施的思考》《早期预警卫星的定位模式及空间目标定位的误差分析》《有关聚式雷达信号分选的研究》①。国家情报中心可以借鉴美国的成功经验,通过对目标方公开来源数据的监测和研判获得有利于我国的情报信息。

2.3.5 构建情报治理机制,提高数据获取和评估能力

情报治理是对情报相关的组织、人员和信息资源进行管控的措施和制度的总称②,情报治理的最终目标是提升情报机构和人员的情报能力,在大数据战略下,这种能力主要体现在数据获取与评估能力上。早在2600多年前,我国著名的军事家孙武就非常强调情报分析能力的重要性,但在那个时代,情报工作的重点在于获取信息,因为当时信息是缺乏的,且信息传递主要靠人员流动。而今天,互联网、微信、电视、电话等各种传播媒体被广泛使用,信息的传递和供给十分容易,我们面临的不是信息不够,而是信息超载,在信息超载的情况下,信息获取就需要有选择性,需要对信息进行分析、挖掘和解读③。信息技术的发展使信息获取能力大大提升,但信息处理能力却没有得到同步提升,计算机所实现的智能化信息处理与情报搜集能力还不能匹配,大量的信息堆积在数据库中,没有发挥应用的作用。正如美国商业情报专家史提芬·费指出的,数据有重要的故事要讲述,但要靠你给它们声音。缺乏对数据的持续比对和评估工作,或者缺乏分析技术和分析组织的发展,数据将变得一文不值。美国海军陆战队《情报行动》条令(2003年版)指出,给指挥官提供一切数据并对其含义进行解释,只会增加情况认识的不确定性,这些支离破碎、自相矛盾、彼此无关的信息会造成信息过载。因此,对数据和信息必须进行分析和综合,由此产生出"关于威胁和环境的知识",这样的情报才能在决策中使用④。因此,信息获取与分析能力是大数据环境下的情报服务队伍(情报机

---

① 杰弗里·里彻逊. 美国情报界[M]. 郑云海,陈玉华,王捷,译. 北京:时事出版社,1988:275.
② 王延飞,陈美华,赵柯然,等. 国家科技情报治理的研究解析[J]. 情报学报,2018,37(8):753-759.
③ 曾忠禄. 21世纪商业情报分析[M]. 北京:中国经济出版社,2018:4-5.
④ U.S. Marine Corps. MCWP 2-1, Intelligence operations[C]. Washington, D.C., 2003:1-3.

构和情报工作人员）必须具备的能力。

在大数据战略下，情报服务队伍的数据获取和评估能力的核心是获取数据的能力、解读数据的能力和减少数据的能力，为此，需从以下四个方面加强能力建设。一是提高对数据评价的能力。数据评价主要从数据本身和数据源两个方面进行①，前者主要包括似真性（信息的真实性是否有条件限制）、预期性（根据分析员已有的相关知识来判断事件发生的可能性或真实性）、支持性（是否有另外一条证据证明）；后者主要包括可靠性（以往记录证实，权威来源有《人民日报》《光明日报》《华尔街日报》等）、接近性（信息源是事件的直接观察者或参与者）、适当性等。情报服务队伍在进行数据分析时，应重点从以上几方面提高评价能力。

二是克服情报工作人员的有限理性。诺贝尔奖获得者赫伯特·西蒙认为，由于世界太大、太复杂，而人类大脑处理信息的能力又非常有限，因此，人类的决策在很多情况下不可能是理性的②。有限理性限制了数据收集、数据理解、数据分析与利用能力，为避免有限理性，必须加强情报工作人员的思维训练，使其重视批判性思维模型的建立，避免镜像思维、群体思维的产生，还要应用有效的情报分析方法，如竞争性假设分析法、关键假设法、德尔菲法等。例如，冷战时期，美国密切监测苏联的军事行动，定期利用间谍卫星拍摄苏联的照片，然后由中央情报局的分析员来审阅照片，以试图发现苏联是否建造了新的军事设施。一次，一名情报分析员在阅读报纸时，注意到当时苏联有一个在过去比赛中经常输球的小镇足球队最近连连获胜，并且比分差距很大。他觉得不正常，感到这里面一定有过去没有注意到的东西。他推断当地工人数量一定有较大规模的增加，从而使当地足球队可以从更多的人中间挑选队员。增加的工人很可能是建造军事设施的人员。于是他把曾经看过的卫星照片再调出来，结果在原来什么都没有发现的照片上发现了严密伪装的核武器工厂③。

三是要重视定性分析。提高数据分析能力不能单靠提高数学、计算机和统计学等定量化的数据分析能力，还需要加强定性分析能力的锻炼，特别是在复杂、动态变化的环境中，数据与个人的不可预测的行为和主观判断联系在一起，诸如对时间的主观看法等不能量化，仅通过量化的变量来解释复杂的现象会忽略大量现有信息。正如美国中央情报局著名的情报分析专家赫尔和弗森指出的，情报分析员要处理的信息大部分都是不完

---

① 曾忠禄. 21世纪商业情报分析［M］. 北京：中国经济出版社，2018：234-236.
② SIMON H A. Models of man: social and rational［M］. New York: John Wiley and Sons, Inc., 1957.
③ 同①268.

整的、模糊的，并可能是带有欺骗性的，因此，情报分析永远也不可能像真正的科学那样准确、那样可预测①。

四是加强反情报能力的训练。所有从事情报搜集的机构都必须对搜集的信息的真实性保持警惕，这需要不断地对情报来源和信息进行评价，这必须依赖反情报能力，反情报是捍卫情报工作完整和涉密信息安全的有力保障②。特别是在大数据环境下数据非常丰富，其中蕴含着大量的噪声数据，对数据的正确性、隐蔽性进行分析与评估，需要反情报能力的支撑。

本章小结

大数据观推动大情报观的重塑，进而需要重新思考情报工作的角色，做好大数据观下的情报工作需要相应的情报工作机制作为支撑。本章认为，在大数据环境下，情报组织、情报分析和情报价值及其实现均发生了显著变化，情报工作应该拓展到虚实共存环境中的战略性、实时性的国家决策支持和社会治理。情报工作的独特角色在于，可以成为多源数据全面融合的组织者、成为数据安全的守卫者、成为数据治理的重要参与者。情报工作在大数据环境下发挥独特的应用价值，应致力于构建国家竞争情报体系、数据服务平台、国家情报中心和情报治理机制。本章主要解决的问题有三个：第一，明确了大数据环境下情报工作的变革和拓展，特别强调虚实共存环境下大情报观的重塑；第二，明确了大数据环境下情报工作的角色，这样的角色是情报工作所擅长的，也是情报工作相较于其他学科所特有的，这样的角色可以为后续情报工作的转型发展提供定位；第三，提出了大数据环境下情报工作机制，本章所提出的机制着眼于大数据的开发、利用与服务，通过建立相应的平台和策略，使大数据能够充分发挥其情报价值。

① HEUER R J, PHERSON R H. Structured analytic techniques for intelligence analysis [M]. Washington: CQ Press, 145.
② 张晓军. 美国军事情报理论研究 [M]. 北京：军事科学出版社，2007：57.

第 3 章
总体国家安全观与情报新思维

在国家安全的开放系统内,安全和发展是两大核心要义,想要实现"大安全"和"大发展",一定离不开"大情报"的支持。

3.1 总体国家安全观内涵

新中国成立至今,我国国家安全观的演变大致经历了四个阶段。第一阶段是新中国成立之初到 20 世纪 70 年代末,这一阶段是以军事安全为核心的国家安全观,其间,受全球冷战、两极格局的影响,国家的军事力量被视为展示和保障国家安全的天然代表。第二阶段是 20 世纪 70 年代末到 80 年代末,这一阶段是以综合安全为核心的国家安全观。1983 年"国家安全"一词首次作为独立术语出现在政府工作报告中,其间随着冷战的即将结束,国际社会也出现了一系列新安全观,如共同安全观、合作安全观、综合安全观等。第三阶段是冷战结束后的 20 世纪 90 年代初到 2012 年党的十八大之前,这一阶段我国的国家安全观整体表现为从传统国家安全观向非传统国家安全观的过渡,并在 2002 年形成了以"互信、互利、平等、协作"为核心的新国家安全观。第四阶段是 2012 年党的十八大以来至今,这一阶段非传统国家安全观趋于高阶和成熟,成立了中央国家安全委员会,并形成了"以人民安全为宗旨"的总体国家安全观,开辟了国家安全顶层设计的新思路[1]。

2014 年 4 月 15 日,习近平总书记在主持召开中央国家安全委员会第一次会议时,

---

[1] 熊光清. 为什么要提出总体国家安全观 [EB/OL]. (2017-08-03) [2021-05-20]. http://theory.people.com.cn/n1/2017/0803/c40531-29446249.html.

首次正式提出"总体国家安全观"。他强调，要准确把握国家安全形势变化新特点、新趋势，坚持总体国家安全观，走出一条中国特色国家安全道路①。自此，为我国的国家安全与发展工作开创了面向未来的崭新局面。

3.1.1 总体国家安全观释义

总体国家安全观的基本含义是"以人民安全为宗旨，以政治安全为根本，以经济安全为基础，以军事、文化、社会安全为保障，以促进国际安全为依托，维护各领域国家安全，构建国家安全体系，走中国特色国家安全道路"②。其中，最基本的安全主体从传统安全观的"国家"转向了总体安全观的"人"，这是对人类本身生存状态的关注和人性的回归，"以人民安全为宗旨"成为总体国家安全观的第一要义，在构建国家安全体系时，就需要更多地兼顾对公民基本自由和权利的保护；政治安全是实现国家安全的根本性措施和手段；经济安全是实现国家安全的基础性措施和手段；军事安全、文化安全、社会安全是实现国家安全的保障性措施和手段；国际安全是实现国家安全的外部安全环境和外部依托。

同时，总体国家安全观要求坚持十个重视，既重视外部安全，又重视内部安全；既重视国土安全，又重视国民安全；既重视传统安全，又重视非传统安全；既重视发展问题，又重视安全问题；既重视自身安全，又重视共同安全③。基于此，一般认为，在超越了传统国家安全观的基础上，总体国家安全观系统地涵盖了十一种国家安全，它是集国家政治安全、国土安全、军事安全、经济安全、文化安全、社会安全、科技安全、信息安全、生态安全、资源安全、核安全十一位于一体的新型国家安全体系。需要指出的是，刘跃进认为，除了习近平总书记直接讲到的十一个安全之外，总体国家安全观中的安全要素还包含国民安全。因而，他认为总体国家安全观所体现的国家安全构成要素是十二个，而非十一个，即集国家国民安全、政治安全、国土安全、军事安全、经济安全、文化安全、社会安全、科技安全、信息安全、生态安全、资源安全、核安全十二位

---

① 中央国家安全委员会第一次会议召开 习近平发表重要讲话 [EB/OL]. （2014-04-15）[2021-05-20]. http：//www.gov.cn/xinwen/2014-04/15/content_2659641.htm.
② 中华人民共和国国家安全法（主席令第二十九号）[EB/OL]. （2015-07-01）[2021-05-20]. http：//www.gov.cn/zhengce/2015-07/01/content_2893902.htm.
③ 同①.

于一体的总体国家安全体系①。

在此，我们以为，两种说法皆有理可循。一方面，从广义上来讲，国民安全可以作为十一大安全要素中社会安全的子要素，这是由于国民或人民是构成社会活动和社会环境的要素。作为衡量一个国家或地区社会安全状况总体变化程度的重要指标，社会安全指数中的社会治安（每万人刑事犯罪率）、交通安全（每百万人交通事故死亡率）、生活安全（每百万人火灾事故死亡率）和生产安全（每百万人工伤事故死亡率），无一不包含人的要素。所以，可以认为，国民安全或人民安全可以作为社会安全的子要素，包含在十一种安全要素中的社会安全中。另一方面，正如刘跃进所言，习近平总书记在正式提出总体国家安全观时，首先讲到的便是国民安全或人民安全，即"当前我国国家安全内涵和外延比历史上任何时候都要丰富……必须坚持总体国家安全观，以人民安全为宗旨……"，以及"既重视国土安全，又重视国民安全"。因而认为国民安全或人民安全应该作为十一种安全以外的国家安全要素。同时，从学理上讲，"国民安全"比"人民安全"的概念更具有普遍性、概括性和科学普适性，可以作为国家安全构成要素的标准概念，所以将之统称为国民安全。这种说法也具有一定的合理性，在此我们不做深究。论及十二种安全要素，归为传统安全形态和非传统安全形态两大类。

此外，需要特别强调影响国家安全的自然因素，或者说国家安全的自然环境，虽然在总体国家安全观的阐释中并没有明确指出自然因素，但是其指出的传统安全形态下的国土安全、资源安全，以及非传统安全形态下的生态安全等，实际上都可以算作自然因素的范畴。由于无法将这些因素准确地只归为传统安全形态或非传统安全形态中的任何一类，在此把这种自然因素的影响作为国家安全的自然环境对待。那么，结合历史实践和现实情况来看，影响国家安全的自然因素大致包括国土面积、地理位置、自然资源、气候条件、人口数量等，这些自然因素可能对国家安全产生积极影响，也可能产生消极影响②。而像洪、涝、旱、震、虫、疫、风、火等人们称为"天灾"的自然灾害，就是自然环境对国家安全产生的消极影响，如 2003 年我国暴发的大规模"非典"疫情、2008 年 5 月 12 日的汶川地震，以及 2018 年 7 月全国多地域普降大暴雨造成的洪水、滑坡、泥石流等自然灾害。

---

① 刘跃进. 总体国家安全观视野下的传统国家安全问题［J］. 当代世界与社会主义，2014（6）：10-15.
② 刘跃进. 关注自然因素对国家安全的影响：在传统安全观与非传统安全观之外［J］. 新视野，2005（1）：41-44.

3.1.2 总体国家安全观下的安全形态

总体国家安全观站在历史的新高度上，区别于长期秉持的传统国家安全观和世纪之交提出的以"互信、互利、平等、协作"为核心的新国家安全观，实质上是一种新时代的系统的非传统国家安全观。这并不是说总体国家安全观只关注非传统的国家安全问题，而是说它是以非传统的安全思维和理念来认识、理解、研究、应对国家安全涉及的方方面面，其中既包含非传统安全问题，也包含传统安全问题。就现实来讲，我国近年来的年度国家安全十大事件中，也是既包含传统安全问题，又包含非传统安全问题（表3-1）。因而，总体国家安全观以系统的理念和全局观念，通过"总体"二字，将国家安全问题置于一种更高级的形态，涵盖了国家安全工作与发展的方方面面。

表3-1 2014—2017年中国国家安全十大事件

事件	2014年	2015年	2016年	2017年
1	中央国家安全委员会成立	新《国家安全法》颁布实施	中国多方应对"南海仲裁"及相关挑衅	驻韩美军部署萨德系统
2	中央查处周永康、徐才厚等贪腐案	《中华人民共和国反恐怖主义法》公布	雾霾红警频发，多地指数爆表	中印洞朗对峙
3	《中华人民共和国反间谍法》颁布实施	天津爆炸、深圳滑坡等多起安全事故造成人员重大伤亡	美国拟在韩国部署萨德系统	中国共产党第十九次全国代表大会在北京召开
4	暴恐袭击多发	中美南海对阵	反腐行动深入发展	习近平总书记主持召开国家安全工作座谈会
5	中央网络安全与信息化领导小组成立	中共中央政治局会议审议通过《国家安全战略纲要》	中国军改强力推进	"一带一路"国际合作高峰论坛在北京举行
6	香港"占中"事件及其妥善解决	多地雾霾加重，北京红色预警	《中华人民共和国反恐怖主义法》实施	中国首艘国产航空母舰下水
7	马航失联	中国深化国防与军队改革	聂树斌案昭雪等司法案件广受关注	网络勒索病毒全球肆虐

续表

事件	2014年	2015年	2016年	2017年
8	京津冀等多地雾霾持续	习近平、马英九新加坡会面	习近平主席在核安全峰会上首提打造核安全命运共同体	《中国的亚太安全合作政策》白皮书发布
9	总体国家安全观提出	亚洲基础设施投资银行成立	蔡英文接任台湾地区领导人	中美元首海湖庄园会晤
10	南海冲突不平静	日本通过新安保法案	朝鲜核问题继续发酵	红黄蓝幼儿园"虐童"事件

当然，影响国家安全的因素也可以从自然和社会、国内和国外等维度来分类，如自然的国土面积、地理位置、自然资源、气候条件、人口数量等，社会的世界格局、国际秩序、时代主题、邻国关系等，国内的社会制度、政治体制、大政方针、法律法规、传统文化、国民素质、民族、宗教、自然环境等，国外的国际格局、地区安全、全球生态环境、外层空间环境等①。但由于按照这两种维度分类，势必会有一些因素的交叉重复，在此统一按照总体国家安全观中提及要素所涉及的安全形态为标准进行划分，大致分为传统安全形态和非传统安全形态两种类型。

3.1.2.1 传统安全形态

由于对国民安全、经济安全、文化安全、社会安全、科技安全、资源安全等安全要素到底应该归属于传统安全形态还是非传统安全形态，目前尚无标准定论，因而，我们不以该要素是传统安全观重视的要素或非传统安全观重视的要素为标准，而是以该要素是否属于传统或非传统安全要素为标准，即不以其被何种安全观重视，而是以要素本身所具备的安全属性为评判依据，来进行判定和归类。那么，总体国家安全观中所包含的传统安全形态有七种，分别是国民安全、政治安全、国土安全、军事安全、经济安全、社会安全、资源安全。当然，虽然以上七种形态属于传统安全形态，但是总体国家安全观对各种传统安全问题也是进行了非传统性思考的，这也正是它作为高级形态的非传统国家安全观的一个重要体现。

当然，需要指出的是，除了上述七种传统安全形态以外，影响国家安全的传统因素还应该包括自然环境中的洪、涝、旱、震、虫、疫、风、火等"天灾"，在此不做详细

---

① 刘跃进. 当代国家安全系统中的国家文化安全问题[J]. 文化艺术研究，2011，4（2）：14-21.

阐述。

（1）国民安全

国民安全具有宗旨性，习近平总书记主持召开中央国家安全委员会第一次会议时强调"必须坚持总体国家安全观，以人民安全为宗旨……既重视国土安全，又重视国民安全"，《中华人民共和国国家安全法》（简称新《国家安全法》）第十六条规定"国家维护和发展最广大人民的根本利益，保卫人民安全……"，这都是将国民安全放在国家安全工作重中之重的位置。毫无疑问，国民安全是国家安全最核心的部分，是总体国家安全观的根本目标和精髓所在，其他一切安全都应统一于国民安全，国民安全高于一切。

国民安全是国家安全原生要素中的史前要素，也就是国家和国家安全出现之前就客观存在的要素。最基本的国民安全包括国民人身安全、生存安全、生产安全、财产安全、生命意志自由、隐私安全等。虽然有学者指出"安全是没有危险的客观状态，不以人的主观感觉为转移，不包括对安全的感觉"①，但是国民安全客观存在或得到客观保障以后，安全感是随之而来的主观感受，这种感受并不用来评判国家安全与否，也就是说国民的安全感并不与国民安全的客观状态互为充要条件，而只是出于自身对安全状态的主观评判。

中国思想史上的"载舟覆舟""民贵君轻"等论断就包含了贵民、重民的思想，这虽然与今日"以人民安全为宗旨"的"以民为本""以人为本"思想的根本性无法相提并论，但二者都揭示了统治阶级对于"民"的看重，这或许与我国自古就有的"得民心者得天下"的说法不无关系。"得民心"首要的就是保证国民安全，从而使他们内发地产生足够的安全感，进而认同和维护国家政权，这些安全感来自方方面面。如今常常讲到国民幸福感，习近平总书记在首个全民国家安全教育日到来之际就曾指出"国泰民安是人民群众最基本、最普遍的愿望……夯实国家安全的社会基础，防范化解各类安全风险，不断提高人民群众的安全感、幸福感"②，我们认为安全感是幸福感的基本前提，也就是必要条件，简单来说就是国民感到安全，并不一定会感到幸福，但如果有很高的幸福感，则他们的安全感也必然很高。在国外，2011年我国在利比亚内乱期间大规模撤侨三万多人，2015年尼泊尔地震期间中国率先完成撤侨五千多人的救援任务，2015年我国在也门撤侨800余人（包含590位中国侨民和225位外国侨民）。在国内，2008年汶

---

① 刘跃进．"安全"及其相关概念［J］．江南社会学院学报，2000（3）：17-23．
② 习近平：汇聚起维护国家安全强大力量 不断提高人民群众安全感幸福感［EB/OL］．（2016-04-14）［2021-05-20］．http：//www.xinhuanet.com/politics/2016-04/14/c_1118625785.htm．

川地震期间，国家第一时间成立了抗震救灾总指挥部，党和国家领导人多次深入灾区指导救援工作、视察灾后重建情况，并反复强调："人的生命是最宝贵的，抢救生命是第一位的，是压倒一切的。"这样的事例还有很多，无一不在彰显和践行着我国"以人为本""人民的安全高于一切"的宗旨。2017年夏天火爆影院、创下华语电影票房之最的《战狼Ⅱ》就是根据也门撤侨事件改编的，影片最后中国护照背面的几行字"中华人民共和国公民：当你在海外遭遇危险，不要放弃！请记住，在你身后，有个强大的祖国"，成为观众热议的话题，观影群众无不热泪盈眶，为祖国的强大，也为祖国带给我们的真正的安全感。

总之，国民是国家安全工作的重要力量支撑，国民安全更是国家安全的根本保证，因而保障国民安全是国家安全工作的基本出发点和根本任务。

(2) 政治安全

政治安全具有根本性，我国是工人阶级领导的、以工农联盟为基础的人民民主专政的社会主义国家。新《国家安全法》第十五条规定："国家坚持中国共产党的领导，维护中国特色社会主义制度，发展社会主义民主政治，健全社会主义法治……国家防范、制止和依法惩治任何叛国、分裂国家、煽动叛乱、颠覆或者煽动颠覆人民民主专政政权的行为……"政治安全攸关我们党和国家的安危，其核心是政权安全和制度安全。

政治安全是国家安全原生要素中的伴生要素，也就是国家和国家安全出现的同时相伴出现的要素。国家政治安全就是国家在政治方面免于国家内外和政治内外各种因素侵害和威胁的客观状态，是国家政治发展与政治稳定的良性互动和动态平衡[①]。最基本的政治安全在内容构成上包括政治思想安全、政治主权安全、政治权力安全、政治制度安全、政治权利安全、政治活动安全。国家政治思想安全是政治意识形态与国民政治认同的统一。例如，我国的社会主义并不完全等同于国家意识形态安全，因为意识形态本身包括政治意识形态和文化意识形态，而文化意识形态安全属于非传统的文化安全范畴。国家的本质是以主权为根本特征的政治存在，因而政治主权安全是国家政治安全的先决条件。我国的政治权力属于全体人民，公民依法享有政治权利。政治制度是国体与政体的统一，既包括各类准则和规范，也包括各种机构和组织，我国现行的政治制度主要有

---

① 梁艳菊，宋晓梅. 论政治安全与政治稳定、政治发展的关系[J]. 内蒙古社会科学（汉文版），2001（6）：1-3.

社会主义制度、人民代表大会制度、民族区域自治制度、中国共产党领导的多党合作和政治协商制度等。国家政治活动安全是政治存在、政治运行和政治革命的安全，包含一般政治活动和政治变革活动的安全，其中政治变革包括政治改良、政治改革和政治革命①。

如今世界范围内的霸权主义、强权政治、恐怖主义，以及国内的贪污腐败、权力滥用、政治生态恶化、民族宗教分裂活动等，都是对国家政治安全的极大威胁。2014年中央查处周永康、徐才厚等贪腐案及2016年反腐行动深入发展等，都被列入当年国家安全十大事件，既反证了贪污腐败对国家安全，特别是国家政治安全的危害，也证明了坚决有效的反腐行动对保障国家安全，特别是国家政治安全的积极作用。我国新一届领导人执政后，不仅加大了反腐力度和深度，2014年全年仅公开报道的被处理或调查的副省部级以上高官就达23人，中央纪委立案17万多件，给予党纪政纪处分的有17万多人，2017年中央查办贪腐案件持续发力，40名省部级高官获刑，其中包括副国级官员1名、正部级高官9名②；而且加快了国家安全的顶层设计，设立中央国家安全委员会、更新国家安全法、提出总体国家安全观，同时还积极开展群众安全教育实践，设立每年的4月15日为全民国家安全教育日，这些都是对国家安全，特别是国家政治安全的有力保障。

（3）国土安全

国土安全是国家安全的空间保障，是国家安全原生要素中的史前要素。我国陆地领土面积约为960万平方公里，约占地球陆地总面积的1/15，仅次于俄罗斯和加拿大，位居世界第三。新《国家安全法》第十七条规定："国家加强边防、海防和空防建设，采取一切必要的防卫和管控措施，保卫领陆、内水、领海和领空安全，维护国家领土主权和海洋权益。"国土安全是立国之基，是国家生存和发展的基本条件，是国家安全中最敏感的要素，具有很强的联动性。

国土是国家主权赖以存在的物质空间，包括领陆、领水（内水和领海）、领空三部分，上至高空，下及底土。国土安全涵盖领土、自然资源、基础设施等要素，是指领土

---

① 范传贵. 非传统安全问题威胁国家安全［N］. 法制日报，2014-05-08（4）.
② 2017"打虎"战报：40名省部级及以上高官获刑［EB/OL］.（2017-12-24）［2021-05-20］. http://www.chinanews.com/gn/2017/12-24/8407847.shtml.

完整、国家统一、海洋权益及边疆边境不受侵犯或免受威胁的状态①。然而，当代国家的生存空间，已经超越了传统的领陆、领水、领空、底土这四个方面，还应该包括网络空间、太空空间，以及更特殊的专属经济区空间。基于这样的认识，刘跃进等人提出了"国域"的概念。他们认为，在当前复杂的国际环境下，要准确描述一个国家生存和发展的全部空间领域，必须在把传统主权范围内的"领土"概念扩展到非传统"国土"概念之后，进一步把"国土"概念变为更加非传统的"国域"概念，即集陆域、水域、底域、空域、天域、磁域、网域七域为一体的领域。如果基于这个观点，在非传统的总体国家安全观视阈下，我国的国土安全自然就变成了"国域安全"。那么，具有完全主权的传统领域、具有不同治权的非传统海洋毗邻区、专属经济区、大陆架、防空识别区、外太空空间、电磁空间、信息网络空间等都属于国家赖以生存和发展的空间领域，它们的安全也就归属于如今总体国家安全中的国土安全或国域安全了②。因此，现在的国土（域）安全就包含了领陆安全、领水安全、领空安全、底土安全、天域安全、磁域安全、网域安全七个方面。

虽然经过多年的努力，我国已成功解决绝大部分陆地领土主权争议，但是近年来，侵犯我国领土主权的事件频发，如中日钓鱼岛争端、中菲南海争端、中印洞朗对峙等，就南海争端事件，已经连续三年出现在年度国家安全十大事件名单中，分别是2014年南海冲突不平静、2015年中美南海对阵、2016年中国多方应对"南海仲裁"及相关挑衅。就我国目前来说，以钓鱼岛争端和南海争端为主的海洋国土安全问题，以及以台湾为主的领土安全问题，随时都有进一步激化的潜在威胁，统筹运用军事、政治、经济、外交等传统手段和科技、文化、信息等非传统手段来应对和彻底解决这些领土争端问题、维护国土安全势在必行。

（4）军事安全

军事安全具有保障性，它为国家安全提供军事和武力保障。新《国家安全法》第十八条规定："国家加强武装力量革命化、现代化、正规化建设……；实施积极防御军事战略方针……；开展国际军事安全合作，实施联合国维和、国际救援、海上护航和维护国家海外利益的军事行动……"军事安全既是国家安全体系中的重要环节，也是维护国家其他领域安全和整体国家安全的强力保障，因而军事安全本身就显得至关重要。

---

① 《总体国家安全观干部读本》编委会. 总体国家安全观干部读本 [M]. 北京：人民出版社，2016：89.

② 刘跃进，刘思偲. 国域安全观：国家安全新思维 [N]. 中国社会科学报，2017-07-12（7）.

军事安全是国家安全原生要素中的伴生要素,指的是国家不受外部军事入侵和战争威胁的状态,以及保障这一持续安全状态的能力①,也就是能持续保证国家的军事存在、军事力量和军事活动等不受威胁、挑战、打击和破坏的客观状态。军事安全的具体内容主要包括军队安全、军人安全、军纪安全、军备安全、军事制度安全、军事设施安全、军事秘密安全、军事信息安全、军事工业(国防工业)安全、军事活动安全等②。需要指出的是,传统国家安全观认为,军事手段是维护国家长治久安的最重要的手段,国家地位的重要标志就是军事力量的强弱,军事安全在国家政权中占据绝对位置,几乎代表了国家安全,各国都将政治和军事安全置于国家利益的首位③,但是,总体国家安全观主张"以人民安全为宗旨""以军事、文化、社会安全为保障",这就厘清了军事安全在国家安全体系中的定位,以及军事安全与其他安全的关系,即军事安全是保障和维护国家安全的重要工具、重要条件、保底手段,而非国家安全的根本目标,国家安全的根本目标是人民安全。

当代影响国家安全的武装冲突主要有两大类,一是小规模的和局部的国家或民族冲突,二是日益猖獗的国际恐怖主义对国家和人民的袭击④。同时,当前威胁和危害我国军事安全的主要内部因素是军队内部的腐败,外部因素则是美国战略再平衡过程中战略重心东移对中国造成的军事压力和挑战⑤。近年来,中国特色强军兴军举措稳步迈进,我国的军改已经取得初步成效,就目前来说,发生大规模外敌入侵战争的可能性不大,但不管是国内外的武装冲突,还是军队内外的影响因素,都会对国家军事安全产生不可小觑的威胁,需要时刻警惕。

(5)经济安全

经济安全具有基础性,维护我国经济安全,核心是要坚持社会主义基本经济制度不动摇。新《国家安全法》第十九、第二十、第二十二条分别规定"国家维护国家基本经济制度和社会主义市场经济秩序……""国家健全金融宏观审慎管理和金融风险防范、处

---

① 《总体国家安全观干部读本》编委会. 总体国家安全观干部读本 [M]. 北京:人民出版社,2016:97.
② 刘跃进. 我国军事安全的概念、内容及面临的挑战 [J]. 江南社会学院学报,2016,18 (3):7-10.
③ 任卫东. 传统国家安全观:界限、设定及其体系 [J]. 中央社会主义学院学报,2004 (4):68-73.
④ 韩玉贵. 非传统安全威胁上升与国家安全观念的演变 [J]. 教学与研究,2004 (9):86-90.
⑤ 同②.

置机制,加强金融基础设施和基础能力建设……""国家健全粮食安全保障体系……",法案同时规定"维护国家安全,应当与经济社会发展相协调"。目前经济全球化发展迅速,想要与这样的经济发展态势相协调,就必须高度重视和维护国家经济安全。

经济安全是国家安全原生要素中的史前要素,指的是在全球化背景下,国家消除国内外潜在的经济危机,防止外界不稳定因素冲击,避免本国经济遭到严重破坏,经济能够全面、可持续、健康发展的一种状态①。国家经济安全的具体内容包括经济体制安全、经济制度安全、经济环境安全、经济信息安全、财政安全、金融安全、能源安全、贸易安全、产业安全、粮食安全等。冷战结束以后,国家间以经济制裁为主要手段的对抗取代了军事力量的对抗,我国实行改革开放后,工作重心转向了"以经济建设为中心",党的十九大以后,我国社会的主要矛盾已经转化为人民日益增长的美好生活需要和不平衡不充分的发展之间的矛盾。这些转变不仅顺应了经济发展的大趋势,也说明我国的经济发展进入了新常态,经济下行压力明显,经济安全受到多方面的挑战和威胁。需要注意的是,一个国家经济安全与否不仅会影响本国安全,还随时可能扩大到威胁全球经济安全,美国金融危机很好地证明了这一点。2007年美国发生次贷危机,引发了一场席卷美国、欧盟、日本、中国等世界主要金融市场的金融风暴,最终引发了波及全球的金融危机,造成国际金融市场的严重动荡。

2018年上半年,我国国内生产总值(GDP)为418 961亿元,同比增长6.8%;全国居民人均可支配收入为14 063元,扣除价格因素实际增长6.6%;全国居民人均消费支出为9609元,扣除价格因素实际增长6.7%;全国居民消费价格同比上涨2.0%②。总体来看,上半年国民经济延续总体平稳、稳中向好的发展态势,但也要看到,外部环境不确定性增多,国内结构调整正处于攻关期,要注意防范化解风险隐患,捍卫经济领域的安全利益,保证国家的经济生活不受威胁。

(6)社会安全

社会安全具有保障性,国家安全离不开社会的长治久安。新《国家安全法》第二十六、第二十七、第二十八、第二十九条分别规定"国家坚持和完善民族区域自治制度,巩固和发展平等团结互助和谐的社会主义民族关系……""国家依法保护公民宗教信仰自由和正常宗教活动……""国家依法取缔邪教组织……国家反对一切形式的恐怖主义

---

① 徐英倩. 论我国国家经济安全立法[J]. 学习与探索, 2017(10): 65-70.
② 上半年国民经济总体平稳、稳中向好[EB/OL]. (2018-07-16)[2021-05-20]. http://www.stats.gov.cn/tjsj/zxfb/201807/t20180716_1609850.html.

和极端主义……""国家健全有效预防和化解社会矛盾的体制机制，健全公共安全体系……维护公共安全和社会安定"。社会安全工作涉及打击犯罪、维护稳定、社会治理、公共服务等多个方面，维护我国社会安全，就是要维护社会的稳定与安宁，构建社会主义和谐社会。

社会安全是国家安全原生要素中的史前要素，在国家出现之前，人就是社会性的存在，社会就是人生存的基本形式，这种社会生存形式就面临着安全问题①。社会安全包括防范、消除、控制直接威胁社会公共秩序和人民群众生命财产安全的治安、刑事、暴力恐怖事件，以及规模较大的群体性事件等②，具体来说主要包含公共安全（公共场所、公共设施、公共活动安全）、居民安全、住宅安全、族群安全、企业安全、城镇安全、乡村安全、街巷安全、社区安全、校区安全、市场安全、食品安全、药品安全、宗教活动安全等。在如今舆论自由、社交媒体假新闻泛滥的环境下，在这些安全保障的过程中，要谨防局部或微小的社会安全问题产生蝴蝶效应。需要指出的是，在第二次世界大战和冷战初期，世界各国的国家安全都几乎等同于政治安全和军事安全，冷战后期与我国改革开放时期，世界范围内开始出现非传统安全观，这一时期政治和军事的相对弱化才使得社会安全这一传统的国家安全形态和安全问题得到重新关注。国民素质、民族问题、宗教问题、时代主题、恐怖主义、舆论导向、突发事件、收入分配、教育医疗等，都是影响社会安全的重要因素。尤其是当今社会公平正义存在缺失，加之社会管理滞后，更加剧了社会矛盾，存在潜在地引起社会不安与动荡的危机。

面对种种富人掠贫、穷人仇富、上层压下、下层抗上等不断激化的矛盾，我国提出了建设社会主义和谐社会的主张，在全社会倡导社会主义核心价值观教育。与此同时，加强社会管理创新已迫在眉睫，2011年举办的第十届中国国家安全论坛的主题就是"社会管理创新与国家安全"③，通过加强和创新社会安全管理体系、完善社会治安防控体系、完善应急管理体制等举措，有效地把社会管理创新融入社会活动安全保卫和社会安全保障机制。此外，构建全民共建共享的社会治理格局、加强社会治理基础制度建设、完善社会治安综合治理体制机制、健全公共安全体系，也是创新社会治理、保障社会安

---

① 刘跃进. 国家安全体系中的社会安全问题 [J]. 中央社会主义学院学报，2012（2）：95-99.
② 《总体国家安全观干部读本》编委会. 总体国家安全观干部读本 [M]. 北京：人民出版社，2016：125.
③ 第十届中国国家安全论坛 [EB/OL]. (2012-05-08) [2021-05-20]. http://www.xinhuanet.com/world/2012-05/08/c_123095783.htm.

全的重要举措①。

（7）资源安全

资源安全具有保障性，其核心是资源需求与供给的相互均衡，以及资源获取与利用的协调可持续。新《国家安全法》第二十一条规定："国家合理利用和保护资源能源……全面提升应急保障能力，保障经济社会发展所需的资源能源持续、可靠和有效供给。"资源安全直接制约着国民经济和社会发展，在一些资源富饶的国家和地区，资源安全也是战争的重要导火索，如全球石油危机导致中东地区战乱频发。

资源安全是国家安全原生要素中的史前要素，指的是一个国家或地区可以持续、稳定、及时、足量和经济地获取所需自然资源，同时自然资源基础赖以依存的生态环境也处于良好或免遭不可恢复破坏的状态或能力②。通常来讲，资源包括水资源、能源资源、土地资源、海洋资源、太空资源、矿产资源、粮食资源、生物资源、稀缺资源等。国家资源安全的根本目标是保障一国人口、资源、环境和社会经济的协调发展。影响资源安全的因素主要有国土面积、地理位置、自然资源、气候条件、人口数量、自然灾害等自然因素，以及资源结构、资源质量、资源数量、资源空间、资源价格、资源技术、资源制度等内在因素。需要指出的是，总体国家安全观所强调的资源安全超越了传统意义上国家资源安全只注重资源需求与供给的经济性与战略价值，而更多地关注资源供给给生态与环境健康、民生福祉带来的潜在风险，以及资源安全与其他安全的内在联系和相互影响③。我国在资源安全的顶层设计上，国务院机构改革组建了自然资源部，对自然资源开发利用和保护进行监管，建立空间规划体系并监督其实施。

我国是各种资源相对匮乏的国家之一，以占世界9%的耕地、6%的水资源、4%的森林、1.8%的石油、0.7%的天然气、不足9%的铁矿石、不足2%的铝矿石，养活着世界上22%的人口，大多数矿产资源人均占有量不到世界平均水平的一半。在这样的存量之下，我国的资源需求量又相对较大，加之过度开采，常常需要依靠进口来满足。以石油为例，2017年我国石油表观消费量约为5.88亿吨，原油产量仅为1.92亿吨，接近70%需要进口，只要几千万吨石油供应出现问题，日常经济社会稳定就会受到严重冲

---

① 孟建柱. 人民日报：加强和创新社会治理[EB/OL]. (2015-11-17) [2021-05-20]. http://opinion.people.com.cn/n/2015/1117/c1003-27823192.html.
② 谷树忠，姚予龙. 国家资源安全及其系统分析[J]. 中国人口·资源与环境，2006 (6): 142-148.
③ 沈镭，张红丽，钟帅，等. 新时代下中国自然资源安全的战略思考[J]. 自然资源学报，2018，33 (5): 721-734.

击。同时我国天然气进口已成为世界第二，在2017年出现了阶段性、区域性供气不足的情况①。基于这样的供需现状，要保障国家资源安全，今后很长一段时间，都需要在资源供需均衡、稳定、可持续方面加强有效的顶层设计，同时还要关注生态、环境的健康发展。

3.1.2.2 非传统安全形态

以冷战结束为标志，全球两极格局的对峙转变为各主权国家间综合实力的竞争，全球的国家安全观都随之发生质的变化，总体上表现为从以军事安全为主的传统国家安全观转向关注文化、信息、科技等非传统因素的国家安全观。非传统安全形态是相对传统安全形态而言的，是指除军事、政治和外交冲突以外的其他对主权国家及人类整体生存与发展构成重大威胁的安全形态。非传统国家安全威胁具有跨国性、关联性、主体不确定性、多领域性、复杂性、转化性、主权与协作并存性等特点，往往会对人类生存和社会发展产生更为持久的作用力②。总体国家安全观中所包含的非传统安全形态有五种，分别是文化安全、科技安全、信息安全、生态安全、核安全。

（1）文化安全

文化安全具有保障性，从根本上关乎国家政权存在的政治合法性，国家的文化安全态势还深刻影响着该国的文化主权及其文化生态健全③。新《国家安全法》第二十三条规定："国家坚持社会主义先进文化前进方向……防范和抵制不良文化的影响，掌握意识形态领域主导权……"保持一定程度的文化先进性，是保障国家文化安全的关键。从理论上来讲，文化的先进性程度越高，文化的安全程度也就越高。

文化安全是国家安全的派生要素，是在非传统国家安全观下才日益凸显的国家安全形态，指的是一国文化相对处于没有危险和不受内外威胁的状态，以及保障持续安全状态的能力④。从内容上来看，文化安全主要包括语言文字安全、风俗习惯安全、价值观念安全、生活方式安全⑤；从形式上来看，文化安全主要包括文化立法安全、文化管理

---

① 《2017年国内外油气行业发展报告》发布［EB/OL］．（2018-01-18）［2021-05-20］．http：//www.sasac.gov.cn/n2588025/n2588124/c8492471/content.html.
② 李锦，丁文丽．非传统国家安全的理论研究［J］．现代商业，2010（32）：170-172.
③ 范玉刚．从"文化冷战"到"文化热战"：非传统国家文化安全及其症候分析［J］．探索与争鸣，2016（11）：115-122.
④ 《总体国家安全观干部读本》编委会．总体国家安全观干部读本［M］．北京：人民出版社，2016：115.
⑤ 刘跃进．解析国家文化安全的基本内容［J］．北方论丛，2004（5）：88-91.

安全、文化制度安全、文化资源安全、文化生态安全、文化技术安全、文化信息安全、文化意识形态安全、文化市场安全、文化遗产安全、文化传播安全、文化交流安全①；从载体上来看，文化安全主要包括实体文化安全、网络文化安全、文化衍生安全。当前，我国国家文化安全首先体现为社会主义意识形态的安全。事实上，国家文化安全的主体并不仅限于国家，每个民族、任一个社会群体，甚至每个公民都是文化安全的主体，都担负着维护国家文化安全的重任。尤其在当今网络化的时代，非传统文化安全问题越发隐蔽，网络文化空间及其数字化信息传播使得文化侵略、文化渗透、文化霸权等的侵害更容易滋长蔓延。各国纷纷利用网络文化传播、大众文化消费来进行"文化博弈"，从而保障本国文化安全或侵蚀他国文化意识形态，如美国大众文化、韩流、日本动漫、创意英国、浪漫法国文化等。

文化的本质是社会化，体现的是社会化的过程与结果，有些文化有先进和落后之分，如科技文化、政治文化，而有些文化没有先进和落后之别，如饮食文化、艺术文化②。所以，对于文化，特别是优秀民族文化的保持与延续，需要有扬弃的精神，传统的语言文字、价值观念并不都是一成不变的，民族的风俗习惯、生活方式也并不都是优秀的、积极的。我国古汉语的文言文、现代汉语的白话文，是一种语言文字与时俱进的更新，这种更新是有纽带的，不是完全摒弃，而是继承和发扬。就像我们能读懂白话文，也能读懂文言文一样，这是语言文字在时代上的延续，它是有生命的。随着社会的发展，我们中华民族优秀的传统文化在一代代传承和发扬光大，同时我们生活方式、风俗习惯上的"陋习"也在被渐渐摒弃。

在如今文化开放与包容的大环境下，要维护国家的文化安全，需要通过政府的政策指引和公民个人积极的文化选择，来提高文化自觉、树立文化安全意识、建立文化自信、激发文化创新，让潜在的文化软实力汇聚成一股维护国家安全的重要力量。

（2）科技安全

科技安全具有保障性，为国家安全提供支撑力量，甚至在国家安全的某些领域起着关键性作用。新《国家安全法》第二十四、第七十三条分别规定"国家加强自主创新能力建设……加强知识产权的运用、保护和科技保密能力建设……""鼓励国家安全领域科技创新，发挥科技在维护国家安全中的作用"。国家科技实力是科技安全的技术基础，

---

① 刘跃进. 当代国家安全系统中的国家文化安全问题 [J]. 文化艺术研究，2011，4（2）：14-21.
② 同①.

科技安全归根到底是以维护国家利益和安全为最高宗旨的。

科技安全是国家安全的派生要素，也是在非传统国家安全观下才更加凸显的国家安全形态，指的是国家科技体系完整有效，国家重点领域核心技术安全可控，国家核心利益和安全不受外部科技优势危害，以及保障持续安全状态的能力①。科技安全的基本内容主要包括科技基础安全、科技体制安全、科技资源安全、科技信息安全（含知识产权安全）、科技秘密安全、科技环境安全、科学技术引进安全、国际科技合作安全、预警与防范系统安全②。科技安全之所以是一种派生要素，在于在发达工业社会之前，科技力量的薄弱使得科技价值表现为中立，并不能够成为保卫国家的安全力量，经过发达工业社会时期，科技成为"第一生产力"，科技实力又成为综合国力的关键指标，兼具了经济与政治双重功能，从而在国家安全中的作用日益凸显③。

一个国家科技安全水平的高低，不仅取决于所有经济部门现有生产技术水平，而且取决于科学技术结构，即先进技术、一般技术和落后技术各自所占的比重④。这也是现在各国争相发展高科技产业、争夺高科技人才的主要原因，先进高科技所占的比重越大，国家科技实力就越强，科技安全水平就越高。一些高科技甚至演变成了国际关系中的重要武器与筹码，高科技战争危机四伏，如具有巨大杀伤力的核武器，像以色列、印度、巴基斯坦这样不被国际社会承认却拥有核武器的国家，也像朝鲜、伊朗这样虽遭反对却依然积极研发核武器的国家（目前朝鲜已宣布停止核试验），都是为了通过这种高科技武器的威慑，来维护国家安全。现在全球化背景下科学技术发展严重不平衡，发展中国家科技安全受到极大威胁。一些发达国家通过科技霸权主义，制造技术垄断、技术封锁，不仅谋取了高额的经济收益，还遏制了发展中国家的科技发展势头，从而加剧这种不均衡。例如，我国在芯片、操作系统、基础工艺与材料，以及一些重点产业的核心技术方面就长期受制于人。唯一的出路就是加快实施自主创新科技发展战略，提升科技实力与国际竞争力，同时在国际上推行"科技人道化"精神，构建公正、公平、和谐的国际科技安全环境。

---

① 《总体国家安全观干部读本》编委会. 总体国家安全观干部读本［M］. 北京：人民出版社，2016：137.
② 连燕华，马维野. 科技安全：国家安全的新概念［J］. 科学学与科学技术管理，1998（11）：20-22.
③ 杨名刚. 论国家科技安全诉求的现实困境与出路［J］. 学术交流，2011（9）：95-98.
④ 商健霞. 中国科技安全问题研究［D］. 成都：电子科技大学，2006：11.

(3) 信息安全

信息安全具有新生性，无论是在传统的物理空间，还是在非传统的网络空间，信息安全都是影响和保障国家安全的重要因素。新《国家安全法》第二十五条规定："国家建设网络与信息安全保障体系，提升网络与信息安全保护能力……；加强网络管理，防范、制止和依法惩治网络攻击、网络入侵、网络窃密、散布违法有害信息等网络违法犯罪行为，维护国家网络空间主权、安全和发展利益。"21世纪是信息和数据的时代，世界著名未来学家托夫勒（Alvin Toffler）曾断言"谁掌握了信息，控制了网络，谁就将拥有整个世界"，虽然这个说法太过绝对，但是信息不对称理论已经告诉我们，信息优势方在社会经济生活中到底会处于怎样有利的地位。

信息安全是国家安全派生要素中的新生要素，指以不同形式存在和流动于计算机、磁带、磁盘、光盘和网络上的各种信息不受威胁和侵害的状态，以及保障持续安全状态的能力①。信息安全的基本内容主要包括信息内容安全（包含数据安全）、信息载体安全（包含信息基础设施安全、信息设备安全、网络安全）、信息程序安全（包含软件安全）、信息用户安全（包含信息行为过程中的人身安全）、信息流通安全（包含信息渠道安全、传播方式安全）、信息行为安全、信息用途安全、公共信息安全（包含国家秘密信息安全）等。需要特别说明的是，通常所说的网络安全和信息安全并不是可以相互替代的概念，网络安全实际上是信息安全中信息载体安全的一种；网络安全与前述的国土安全中的网域安全也非同一个概念，网域安全侧重于网络"空间"的安全，而网络安全侧重于网络"实体"的安全。此外，在信息安全领域，个体的信息及相关权利也应该得到保障，如公民的数据权、知情权、隐私权、被遗忘权、知识产权等。

信息技术的高速发展和网络社会的日新月异无疑形成了一把"双刃剑"，一方面，移动互联网、物联网、云计算、大数据、人工智能等新兴信息技术越来越普遍地造福人类，改变着人们对世界的认知，提升着人们的生活品质；另一方面，小至某个个体，大到某个国家和地区，都可以通过这些技术和网络的便捷，再利用政策法规的漏洞，轻松地对某个个体，甚至一个国家或地区形成安全威胁或实施网络犯罪，这对国家安全，特别是国家信息安全是极为不利的。国家必须采取必要的措施来扭转这种不利的局面，可以从国家网络安全战略顶层设计的角度，通过追求技术层面的安全与独立、建立系统的

---

① 刘跃进. 信息安全、网络安全、国家安全之间的概念关系与构成关系[J]. 保密科学技术，2014（5）：12-19.

防御体系、建立信息安全的对抗体系等层面的政策法律与技术手段,构建国家信息安全的保障体系①。

(4) 生态安全

生态安全具有支撑性,它是人类可持续生存发展的基本条件,生态系统退化、生态环境恶化等对人类社会造成的威胁不亚于军事战争所带来的威胁。新《国家安全法》第三十条规定:"国家完善生态环境保护制度体系,加大生态建设和环境保护力度……保障人民赖以生存发展的大气、水、土壤等自然环境和条件不受威胁和破坏,促进人与自然和谐发展。"生态安全问题常常伴随着经济增长形势而出现,冷战结束后,各国为了加快经济复苏的步伐,大都选择了一条"先开发后保护"路线,然而这样的路线渐渐地让生态系统失衡、环境污染加剧,于是环境保护、生态平衡、生态安全又受到了广泛的关注,并纷纷被纳入国家安全的范畴。

生态安全是国家安全派生要素中的新生要素,指一个国家具有支撑国家生存发展的较为完整、不受威胁的生态系统,以及应对内外重大生态问题的能力②,具有整体性、复合性、区域性、动态性、不可逆性、公众参与性、长远性、全球性的特点③。生态安全主要包含自然生态安全、半自然生态安全、人工生态安全、经济生态安全、社会生态安全。生态安全的目标是保证任何人在任何时候都能得到为了生存和健康所需要的足够的生态系统服务或生态环境条件④。维护国家生态安全最重要的就是保护好生态环境,良好的生态环境是最公平的公共产品,我们既要避免由于生态环境退化和资源短缺对经济发展的环境基础构成威胁,也要避免可能由此在资源争夺过程中引发暴力冲突事件。

生态安全把人类安全和自然生态安全视为一个共同体,通常可以从两个方面判断生态系统是否安全,一是生态系统自身是否安全,二是生态系统对于人类是否安全⑤。而我国目前的生态系统在这两方面都面临着巨大的压力,主要表现在:指数增长的生态足迹与相对稳定的生态承载力矛盾日益突出;大规模污染物的排放量超出环境容量;水资

---

① 何哲. 网络社会兴起对传统国家安全的冲击及对策 [J]. 中国浦东干部学院学报, 2016, 10 (2): 121-130.

② 《总体国家安全观干部读本》编委会. 总体国家安全观干部读本 [M]. 北京: 人民出版社, 2016: 158.

③ 曲格平. 关注生态安全之一: 生态环境问题已经成为国家安全的热门话题 [J]. 环境保护, 2002 (5): 3-5.

④ 谢高地. 国家生态安全的维护机制建设研究 [J]. 环境保护, 2018, 46 (Z1): 13-16.

⑤ 同④.

源的水量短缺和水质污染；生物多样性受到持久的威胁①。近年来，我国高度重视生态文明建设，这为维护国家生态安全奠定了政治与制度基础。接下来，需要从建立国土生态安全格局、建立和完善国家生态安全法治体系和国家生态安全体制机制体系、调整经济结构以适应生态资源环境承载力、加强自然生态系统保护与修复及重点环境问题治理能力等方面下手，从顶层设计到具体实践，为国家生态安全保驾护航②。

(5) 核安全

核安全具有保障性和威慑性，是我国核能与核技术利用事业发展的生命线。新《国家安全法》第三十一条规定："国家坚持和平利用核能和核技术……加强对核设施、核材料、核活动和核废料处置的安全管理、监管和保护，加强核事故应急体系和应急能力建设，防止、控制和消除核事故对公民生命健康和生态环境的危害……"全球除了美国、英国、法国、俄罗斯之外，我国也是被国际社会承认合法拥有核武器的国家，也是和平利用核能的国家。2014年3月24日，国家主席习近平在荷兰海牙第三届核安全峰会上首次全面阐述了我国坚持"理性、协调、并进"的核安全观，并强调我国正在制定核安全条例，还将积极推动核安全国际合作③。2017年9月，第十二届全国人民代表大会常务委员会第二十九次会议通过了《中华人民共和国核安全法》。

核安全是国家安全的派生要素，依据刘跃进的观点，核安全并不是与文化安全、科技安全、信息安全、生态安全等处于同一个等级的国家安全一级要素，而是国家安全二级或三级构成要素，总体国家安全观之所以把核安全与其他安全并列，是由于当今核安全在国家安全诸要素中所起的举足轻重的作用④。事实上，核安全可以置于军事安全、资源安全、科技安全之下，一是核武器作为现代军事装备可以置于军事安全之下，二是核作为一种自然资源和能源可以置于资源安全之下，三是核技术作为现代高端科学技术可以置于科技安全之下。这其中既涉及传统安全形态，也涉及非传统安全形态，但鉴于当今国际社会倡导和平用核，核武器这样传统军事范畴的核安全已经不能代表核安全的整体概念了，而和平利用核能与核技术、防止核事故这样非传统的安全形态才是当今核安全的核心要义，所以在此把核安全置于非传统的国家安全形态来讨论。

---

① 谢高地. 国家生态安全的维护机制建设研究 [J]. 环境保护, 2018, 46 (Z1): 13-16.
② 同①.
③ 习近平出席第三届核安全峰会并发表重要讲话 [EB/OL]. (2014-03-25) [2021-05-20]. http://www.xinhuanet.com/world/2014-03/25/c_119921679.htm.
④ 刘跃进. 论总体国家安全观的五个"总体" [J]. 人民论坛·学术前沿, 2014 (11): 14-20.

从概念上来讲，核安全是指在军事、非军事、国家行为、非国家行为四个维度上保持人类不受核武器、核材料、核设施等侵害与威胁的状态。从内容上来说，核安全主要包括防范核威胁与核攻击、防范核犯罪与核事故所造成的核危害、防范核武器扩散、防范核材料被盗窃与走私或落入恐怖分子之手①。从目标上来说，维护核安全最终应在实现无核武器世界的条件下，确保核材料、核设施的安全②。当今我国所面临的核安全形势与挑战非常严峻，国际上拥核大国核战略和核不扩散政策调整，周边国家核扩散形势进一步发展，核材料、核设施存在不受控隐患，美俄等核力量领跑全球、持续更新换代，非国家行为体的核扩散和核恐怖主义威胁加大，核电、核技术利用事业伴随风险挑战等③，都将我国的核安全事业置于非常重要的位置。2017 年 2 月，国务院批复同意了环境保护部《核安全与放射性污染防治"十三五"规划及 2025 年远景目标》，该规划以核安全观为统领，指出了我国核安全的远景目标，即到 2025 年核电厂安全保持国际先进水平，其他核设施安全达到国际先进水平④。

3.1.3　总体国家安全观下的安全制度

习近平总书记在正式提出总体国家安全观时强调，"建立集中统一、高效权威的国家安全体制，加强对国家安全工作的领导"，新《国家安全法》第四章也全面规定了国家安全制度。在总体国家安全观及其阐释中，主要体现了五个层面的国家安全制度，分别是法律层面、管理层面、道德层面、技术层面和教育层面。

3.1.3.1　安全法律制度

虽然总体国家安全观中没有明确提出国家安全的法律规范，但是要构建高效权威的国家安全体制，必须从顶层设计的角度出发，首先从政策法律层面奠定国家安全的政治与制度基础。

在总体国家安全观提出以前，我国的多个官方文件都不同程度地阐释过国家安全和国家安全观。例如，外交部于 2002 年 5 月发布了《关于加强非传统安全领域合作的中

---

① 张佳琦，张明. 总体国家安全观下核安全的纵深与维度 [J]. 中国核工业，2017（7）：42-44.
② 同①.
③ 刘黎明，苏全霖. 论总体国家安全观视域下的核安全 [J]. 江南社会学院学报，2016，18（1）：1-5.
④ 国务院关于核安全与放射性污染防治"十三五"规划及 2025 年远景目标的批复 [EB/OL].（2017-03-23）[2021-05-20]. http：//www.gov.cn/zhengce/content/2017-03/23/content_5179622.htm.

方立场文件》①，中国于2002年7月参加东盟地区论坛外长会议时提交了《中方关于新安全观的立场文件》，前者分析了非传统安全问题逐渐突出的形势，阐明了我国所做的努力和政策主张，后者全面系统地阐述了中方在新形势下的安全观念和政策主张②。2013年11月十八届三中全会通过了《中共中央关于全面深化改革若干重大问题的决定》（简称《决定》），《决定》中9次提到国家安全，并首次正式提出设立国家安全委员会，完善国家安全体制和国家安全战略③。在关于《决定》的说明中，指出了国家安全委员会的四大职责，其中两项是推进国家安全法治建设、制定国家安全工作方针政策④。

基于这样的政策背景，总体国家安全观提出以后，国家加快了相关政策法规的制定和修订进程。2015年1月，中共中央政治局会议审议通过了我国第一个完整的国家安全战略文本《国家安全战略纲要》，指明了国家安全是安邦定国的重要基石，我国要实现全面、共同、合作、可持续安全⑤。2015年7月1日，第十二届全国人民代表大会常务委员会第十五次会议通过了《中华人民共和国国家安全法》，通常称为新《国家安全法》，因为早在1993年第七届全国人民代表大会时我国就出台了《中华人民共和国国家安全法》（1993年版）⑥，只是它当时只针对间谍、情报等传统意义上的国家安全做了规定，已经不能适应当前总体国家安全观下的国家安全形势和需要，在2014年11月通过的《中华人民共和国反间谍法》公布实施的同时就被废止了。新《国家安全法》明确了总体国家安全观的指导地位和国家安全领导体制，并在法律层面对"国家安全"的内涵做了界定，还两次指出要推动国家安全法治建设，这就需要健全国家安全法律制度体系。此后，我国陆续修订和颁布了《中华人民共和国反间谍法》（2014年11月1日颁布）、《中华人民共和国食品安全法》（2009年2月28日颁布，2015年4月24日修订）、《中华人民共和国

---

① 关于加强非传统安全领域合作的中方立场文件［EB/OL］．（2002-05-29）［2021-05-20］．https：//www.fmprc.gov.cn/web/ziliao_674904/tytj_674911/zcwj_674915/t4547.shtml.
② 中国关于新安全观的立场文件［EB/OL］．（2002-07-31）［2021-05-20］．https：//www.fmprc.gov.cn/web/ziliao_674904/tytj_674911/zcwj_674915/t4549.shtml.
③ 中共中央关于全面深化改革若干重大问题的决定［EB/OL］．（2013-11-15）［2021-05-20］．http：//www.gov.cn/jrzg/2013-11/15/content_2528179.htm.
④ 习近平：关于《中共中央关于全面深化改革若干重大问题的决定》的说明［EB/OL］．（2021-11-15）［2021-05-20］．http：//www.xinhuanet.com/politics/2013-11/15/c_118164294.htm.
⑤ 中共中央政治局召开会议 审议通过《国家安全战略纲要》［EB/OL］．（2015-01-23）［2021-05-20］．http：//www.xinhuanet.com/politics/2015-01/23/c_1114112093.htm.
⑥ 中华人民共和国国家安全法［EB/OL］．（1993-02-22）［2021-05-20］．http：//www.npc.gov.cn/npc/lfzt/rlys/2014-08/31/content_1876762.htm.

反恐怖主义法》(2015年12月27日颁布，2018年4月27日修正)、《中华人民共和国网络安全法》(2016年11月7日颁布)、《中华人民共和国国家情报法》(2017年6月27日颁布，2018年4月27日修正)、《中华人民共和国核安全法》(2017年9月1日颁布)等国家安全相关法律，进一步丰富和完善了国家安全法律制度体系。

3.1.3.2 安全管理制度

中央国家安全委员会是我国国家安全领导机构。新《国家安全法》第四条规定："坚持中国共产党对国家安全工作的领导，建立集中统一、高效权威的国家安全领导体制。"习近平总书记主持召开中央国家安全委员会第一次会议时正式提出总体国家安全观，并强调党的十八届三中全会决定成立中央国家安全委员会，目的之一就是加强对国家安全工作的领导。关于中央国家安全委员会的设置方面，由习近平任主席，李克强、张德江任副主席，下设常务委员和委员若干名。同时，中央国家安全委员会作为中共中央关于国家安全工作的决策和议事协调机构，向中央政治局、中央政治局常务委员会负责，统筹协调涉及国家安全的重大事项和重要工作①。

此外，新《国家安全法》还规定了全国人民代表大会、全国人民代表大会常务委员会、中华人民共和国主席、国务院、中央军事委员会、中央国家机关各部门、地方各级人民代表大会、地方各级人民政府、香港特别行政区、澳门特别行政区、人民法院、人民检察院、国家安全机关、国家公安机关、有关军事机关、国家机关及其工作人员、公民和组织等维护国家安全的职责。

综上，总体国家安全观体现的基本安全管理思路是：中国共产党对国家安全工作的集中统一领导，中央国家安全委员会对国家安全工作的决策与统筹协调，各级机关和公民、组织对国家安全和国家安全工作的贯彻与维护。

3.1.3.3 安全道德制度

总体国家安全观一方面强调"既重视外部安全，又重视内部安全，对内求发展、求变革、求稳定、建设平安中国，对外求和平、求合作、求共赢、建设和谐世界"；另一方面也强调"既重视自身安全，又重视共同安全，打造命运共同体，推动各方朝着互利互惠、共同安全的目标相向而行"。这就摒弃了传统的零和博弈、绝对安全、结盟理论等旧思维，以"和平""合作""共赢""和谐""命运共同体""互利互惠""共同安

---

① 中共中央政治局研究决定中央国家安全委员会设置［EB/OL］．(2014-01-24)［2021-05-20］．http：//www.gov.cn/ldhd/2014-01/24/content_2575011.htm.

全"等字眼站在道德与人性的高度，超越了对本国安全的关注，还同时关注全人类的共同安全。

在这样的安全观的指导下，传统的一国安全建立在别国不安全的基础上的"零和博弈"不再是最优解，安全的双方也不再以"利益"为安全博弈的终极目标，而是以"共同安全"为博弈的终极目标。共同安全意味着安全是双向的，自己安全的同时也要保证其他国家的安全。也就是说，总体国家安全观为我们提出了在安全博弈过程中寻求"纳什均衡"的思路，即"共赢"和"共同安全"，这个思路不仅适用于国内和国外的国家层面的安全，而且适用于国内不同安全形态和安全主体的安全。也只有在"共同安全"这样的安全道德制度的指导下，国家安全才能是普遍的、平等的、包容的。

3.1.3.4 安全技术制度

总体国家安全观的阐释中并没有过多关于技术制度的说明，但是中央国家安全委员会要遵循的"精干高效"原则及国家安全体系中的"科技安全"，加之新《国家安全法》中对于加快发展自主可控关键技术、保障重大技术安全等的规定，都包含着保障国家安全的技术制度的内涵。

这个内涵主要表现在两个方面，一方面是保护技术的制度，也就是说技术制度对于科学技术发展自身安全的保障性。国家要加强自主创新能力建设、加快突破关键领域的核心技术、保障重大技术工程的安全，就必须要在制度层面保障自主创新知识产权，以抵抗发达国家的技术封锁、技术霸权和技术窃取。另一方面是运用技术的制度，也就是说技术制度对于国家其他领域安全的保障性。国家要加强知识产权的运用、保护和科技保密能力建设，维护与科技安全相关的国民安全、政治安全、国土安全、军事安全、经济安全、社会安全、资源安全、文化安全、信息安全、生态安全、核安全等任一领域的安全，都需要借助于技术的手段，通过技术工具性的灵活运用，以达成"精干高效"的安全保障目标。

3.1.3.5 安全教育制度

总体国家安全观坚持以人民安全为宗旨，强调"以民为本、以人为本"，坚持"国家安全一切为了人民、一切依靠人民"，强调要"真正夯实国家安全的群众基础"。想要真正夯实国家安全的群众基础，首要的任务就是增强群众的国家安全意识，为此，新《国家安全法》将每年的4月15日定为全民国家安全教育日，这也正是总体国家安全观在教育制度层面的体现。

要贯彻落实总体国家安全观的教育制度，可以从两个方面入手。一方面是开展国家安全知识普及教育。新《国家安全法》第七十六条规定"国家加强国家安全新闻宣传和舆论引导,通过多种形式开展国家安全宣传教育活动……增强全民国家安全意识",第七十八条规定"机关、人民团体、企业事业组织和其他社会组织应当对本单位的人员进行维护国家安全的教育……",这些都从法律层面上体现了进行全民国家安全教育的必要性和急迫性。在具体落实过程中,可以通过宣讲、讲座、培训、知识竞赛、辩论、情景剧等多种方式,面向不同年龄段、不同专业领域的群众有针对性地开展最基本的国家安全知识普及教育,以培养和增强公众整体的国家安全意识水平。另一方面是加强国家安全知识专门教育,主要包括将国家安全教育纳入义务教育体系、公务员教育培训体系,构建中国特色国家安全学学科体系,开展国家安全学学科高等教育。事实上,2004年我国就正式出现了国家安全学这门学科,刘跃进主编的《国家安全学》一书是我国第一部国家安全学著作。

3.2 总体国家安全观的情报需求

国家情报服务于国家安全,国家安全保障国家发展。总体国家安全观体现的是大安全时代的国家安全大思路,即国家安全和国家安全工作突破了以往封闭和狭隘的系统,置身于一个更大、更开放的系统。一般来说,国家的大战略主要包括国家发展战略和国家安全战略两个重要方面。

3.2.1 总体国家安全观对安全与发展的要求

习近平总书记在阐释总体国家安全观时强调"既重视发展问题,又重视安全问题,发展是安全的基础,安全是发展的条件",《国家安全战略纲要》强调"在发展和改革开放中促安全",这种安全与发展并重的思路,应该也必须作为如今开展国家安全工作和国家发展工作的基本原则。需要注意的是,虽然新中国成立以后,安全与发展始终都是国家的两大重点问题,但自从确立"以经济建设为中心"的基本路线后,经济建设和发展便成为党和政府工作的中心任务,安全由于国际、国内形势的缓和而被置于次要位置①。直至今日,我国经济社会发展取得历史性成就之后,安全问题,特别是非传统安全问题才越来越凸显。在这种情势下,总体国家安全观"一半讲安全、一半讲发展"的

---

① 刘跃进. 大安全时代的总体国家安全观 [J]. 当代社科视野,2014 (6):31.

安全与发展并重的思想，就显得尤为重要。

3.2.1.1 总体国家安全观对安全的要求

当前我国国家安全内涵和外延比历史上任何时候都要丰富，科学系统的安全观念是一个国家建立有效的安全机制和高效开展国家安全工作的重要基础。总体国家安全观语境下的国家安全是一个"大安全"的概念，它对安全的要求主要体现在对国家安全的科学认知和保障国家安全两大方面。

（1）基于总体国家安全观的"安全"认知

安全是个体，也是国家存在的前提条件，一般是指人类个体和人类组织的生存在客观上不存在威胁，在主观上不存在恐惧，主体间无冲突的一种状态[①]。米尔斯海默说的"力量确保安全，最大的力量确保最大程度的安全"形象地诠释了传统国家安全观对安全的认知。在传统国家安全观念里，国家安全的主体是国家，"人"的个体化因素被忽视；国家安全的核心是政治和军事安全，注重防御式，甚至是攻击式的安全维护手段；国家安全最主要的目标是维护国家主权、领土完整等有形的安全，而忽视了无形的安全要素。此外，传统国家安全的状态主要表现为国家的存在、运行与权力的行使不受外来侵犯和控制，以及国家能够按照自我的意愿实现生存和发展两个方面[②]。也就是说传统安全观只注重本国的安全，遵循所谓的"胜者通吃"和"马太效应"，在国际安全博弈中追求"零和博弈"，以他国的不安全换取本国的安全，这种"单边安全"很容易使国家安全陷入"安全困境"，更别提国家发展了。

随着冷战结束和经济全球化的发展，传统的国家主权和安全渐渐发生了质的变化，国家间在政治、经济、文化、信息、科技、生态等领域的交往愈加频繁，各国纷纷利用利益相关原则寻求更为长久和稳定的国家安全，国际社会出现了诸如"共同安全观""合作安全观""综合安全观"等一系列新的安全观念。我国也在2002年正式提出了新安全观，新安全观的核心是"互信、互利、平等、协作"，这一新的安全观念突破了传统国家安全观狭隘又封闭的国家安全系统，体现了"兼容并进"的思想，将传统的"单边安全"扩展到了"双边安全"，甚至是"多边安全"，通过国家间协作互利的方式创造国家安全"双赢"或"多赢"局面。显然，新安全观的理念是进步的，是顺应了国际安全新形势的。但是，作为中国对外政策的重要组成部分，很明显，讲求合作的新安全

---

① 张青磊，郑群. 非传统安全视阈下的国家安全战略探析［J］. 北京警察学院学报，2014（2）：1-4.
② 何哲. 网络社会兴起对传统国家安全的冲击及对策［J］. 中国浦东干部学院学报，2016，10（2）：121-130.

观把重点放在了对外安全和国际安全上，此时的安全主体依然是国家，是国家主权的安全。这又不可避免地忽视了诸多国内安全因素对国家安全产生的重大影响，以及在保障国家安全时所能发挥的重大作用。新安全观仍具有一定的片面性，所以2006年以后我国官方的重要文件基本上都不再使用新安全观的提法①。

2014年我国正式提出了总体国家安全观，至今被普遍认为是一种高级形态的、系统而全面的非传统国家安全观。表3-2统计了总体国家安全观提出至今，在国务院政府工作报告中"安全"和"国家安全"被提及的次数，以及各年份的安全主题。可以看出，像"饮水安全""生命财产安全""安全生产""安全事故""食品药品安全""公共安全""海外公民法人安全"等安全主题，都是直接涉及"人"的安全，这正体现了总体国家安全观坚持"以民为本、以人为本"理念。像"网络安全""信息安全""生态安全""核安全"等都是非传统的国家安全形态。

表3-2　2014—2018年国务院政府工作报告中关于"安全"的统计②

年份	"安全"被提及次数	"国家安全"被提及次数	安全主题
2014	20	1	饮水安全、生命财产安全、安全生产、安全事故、食品药品安全、网络安全、粮食安全、公共安全、安全监管
2015	22	2	饮水安全、生命安全、安全生产、食品药品安全、安全法、公共安全、安全事故、信息安全、安全监管、粮食安全、核安全、边防海防空防安全、主权安全
2016	29	1	饮水安全、经济金融安全、安全生产、食品药品安全、公共安全、粮食安全、财政安全、生态安全、网络安全、安全感、安全事故、生命财产安全、海外公民法人安全
2017	23	2	经济金融安全、安全生产、公共安全、核安全、食品药品安全、安全事故、信息网络安全、粮食安全、饮水安全、安全感、安全基础设施建设、生命财产安全
2018	16	3	经济金融安全、安全生产、公共安全、安全事故、食品药品安全、财政安全、安全感、海外利益安全保障体系

① 刘跃进. 非传统的总体国家安全观 [J]. 国际安全研究，2014，32 (6)：3-25.
② 历年国务院政府工作报告 [EB/OL]. [2021-05-20]. http://www.gov.cn/guowuyuan/baogao.htm.

在总体国家安全观的视阈下，国家安全是指国家政权、主权、统一和领土完整、人民福祉、经济社会可持续发展和国家其他重大利益相对处于没有危险和不受内外威胁的状态，以及保障持续安全状态的能力①。它从内涵和外延上都突破了传统国家安全观和新安全观的局限性，它的高级主要体现在以下四个方面：一是国家安全主体的变化，总体国家安全观下的国家安全主体不再是政治意义上的国家或国家主权，而是"人"的安全，人民安全是总体国家安全观的核心要义；二是国家安全形态的变化，总体国家安全观既关注政治、军事等传统国家安全形态，也关注文化、信息、生态等非传统国家安全形态，致力于构建集国民安全、政治安全、国土安全、军事安全、经济安全、社会安全、资源安全、文化安全、科技安全、信息安全、生态安全、核安全等于一体的国家安全体系；三是国家安全范围的变化，总体国家安全观突破了以往安全观只关注内部或只关注外部安全的局限性，既重视外部安全也重视内部安全，既重视自身安全也重视共同安全，在更广阔的范围上统筹兼顾了国家内外安全；四是保障国家安全手段的变化，总体国家安全观认为，维护国家安全的手段不应仅限于传统的军事武力手段，甚至不提倡首先通过军事手段来解决国家安全问题，而是应该综合运用传统与一些非传统的科技、信息、文化等方式来保障国家安全。

（2）基于总体国家安全观的"安全"保障

对国家安全有了系统、科学的认知以后，就需要运用科学、有效的手段来维护国家安全了。传统国家安全观注重通过军事、政治手段来维护国家主权和安全，认为军事力量是维护国家安全的基础力量，甚至是唯一有效的手段。但是通过军事武装、政治镇压的手段只能维护军事、领土、资源等有形的国家安全，甚至维护的也大都只是短暂的、局部的、相对的安全。因为军事武装手段所带来的战争，以及由战争所引发的经济、生态、环境等危机，对人类安全的威胁是更加巨大和持久的。"二战"期间，美国向日本广岛和长崎投掷的两枚原子弹所带来的核辐射的影响，至今仍然存在。

总体国家安全观既然关注了影响国家安全的非传统因素，也就同时提倡运用非传统的方式来维护国家安全。需要强调的是，总体国家安全观对国家安全的保障也并非只用非传统的方式，这样又会陷入同传统安全观一样的片面性和局限性，甚至会在某些安全领域陷入被动的局面。因为总体国家安全观是既讲互信、互利、平等、协作、共享、共赢

---

① 中华人民共和国国家安全法［EB/OL］.（2015-07-01）［2021-05-20］. http://www.china.com.cn/guoqing/2017-08/03/content_41342420.htm.

等非传统安全措施,又讲斗争、战备、强军等传统安全手段的高级非传统国家安全观[①],所以,总体国家安全观保障国家安全的一般思路是,统筹运用传统手段和非传统方式来解决国家安全问题。例如,面对已经发生的战争威胁和恐怖主义,军事手段依然是行之有效的方式,而面对生态危机、文化危机、信息战、科技战等安全威胁时,显然军事手段就不是最优的选择了。总体国家安全观坚持"对内求发展、求变革、求稳定、建设平安中国,对外求和平、求合作、求共赢、建设和谐世界",那么基于这样的理念,在维护国家安全时,除了遵循传统与非传统手段综合运用的原则之外,实际上是不提倡首先通过军事手段来解决国家安全问题的,而是倡导更多地运用非传统的、现代化的方式,以最小的利益冲突换取最长久、最广泛、最稳定的国家安全。

此外,刘跃进根据十多年国家安全理论研究及总体国家安全观思想的指导,对国家安全保障体系进行了大致分类(图3-1),比较全面地归纳了维护国家安全的保障体系。国家安全保障体系整体上是由保障活动和保障机制两个部分构成的,保障活动由军事攻防、政治镇压、监禁流放、情报保卫四个方面的硬手段和发展经济、宣教公关、变革创新、对外交往四个方面的软手段组成,保障机制由军政机构、情报部门、经贸文教、外交外事四个硬件和法律制度、观念战略、政策管理、人心民主四个软件组成[②]。

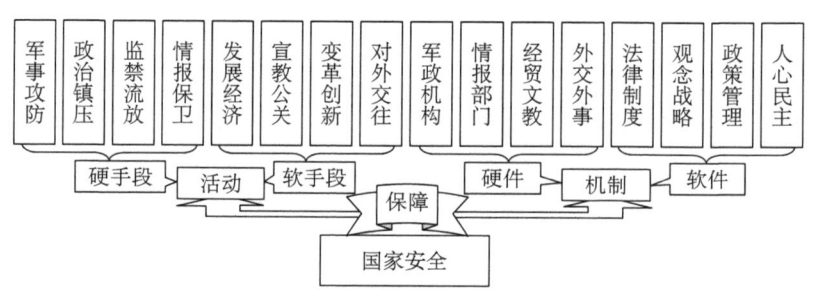

图3-1 国家安全保障体系

3.2.1.2 总体国家安全观对发展的要求

当今世界的主题依然是和平与发展,在中国特色社会主义迈入新时代之际,党的十九大报告指出,当今中国社会的主要矛盾已经从"人民日益增长的物质文化需要同落后的社会生产之间的矛盾"转化为"人民日益增长的美好生活需要和不平衡不充分的发展

---

① 刘跃进.总体国家安全观视野下的传统国家安全问题[J].当代世界与社会主义,2014(6):10-15.
② 刘跃进.非传统的总体国家安全观[J].国际安全研究,2014,32(6):3-25.

之间的矛盾",发展问题已然成为我国社会的主要矛盾[1]。总体国家安全观是在开放的系统内产生的国家安全观,是开放的国家安全观,发展是安全的基础,安全是发展的条件,当这个系统的"大安全"得到保障以后,就面临"大发展"的问题了。总体国家安全观对发展的要求主要体现在对发展的认知和提出国家总体发展思路两大方面。

(1) 基于总体国家安全观的"发展"认知

发展是党执政兴国的第一要务,在总体国家安全观下,安全是发展着的安全,发展是安全的发展。总体国家安全观与传统国家安全观一个很重要的区别就在于如何面对发展问题。

一方面,总体国家安全观下的发展是开放的发展。早在战国时期,我国传统国家安全思想中就孕育了发展的内涵,战国法家、兵家曾提出"富国强兵"和"农战"的思想,认为国家安全的根本在于富国强兵[2]。富国即发展,强兵即安全。只是现在看来,当时完全依靠军事手段的安全是封闭的狭隘的安全,当时完全依靠农业的发展也是封闭的不均衡的发展。而总体国家安全观所讲的安全是兼顾内外、统筹传统与非传统的开放的安全,发展便也是兼容并进的开放的发展。

另一方面,总体国家安全观下的发展与安全是相互依存的,而传统国家安全观下的发展与安全是割裂开来的。习近平总书记指出,贯彻落实总体国家安全观,必须"既重视发展问题,又重视安全问题,发展是安全的基础,安全是发展的条件,富国才能强兵,强兵才能卫国"。可见,发展问题和安全问题已经成为国家大政战略中不可分割的两个方面,其中,安全是条件也是保障,发展是基础也是目标。新《国家安全法》中定义国家安全时,经济社会可持续发展也是其中的一个重要方面。然而,在传统国家安全观下,国家解决安全问题时首要选择军事武力手段,而不考虑这些手段对社会发展的危害,甚至以社会发展的停滞或倒退来换取短暂的国家安全。冷战时期的苏联,就是因为过于重视军事,而出现了严重的经济问题,改革的失败导致了苏联的解体,也宣告了冷战的结束。当然,这是一个比较极端的例子,因为当今世界和国家的发展,不仅仅是指经济的发展。总体国家安全观所构建的国家安全体系中的十二种安全形态,同时也是发展形态,也就是说,在总体国家安全观下,国家的发展包括人的发展、政治的发展、经

---

[1] 十九大报告的新思想、新论断、新提法、新举措 [EB/OL]. (2017-10-19) [2021-05-20]. http://www.xinhuanet.com/politics/19cpcnc/2017-10/19/c_1121823252.htm.

[2] 钟少异. 中国传统国家安全思想的特点 [EB/OL]. (2007-12-20) [2021-05-20]. http://theory.people.com.cn/GB/49157/49163/6677501.html.

济的发展、军事的发展、社会的进步、文化的发展、科技的发展、生态的发展等诸多方面。在总体国家安全观的指导下，不仅安全与发展是相互依存的，不同的安全形态和发展形态之间也是相互制约、相互促进的。

（2）基于总体国家安全观的"发展"思路

国际社会对"人的安全"的界定主要包括两层含义，即"免于恐惧的自由"和"免于匮乏的自由"，这个主张也同样适用于国家安全，即"免于恐惧"的同时"免于匮乏"①。要想不恐惧，要想不匮乏，除了安全以外，首先要考虑的就是发展问题，发展是硬道理。总体国家安全观所体现的发展思路主要分为内、外两个方面。

对内求"变革与稳定"的发展，遵循"求发展、求变革、求稳定、建设平安中国"的思路。改革是推动社会发展的重要动力，人类历史经历过数次影响深远的改革，如以管仲改革为代表的奴隶主性质的改革，以商鞅变法为代表的封建性质的改革，以中国戊戌变法、日本明治维新、美国罗斯福新政为代表的资本主义性质的改革，以及以中国的改革开放和苏联的经济改革为代表的社会主义性质的改革。当然，这些改革有成功的也有失败的，失败的改革导致了国家的动荡不安，成功的改革则促进了国家的稳定发展。

对外求"合作与共赢"的发展，遵循"求和平、求合作、求共赢、建设和谐世界"的思路。我国奉行独立自主的和平外交政策，在国际上推行和平共处，这也是合作共赢发展思路的体现。在国际发展错综复杂的大格局下，要谨防各国发展危机的"蝴蝶效应"和"多米诺骨牌效应"。某个国家或局部地区的发展危机，如果得不到及时有效的应对和解决，就会对利益相关体的发展产生一定的负面影响，这个影响的危害值可能降低，可能升高，也可能保持不变，然后通过扩散式的连锁反应，影响到更多的利益相关者。2007年发生在美国的次贷危机就引发了一场席卷美国、欧盟、日本、中国等世界主要金融市场的金融风暴，并最终引发了波及全球的金融危机，造成了国际金融市场的严重动荡。显然，只有讲"合作"，求"共赢"，才能在发展的过程中稳步前行。

3.2.2 总体国家安全观视阈下国家安全对情报的需求

国家安全，情报先行，情报作为国家安全和发展工作的"耳目""尖兵""参谋"，在国家安全情势深刻变化的当下，更应在做好国家安全战略的参谋、制度建设、主导国

---

① 张青磊，郑群. 非传统安全视阈下的国家安全战略探析 [J]. 北京警察学院学报，2014（2）：1-4.

家安全战略实施等方面充分发挥其不可替代的作用。情报在维护国家安全方面应当坚持总体国家安全观的指导思想，《中华人民共和国国家情报法》规定："国家情报工作坚持总体国家安全观，为国家重大决策提供情报参考，为防范和化解危害国家安全的风险提供情报支持……"

包昌火指出情报是一个组织对外部环境变化的感知和响应，是组织制定发展战略和安全对策的基础和先导①，这就明确了情报对于国家安全和发展的战略性地位。钱学森曾指出"情报是激活了、活化了的知识和精神财富"②，那么，在国家安全方面，情报则可以通过特定的方法和途径被激活成关于国家安全的知识（情报）和关于国家发展的知识（情报）。关于国家安全的情报，简称国家安全情报，是为了实现国家战略目标，为了保障国家和平和发展的安全状态，为了应对传统国家安全问题和非传统国家安全问题，而采用的情报和反情报，其中包括与国家安全相关的知识、组织、活动、法律和监督、教育和培训体系等方面③。因此，维护国家政权稳定的安全情报、确保国家军事安全与武装斗争的军事情报、维护公共领域安全与秩序的公安情报、确保战略性装备科技优势的科技情报等，都是国家安全对情报的现实需求。在总体国家安全观视阈下，国家安全对情报的需求主要体现在三个方面，即国家安全对情报素质的需求、国家安全对情报工作及其制度的需求、国家安全对情报人员的需求。

3.2.2.1 国家安全对情报素质的需求

情报素质是人们在一切社会实践活动中自觉捕捉并充分利用情报的能力④。其中，"对情报的自觉捕捉"可以看作是情报意识，"充分利用情报"可以看作是情报技能。在总体国家安全观下，要真正夯实国家安全的群众基础，就必须普及和增强群众的情报意识。充分利用情报的技能更多地涉及国家发展方面的情报素质。

在传统国家安全观下，情报是军事的情报，是国家机密，只要国家安全机关和情报组织机构及其相关工作人员具备基本的情报意识就足够了，不需要在群众中广泛普及情报意识。但是，随着总体国家安全观对国家安全形势的解读和国家安全体系的构建，国

---

① 张晓军. 情报、情报学与国家安全：包昌火先生访谈录 [J]. 情报杂志，2017，36（5）：1-5.
② 马海群，蒲攀. 钱学森情报思想影响力分析：兼评《情报理论与实践》的学术贡献 [J]. 情报理论与实践，2014，37（9）：26-29.
③ 张家年，马费成. 我国国家安全情报体系构建及运作 [J]. 情报理论与实践，2015，38（8）：5-10.
④ 高凤华. 略论情报素质教育在大学生素质教育中的地位和作用 [J]. 图书馆学研究，2002（11）：90-91.

家安全工作提出了越来越广泛的安全情报需求，如除了军事安全情报、政治安全情报以外的文化安全情报、社会安全情报、信息安全情报、生态安全情报等。显然，在如今大数据提供"大样本"的时代，这种多样化的情报需求只依靠国家安全机关和情报组织机构及其工作人员已经没有办法得到满足了，这就需要公民个体、普通企事业单位、民间组织团体等社会化的个体和组织来共同响应了。此时，在最广泛的群众中普及和增强情报意识就显得尤为重要。

情报意识是情报观念、情报意识过程和人们对具体情报反映能力的总和①。因此，可以从三个层面来评价某个个体或组织是否具有一定的情报意识：首先，能否准确捕捉客观存在的情报现象和情报活动；其次，能否从对客观事物的感觉、知觉开始，自觉地通过注意、表象、记忆、想象和思维，以达到获取情报的目的；最后，能否对获取的情报做出洞察、鉴别、联想、分析、保密等有效的反应。那么，在总体国家安全观的指导下，可以有针对性地在最广泛的群众中普及和增强情报意识，特别是安全情报意识，使每个公民和组织都具有国家安全情报的基本素养。提高他们的情报识别能力、情报安全意识、情报保密意识、情报思维能力等，可以从两个方面入手。

一方面，开展安全情报知识普及教育。可以采取的教育形式主要有三大类，即学校教育、机构教育和社会教育。首先是学校教育，可以将基础性的国家安全情报知识教育融入各个教育阶段。例如，可以将国家安全情报基础知识作为一个单独的模块添加到小学阶段的思想品德课程体系和中学阶段的思想政治或心理健康教育课程体系中，也可以将国家安全情报基础知识作为一门单独的必修或选修课程，纳入高等教育人才培养体系。其次是机构教育，可以将国家安全情报知识教育纳入机构的入职培训、阶段考核、素质拓展训练等不同形式的教育培训，能够且应该开展这种教育的机构一般包括国家情报工作专门机构、国家安全工作专门机构、其他国家政府机构、国家各类企业机构（包含央企、国企、私企、外企）、各类民间组织团体（包含公益团体、营利性团体）等。最后是社会教育，国家安全情报知识的社会教育主要由政府主导，教育的对象具有普遍性和随机性，教育的参与度具有自主性。可以在公共场所、学校、企业等区域进行安全情报知识宣传，宣讲、讲座、知识竞赛、辩论、情景剧、有奖问答等都是有效的宣传方式，如在社区、街道、学校内设置安全情报教育文化角，还可以利用各种网络平台和社交媒体，开展"线上+线下"同步的宣传教育工作。

---

① 孟汉峥，孟汉嵘. 浅论情报意识［J］. 雁北师院学报，1995（4）：75-76.

另一方面，开展安全情报知识培训。培训的对象主要是公务员，尤其是国家安全和情报机构中的工作人员，以及涉密单位或组织的工作人员。原因在于他们接触和处理有关国家安全情报的频率更高一些，需要具备更强烈的情报意识。其通常分为入职前培训和在职培训两类。在入职前培训过程中，可以对公务员系统和涉密机构新进工作人员进行安全情报意识测试，进而有针对性地对他们进行职业道德、职业纪律、组织制度、组织文化，以及相关技术、平台、系统、设备等方面的重点培训。在职培训主要是针对公务员系统和涉密机构的管理人员、技术人员和专业人员进行专门培训，既是防止他们在执业过程中安全情报意识松懈，也是面对不断发展变化的安全形势和情报工作的需要对他们进行安全情报意识与岗位工作技能的更新、补充和强化[①]。

3.2.2.2　国家安全对情报工作及其制度的需求

国家安全需要情报工作，也呼唤规范、系统的情报工作制度。总体国家安全观要求构建统一的国家安全体系，新《国家安全法》对国家安全制度的规定中单独用一节来规范了国家安全的情报信息工作，即"国家健全统一归口、反应灵敏、准确高效、运转顺畅的情报信息收集、研判和使用制度……开展情报信息工作，应当充分运用现代科学技术手段……情报信息的报送应当及时、准确、客观，不得迟报、漏报、瞒报和谎报"。显然，在当今国家安全形势愈加复杂的环境下，情报工作的最终目标不仅仅是赢得战争，当前情报工作所面临的主要挑战也不仅仅是对开源或机密情报的收集，更重要的是确定可能发生事件的迹象及遗漏的信息[②]。因此，在总体国家安全观视野下，我国当前的国家安全既需要传统的安全情报工作，也需要非传统的安全情报工作，更需要系统、完善的情报工作制度来规范和保障国家安全情报工作的有序进行。

一方面，国家安全需要面向新形势的传统安全情报工作。传统的安全情报工作是指情报机关在安全情势威胁下为维护国家安全和利益所开展的情报搜集、分析、反情报及隐蔽行动等一系列工作的总和[③]。在传统的以战争和军事安全为国家安全主要矛盾的时代，情报工作服务于国家安全的形式主要是判断战争的可能性及走向，掌握敌方的相关

---

① 张家年，马费成. 我国国家安全情报体系构建及运作 [J]. 情报理论与实践，2015，38（8）：5-10.
② 美军未来情报工作的关键 [EB/OL]. (2018-08-21) [2021-05-20]. http：//www.sohu.com/a/249121199_635792.
③ 江焕辉. 国家安全与情报工作关系的嬗变研究 [J]. 情报杂志，2015（12）：11-15.

情况并及时做出决策调整，服务于以"打胜仗"为核心的任务①。在总体国家安全观的新安全形势下，传统安全情报工作仍然很重要，但是它服务于国家安全的主要形式和核心任务都发生了明显的变化。在新国家安全形势下，传统安全情报工作服务于国家安全的形式转变为判断国家安全的形势和走向，通过情报搜集和研判，掌握对国家安全存在威胁或潜在威胁的"敌我双方"的情况，辅助国家安全策略制定与调整、安全行动规划与部署的科学决策。它的核心任务转变为服务于"军事"或"非军事"行动的安全。显然，此时的安全情报工作在国家安全中扮演了情报、反情报和隐蔽行动三种角色②。

另一方面，国家安全需要非传统安全情报工作。总体国家安全观构建了新的系统而全面的国家安全体系，其中的文化安全、科技安全、信息安全、生态安全、核安全都是非传统的国家安全形态，在影响国家总体安全的因素中占据近一半的位置。在这种形势下，除了传统意义上的"敌情""我情"之外，国家安全环境、社情、民情、民意、大众舆情、媒介舆情等新安全情势也是需要全面考虑和研究的，此时面向非传统安全形态的非传统安全情报工作是必不可少的。除去核武器的威胁，文化安全情报、科技安全情报、信息安全情报、生态安全情报、核安全情报所带给国家安全的威胁或潜在威胁大都不是能够以军事行动或战争的方式来解决的，如国家之间的经济贸易战、文化意识形态渗透、科技对抗、信息网络空间战、生态环境恶化、核能源开发等。此时的安全情报工作需要更多地发挥社会职能而非军事职能，要充分实现态势感知和战略预警功能，同时支持战略决策和应急管理③。这就需要从国家顶层设计的角度出发，打破传统国家安全情报工作在各个安全领域之间的壁垒，推动情报工作一体化发展。同时还要健全国家现有的情报工作收集、研判和使用制度，在不违背保密原则的基础上，建立情报信息工作协调与共享机制，广泛关注影响和危害国家安全的传统与非传统安全因素。此外，对情报工作本身来说，还需要适应国家安全新形势，加强情报工作技术、情报工作方法、情报工作体系、情报工作业务流程等的规范化、先进性、安全性建设，构建适应国家"大安全"的"大情报"体系。

此外，传统的国家情报工作相关制度对国家安全情报工作的关注大都集中于传统安全形态问题，如今世界安全局势瞬息万变，非传统安全问题更加棘手，传统安全问题也

---

① 张秋波，唐超. 总体国家安全观指导下情报学发展研究[J]. 情报杂志，2015（12）：7-10.
② 同①.
③ 张家年，马费成. 总体国家安全观视角下新时代情报工作的新内涵、新挑战、新机遇和新功效[J]. 情报理论与实践，2018，41（7）：1-6.

都面临新的形势。显然，如今的情报工作制度已经不能很好地适应国家安全形势发展的新需要了，更不要说充分发挥"先导""引领""耳目""尖兵""参谋"的作用了，因而国家安全对情报工作新的需求，也是对国家情报工作制度新的需求。

3.2.2.3 国家安全对情报人员的需求

国家安全需要全体公民共同维护，这其中势必涉及一些对国家安全做出特别贡献的人员，情报人员就是其中一种。在总体国家安全观视野下，国家安全的形态在传统的国民安全、政治安全、国土安全、军事安全、经济安全、社会安全、资源安全基础上，扩展了非传统的文化安全、科技安全、信息安全、生态安全、核安全。显然，过去传统的情报人员无论从数量上还是技能上都已经无法满足国家安全对各个领域的情报需求了。现在来看，各类情报机构必须从一个情报人员提供事件事实的描述性组织，转变为情报人员能够准确描述可能发生事件的预测性组织。这就使得国家安全情报工作需要更多不同专业背景、不同学科领域、不同层次结构的情报人员，主要包括安全情报获取人员、安全情报管理人员、安全情报技术人员、安全情报研究人员、安全情报利用人员和安全情报专家，当然，也包括具备以上两种或两种以上情报能力的综合安全情报人员。

安全情报获取人员的主要职责是负责国家安全情报信息的收集、搜集和传递工作。收集工作主要是面向一些公开或比较容易获取的涉及国家安全的情报信息，如非传统的文化信息、生态信息等；搜集工作主要是面向一些隐秘或比较难获取的涉及国家安全的情报信息，如传统的军事情报、政治情报等，负责这部分工作的情报人员就包含影视剧中常见的谍报人员和特情人员。完成情报获取工作以后，需要将这部分情报信息完整地传递给专门的安全情报管理人员。安全情报管理人员的工作贯穿情报活动的始终，从原始安全情报的获取与保存，到安全情报分析过程中的交接与协调，再到安全情报智力结果的利用与保存，以及整个安全情报活动的建档与保密工作，都需要安全情报管理人员全面参与组织、管理和协调。安全情报技术人员主要负责提供整个安全情报活动全过程的技术支持。国家安全情报技术主要是指国家安全情报运作流程中涉及搜集、处理、分析、开发、管理、分发等各种硬件技术、软件技术和系统集成技术等，对应国家安全情报运作阶段具体分为情报搜集技术、数据库技术、信息分析技术、内容分析技术、数据挖掘技术、知识管理技术、情报评估技术等[①]。

---

① 张家年，马费成. 我国国家安全情报体系构建及运作[J]. 情报理论与实践，2015，38（8）：5-10.

安全情报研究人员主要负责安全情报的分析处理和智力成果产出工作，是安全情报活动的关键环节，需要具备较高的情报素质和情报技能。对应既定的安全情报需求，安全情报研究人员需要通过对安全情报信息的识别、去冗、清洗、关联、监测和分析，得出能够匹配和满足情报需求的结论，最终转化为相应的智力成果，实现情报价值的输出。安全情报利用人员主要负责情报价值的实现和转化，往往同时具备情报研究的素质和技能。安全情报利用人员通过灵活运用与情报需求相匹配的智力成果，来消除不确定性、解答疑问、制订方案、调整策略、采取行动。情报的价值只有经过合理的利用，才能够满足既定的情报需求，甚至在某些情况下产生出超过预期的"1＋1＞2"的聚合效应。安全情报专家是国家安全情报领域的高层次人才，按照所涉及的情报领域一般分为军事情报专家、政治情报专家、经济情报专家（包含竞争情报专家）、社会情报专家、科技情报专家等。他们主要为国家安全情报工作提供咨询、纠错、矫偏等高级智力服务，辅助国家安全战略、政策与行动的科学决策，是国家安全情报工作的智囊团和思想库。

3.2.3 总体国家安全观视阈下国家发展对情报的需求

总体国家安全观要求既重视安全问题，又重视发展问题，关于国家安全的情报，称为国家安全情报，那么，关于国家发展的情报，称为国家发展战略情报。战略情报一般是指对国家经济、社会发展和国家安全具有战略性、全局性、长远性、前瞻性和国家安全意义的情报，战略情报来源于国家战略发展的需要①。国家发展战略的制定需要基于对世界发展形势变迁规律的全方位深入认识、对世界格局演化动态的准确把握与预测，以及对世界政治、军事、经济、文化、科技、生态等领域发展的精确剖析，这就需要情报及情报工作为国家发展战略和宏观决策的制定提供经济情报、竞争情报、生态及科技情报、外宣情报等方面的战略性参考依据。在总体国家安全观视阈下，国家发展对情报的需求主要体现在三个方面，即国家发展对情报素质的需求、国家发展对情报工作及其制度的需求、国家发展对情报人员的需求。

3.2.3.1 国家发展对情报素质的需求

国家的发展离不开情报的支持，显然，仅仅具备认知和维护国家安全情报的基本情报意识是远远不够的，总体国家安全观下的国家发展与安全应该是齐头并进的，这就要

---

① 贺德方. 我国科技情报行业发展战略与发展路径的思考［J］. 情报学报，2007，26（4）：483-487.

求我们必须同时具备能支持、维护和促进国家发展的基本情报素质。国家发展对情报素质的需求主要体现在充分利用情报的能力上，主要包括情报分析与利用能力和创新素质两个方面。

一方面是情报分析与利用能力。《中华人民共和国国家情报法》规定："国家情报工作机构应当适应情报工作需要，提高开展情报工作的能力。国家情报工作机构应当运用科学技术手段，提高对情报信息的鉴别、筛选、综合和研判分析水平。"[①] 面对已经获取的情报信息，一定的情报分析与利用能力，是情报实现价值和发挥作用的基础。情报分析能力要求相关人员能够通过对情报信息与情报需求的识别，去掉冗余信息，提取出关键性的情报信息，再利用专门的情报分析平台和工具对情报信息和数据进行清洗、关联、监测、分析，最终转化形成与情报需求相匹配的智力成果。情报利用能力要求相关人员能够灵活运用与其情报需求相匹配的智力成果，消除不确定性、解答疑问、制订方案、调整策略、采取行动。对于我国的发展来说，传统的国民信息情报与国民安全情报、政治信息情报与政治安全情报、国土信息情报与国土安全情报、军事信息情报与军事安全情报、经济信息情报与经济安全情报、社会信息情报与社会安全情报、资源信息情报与资源安全情报，以及非传统的文化信息情报与文化安全情报、科技信息情报与科技安全情报、信息情报与信息安全情报、生态信息情报与生态安全情报、核信息情报与核安全情报，都是具有重要战略价值的情报，都需要涉及的所有人员具备最基本的情报分析与利用能力，同时需要相关的专职人员具备较高的情报分析与利用能力。

另一方面是创新素质。创新素质是信息素质和情报素质的一个重要方面，是在人的基本素质基础上形成的一种能够用灵活多样的方式方法去创造新事物、解决新问题的高级的、复杂的、综合的能力素质，包括认识领域的创新素质和实践领域的创新素质两大类[②]。也就是说，创新素质并非凭空产生的，而是基于一定的素质基础，在认识和实践领域的创新。基于这个认识我们认为，创新素质并非人人具备，正是因为这样，在信息时代拥有创新素质的人才难能可贵。国家发展，尤其是国家经济发展需要创新，社会的变革是创新、军事的改革是创新，文化的发展需要创新、科技的进步需要创新、生态的治理需要创新，总之，创新是推动社会向前发展的核心引擎。2015年6月11日，国务院印发了《国务院关于大力推进大众创业万众创新若干政策措施的意见》，旨在面向全

---

① 中华人民共和国国家情报法［EB/OL］.（2018-06-12）［2021-05-20］. http：//www.npc.gov.cn/npc/xinwen/2018-06/12/content_2055873.htm.
② 张淑春. 创新素质的内涵、结构及特征［J］. 辽宁科技学院学报，2007（3）：54-55.

社会大力推动"大众创业、万众创新",走一条创新驱动发展的道路。

在总体国家安全观的指导下,要使人们具备关于国家发展的基本情报素质,强化他们的情报分析与利用能力,培养他们的创新素质,可以从以下三个方面着手。

首先,强化安全情报知识与技能的高等教育。目前,我国高等教育阶段涉及国家安全和情报领域的专业主要有信息资源管理、情报学、公安情报学、国家安全学等。其中,国家安全学是2014年才创立的新兴学科,其对国家安全与安全情报方面人才培养的效果还未可知。信息资源管理是本科教育阶段的方向,主要涉及信息组织、信息经济、信息系统等方面的课程,在培养基本的信息情报分析与利用能力方面具有一定的效果,如部分毕业生从事信息技术相关工作。情报学是研究生教育阶段的方向,但遗憾的是,由于与图书馆学、文献学的交叉教育,甚至刻意避免涉及情报本质、军事情报、秘密情报、安全情报等方面的知识,使得情报学教育越来越趋近于信息学,一定程度偏离了情报学及情报教育的本质。因而,在国家安全与情报学专业教育的高等教育阶段,有必要回归和强化对安全情报知识与技能的教育。具体的实现方式可以是在原有的专业人才培养方案中添加相关的必修模块,也可以在相关专业下增设安全情报研究方向,还可以单独设立相关专业进行专门化人才培养。

其次,深入开展安全情报知识与技能的继续教育。情报素质的继续教育是超越了普及教育的高级阶段,主要针对从事安全与情报事业的相关人员展开。20世纪80年代以来,我国图书馆学情报学的业余教育、成人教育、继续教育有了很大的发展,截至2017年,正规的办学地点已经有50多个,基本上已经形成了全国性、地区性和系统性的图书情报人员继续教育网络①。但是,开展这些继续教育的单位除了图书情报高等院校,基本都是各级的图书馆学会、图书馆协作委员会、图书情报工作委员会,以及一些大型图书馆和文化教育主管部门,大都以图书馆学为主体,没有突出情报的本质性和情报学的独立性,就更谈不上对情报素质的特别教育了。所以,面对当前的继续教育发展形势和国家安全情报素质教育的迫切需求,有必要更有针对性地深入开展安全情报素质的继续教育。通过融合学历教育与非学历教育,开设专门的成人教育专业或将情报素质教育纳入现有相关专业的成人教育人才培养方案,再结合各级各类的研修班、研讨班、培训班等多种形式,在全国范围内推行情报素质专门教育,更加深入地培养、挖掘和提高安全与情报事业相关从业者的情报分析与利用能力。

---

① 刘水. 我国图书情报人员的继续教育工作[J]. 人力资源管理,2017(7):223-225.

最后，全面开展创新素质教育。创新驱动发展，全面的创新驱动全面的发展。在总体国家安全观构建的国家安全体系中，每一种安全形态所对应的安全主体都需要发展，每一种安全形态下的情报信息都大有可为。具备了基本的情报素质，可以帮助我们更好地解决过去或当前面临的问题，具备了创新素质，则可以帮助我们预见和解决未来可能面临的问题，这是在发展的过程中更加需要的一种素质。因此，有必要将创新素质教育纳入全民素质教育体系。从义务教育阶段开始，到高等教育，再到社会教育，全面激发和培养每个公民个体的创新素养，让创新精神深入政治、经济、社会、文化、科技、信息、生态等国家安全与发展的各个领域，使创新常态化，促发展创新化。

3.2.3.2 国家发展对情报工作及其制度的需求

国家发展需要情报工作，尤其是战略情报工作，国家的情报工作应该是服从并服务于国家整体发展战略的，国家情报工作制度也应该是利于国家稳定发展的。《中华人民共和国国家情报法》总则中规定"国家情报工作坚持总体国家安全观，为国家重大决策提供情报参考……维护国家政权、主权、统一和领土完整、人民福祉、经济社会可持续发展和国家其他重大利益"，明确了情报工作在维护经济社会可持续发展等国家发展战略中的地位和作用。在总体国家安全观下，政治、军事、经济、社会、文化、科技、信息、生态等各个发展领域都需要相应的情报工作提供支持，一般来说，情报工作是通过直接输出智力产品和间接影响思想行为两种模式参与国家发展的。情报工作对国家发展的作用主要表现在服务于国家发展战略和引领国家发展方向两个方面。

第一，情报工作服务于国家发展战略。一方面，国家在制定发展战略时，需要情报工作提供咨询服务，以确保科学决策。不管是国家总体发展战略还是各行业领域具体的发展战略，抑或是各企业、各部门的发展战略规划，都需要大量关于发展形势的研判、发展目标的确立、发展路径的选择、发展方式的规划、发展偏差的矫正、发展结果的预测等一系列基于情报研究的思想产品，以确保发展战略制定的科学性。另一方面，国家在实施和调整发展战略时，需要情报工作提供监测、追踪、采样、分析、反馈、建议、矫偏等服务。由于发展环境的时刻动态变化，任何一个层面的发展战略在具体实施的过程中，都可能出现预想不到的困难和偏差。这时候就需要情报工作提供持续的追踪服务，通过监测、采样、分析、预测等方式，为发展战略的偏差矫正提供科学、合理的建议，以保证发展战略的稳定可持续。不管是以上哪一个方面，情报工作都是作为一种"被需要"的智力服务而存在的，是为了满足国家发展中最普遍的情报需求。

第二，情报工作引领国家发展方向。这是情报工作对国家发展的主动出击，通过情报智库建设和培育创新两种方式，可以在一定程度上引领国家的发展方向。一方面，情报工作具有前瞻性，应该充分发挥其"预知"功能。新国家安全与发展形势下的情报工作，更应该在"有求"必应的"被需要"的基础上，达到"无求"先应的"主动出击"的效果，应该充分利用其信息聚合、挖掘、分析等手段，探索国家发展战略的新领域、新趋势和新方向①，这一点需要依靠情报智库的建设来实现。智库是在国家公共政策和决策中拥有影响力和话语权的智囊团体，情报智库可以基于现有的情报工作成果，利用其专门的技术体系、方法手段、思维路线等，对发展的未来做出科学、合理的预判，输出更加高端的智力成果以供相关组织、部门、人员进行参考，从而在国家发展领域真正发挥其"参谋"的作用。另一方面，情报工作应该充分激发创新，通过创新驱动发展。一是情报工作应该支持和引领国家创新机制的建立。党的十九大报告指出，我国正在加快建设创新型国家，大力推动创新驱动发展战略②，国家创新机制的建立将有利于更广泛地增强我国社会总体的发展活力和创新活力，挖掘创新潜能，开启国家创新型发展的新局面。二是情报工作应该引领创建"情报工作+"的国家创新发展体系。从事情报工作需要的基本素质中包含创新素质，在如今多领域共同发展的环境下，情报工作应该更加关注创新，可以是情报工作体系自身的创新，也可以是情报工作成果激发的其他相关领域的创新，在国家大的发展战略和方向下，后者更为迫切。可以借鉴"互联网+"的行为模式，开展"情报工作+"的创新发展③。对应于总体国家安全观下的发展领域，创建集"情报工作+政治发展""情报工作+军事发展""情报工作+经济发展""情报工作+社会发展""情报工作+资源发展""情报工作+生态发展""情报工作+文化发展""情报工作+科技发展"等各个发展领域于一体的多维度融合的国家创新发展体系。

总之，情报工作承担着既服务于国家发展战略，又引领国家发展方向的重任，这就必须要有与之任务相匹配的国家情报工作制度提供保障、厘清思路、规范流程，以适应乃至创造新的发展需求。

3.2.3.3 国家发展对情报人员的需求

国家安全需要全体公民共同维护，国家发展也同样需要依靠群众的力量，尤其在我

---

① 张家年，马费成. 总体国家安全观视角下新时代情报工作的新内涵、新挑战、新机遇和新功效[J]. 情报理论与实践，2018，41（7）：1-6.
② 习近平在中国共产党第十九次全国代表大会上的报告[EB/OL].（2017-10-28）[2021-05-20]. http：//cpc.people.com.cn/n1/2017/1028/c64094-29613660.html.
③ 同①.

国社会主义制度下，国家发展战略都是以增进人民福祉为宗旨的。在和平与发展的时代主题下，在国家安全形势深刻变化的当下，国家发展需要更多更专深、更具技能的人员支持和储备，其中就包含能服务于国家发展战略的情报人员，他们能够为国家发展的方方面面提供专业的情报咨询服务，辅助进行国家各级发展战略的科学决策。基于总体国家安全观所构建的国家安全体系，以及国家实施大数据战略加快建设数字中国的指导思想，服务于国家发展的情报人员主要有行业情报人员、数据科学家和情报智库集群三大类。

首先，行业情报人员服务于国家发展的各个领域，包括一般行业情报人员和行业情报专家。在总体国家安全观下，国家的发展涉及政治、军事、经济、社会、资源、文化、科技、信息、生态、核等诸多领域，每个领域的安全与发展对国家整体的发展都是影响深远的。行业情报人员遍布各个专业领域，一般具有本行业发展所需要的专业背景和知识结构，同时又具备基本的情报素质与技能，能够为上至本行业领域的发展策略，下至本企业、本部门的发展规划提供更加专业的情报咨询与参考服务，如企业的竞争情报专员、战略规划师等。其中，在本行业领域具有较高权威性的行业情报人员就会成为行业情报专家，他们通常为国家层面的行业发展政策、规范、战略、行动计划等提供情报咨询等一系列的智力服务。

其次，数据科学家为国家发展提供最广泛的智力支持。大数据时代催生了数据科学家这样一种新的职业，它甚至被美国《哈佛商业评论》列为21世纪最性感的职业之一[1]。数据科学家不同于传统的信息科学家，也并不只是大数据工程师，而是既懂数据采集也懂数据管理、既懂数据统计也懂数据挖掘、既懂数学算法也懂数学建模、既懂数据分析也懂数据预测、既懂市场应用也懂科学决策的复合性数据专家[2]。显然，数据科学家最初可以来自统计领域，可以来自数学领域，可以来自软件领域，也可以来自信息领域，但由于其知识结构和学科背景的复杂性，当他们最终具备数据科学家的基本素质与技能以后，就应该被归为情报领域的数据专家。据麦肯锡发布的研究报告预测，到2018年仅美国本土就会面临19万名数据分析人才的缺口，通过分析大数据为企业做出有效决策的数据管理人员和分析师的缺口也将达到150万人[3]。对数据人才的需求如此之大，更充分体现了数据科学家在国家发展战略中的巨大作用。2015年8月，我国国务

---

[1] 马海群，蒲攀.大数据视阈下我国数据人才培养的思考[J].数字图书馆论坛，2016（1）：2-9.
[2] 数据科学家应具备四项能力[N].中国计算机报，2013-10-21（11）.
[3] 朱扬勇，熊赟.大数据时代的数据科学家培养[J].大数据，2016，2（3）：106-112.

院印发了《促进大数据发展行动纲要》，旨在全面推进实施大数据战略，加快建设数字中国①。2017年1月，工业和信息化部又印发了《大数据产业发展规划（2016—2020年）》，旨在推动大数据产业健康快速发展②。基于这样的战略背景及当前数据人才的缺口，数据科学家将会是今后很长一段时间被国家发展战略迫切需要的情报专业人员。

最后，情报智库集群为国家发展提供最高端的智力服务。智库是指一种专门为公共政策和公共决策服务，开展公共政策和公共决策研究和咨询的社会组织，它的主要功能是提供思想产品、搭建交流平台、培养公共人才和引导社会舆论，它的工作范畴包括信息报送、调查研究、人才培养、沟通交流、专题培训和决策咨询等③。国内目前比较知名的智库主要有中国社会科学院、中共中央党校、清华大学国情研究院、国务院发展研究中心、中国国际问题研究所、北京安邦咨询公司等。当前我国的智库组织形式主要有两种，一是具有政府背景的官方智库，二是具有营利性质或非营利性质的民间智库，这两种形式的智库在服务于国家公共政策与决策领域各有优势④。鉴于国家安全情报和国家发展情报的传统与非传统性、官方与非官方性的特点，构建一个集官方智库和民间智库于一体，既保留各自优势，又充分融合的智库集群是很有必要的。这将有利于在为国家发展战略提供公共政策与决策服务时，更加充分和合理地平衡各方的利益与矛盾，提供兼具科学理论与现实意义的智力产品，从而更好地辅助科学决策。

3.3 总体国家安全观下的情报新思维

自从有了人类活动，就开始有了信息交流，交流活动中的矛盾冲突所引发的军事斗争直接催生了人类情报活动。直至今日，情报活动已经从军事领域延伸至经济、社会、文化、生态、科技等人类活动的方方面面。步入21世纪以来，世界安全与发展形势正面临着自苏联解体以来最严峻的考验，全球格局也逐步进入类似于我国春秋战国时期的大国竞合状态。在这种国家安全新形势下应运而生的总体国家安全观和新的国家安全

---

① 国务院关于印发促进大数据发展行动纲要的通知［EB/OL］.（2015-09-05）［2021-05-20］. http：//www.gov.cn/zhengce/content/2015-09/05/content_10137.htm.
② 工业和信息化部关于印发大数据产业发展规划（2016—2020年）的通知［EB/OL］.（2017-01-17）［2021-05-20］. http：//www.miit.gov.cn/n1146295/n1652858/n1652930/n3757016/c5464999/content.html.
③ 徐晓虎，陈圻. 智库发展历程及前景展望［J］. 中国科技论坛，2012（7）：63-68.
④ 徐晓虎，陈圻. 中国智库的基本问题研究［J］. 学术论坛，2012，35（11）：178-184.

法，无疑为国家安全的保驾护航提供了有力的制度保障，同时也对国家情报工作及其制度提出了新的要求。对情报学界来说，这是情报学寻求新的发展方向的重要机遇，也是突破情报学多年来发展瓶颈的有力挑战。只有在对传统情报思维理念扬弃的基础上，全面树立新的情报思维理念，树立基于总体国家安全观、服务于新时代国家安全与发展的情报新思维，才能在情报意识形态层面产生持久而深远的影响力，才能指导和引领情报工作发展的新方向，才能为情报学在国家安全与发展工作中谋得不可替代的主导地位，进而真正实现成为"耳目""尖兵""参谋"的目标。

3.3.1 情报思维的产生

情报活动发展到一定的规模和阶段就会产生聚类效应般的情报思想，这是群体情报活动的产物。对情报工作个体而言，认同并且能够运用某种情报思想进行情报活动、发挥情报智能，就基本具备了一定的情报思维，这是情报个体在意识形态、心理认知、思维活动层面的具体表征。情报思维是指导情报工作与研究的关键要素，是开展情报工作与情报学研究的逻辑起点和基础性内化程序[①]，因而情报思维往往直接影响着情报实践水平。

3.3.1.1 情报思想爆发

在人类情报活动的历史实践中，经历了从原始的信息交流、情报间谍演变到现在的情报意识形态斗争的情报进程，在这几千年的演变过程中，伴随着战争规模和频率的变化出现了情报思想的两次大爆发。

(1) 情报历史进程

人类社会从原始的以牧猎为主转向以农业生产为主，再经过手工业、工商业、服务业、信息产业等的发展，社会生产与分工的精细化程度不断提高的同时，情报活动的形态也随之不断演进。情报既是被激活的知识，也是不同群体和组织之间的认知对抗活动，具备社会运动行为的动态和静态双重属性。情报演化的动因分为物质、社会和意识形态三个层面，由人口增长与资源有限所导致的社会组织形态演变为情报活动的演变提供了物质基础，由生产与分工所导致的组织形态分化为情报活动的进化提供了社会基础，而人类文明的进化过程则为情报活动的演变提供了意识形态基础。赵冰峰根据组织形态及在不同组织形态下的认知对抗形态的变化，将情报的历史进程划分为原始阶段、

---

① 杨国立，李品. 总体国家安全观背景下情报工作的深化 [J]. 情报杂志，2018，37 (5)：52-58，122.

社会化阶段、自动化阶段和意识形态化阶段等四个阶段,强调这四个阶段的情报形态相继出现并共同作用延续至今①。同时,伴随着情报形态的演变,情报类型也经历了从军事情报向科技情报、经济情报、文化情报等多个领域的延伸扩展(图3-2)。也就是说,原始阶段的情报间谍形态、社会化阶段的情报社会化形态、自动化阶段的情报自动化形态、意识形态化阶段的情报意识形态化形态等四种情报活动形态是适应情报历史进程相继出现并共同作用至今的,各种不同的情报活动形态之间不是相互替代的对立关系,而是继生和交互发展的协同关系。

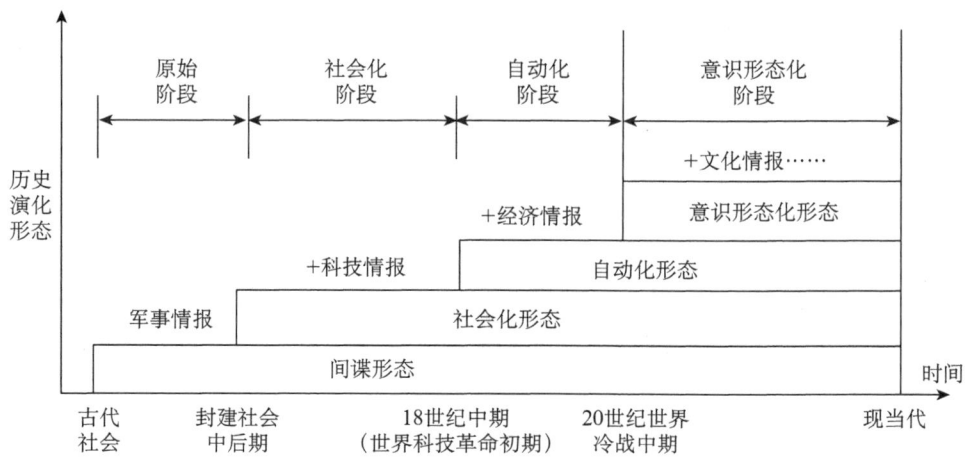

图3-2 情报历史进程

情报间谍形态萌芽于古代社会,最初主要服务于政治、军事,多见于军事情报,现当代已经广泛渗透到了除政治、军事领域以外的经济、社会、科技、文化等社会生活领域的诸多方面。中西方社会的间谍史可以追溯到3000~5000年前的人类文明起始阶段,西方记录最早的间谍行为发生在1217年的古埃及②,我国文字记录最早的间谍活动发生在夏朝的"少康中兴"时期,有"用间始于夏之康"的说法③。间谍形态时期的情报活动最明显的特征是小范围的秘密行动,多见于战争时期,而如今学界流行的人际网络分析、社会网络分析、六度分隔理论等所关注的社会人际关联关系和网络,则是情报间谍形态的现代模式。

---

① 赵冰峰.论情报的历史演化形态[J].情报杂志,2010,29(6):18-21.
② 厄内斯特·沃克曼.间谍的历史[M].刘彬,文智,译.上海:文汇出版社,2009:330.
③ 闫晋中.军事情报学[M].北京:时事出版社,2003:36-37.

美国情报部门官员和外交家表示，美国政府所利用的情报中有 80%~95% 都来自公开的情报源，仅有 5%~20% 的情报内容是通过隐秘渠道获取的①。同样以社会公开渠道获取情报而闻名的还有日本情报专家，1964 年由《中国画报》所引发的王进喜照片泄密事件就是典型的社会公开情报源泄密事例。这些都是情报活动向社会化形态演变的具体表现，即以公开的社会身份或借助于公开的社会力量直接从事情报工作或间接参与情报活动。中国情报活动步入社会化形态是在明朝中叶资本主义生产萌芽时期，西方则在 17 世纪早期英国工业革命时期，当时的社会化大生产所引起的组织功能分化推动了情报活动的社会化发展②。情报社会化的最高级阶段是"人民情报"和"全源情报"，即借助于最普遍人民的力量，并通过最多样化的情报源和情报渠道获取最准确的情报信息，最大限度地群策群力以发挥群体情报智能。目前，全球情报社会化程度最高的是日本的商业情报体系，伴随着大数据、信息公开、开放政府、开放数据等运动的快速发展，公开源情报正逐步成为当代情报社会化形态发展下最重要的情报获取渠道。

18 世纪中期发展起来的通信技术和 20 世纪兴起的计算机技术推动了情报活动向自动化形态发展，这是情报社会化形态的历史延续。情报活动自动化形态的最主要标志就是"机器替代"，即由传感器和计算机等通信信息技术与情报人员的智能构成情报活动的人机一体化系统，在这个系统中，机器和技术系统等物质中介能够低成本并且高效率地实现对情报组织及其人员的机械或智能情报行为的部分性替代。也就是说，自动化形态下的情报活动开始走向"机器自动"取代"人类能动"。但需要指出的是，即使在人工智能发展得如火如荼的当下，人类智能也是机器无法完全模拟和超越的，著名的图灵测试也只证明了机器可以具备人的部分智能，因而自动化形态下情报活动的机器替代也并不是完全的、全部的，而是部分性、功能性替代，这种替代极大地提高了情报活动的信息化水平和情报工作效率。目前，全球情报组织活动自动化程度最高的是美国军事情报体系③。

20 世纪中期随着世界冷战序幕的拉开，情报活动过程的意识形态化开始登上历史的舞台，发挥出"不战而屈人之兵"的巨大作用。特别是在冷战的中后期，美国通过对社会主义国家阵营输出向资本主义方向改革的意识形态，直接导致了苏联的解体，深刻改

---

① 李会明. 美国利用公开情报的新进展及我国的对策 [J]. 智库理论与实践，2016，1 (3)：31-34.
② 赵冰峰. 论情报的历史演化形态 [J]. 情报杂志，2010，29 (6)：18-21.
③ 李章瑞，邹振宁. 美军情报系统综合集成现状与发展趋势 [J]. 外国军事学术，2006 (8)：31-34.

变了当时的世界格局。情报意识形态化形态最重要的标志是以"人类意识"作为主要的情报中介,通过意识形态渗透、文化霸权等没有硝烟的战争,取得绝对优势地位,从而实现情报活动的终极目标。现在,各国之间的情报意识形态斗争愈加激烈,美国的超前消费理念、品牌与广告效应、民主与自由文化,韩国的服饰、饮食与娱乐文化,以及日本的动漫与饮食文化等,都试图通过文化意识形态的博弈来巩固和提升自己的国际地位,以维护和实现自己在政治、经济、文化等方面的优势和目标。

（2）情报思想的两次大爆发

放眼整个人类历史,与情报活动进程相对应的是情报思想的形成与演变,其中有两个时期不得不提,一个是我国的春秋战国时期,另一个是全球的"'一战'→'二战'→冷战→后冷战"时期,这两个时期的共同点是都爆发了人类前所未有的超规模的国家冲突①。一般来说,情报活动的频率与战争的规模和激烈程度是正相关的,因而在这两个时期,情报活动也是愈加频繁和超规模的,并随之引起了情报思想的两次大爆发（图3-3）。

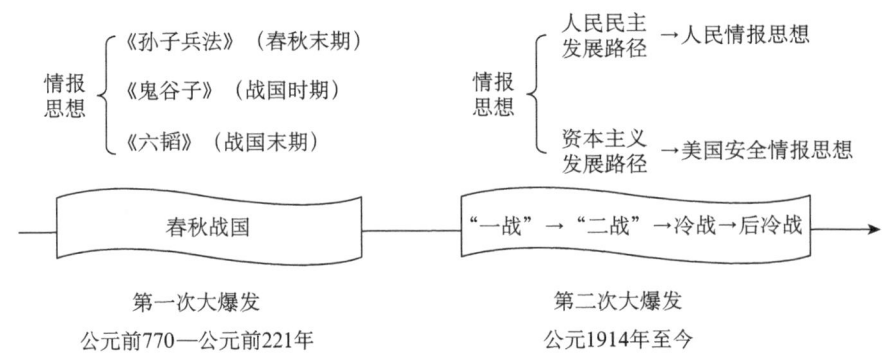

图3-3 情报思想的两次大爆发

情报思想的第一次大爆发是在中国春秋战国时期,从公元前770年到公元前221年,在这历时约550年的时间里,曾爆发了上千次国家间的战争冲突,所有的诸侯国和王国都被反复卷入大规模战争,其中762次国家间的战争可以在现存的文献和文物中找到相关记录②。在这些或零星或系统的记录中,不乏有一些关于战时情报思想的记载,其中以《孙子兵法》（春秋末期）、《鬼谷子》（战国时期）、《六韬》（战国末期）等最为经

---

① 赵冰峰. 情报学 [M]. 北京：金城出版社,2018：39-40.

② 王日华,漆海霞. 春秋战国时期国家间战争相关性统计分析 [J]. 国际政治研究,2013,34（1）：103-120.

典。时至今日,《孙子兵法》中的欺骗、先知、用间、谋略等情报思想依然被各国军事家和情报专家奉为经典,在如今的信息战、网络战、高科技战争趋势下,仍然具有指导意义并焕发出新的生机。

情报思想的第二次大爆发是在"'一战'→'二战'→冷战→后冷战"时期,从公元1914年至今,历时100余年,在人民民主发展路径上产生了以毛泽东思想为代表的人民情报理论,在资本主义发展路径上产生了以美国中央情报局为代表的美国安全情报理论①。人民情报思想是中国共产党的群众路线在情报工作领域的思想凝结,其特点是发动一切拥护民主的人民力量来开展情报实践活动,既能够通过广大群众收集情报,也能够在组织框架内使人民具备一定的情报调查与分析能力,并通过有效的组织体系,将这些资源和能力充分调动起来为组织和人民自己提供情报服务②。美国大规模的情报理论研究始于冷战,并深受我国《孙子兵法》情报思想的影响,"9·11"事件爆发以后,美国紧急出台了《国土安全法》,关注反恐和国土安全的情报思想是这一时期的重中之重。以中央情报局情报思想为代表的美国安全情报理论注重意识形态对抗,提倡心理战、欺骗战、学术战、网络战、信息战等一系列能够产生持久而深远作战力量的情报活动,形成了系统的情报历史观、情报认知理论(情报知识观、情报谋略观、情报分析理论、情报自动化理论)、情报实践策略(心理战、情报欺骗与突袭、学术战、战略传播、软实力、对外隐蔽行动)、情报治理政策(和平演变、国家情报战略)③。

3.3.1.2 情报思维形成

情报思维是情报意识形态层面的概念,它源于情报思想,是情报思想在精神内核上的凝练,它的形成需要经过无数情报活动实践的检验,需要经受历史与现实的双重锤炼。

(1)情报思维内涵

人类情报活动的发展和演变孕育了不同时期不同内涵的情报思想,情报工作实践在这些思想的指导下不断创造着新的价值。对情报工作者来说,具备一定的情报心理品质和思维活动方式,是其完成情报工作任务、实现情报工作目标的过程中所必不可少的。这种情报思维潜在地影响着情报职能和情报智能的发挥,同时制约着情报实践水平的发展。

---

① 赵冰峰. 中国情报学派的兴起与历史使命 [J]. 情报杂志,2016,35(4):1-4.
② 赵冰峰. 情报学 [M]. 北京:金城出版社,2018:64-67.
③ 同②99-129.

目前学界对情报思维的内涵尚未有统一的定义，各种说法大都在强调情报思维活动的创造性，甚至有人就直接认为情报思维是一种创造性思维，这是失之偏颇的。下面列举几种目前对情报思维比较典型的解释。吴国恩认为：情报思维是指人类从事情报工作时的思维活动，是人类思维的特定方式，它源于情报活动，首先必须符合情报活动的特定要求①。他强调情报思维过程中信息和人脑的双重作用，认为可以把情报思维看作一种信息过程②。陈建龙认为：情报思维是人们在遇到复杂问题并试图解决时的一种独立的辨识并运用相关信息的认识性心理操作活动③。他强调情报思维的目的性，即解决既定的问题，并且根据问题得以解决的途径把情报思维划分为常规性情报思维和创造性情报思维，这就直接指出了"情报思维就是创造性思维"的说法的片面性。白清平认为：情报思维是为了解决某个问题，以情报活动为特征，以情报加工为手段的一种思维方法④。他强调情报思维是一种综合性的心理品质和素质，一名优秀的情报人员应该善于运用情报思维来思考和解决问题，创造有价情报。

在此，我们认为情报思维是人类情报活动在意识形态、心理认知、思维活动层面的具体表征，它的形成和演变受客观情报环境、某一情报思想或某一情报学派及其理论主张的影响，是基于情报认知来解决实际问题的内在心理与思维过程，具有情报性、系统性、社会实践性、时代性、创造性、持续性等特点⑤。情报性是情报思维的基本属性，情报思维源于情报活动，情报是它的根本对象，通过情报的观念、理论、方法来认知和解决问题，是它最基本的特性。系统性是情报思维的内在属性，也是一般思维活动所共有的特性，体现在情报思维着眼的整体观和全局意识上，无论是情报本身，还是情报系统、情报组织、情报方法、情报过程等都需要综合整体而非局部来找到最优的解决路径。社会实践性是情报思维的目标属性，情报思维的过程或许是不可见的，但情报思维的结果一定是基于某个问题的解决办法，那么这个结果就必须具有社会实践性，否则情报思维及相应的情报活动就是无效的。时代性是情报思维的环境属性，它必须随着社会政治、经济、军事、文化等环境的发展变化和世界格局的走向做出相应的变化，适应时代发展的同时，做引领时代变革的参谋。创造性是情报思维的价值属性，当现有的情报

---

① 吴国恩. 论现代情报思维 [J]. 图书情报工作，1992（5）：5-9.
② 吴国恩. 情报思维的信息过程研究 [J]. 图书情报工作，1993（6）：5-9.
③ 陈建龙. 论情报思维及其概念来源 [J]. 情报学刊，1993（5）：328-333.
④ 白清平. 浅谈情报思维品质在情报创造中的作用 [J]. 情报资料工作，1996（5）：11-12.
⑤ 谭安洛. 情报思维刍论 [J]. 情报科学，1990（2）：54-59.

方法已经无法妥善解决某个问题时,情报思维必须通过自身的创新和方法的创造来开辟新的解决路径。持续性是情报思维的过程属性,人的某次思维活动可以是短暂且无定性的,但思维的方式和导向却是存在某种规律的,是可以持久发挥作用的。需要强调的是,这种持续性是相对的,情报思维在某一历史时期表现为持续稳定,但随着社会大环境的发展变化,又需要不断地通过自我更新升级来解决下一阶段的情报问题,所以情报思维的持续性是相对的、阶段性的持续。

(2)情报思维雏形

根据上述早期对情报思维的研究,以及情报思维在情报问题得以解决过程中所发挥的作用,我们把情报思维分为常规性情报思维和非常规性情报思维,其中非常规性情报思维也可称为创造性情报思维,它们是情报思维最早期的雏形。

常规性情报思维是指在解决当前所面临的情报问题时,通过现有的情报方法和途径,运用以往问题得以解决的知识、经验、方案和程序等,可以使新的情报问题得到解决的情报思维。常规性情报思维通常需要满足对标意识、服务意识和省力原则。对标意识就是"对照标杆"学习的意识,是有针对性地学习,是通过老方法解决新问题的意识。通过合理的"情报检索"去发现值得进行对标的对象,进而向"最佳实践"借鉴和学习,来找到解决新问题的办法和路径[①]。需要说明的是,可供对标的对象并非一定要在问题的性质、领域、行业等方面完全相同,事实上完全相同的情报问题是很少的,而是只要在关键部分具有特定的相关性和一定的启示价值即可。因为"对标"并不是"复制粘贴"的机械化操作,而是经验价值的充分发挥,是后发优势的重要实现方式。服务意识是情报思维的本位思想,情报思维是辅助情报活动、服务于决策的,绝不可喧宾夺主。情报思维服务于集体的决策,而不能够替代决策或直接执行决策,情报活动过程中的诸多不确定因素使得情报分析的结果或多或少会存在偏差,情报思维只是客观呈现这种结果,发挥智囊团参谋的作用,进而影响但不参与决策。省力原则是常规性情报思维最重要的特点,即通过已有的方案解决新的问题时要充分考虑收益比,尽可能地以最小的付出获取最优的解决方案。省力原则最完美的设想是新问题得以解决的边际成本尽可能降低直至为零,而边际收益尽可能增大接近无穷。当然,由于现实情报问题的相似比和不确定性,省力原则只能无限接近而不可能实现完美设想。

非常规性情报思维即创造性情报思维是指在解决当前所面临的情报问题时,原有的

---

① 陈超. 谈谈情报思维 [J]. 竞争情报, 2017, 13 (1): 3.

知识、经验和方案等已经无法妥善解决当前的情报问题，而必须开发新的思路、创造新的方案时所需要的情报思维。创造性情报思维通常需要应对和消解不确定性，并力求创新。情报活动过程中的信息不对称现象和新的行为因素的出现，导致和增大了行为结果的不确定性，如何有效应对并消解这种不确定性，是创造性情报思维需要考虑的问题。情报活动中对情报信息的收集行为其实就是对双方，甚至多方之间信息不对称现象的应对和消解，多方情报主体都试图通过掌握足够的情报信息和行为结果，使自己在零和博弈中立于不败之地，在非零和博弈的合作共赢中尽可能扩大自己的收益。创新是创造性情报思维最重要的价值体现，无论是情报思维本身的创新，还是情报问题解决方法、路径、方案、机制体制等的创新，只要能够妥善解决常规性情报思维无法解决的问题，都是有价值的。

需要强调的是，常规性情报思维和非常规性情报思维之间的界限和关系并非一成不变。当非常规性情报思维解决了某个新的情报问题，并在一定的时期内和条件下具有普遍适用性时，就可以转化成为常规性情报思维，或者在这一领域的常规性情报思维被应用到另一新的领域时，就变成了该领域的非常规性情报思维。

3.3.2 传统情报思维

在情报活动发展的历史长河中，涌现了很多经典的情报思想，并形成了传统的情报思维，在相当长的一段时期内都具有深远的情报实践指导意义。于当今国家安全与发展新形势来说，这些传统情报思维需要被重新梳理，在新的情报环境下对其进行合理的扬弃，才是维持其生命活力的长久之计。

3.3.2.1 我国古代情报思维

情报思想的第一次大爆发是在我国古代春秋战国时期，此后国内外很多情报思想都受此影响，并在演变过程中形成了一系列经典情报思维。

1. 我国古代情报思维演变

我国古代并没有"情报"这个词语，历代记载情报活动和蕴含情报思想的记录中也没有对"情报"的明确表述，中文"情报"一词译自现代日语，英文常见为"Intelligence"。由于古代的情报工作主要产生并服务于战争，因而当时的情报思维也主要围绕军事、政治领域发展和演进。自公元前2070年的夏商伊始，到明清的覆灭，各类兵书和专著中都凝练了丰富的情报思维，并随着战争环境、国家安全形势而不断演变。

在现存的文字记载中，我国古代最早提出情报理论系统纲领的是春秋末期的《孙子兵法》，从如今它对国内外情报思想的影响来看，《孙子兵法》可称得上是人类情报思维的开山鼻祖。《孙子兵法》首次系统地描述了情报，尤其是军事情报工作，其蕴含的情报思维充满辩证色彩，推崇用间、诡道、先知、欺骗、谋略、虚实、慎战、知己知彼、不战而屈人之兵等情报思维，至今仍然被各国军事家和情报专家奉为经典。随后是出自战国时期纵横家鬼谷子及其弟子之手的《鬼谷子》一书，全书集谋略、兵法、阴阳于一体，蕴含"自知而后知人""常战于不争不费"等军事情报思维，同时涉及军事气象学、军事心理学等方面的内容，富含情报收集与决策实战方法，以及见微知著、知权善变的辩证观①。接下来是成书于战国末期的《六韬》，全书采取问答式的体例记录了丰富的情报实操典例，其中还记载了一个间谍组织的构成，其与之前兵书中情报思维最大的区别在于，将情报活动的对象从外部敌方扩展到了己方内部②，这与如今既强调国际安全也强调国内安全的安全情报思维有一定的相似之处。

接下来是南北朝时期的《三十六计》，可以说它是如今除了《孙子兵法》以外情报思维最被广泛熟知和运用的，尤其在军事领域以外的经济、社会、文化等社会生活领域的指导意义更为突出。《三十六计》重点在"计"，采历代兵家之诡道、集兵家诡诘之计谋于一体，它的情报思维主要体现在利用和改变客体的认知来实现主体的计谋③。随后是北宋朝廷官方颁布的重在军事情报思维的兵法丛书《武经七书》，由《孙子兵法》《吴子兵法》《司马法》《尉缭子》《六韬》《三略》《唐太宗李卫公问对》汇编而成，是中国古代第一部军事教科书。《武经七书》基本涵盖了从先秦至唐代中国军事情报思想成果的代表作，提倡遵循战争规律的情报分析思想和战场情报准备思想④。最后是清代朱逢甲所著的《间书》，它是我国古代有关用间理论与行间实例的专题性军事文献，是我国乃至世界上第一本间谍研究专著，主要收集和阐述了从先秦到明清时期的所有与间谍活动有关的史料，对我国古代间谍问题进行了系统论述⑤。随着2007年《间书》通俗版的出版，如今对它情报思想的研究已经从传统的军事领域扩展到了政治、经济、外交、安全、文化等非传统安全领域⑥。

---

① 王君清，屈健. 中国古代情报思想研究：以《鬼谷子》情报思想为例［J］. 辽宁警察学院学报，2017，19（4）：24-28.
② 袁敏.《六韬》军事情报思想浅析［J］. 上饶师范学院学报，2001（4）：61-65.
③ 于彦周. 简析《三十六计》首计中的公开军事情报思想［J］. 情报杂志，1998（2）：97.
④ 公维梁. 试析《武经七书》中的战场情报准备思想［J］. 军事历史，2016（2）：60-63.
⑤ 朱逢甲. 间书［M］. 南宁：广西人民出版社，2007.
⑥ 储道立.《间书》述评［J］. 军事历史研究，1992（2）：119-126.

2. 我国古代经典情报思维

根据上述兵书和专著中关于情报活动及情报思想的记载，可以将我国古代情报思维分为"用间""计谋""先知""欺骗"四大经典情报思维。

（1）关于"用间"的情报思维，在《孙子兵法》《间书》《三十六计》《李卫公兵法》《吴子兵法》中都有所体现。"间"是《孙子兵法》中最著名的情报理论，其"用间篇"详细阐述了"用间"的情报搜集方法及其为战争胜利所带来的巨大利益，将用间的方式分为"因间""内间""反间""死间""生间"五种，并强调"五间俱起，莫知其道，是谓神纪，人君之宝也"①。《李卫公兵法》扩展了"用间"的情报离间方法，《吴子兵法》中提倡"善行间谍，轻兵往来，分散其众，使其君臣相怨，上下相咎"，《三十六计》中的反间计提倡通过"反间"获取情报并达到离间和扰乱敌人的目的。《间书》系统地总结了清代前几乎所有重要的"间论"和"间例"，并将外交游说、统战等思想纳入"间"的范畴②。如果说《孙子兵法》中的用间是我国古代军事著作中关于"间谍"军事情报工作的首次理论设想，那么《间书》中的用间思想则是经过数千年用间实战的实践总结。总的来说，在我国古代要实现不战而屈人之兵的战略目标，情报用"间"要比战争行"军"更有效。

（2）关于"计谋"的情报思维，在《孙子兵法》《三十六计》《鬼谷子》中都有所体现。《孙子兵法》十三篇以"计篇"为首，可看出孙子对战争中用计的重视，特别强调战前的"庙算"，认为战争胜负的关键在于"知彼知己"、"知天知地"、先计后战和先谋为本的"庙算"③。《鬼谷子》中《谋篇第十》论述了谋士在谋略设计过程中的基本原则、策略方法和最终目标，即充分考虑双方的矛盾冲突所蕴含的潜在威胁，设计上、中、下三种方案，然后通过博弈的思维方式筛选出最合适的方案，进而通过实践运用以检验谋略的成功与否，这体现了纵横家通过权谋之决以实现纵横之道的情报思维④。我国古代关于"计"的论述与描写以《三十六计》最为经典，三十六个计谋分别通过暴露客体认知、维持客体认知、压迫客体认知、破坏客体认知、摧毁客体认知等手段和方式

---

① 彭刚虎，吴向阳，许乐．浅析《孙子兵法·用间篇》的情报思想及其哲学内涵［J］．社科纵横，2012，27（2）：115-116．
② 赵冰峰．情报学［M］．北京：金城出版社，2018：40-41．
③ 孙建民．《孙子兵法》军事情报思想初探［J］．解放军外语学院学报，1998（5）：103-107．
④ 同②47-50．

来实现谋略设计的最终目标，以及不战而屈人之兵的最高战争目标①。

（3）关于"先知"的情报思维，在《孙子兵法》《鬼谷子》《三十六计》《间书》中都有所体现。《孙子兵法》中先知于敌的情报思维、《鬼谷子》中量权揣情的情报思维、《三十六计》中利用客体的认知来实现主体情报目标的计谋、《间书》中利用和干扰敌方认知的情报思维，都是关于"知"在情报活动中的具体论述，进而体现出"先知"对于情报活动取胜的关键作用。总的来说，"先知"的情报思维要求在情报活动中做到知天、知地、知战、知人、知己、知彼、知胜负。

（4）关于"欺骗"的情报思维，在《孙子兵法》《六韬》《三十六计》《间书》中都有所体现。《三十六计》和《间书》中的多种计谋和离间行动，都隐含着欺骗和欺瞒的情报思维，如瞒天过海、声东击西、无中生有、空城计、反间计等。《六韬》倡导在战争中对敌实施情报欺骗，"临境""动静""敌武""少众""分险"等篇都论述了战略欺骗和战术欺骗，并且这种欺骗在欺敌的同时也有隐蔽己方的效果，这体现了《六韬》军事情报思想中进攻性的一面②。《孙子兵法》对欺骗的情报思维有着深刻的阐述，主张使用诡辩和诡道之术达到情报欺骗的目的，尤以"兵者诡道"和"兵以诈立"的思想为最，兵不厌诈就是欺骗情报思维最好的运用。值得一提的是，《孙子兵法》中所蕴含的军事欺骗思想对美国情报理论的研究也产生了深远的影响，《战略拒止与欺骗：21世纪的挑战》（Strategic Denial and Deception: the Twenty-First Century Challenge）、《军事欺骗艺术》（Art of Military Deception）、《军事战略欺骗》（Strategic Military Deception）等经典论著都将孙子军事欺骗思想作为自己研究的基础③。

3.3.2.2　我国近现代情报思维

情报思想的第二次大爆发是在"'一战'→'二战'→冷战→后冷战"时期，即公元1914年至今，是我国近现代历史时期。这一时期我国情报思维最大的特点是以中国共产党的情报思想为基础，以人民民主的社会主义为发展路径。

1. 我国近现代情报思维演变

我国近现代情报思维的演变与中国共产党的情报工作及情报思想的演变同步，分为经典情报工作时期的情报思维和现代情报工作时期的情报思维（图3-4）。

---

① 赵冰峰. 情报学［M］. 北京：金城出版社，2018：50-54.
② 袁敏.《六韬》军事情报思想浅析［J］. 上饶师范学院学报，2001（4）：61-65.
③ 汪涛. 孙子军事欺骗思想对美国情报理论研究的影响［J］. 滨州学院学报，2012，28（2）：41-48.

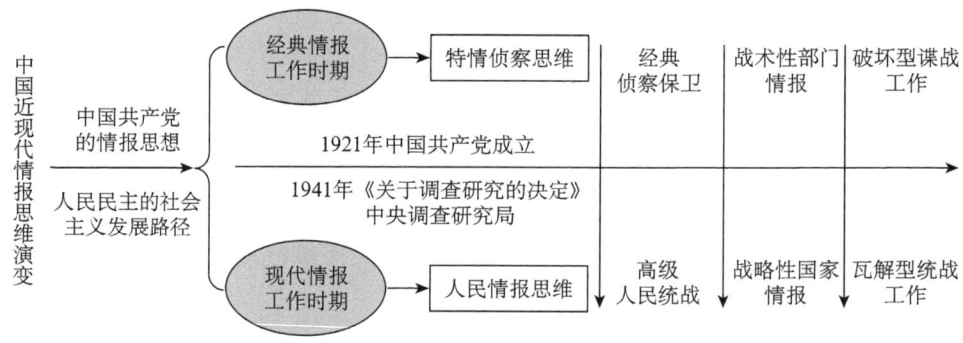

图 3-4 中国近现代情报思维演变

1921 年 7 月，随着中国共产党的正式成立，我国进入经典情报工作时期，这一时期的情报思维主要表现为特情侦察①。这个阶段的情报活动和工作主要是情报搜集分析和安全保卫，通过特殊侦察和情报分析开展秘密工作，1927 年中共设立的中国共产党中央特别行动科（简称中央特科）主要负责此项情报工作。显然，这一时期情报思维关注的重点在于军事情报和政治情报，保密原则是重中之重，破坏型的谍战工作要求战术性的部门情报之间要实施保密，不同部门之间不能进行情报共享。

1941 年 8 月，随着中共中央发布《关于调查研究的决定》，我国进入近现代情报工作时期，这一时期的情报思维主要表现为人民情报。这一年，党中央设立了中央调查研究局，以统一领导各部门情报工作，类似于现在我国的中央国家安全委员会。随后设立的中央情报部打破了军事、政治、安全、社会等领域跨部门的情报工作壁垒，将秘密的战术性部门情报工作提升到了战略性国家情报工作统一领导的高度，自此，标志着我国国家情报工作制度进入了现代化阶段。1949 年中华人民共和国成立到改革开放前夕，我国的情报工作从以军事斗争为主向以生产发展为主转变，科技情报、经济情报、文化情报等逐渐成为情报工作关注的重点。1978 年改革开放到 1991 年海湾战争爆发前夕，由于我国推行"和平民主"的战略，这一时期的情报工作与理论研究都处于低潮期。伊拉克海湾战争爆发以后，信息化战争时代来临，"情报"这个可以实现不战而屈人之兵的利器重新出击，情报工作与研究也再次复苏。此后，随着信息技术和全球经济的飞速发展，信息情报思维、竞争情报思维、科技情报思维等军政领域以外的情报思维百花齐放。直到今天，情报工作的理论与实践研究不断发展、推陈出新，随着如今总体国家安

---

① 赵冰峰. 情报学 [M]. 北京：金城出版社，2018：61-63.

全观的提出，情报工作与研究又面临了全新的历史挑战和发展机遇。总的来说，1941年至今，我国的人民情报思维一直未曾动摇，这是中国共产党的群众路线在情报工作领域的思想凝结，也是符合我国最广大人民根本利益的重要实践经验。

2. 我国近现代情报思维的重要转折

我国近现代情报思维总体坚持人民情报发展路线与其他情报思维融合发展的道路。在这近百年的发展演变历程中，现代情报工作与情报思维历经了两次重要的转折，一是1941年中共中央发布《关于调查研究的决定》，二是1992年科技情报改名运动。

（1）中共中央发布《关于调查研究的决定》

1941年8月1日，中共中央发布《关于调查研究的决定》，宣布中央设置调查研究机关，各地高级机关与政府均设置调查研究机关，统一领导和组织全国的情报工作，随后便设立了中央调查研究局，下设调查局（情报部）、政治研究室、党务研究室三个部门，作为中央一切实际工作的助手①。同时，又合并中社部和军委总参谋部的一部分机构与职能，设立了中央情报部②。此外，《关于调查研究的决定》还详细规定了情报资料收集的具体办法与途径，强调除中央和各地的调查研究机关外，必须动员全党、全军及政府各级机关与全体同志来收集和研究敌我双方的情报资料③。这一系列举措对我国近现代情报工作与情报思维发展的意义为：首先，确立了党中央对全国情报工作与研究任务的统一领导，汇集和规范了先前分散的情报力量；其次，将情报工作扩展到了军政领域以外的社会领域，打破了军事、政治、安全、社会等领域跨部门的情报工作壁垒，将情报工作提升到了战略型国家统战工作的高度；最后，标志着我国国家情报工作率先进入了现代化制度建设阶段，我国1941年设立的中央调查研究局比美国于1947年成立的中央情报局（CIA）早了六年④。

（2）科技情报改名运动

1992年9月，在第八次全国科技情报工作会议上，国家科委宣布将自1956年创建科技情报事业以来沿用了30多年的"科技情报"名称改为"科技信息"，将"国家科委

---

① 边区研究室：中国共产党智库建设的发端［EB/OL］. (2016-11-08)［2021-05-20］. http：//xj.people.com.cn/n2/2016/1108/c353724-29272979.html.
② 赵冰峰. 情报学［M］. 北京：金城出版社，2018：61.
③ 中共中央关于调查研究的决定［EB/OL］.［2021-05-20］. http：//cpc.people.com.cn/GB/64184/64185/189944/11567657.html.
④ 关于中央情报局［EB/OL］. (2012-03-23)［2021-05-20］. https：//www.cia.gov/zh.

科技情报司"改名为"国家科委科技信息司",将"中国科学技术情报研究所"改名为"中国科学技术信息研究所",以此开启了全国范围内的科技情报改名运动①。此后,国家政策文件中大都用"信息"一词代替了原来的"情报",全国各类情报服务和教育机构也随之改名,高等教育本科阶段的科技情报教育任务多由"信息管理与信息系统"专业来承担,研究生阶段的科技情报教育大多融于信息资源管理、图书馆学、文献学等相关学科的人才培养方案中,目前只有少数高校在研究生教育阶段仍然保留"情报学"的专业名称,如武汉大学、南开大学、吉林大学、黑龙江大学、南京大学、四川大学等②。原本国家预期通过改名运动实现服务于经济建设发展的科技情报工作转型的目标,但是仅仅将相关机构和研究名称机械化地用"信息"代替"情报",而没有充分考量二者在内涵与学科建设上的区别与联系,使得这次改名运动既不彻底也不科学,直接导致科技情报力量彻底进入了市场经济体系,严重阻碍了科技情报特长与优势的发挥,同时造成了当代情报与信息学科的混乱局面③。

无独有偶,美国从20世纪初开始,也将大多数情报机构命名为"信息"(Information)而非"情报"(Intelligence),如1917年设立的公众信息委员会(Committee on Public Information)、1941年设立的国家信息情报协调处(Office of the Coordinator of Information)、1942年设立的战争情报局(Office of War Information)等,这是美国情报部门的心理战术,一是为了避免美国民众和他国对情报活动的敏感和憎恶,掩盖其情报活动的本质和目的;二是为了稳固美国信息技术的世界领先地位,推动以美国为首的情报研究"信息化"趋势④。我们可以大胆猜测,由于国内早期大部分情报研究都致力于引进"美国模式",所以20世纪90年代我国的科技情报改名运动或多或少都受到了美国以"Information"代替"Intelligence"的影响,这也是美国情报心理战的成功,造成国内情报学与信息科学混乱的局面和厘不清的学科关系,甚至导致科技情报的消极与不作为,在很长一段时间内,情报学的研究生教育只谈信息不谈情报,甚至刻意回避对情报,尤其是军政情报的研究和讨论,这种情况直到如今总体国家安全观的提出才有了缓和与改善的趋势。

---

① 陈怀珍.第八次全国科技情报工作会议在京召开[J].科技管理研究,1993(1):9.
② 王洪林,赵冰峰."科技情报"改名"科技信息"后的反思[J].情报杂志,2014,33(6):1-3.
③ 赵冰峰.情报学[M].北京:金城出版社,2018:83-96.
④ 同③119-120.

3. 我国近现代典型情报思维

根据我国近现代情报工作活动的发展演变，以及在此过程中出现和发展的各种情报研究思路，可以将我国近现代情报思维大体归为特情侦察思维、人民情报思维、科技情报思维、小情报思维等四大经典情报思维。

（1）特情侦察思维

特情侦察思维是经典情报工作时期的典型情报思维，也是军事情报领域的经典思维。特情是传统特务等概念的时代变称，与现在的卧底、间谍等概念类似，本质是以个体为中介的人力侦察力量，相当于欧美情报理论中的间谍及人际网络[1]。特情侦察是国家安全保卫工作的集中体现，是隐蔽战线、秘密工作等的核心战斗力[2]。从1921年中国共产党成立到1927年中央特科成立，直至1945年抗日战争的伟大胜利，受军阀混战、国共内战、抗日战争等一系列战争形势的影响，彼时的情报活动主要围绕军政工作展开，特情侦察是当时取得战争胜利、保卫国家安全的关键所在，具有先发优势。特情侦察的情报思维要求"隐蔽精干、长期埋伏、积蓄力量、以待时机"，隐秘行动和小范围快速战斗是其发挥情报职能的关键所在，基于六度分隔理论的人际关系网络是其达成侦察目的的重要途径。新中国成立以后，随着公安部设立至今，我国的特情侦察已经展开了大规模正规化建设，在国家安全与发展和社会治理工作中持续发挥效力。

（2）人民情报思维

人民情报是国家情报体系的一种高级形态，人民情报思维是近现代情报工作时期的典型情报思维，源于中国共产党的群众路线，强调情报工作要依靠群众和服务于群众。早在第一次国内革命战争时期（1924—1927年），中国共产党就有了群众路线的思想萌芽，1943年6月，党中央通过毛泽东撰写的《关于领导方法的若干问题》，正式确立了党的群众路线[3]。1941年中共中央发布的《关于调查研究的决定》明确要求，必须动员全党、全军及全体同志来收集和研究敌我双方的情报资料。这正是人民情报思维与特情侦察思维最大的不同，它扩展了情报工作的主体和对象，在人民情报思维的指导下，情报工作不仅限于特情人员，所有认同人民民主的群众都是情报的收集者、传递者、分析研究者和使用者。同时，人民情报思维还打破了跨部门、跨领域之间情报工作的壁垒，

---

[1] 赵冰峰. 情报学［M］. 北京：金城出版社，2018：63.
[2] 同[1].
[3] 许耀桐. 群众路线是如何萌发、提出和确立的［EB/OL］.（2013-07-08）［2021-05-20］. http://qzlx.people.com.cn/n/2013/0708/c364565-22121542.html.

将秘密的战术性部门情报工作提升到了国家统战的高度。总之，人民情报思维高度地契合了《中华人民共和国国家情报法》中规定的国家情报工作应当坚持"公开工作与秘密工作相结合、专门工作与群众路线相结合、分工负责与协作配合相结合"的原则①，符合我国基本国情和社会主义人民民主的情报思维。

（3）科技情报思维

科技情报思维是随着我国科技情报事业的创建和发展而形成的情报思维，是新中国和平时期的典型情报思维。1956年10月，中国科学院科学情报研究所（1958年更名为中国科学技术情报研究所，1992年与国家科委信息研究中心合并，更名为中国科学技术信息研究所）及其他部委、省市科技情报所的相继成立，标志着我国科技情报事业的开端②。1964年，中国科学技术情报学会成立，对科技情报工作给予了极大的指导和推动。其后，国家科委先后于1984年和1992年发布了《全国科学技术情报工作条例》和《国家科学技术情报发展政策》③。至此，这一系列举动都有力地推动着我国科技情报工作体系的建立和完善。但是随后，1992年9月的科技情报改名运动使得科技情报工作陷入了尴尬的境地，一方面科技情报工作的发展势头有所减弱；另一方面对科技情报工作的研究陷入了长久的"情报还是信息"之争。值得一提的是，具有Intelligence功能的科技情报研究与国外的竞争情报相结合推动了竞争情报在我国的发展。竞争情报及其思维的引入开阔了我国情报研究的国际视野，动摇了我国情报界的泛信息化思潮，使科技情报工作向Intelligence方向回归，对我国情报工作和情报学的发展具有重要贡献④。如今，以科技文献的加工、整理、研究和服务为主要内容的科技情报工作已经走过了60多年的历史，为国家的科技进步、科技创新提供了重要支撑。1992年之前的科技情报思维重点关注科技情报，关注科技情报在国家战略决策中"耳目""尖兵""参谋"作用的发挥。1992年以后的科技情报思维转而关注科技信息，同时引入了竞争情报，从情报到信息，关注的范围扩大了，情报元素却逐渐走向萎缩。如今随着总体国家安全观的提出，一定会对科技情报思维的重新探索和准确定位产生巨大的推动作用。

---

① 中华人民共和国国家情报法（2018年修正本）[EB/OL].（2018-06-20）[2021-05-20]. http：//www. moj. gov. cn/Department/content/2018-06/20/592_201364. html.

② 苏新宁. 大数据时代情报学与情报工作的回归 [J]. 情报学报，2017，36（4）：331-337.

③ 王洪林，赵冰峰."科技情报"改名"科技信息"后的反思 [J]. 情报杂志，2014，33（6）：1-3.

④ 包昌火，马德辉，李艳. Intelligence视域下的中国情报学研究 [J]. 情报杂志，2015，34（12）：1-6，47.

(4) 小情报思维

小情报思维是现代情报工作中最常见的情报思维，是源于信息资源管理和图书情报领域的典型情报思维。小情报思维即情报研究的小情报观，着重关注文献信息资源，关注信息技术路线，将情报的特性边缘化。由于情报学发端于第二次世界大战之后蓬勃发展起来的文献工作（Documentation），因此，始终与图书馆学、文献有着密不可分的历史渊源与专业基础①。随着新中国成立以后国内和平时代的来临，我国情报学研究和情报工作对情报的观念渐渐淡化，加之20世纪90年代大规模的科技情报改名运动，情报逐渐走向了信息化，如今大量的文献性基础服务工作已经成为情报工作的主要任务，许多情报工作者甚至将文献信息检索与服务看作情报工作的唯一主要工作（中信所及其他重要情报研究机构的服务内容可以说明）②。鉴于文献学是情报学早期的一个源头③，在小情报思维的影响下，多年来我国情报学研究的主攻方向是信息的序化，基于文献资源建设和信息技术路线，重点进行信息组织、信息检索、信息管理、信息系统等方面的研究，而对信息转化、信息分析、信息情报功能的研究着力不多，这种情报研究的失衡导致了情报学既与以计算机科学为代表的信息科学类同，也与以数字图书馆为发展方向的图书馆学合流，在文献信息学、图书情报学中渐渐失去了情报工作及情报学本身的特性④。诚然，情报研究关注文献、关注信息技术，这本身并没有什么问题，在国家和平年代的社会与经济发展建设中，情报机构提供科技查新、文献传递等服务是符合国家发展政策路线的，但是，只关注这些内容，只提供文献性基础服务，就会渐渐偏离情报生产活动这一情报学的核心领域，也会渐渐脱离政府和企业的科学决策活动，从而将情报工作和情报学研究"耳目""尖兵""参谋"的作用大大削弱直至其消失。此时，总体国家安全观的提出对小情报思维提出了新的严峻考验，如何在国家安全与发展的新形势下，提供精准且完善的情报服务，充分发挥"耳目""尖兵""参谋"的作用，是小情报思维需要考虑的首要问题。

3.3.3 基于总体国家安全观的情报新思维

总体国家安全观的提出是我国新时期国家安全与发展严峻形势下的必然，坚持总体

---

① 初景利. 新时代情报学与情报工作的新定位与新认识："情报学与情报工作发展论坛（2017）"侧记与思考[J]. 图书情报工作，2018，62（1）：140-142.
② 苏新宁. 大数据时代情报学与情报工作的回归[J]. 情报学报，2017，36（4）：331-337.
③ 马费成. 情报学发展的历史回顾及前沿课题[J]. 图书情报知识，2013（2）：4-12.
④ 包昌火，李艳. 情报缺失的中国情报学[J]. 情报学报，2007，26（1）：29-34.

国家安全观，是新时代中国特色社会主义思想的重要内容。它所构建的集传统安全与非传统安全于一体的国家安全体系，对国家安全工作和国家发展工作相关领域的方方面面都提出了新的要求与考验，作为国家战略决策"耳目""尖兵"和"参谋"的国家情报工作和情报研究工作理应肩负起新的历史使命。为此，在总体国家安全观的新视角下，如何重新梳理、认知和拓展情报思维，如何准确定位新时代的情报新思维，如何在情报新思维的指导下开拓国家情报工作与情报研究的新方向，如何抓住总体国家安全观所带来的新机遇实现凤凰涅槃，是情报工作者和情报研究亟待解决的首要问题。

3.3.3.1 总体国家安全观孕育情报新思维

情报思维的演变与其所处的历史时期是紧密相连的，情报新思维的形成也不是一蹴而就的，总体国家安全观为情报新思维的产生提供了最重要的契机。同时，中国特色社会主义新时代国家安全与发展领域、国家情报工作与研究领域的一系列重要举措也共同孕育了情报新思维。

1. 情报新思维产生的契机

在一系列重要举措中，我们认为，中央国家安全委员会的成立、总体国家安全观的提出、新《国家安全法》的颁布、情报领域《南京共识》的形成，是直接促成情报新思维产生的重要契机。

（1）中央国家安全委员会

2013年11月12日，党的十八届三中全会通过了《中共中央关于全面深化改革若干重大问题的决定》，决定设立中央国家安全委员会（简称国安委），完善国家安全体制和国家安全战略，确保国家安全①。2014年1月24日，中共中央政治局召开会议，研究决定中央国家安全委员会设置。会议决定，中央国家安全委员会由习近平任主席，李克强、张德江任副主席，下设常务委员和委员若干名，国安委作为中共中央关于国家安全工作的决策和议事协调机构，统筹协调涉及国家安全的重大事项和重要工作②。它的主要职责是制定和实施国家安全战略，推进国家安全法治建设，制定国家安全工作方针政

---

① 中共中央关于全面深化改革若干重大问题的决定［EB/OL］.（2013-11-15）［2021-05-20］. http://www.gov.cn/jrzg/2013-11/15/content_2528179.htm.

② 中共中央政治局研究决定中央国家安全委员会设置［EB/OL］.（2014-01-24）［2021-05-20］. http://www.gov.cn/ldhd/2014-01/24/content_2575011.htm.

策，研究解决国家安全工作中的重大问题①。可以说，成立国安委是直面"我国的国家安全工作体制机制还不能适应维护国家安全的需要"的难题的重要战略举措，标志着我国开始全面建设国家安全委员会制度②。这是国家战略面向新时代国家安全工作所出的重拳，为我国今后对内和对外的国家安全工作建立"集中统一、高效权威"的国家安全体制提供了制度建设的保障，是情报新思维产生的制度基础。

（2）总体国家安全观

2014年4月15日，国安委正式召开第一次会议，首次系统地提出了总体国家安全观，构建了集国民安全、政治安全、国土安全、军事安全、经济安全、社会安全、资源安全等传统安全形态与文化安全、科技安全、信息安全、生态安全、核安全等非传统安全形态于一体的全新的国家安全体系③。这为情报思维的变革提出了要求，也提供了思路，即不仅仅像我国古代经典情报思维一样重在服务军事、政治等传统国家安全领域，要突破小情报思维来服务生态、文化、信息等非传统国家安全领域。此外，总体国家安全观还强调内外兼顾的国家安全理念，强调安全与发展相协调的国家安全理念，强调打造命运共同体的国家安全理念，这为情报思维的变革指明了方向。从小情报思维到大情报思维，从文献信息思维到情报参谋思维，都是总体国家安全观所蕴含的情报思维变革的新方向。总之，作为国家安全战略的风向标，总体国家安全观的提出和实践，必会在大力推进新时代国家安全治理体系建设的同时，也为国家情报工作与情报研究工作的突破性发展提供新的生机。

（3）新《国家安全法》

2015年7月1日，第十二届全国人民代表大会常务委员会第十五次会议通过了《中华人民共和国国家安全法》，新《国家安全法》首次以法律形式明确了总体国家安全观的内涵（第三条），对国家安全的基本概念做出了界定（第二条），并确立了国家安全领导体制（第五条），明确了党对国家安全工作的绝对领导地位（第四条）④。同时，根据

---

① 习近平关于全面深化改革若干重大问题的决定的说明[EB/OL].（2013-11-15）[2021-05-20]. http://www.gov.cn/ldhd/2013-11/15/content_2528186.htm.

② 薛澜，彭龙，陶鹏.国家安全委员会制度的国际比较及其对我国的启示[J].中国行政管理，2015（1）：146-151.

③ 中央国家安全委员会第一次会议召开 习近平发表重要讲话[EB/OL].（2014-04-15）[2021-05-20]. http://www.gov.cn/xinwen/2014-04-15/content_2659641.htm.

④ 中华人民共和国国家安全法（主席令第二十九号）[EB/OL].（2015-07-01）[2021-05-20]. http://www.gov.cn/zhengce/2015-07/01/content_2893902.htm.

维护国家安全的需要，完善了国家安全任务"清单"，对总体国家安全观中提出的国民安全及其他十一个重要领域的安全任务进行了明确，还将每年的4月15日定为全民国家安全教育日。其实早在1993年2月，第七届全国人民代表大会常务委员会第三十次会议就通过了我国首部国家安全法，但当时只是一部主要规范反间谍工作的专门性法律，可以说是一部狭义的国家安全法，2014年《中华人民共和国反间谍法》颁布后就被废止了。与1993年的国家安全法相比，新《国家安全法》最大的不同在于国家安全的"全民性"，1993年的国家安全法主要规定了国家安全机关履行的职责，特别是反间谍职责①，而新《国家安全法》则在"以人民安全为宗旨"的同时，规定了维护国家安全人人有责的义务（第十一条），即国家安全工作的成果全民共享，国家安全的任务也需要全民共建。这也为情报思维的发展变革提出了新方向，从古代的军事情报思维发展到近现代的非军事情报思维，今后的发展方向就应该是军民融合的情报思维了。

（4）《南京共识》

2017年10月29日，在南京大学召开的"情报学与情报工作发展论坛（2017）"上，情报学界凝聚形成了《情报学与情报工作发展南京共识》（简称《南京共识》）。此次论坛针对中国情报学学科建设、情报学课程体系、情报学人才培养定位、军民情报学借鉴融合、情报工作的未来责任等问题进行了深入探讨，并在以下五个方面达成了共识：重新定位情报学科的发展目标；重新认识情报工作的性质与作用；重新设计情报学课程体系；重新认识理论、技术、方法的重要性；重新认识情报的能力②。《南京共识》指出：情报学者将以服务于国家发展与安全为宗旨，推动情报学理论和实践的发展创新，以体制、机制和平台建设支撑情报资源共享的实现，以此支撑情报学和情报工作一体化③。《南京共识》强调：新时代的情报学学科建设与情报工作的重点应该定位于满足国民经济、社会发展和国家安全的需要，成为各项决策的有力支撑。此外，《南京共识》还在打造国家情报智库、改革现行情报学人才培养模式等方面给出了指导意见。可以说，这次论坛是现代情报工作与情报研究及教育发展变革的重要转折点，它所凝聚形成的《南

---

① 中华人民共和国国家安全法（1993年版）[EB/OL]. (1993-02-22) [2021-05-20]. http://www.npc.gov.cn/npc/lfzt/rlys/2014-08/31/content_1876762.htm.

② 中国科学技术情报学会，中国社会科学情报学会. 情报学与情报工作发展南京共识[J]. 图书情报工作，2018，62（1）：142-143.

③ 邓三鸿，郭骅. 情报学与情报工作发展论坛（2017）隆重召开并凝聚形成《南京共识》[J]. 图书情报知识，2017（6）：125-127.

京共识》无疑是当下情报工作和情报学面向新时代国家安全与发展形势实现自我突破与创新发展的重要风向标。《南京共识》所强调的在国家发展与安全这一思想主导下发展情报学和定位情报工作,是在总体国家安全观和总体国家安全体系下重新梳理、定位和创新情报工作与情报学。它所达成的每一点共识,也都是情报思维应该变革的方向,如情报学与情报工作的一体化、重塑情报"先导""引领""耳目""尖兵""参谋"的重要智囊作用等。

2. 总体国家安全观要求情报思维变革

在大数据时代,情报学必须与时俱进,总体国家安全观下的情报新思维必将促进情报学与情报工作的彻底变革。总体国家安全观强调"一半讲安全、一半讲发展"的安全与发展思想并重的安全理念,构建的是面向当前及未来很长一段时间内国家安全与发展战略总体布局的国家安全体系,它对情报工作和情报学研究及教育的指导意义归根到底体现在对情报思维的重塑上,通过深刻影响意识形态、心理认知、思维活动层面上的情报思维来最终达成对情报实践的指导目标,实现情报工作始终服务于国家安全与发展战略的愿景。此外,大量情报工作与情报学研究所暴露的事实问题也证明,现有的情报思维已经不能很好地适应如今国家安全与发展对情报工作提出的新要求了,因此,总体国家安全观呼吁也要求情报思维进行历史性的变革。

一方面,国家安全要求情报思维变革。改革开放 40 年来,我国社会大局保持长期稳定,成为世界上最有安全感的国家之一[①]。中央国家安全委员会的成立、总体国家安全观的提出、新《国家安全法》的出台都是国家安全体制改革的一系列重大举措。近几年我国的国家安全形势在国际安全形势局部冲突和总体和平发展的大环境下,面临着一系列的挑战和发展机遇。2015 年,南海地区形势持续发酵,中美南海博弈与对峙的紧张局面暴露出我国国家安全所面临的非传统安全形势依旧不容乐观的同时,传统安全方面的威胁也在日益加重的两难问题[②]。2016 年,国际安全形势总体表现为传统安全挑战与威胁并存,非传统安全问题凸显,叙利亚危机、"伊斯兰国"、"后伊核时代"、乌克兰危机、难民危机、网络安全、东亚形势等一系列安全危机的凸显和爆发,使得我国在全球地区安全的动荡和网络等非传统安全问题的威胁中艰难地寻求着维护国家和国际安全的

---

① 习近平:在庆祝改革开放 40 周年大会上的讲话[EB/OL].(2018-12-18)[2021-05-20]. http://www.xinhuanet.com/politics/leaders/2018-12/18/c_1123872025.htm.

② 鞠海龙,葛红亮. 2015 年南海国际舆论、外交与安全形势回顾[J]. 东南亚研究,2016(2):13-21.

两全之道①。2017年，国际安全形势呈现局部动荡和大国竞合的特点，全球安全在维持了基本的战略稳定的前提下，大国关系的不确定性显著增大、军事竞争趋紧、地缘战略博弈深度发展②。同时，我国与美、俄的安全合作持续加强，国家安全能力得到了显著提升③。2018年，大国博弈加剧，恐怖主义与极端主义、民粹主义、分离主义纠合，亚非欧暴恐活动多发并发，使得国际安全形势不稳定、不确定、不可测、不可控因素显著增多④，但对整个国际社会而言，最主要的挑战仍然是来自非传统安全问题，相比于传统安全问题，非传统安全更棘手，也更具有隐性威胁⑤。显然，近年来全球安全情势并没有在一片祥和中走向欣欣向荣的局面，总体和平稳定的表象下实则暗流汹涌，在传统安全问题此起彼伏、尚未得到妥善解决的情况下，非传统安全问题的日益凸显又加剧了国家安全所面临的威胁。这对国家安全战略的制定和实施都是不小的考验，此时作为国家战略决策"耳目""尖兵""参谋"的情报工作就显得特别重要，既需要为军事、国土等传统国家安全战略的科学决策提供参考依据，也需要服务于解决和预测非传统安全问题的战略决策，基于这种统筹兼顾的情报思维是国家安全对情报思维变革的要求。

另一方面，国家发展要求情报思维变革。国家发展是一个常谈常新的话题，国家发展战略的顶层设计也是一个不断寻求突破与革新的过程。2018年是改革开放40周年，40年前的"对内改革、对外开放"国家发展战略，是为了把党和国家工作中心转移到经济建设上来，是为了解放和发展社会生产力，是为了实现计划经济体制向社会主义市场经济体制的改革和转型。如今来看，改革开放的国家发展战略无疑是取得了巨大成功的，社会主义市场经济体制正在加速推动着实现全体人民共同富裕的脚步，人民群众的获得感、幸福感和安全感也在不断提升。可以说，40多年前我国为了寻求国家发展，摸索出了一条"经济为先"之路，那么40多年后的今天，在经济建设已经取得了突破性与阶段性成就之后，我们的发展之路又该何去何从呢？事实上，2013年党的十八届三中

---

① 2016年国际安全形势不容乐观［N］．人民日报，2016-01-14（23）．
② 唐永胜．局部动荡与大国竞合：2017年国际安全形势主要特点［J］．当代世界，2018（1）：20-23．
③ 李文良．2017年中国国家安全形势解读［EB/OL］．（2018-01-05）［2021-05-20］．http：//www.qstheory.cn/international/2018-01/05/c_1122214230.htm．
④ 张燕．2018年国际安全形势前瞻与风险预测［EB/OL］．（2018-03-22）［2021-05-20］．http：//mini.eastday.com/bdmip/180322172638471.html．
⑤ 2018年国际形势展望：世界在危机中找寻"安全感"［EB/OL］．（2018-01-06）［2021-05-20］．http：//www.chinanews.com/m/gj/2018/01-06/8417661.shtml?f=qbapp．

全会通过的《中共中央关于全面深化改革若干重大问题的决定》已经告诉了我们答案，即必须从以经济体制改革为主转型到全面深化经济、政治、文化、社会、生态文明体制、党的建设制度改革、国家安全体制改革等多方位的改革发展上来，同时要注重改革的系统性、整体性和协同性[①]。所以，在如今我国发展新的历史方位上，在中国特色社会主义进入了新时代的当下，如何推动全面深化改革在国家军事、政治、科技、经济、生态、文化、民生等诸多领域的协调一致发展，是国家发展战略的当务之急。此时，充分发挥情报工作的"先知"功能，辅助战略布局的筹划、战略决策的制定与执行，是很有必要的。这是情报工作社会职能的重要体现，情报工作及其人员要有身为国家发展"参谋""先导""引领"等的充分自觉和能力，通过需求分析、情报收集、情报研究、实时监测等情报活动，服务于国家发展形势的判断和预测，服务于国家发展战略的规划和制定，服务于国家发展改革的创新和高效，基于这种"先知"的情报思维即国家发展对情报思维变革的要求。

必须指出的是，现阶段情报学研究和情报工作本身的偏差也要求情报思维变革。当前情报学研究的失衡主要表现在情报学研究领域的偏移、偏重"信息"丢失"情报"本身价值、图书情报一体化使情报元素淡化三个方面[②]。科技情报改名运动引发了长久的"情报or信息"之争，情报与信息的混淆，图书馆学、文献学、信息科学、计算机科学等与情报学边界的模糊化，情报学一味移植其他学科领域方法技术而缺乏自身理论与方法的创新等问题，最终导致了情报"信息化"、情报特征淡化、情报研究重点偏移等情报研究的失衡现象。情报工作的责任与任务理解上的偏差主要表现在三个方面：与文献相关的工作成为情报工作的主要任务，丢掉了情报内涵；缺乏大情报观，丧失了决策话语权；情报工作具有被动性，失去了"耳目""尖兵"作用。当前，各类情报机构的工作重点主要集中在文献服务与科技工作领域，注重文献信息检索、文献信息组织及文献计量等工作，而疏忽了在政府和企业中的决策支持功能，同时缺乏主动参与决策过程的能动性，从而导致情报工作渐渐远离了决策核心，情报职能无法充分发挥。此外，大数据时代的数据激增、数据处理、信息权利、知识饥渴、信息安全、信息伦理等都或将成为触发情报危机的关键因素。因此，在当今大数据的环境下，在总体国家安全观践行之际，情报思维变革势在必行，也迫在眉睫。

---

① 中共中央关于全面深化改革若干重大问题的决定[EB/OL].（2013-11-15）[2021-05-20]. http：//www.gov.cn/jrzg/2013-11/15/content_2528179.htm.
② 苏新宁. 大数据时代情报学与情报工作的回归[J]. 情报学报，2017，36（4）：331-337.

3.3.3.2 总体国家安全观下的典型情报新思维

社会主义新时代下国家安全与发展工作的内核已经发生了深刻变化，对情报工作及情报学研究与教育也提出了新的更高的要求。在总体国家安全观的视角下，情报思维已不能仅仅局限于特情侦察思维、人民情报思维、科技情报思维和小情报思维中的任何一种，而是应该及时发现其暴露的缺陷并突破这些情报思维现在的发展瓶颈，形成新的情报思维，从而适应、指导和开拓新时代下国家情报工作与情报研究的新方向。在大数据时代，情报学必须与时俱进，总体国家安全观下的情报新思维必将促进情报学与情报工作的彻底变革。

我们认为在总体国家安全观视阈下，典型的情报新思维主要有大数据情报思维、大情报思维、总体国家情报思维和开放情报思维。

1. 大数据情报思维

总体国家安全观下的大数据情报思维是致力于国家发展，同时兼顾并全力维护国家安全的情报新思维。苏新宁指出，情报学的学科发展要有大数据思维，着重于大数据环境下的情报学理论、技术、方法的深入研究①。早在 20 世纪 80 年代，美国就有人提出了大数据的概念，但当时并没有真正进入数据大爆炸的时代②。直到 2012 年，美国《纽约时报》专栏正式宣告大数据时代已经来临，这一年也因此被称为大数据元年。此后大数据相关发展行动计划如火如荼地在世界各地进行着，直至今日全球已然进入了由数据主导的"大时代"。在大数据时代，数据成为被激活的资产，其存在被赋予了全新的意义，其利用超越了存在的原始途径，其价值的聚合效应引发了价值链的重构③。

从大数据元年至今，国家主席习近平几乎每年都会在重要场合提及大数据，并多次强调我国高度重视并坚决实施大数据发展战略，表 3－3 展示了 2012 年至今习近平总书记国家治理现代化思想的大数据观在一些重要场合的阐释。总的来说，习近平总书记的大数据观既大力支持和推动大数据创新发展，又高度重视大数据管理与安全问题。现实来讲，以大数据为代表的新一轮科技与产业革命引发了全球治理体系的深刻变革，大数据所带来的创新发展机遇比任何时候都要多，它开创的数字经济和数据经济比任何时候都要活跃，但同时，大数据所引发的数据恐慌等问题也比任何时候都要棘手，所以作为政府决策的"参谋"和国家发展的助手，大数据的情报思维必须统筹兼顾国家发展和国家安全两大重要战略问题。

---

① 苏新宁. 大数据时代情报学与情报工作的回归[J]. 情报学报，2017，36（4）：331-337.
② 涂子沛. 大数据时代的来临[N]. 第一财经日报，2013-01-04（C01）.
③ 蒲攀. 大数据环境下我国开放数据政策模型构建研究[D]. 哈尔滨：黑龙江大学，2016.

表 3-3 习近平总书记国家治理现代化思想的大数据观

时间	事件	大数据观阐释
2012 年 12 月	考察腾讯公司	大数据精准分析有利于政府决策
2013 年 7 月	视察中国科学院	大数据是工业社会的"自由"资源，谁掌握了数据，谁就掌握了主动权
2014 年 2 月	中央网络安全和信息化领导小组第一次会议	①我国网民数量世界第一；②信息资源日益成为重要生产要素和社会财富，信息掌握的多寡成为国家软实力和竞争力的重要标志
2015 年 6 月	考察贵州	①高度肯定贵州发展大数据确实有道理；②面对信息化潮流，只有积极抢占制高点，才能赢得发展先机；③我国大数据采集和应用刚刚起步，要加强研究，加大投入，力争走在世界前列
2015 年 12 月	第二届世界互联网大会	中国将大力实施网络强国战略、国家大数据战略、"互联网+"行动计划
2016 年 4 月	网络安全和信息化工作座谈会	①要综合运用各方面掌握的数据资源，加强大数据挖掘分析，发挥 1+1>2 的效应；②要依法加强对大数据的管理
2016 年 10 月	中共中央政治局第三十六次集体学习	以数据集中和共享为途径，建设全国一体化的国家大数据中心，推进技术融合、业务融合、数据融合
2017 年 10 月	党的十九大报告	要推动互联网、大数据、人工智能和实体经济深度融合
2017 年 12 月	中共中央政治局第二次集体学习	①抓住大数据发展的时代机遇，开创发展新局面；②推动大数据技术产业创新发展；③构建以数据为关键要素的数字经济；④运用大数据提升国家治理现代化水平；⑤建立健全大数据辅助科学决策和社会治理的机制；⑥保障国家数据安全
2018 年 4 月	考察海南省政务数据中心	①肯定海南省信息化建设工作；②加快政府大数据平台建设是提高社会治理能力和水平的迫切要求
2018 年 4 月	首届数字中国建设峰会	本届峰会以"以信息化驱动现代化，加快建设数字中国"为主题，展示我国电子政务和数字经济发展最新成果，交流数字中国建设体会和看法，进一步凝聚共识，必将激发社会各界建设数字中国的积极性、主动性、创造性
2018 年 5 月	2018 中国国际大数据产业博览会	①中国高度重视大数据发展；②我们秉持创新、协调、绿色、开放、共享的发展理念，围绕建设网络强国、数字中国、智慧社会，全面实施国家大数据战略，助力中国经济从高速增长转向高质量发展
2018 年 11 月	第五届世界互联网大会	互联网、大数据、人工智能等现代信息技术不断取得突破，数字经济蓬勃发展，迫切需要我们加快数字经济发展

第一，大数据情报思维致力于国家发展。国家情报工作的社会职能首先是服务于国家发展和政府决策，因而情报思维也需要围绕这一职能来发展转变。

一方面，大数据作为我国国家创新发展的重要战略之一，本身就是国家发展战略的组成部分。2014 年，大数据首次被写入中国政府工作报告，从实际意义上标志着我国迎来了"大数据政策元年"①。2015 年 9 月，国务院印发了《促进大数据发展行动纲要》，提出要全面推进我国大数据的发展和应用，加快数据强国建设，这是我国发展大数据产业的纲领性文件②。2015 年 10 月，党的十八届五中全会提出"实施国家大数据战略"，这是实现我国从数据大国向数据强国转变的重要举措，标志着大数据正式上升为我国的国家战略。2016 年 7 月，中共中央办公厅、国务院办公厅联合印发了《国家信息化发展战略纲要》，指出要最大限度发挥信息化的驱动作用，实施国家大数据战略，统筹规划建设国家互联网大数据平台，建立国家治理大数据中心，着力构筑移动互联网、云计算、大数据、物联网等领域的比较优势，并在这些关键技术和重要领域中积极参与国际标准的制定③。2016 年 12 月，国务院印发了《"十三五"国家信息化规划》，文中 62 次提及大数据，明确指出"十三五"信息化发展的主攻方向是"统筹实施网络强国战略、大数据战略、'互联网+'行动"，到 2020 年，"数字中国"建设要取得显著成效，实现"云计算、大数据、物联网、移动互联网等核心技术接近国际先进水平"的发展目标，其中多个专项发展工程也都围绕或涉及大数据建设与应用④。2017 年 1 月，工业和信息化部印发了《大数据产业发展规划（2016—2020 年）》，以大数据产业发展中的关键问题为出发点和落脚点，以强化大数据产业创新发展能力为核心，全面部署了"十三五"时期包括大数据技术产品创新发展、提升大数据行业应用能力、繁荣大数据产业生态、健全大数据产业支撑体系、夯实完善大数据保障体系等方面在内的大数据产业发展工作⑤。2018 年 4 月，赛迪智库发布了《2018 年中国大数据产业发展水平评估报告》，报

---

① 吴韬. 习近平的大数据观及当代价值［J］. 中共云南省委党校学报，2018，19（4）：51-56.
② 国务院关于印发促进大数据发展行动纲要的通知（国发〔2015〕50 号）［EB/OL］.（2015-08-31）［2021-05-20］. http：//www.gov.cn/zhengce/content/2015-09/05/content_10137.htm.
③ 中共中央办公厅 国务院办公厅印发《国家信息化发展战略纲要》［EB/OL］.（2016-07-27）［2021-05-20］. http：//www.gov.cn/xinwen/2016-07/27/content_5095336.htm.
④ 国务院关于印发"十三五"国家信息化规划的通知（国发〔2016〕73 号）［EB/OL］.（2016-12-27）［2021-05-20］. http：//www.gov.cn/zhengce/content/2016-12/27/content_5153411.htm.
⑤ 工业和信息化部.《大数据产业发展规划（2016—2020 年）》解读［EB/OL］.（2017-01-17）［2021-05-20］. http：//www.miit.gov.cn/n1146295/n1652858/n1653018/c5465700/content.html.

告显示：2017年我国大数据产业集聚发展效应进一步凸显，长三角地区、珠三角地区、中西部地区和东北地区大数据产业集聚发展格局基本形成；各省市大数据产业发展和应用水平均有提升、发展环境均呈现向好态势；预计2018年我国大数据核心产业规模将突破5700亿元①。

另一方面，大数据思维、技术及应用能够为其他方面的国家发展战略提供技术路线和实践手段。2008年全球金融危机的爆发，促使世界经济进入深度调整与动能转换的新阶段，如今世界经济局势呈现出传统经济与以数字经济为代表的新经济交替发展的新局面，大数据在这种新局势下扮演着重要的角色。数字中国建设、数字经济发展都离不开大数据的支持，数字经济正成为新常态下引领我国经济高质量发展的创新引擎。2016年9月，二十国集团领导人杭州峰会达成的《二十国集团数字经济发展与合作倡议》中指出：数字经济是全球经济增长日益重要的驱动力，云计算、大数据、物联网与其他新的数字技术应用于信息的采集、存储、分析和共享过程中，深刻改变了社会互动方式，为进一步释放数字经济潜力，二十国集团将着眼于为发展数字经济和应对数字鸿沟创造更有利条件②。党的十九大报告指出：在过去的五年中，我国经济建设取得重大成就，数字经济等新兴产业蓬勃发展，并明确对建设网络强国、"数字中国"和智慧社会做出重大战略部署③。2017年12月，习近平总书记在第十九届中央政治局第二次集体学习时强调：面对新的时代要求，要用好大数据，构建以数据为关键要素的数字经济，着力推动实体经济和数字经济融合发展④。除了经济领域、科技领域，在医疗健康、医药卫生领域大数据也大有可为，《国家信息化发展战略纲要》和《"十三五"国家信息化规划》都明确提出要促进和规范健康医疗大数据应用发展，推进公共卫生大数据应用，全面提升公共卫生监测评估和决策管理能力。除此以外，在社会生活、生态、意识文化等诸多领域的发展中，大数据都能够提供有益的助力。例如，我们今天出行交通的热点地图、

---

① 赛迪智库评估报告编写组. 赛迪智库：2018年中国大数据产业发展水平评估报告[EB/OL]. (2018-04-20)[2021-05-20]. http://www.199it.com/archives/713125.html.
② 二十国集团数字经济发展与合作倡议[EB/OL].（2016-09-20）[2021-05-20］. http://www.g20chn.org/hywj/dncgwj/201609/t20160920_3474.html.
③ 习近平. 决胜全面建成小康社会 夺取新时代中国特色社会主义伟大胜利：在中国共产党第十九次全国代表大会上的报告[EB/OL]. (2017-10-27)[2021-05-20]. http://www.gov.cn/zhuanti/2017-10/27/content_5234876.htm.
④ 新华社评论员. 用好大数据 布局新时代：学习习近平总书记在中央政治局第二次集体学习时重要讲话[EB/OL].（2017-12-10）[2021-05-20］. http://opinion.people.com.cn/n1/2017/1210/c1003-29696934.html.

出行路线与项目的智能规划、环境污染的监测与防控、社会舆论的舆情监测等，都是依托大数据技术及平台发展起来的。可以说，联合开放政府、开放数据运动，从国家整体的战略布局到各行业、各企业的创新发展，再到家庭和个人的发展问题，大数据都具备提供切实可行的解决方案的潜力。

第二，大数据情报思维兼顾并全力维护国家安全。国家情报工作源于对国家安全的维护，古代经典情报思维几乎全部服务于国家安全工作，而大数据的情报新思维在促进国家发展的同时，也必须高度重视安全问题，坚决履行维护国家安全的责任和义务。

一方面，大数据需要确保自身安全，也就是数据本身的安全，可以看作数据安全治理的问题，包括数据采集、处理、存储、传输、传播、管理、分析利用等的安全。随着网络生态的恶化，近年来信息安全问题频发，总体国家安全观提出以后，习近平总书记曾多次提及大数据安全管理问题。在2016年的网络安全和信息化工作座谈会上，习近平总书记强调要依法加强对大数据的管理，一些涉及国家利益、国家安全的数据，很多掌握在互联网企业手里，企业要保证这些数据安全，企业要重视数据安全①。在2017年的第十九届中央政治局第二次集体学习中，习近平总书记发表重要讲话。运用大数据提升国家治理现代化水平，是新的治理课题。从建立健全大数据辅助科学决策和社会治理的机制，到保障国家数据安全，再到利用大数据平台形成社会治理合力，用好大数据这个利器，将增强服务经济社会发展、防范化解风险的能力②。可以看出，依法对大数据的安全管理和利用是保证大数据产业发展战略高效实施的重要前提，是保障国家数据主权，维护国家数据安全、企业行业数据安全，乃至个人数据安全的重要前提。

另一方面，需要借助于大数据思维和技术手段为维护国家、国民、政治、军事、经济、文化、科技、信息、生态等的安全提供有力的保障。大数据拓宽了社会治理思路、变革了社会治理机制，在自身发展过程中不可避免地给国家安全带来潜在威胁的同时，在提升国家安全治理工作水平中起到了关键作用。从大数据国家安全基础设施建设到舆情监测的文化安全保障，再到大数据"画像"助力于打击各类犯罪等，都是大数据保障国家安全的重要体现。2016年，阿里安全部运用大数据技术协助公安机关打击互联网犯

---

① 习近平总书记在网络安全和信息化工作座谈会上的讲话［EB/OL］.（2016-04-25）［2021-05-20］. http：//www.cac.gov.cn/2016-04/25/c_1118731366.htm.

② 新华社评论员：用好大数据 布局新时代：学习习近平总书记在中央政治局第二次集体学习时重要讲话［EB/OL］.（2017-12-10）［2021-05-20］. http：//opinion.people.com.cn/n1/2017/1210/c1003-29696934.html.

罪，主动推送线索打击9691人，大数据思维、手段、方法在刑侦中的有效应用，推动了打击犯罪由犯案后侦查转向犯案前预警、预防①。此外，大数据核心关键技术的自主研发，能够最大限度地消除核心技术受制于人的安全隐患，为国家大数据安全基础设施建设提供保障。在社会文化安全方面，依托大数据平台，利用大数据分析挖掘技术，实时监测社会舆情，能够帮助国家随时掌握社会文化发展的趋势和关键因素，及时发现社会意识形态中的安全隐患，并施以及时、有效的引导，以防止他方通过意识形态渗透、文化侵略等方式瓦解我们的安全防线。

2. 大情报思维

总体国家安全观下的大情报思维是将情报工作与研究置于一个更开放、更包容、更协同一致的系统环境中的情报新思维，是相对于小情报思维而言的，是对我国20世纪80年代所提出的大情报观的理念回归和价值重塑。

我国早先的大情报观源于20世纪60年代欧美国家社会大变革时期的大科学理念，早在1987年，卢泰宏首次提出大情报观，认为大情报观是"从科技情报拓展延伸到各类社会需求的情报，从单一领域的情报系统演变为综合的社会情报系统"②。随后在1988年8月的全国情报政策与发展战略学术研讨会上，情报学界达成了"发展科技情报事业，解放思想，树立大情报观念"的共识③。当时的大情报观主要主张拓展科技情报领域，根据社会情报（信息）需求，将科技情报延伸至社会情报（信息）、政治情报（信息）、经济情报（信息）、管理情报（信息）等社会领域。基于欧美的大科学运动、我国改革开放的历史背景、面向知识经济的浪潮，以及对科技情报改名运动的酝酿，这种大情报观的提法和理念在当时对推动我国科技情报事业的发展确实起到了积极作用。但由于当时情报学界对大情报观的认知和作用评价存在分歧，加之大情报观本身是从科技情报的角度提出的，是针对原先狭窄的科技情报观的④，具有先天局限性，甚至当时有学者认为大情报观的负面效应已经日益凸显⑤。信息时代，情报观确实"放大"了，但也"走偏"了，对信息领域的集中关注，严重背离了大情报观的最初旨归，所以后来

---

① 大数据"画像"助力打击网络犯罪[EB/OL].（2017-05-28）[2021-05-20]. http://www.xinhuanet.com/2017-05/28/c_1121053377.htm.
② 卢泰宏，杨联纲. 变革中的情报工作新观念与新方式[J]. 科技情报工作，1987（3）：15-17.
③ 吴笃卿. 大情报观及其对情报事业的指导意义[J]. 情报学刊，1992（5）：321-326.
④ 邹志仁. "大情报"观之我见[J]. 情报理论与实践，1999，22（4）：228-229.
⑤ 刘植惠. 评"大情报"观[J]. 情报理论与实践，1999（2）：6-8.

大情报观并没有得到大力发展，而是不了了之。但是正如王崇德教授所言，"历来情报观都极富时代感"①，彼时大情报观的局限并不影响如今对大情报理念的回归，因为面向大数据环境，在总体国家安全观视阈下，情报学界必须也必将能够突破1987年大情报观的局限，重塑大情报观的价值理念，使之服务于当今时代的情报工作与研究。

苏新宁教授在《大数据时代情报学与情报工作的回归》一文中多次强调大数据时代的大情报观，他指出，大数据时代，情报工作将发生巨大变化，大情报观再次引起人们重视，我们需要重拾情报思想，强调情报特性，重塑大情报观，拓展大情报观，我们应当具有大情报观的思维，以促进情报工作成为政府决策的有力支柱②。《南京共识》指出，我们需要重新定位情报学科的发展目标，形成大情报科学。这些都是对大情报思维的倡导，是对1987年大情报观的理念回归和价值重塑，此时提及，此种提法，必有它特殊的时代使命。如今的大情报思维不再局限于科技情报的领域延伸，而是立足情报学科的长远发展，在国家创新驱动发展战略与总体国家安全观的指导下，从国家经济、社会发展与人民安全的需要出发，将科技情报、社科情报、军事情报、安全情报等联为一体，形成大情报科学，促进各个情报领域的相互融合与相互支持③。显然，大情报思维力主推动大情报科学的形成，意在构建各个情报领域相互融合、相互开放、相互协同的大情报系统，重点在于打破情报学和情报工作系统中军、民情报的天然壁垒，从认知和实践两个层面实现新融合的发展目标。在此需要强调，这种新融合不是一味地相互渗透而失了本性，而是在融合的过程中，必须保持军、民情报各自原有的特性和各自情报系统的相对独立性，充分保证融合过程中情报本身与情报系统的绝对安全。唯有如此，才能有效地服务于国家安全与发展的最高目标，才能最大限度地发挥情报的"先导""引领""耳目""尖兵""参谋"作用，从而真正意义上实现情报学科的智库功能，推动情报工作担负起国家安全、科技、经济、社会发展等重任，做好政府决策的总参谋。

3. 总体国家情报思维

总体国家安全观下的总体国家情报思维是对大情报思维的进一步深化，强调情报工作的系统性和协同一致，致力于推动情报学与情报工作的一体化发展建设。目前局限于图书情报一体化中单兵作战的情报工作思维，在情报功能发挥和情报工作健康发展中暴

---

① 王崇德. 情报观的进化［J］. 情报业务研究，1990（4）：169-173.
② 苏新宁. 大数据时代情报学与情报工作的回归［J］. 情报学报，2017，36（4）：331-337.
③ 中国科学技术情报学会，中国社会科学情报学会. 情报学与情报工作发展南京共识［J］. 图书情报工作，2018，62（1）：142-143.

露出诸多负面影响,支持总体国家安全观、为其提供决策服务,必须改变现有情报工作中失之偏颇和泛化、组织间相互分离的思维,树立总体国家情报思维[①]。总体国家情报思维要求在面向总体国家安全观的十一种安全领域为一体的国家安全体系或任何特定领域的情报工作中,都能够从全局视野和整体角度出发将其他相关领域情报整合在一起,从而从整体战略层面提出更深层次、更高效、更具有战略性和远见性的情报解决方案。总体国家情报思维强调的情报一体化主要包括情报学研究一体化、情报工作一体化、情报学与情报工作一体化三个方面。

首先是情报学研究一体化。一体化的情报学研究首要任务是建立具有高度共识的总体国家情报学科体系(或情报学科群体系),走出具有中国特色的情报学发展道路。从国家统一战略层面及学科特色的角度出发,解决情报还是信息、Intelligence 还是 Information 之争;捋顺情报学与信息科学、情报学与计算机科学、情报学与图书馆学、情报学与文献学等具有交叉学科背景的学科关系与界限;明晰一般情报学与军事情报学、公安情报学等特种情报学的区别与联系;消除科技情报改名运动所带来的一系列负面影响;在国家安全与发展大局的新形势下,重新定位情报学的学科发展目标,并重新设计情报学教育课程体系与人才培养方案。想要彻底解决这些问题,一方面可以从情报学研究入手,通过组织学界研讨、观点辩论、专家论坛、情报智库圆桌会议等多种高端情报学研究活动达成情报学界的广泛共识;另一方面可以从情报学教育与培训入手,基于学界的研究共识,改革现有的情报学人才培养方案与课程体系。在情报普及教育阶段,着重培养受教育者的情报意识与简单情报技能;在情报高等教育阶段,尽可能避免将信息类、图书文献类课程与情报课程画等号,关注和回归情报的本质,加强一般情报学与特种情报学的联系,推动情报学教育的"专本融合"和"军民融合"。"专"指理、工、农、医等各专业学科领域,"本"指情报学学科领域的理论技术与方法,"军"指军事情报、安全情报等特种情报领域,"民"指科技情报、社科情报等社会情报领域,即鼓励理、工、农、医和哲学、人文、社会、科学等专业学科领域的人才进入情报学深造,鼓励情报学课程体系面向特种情报领域和社会情报领域进行改革。

其次是情报工作一体化。在总体国家安全与发展大局的新形势下,情报工作协同与资源共享是必然趋势,可以通过建立总体国家情报工作体系、建立统一领导的国家情报

[①] 杨国立,李品. 总体国家安全观背景下情报工作的深化 [J]. 情报杂志, 2018, 37 (5): 52-58, 122.

中心、制定规范的情报工作相关标准,来打破当前情报工作离散和各自为政的局面,达成情报工作一体化建设的联动效应。当今时代总体国家情报工作体系的构建,应当以国家层面的体制、机制和平台建设为支撑,着力完善情报工作管理、构建大数据环境下情报工作体系、形成多层次情报工作策略①。情报工作的总体部署有利于增强情报凝聚力和整体战斗力,因而建立统一领导的国家情报中心至关重要,国家情报中心应由各省级情报中心和国家级情报中心组成的情报网络所构成,各网络节点既有根据自身特长和地域特色而设置的特定任务,也有统一的情报任务安排。同时,要开展统一领导的情报工作就必须做好各节点之间的衔接,这就需要进行情报工作标准化建设,通过制定国家层面的相关情报标准与实施细则,规范情报工作相关内涵、情报工作流程、情报产品标准化生产、情报资源共享流程等问题。

最后是情报学与情报工作一体化。情报学与情报工作一体化是有效发挥情报职能与情报智能的充分条件。长久以来,情报学研究与教育都处于相对自我的状态,为了研究而研究,为了教育而教育,甚至一度因为与其他学科的交叉而走偏。同时,情报工作实践又由于缺乏情报特性的理论与技术方法路线而不得不一味地借鉴与移植其他领域的技术方法,运用的过程中就难免会产生"水土不服"的情况,导致情报工作效果大打折扣。因而,情报学研究与教育必须时刻保持与情报工作实际需求相匹配,建立协同机制,确保情报工作领域、情报研究领域、情报教育领域相统一,适应不同情报工作实践需求的同时,也以先进的理念与技术方法推动情报工作的积极发展。在总体国家安全观下,我国的情报学与情报工作将以服务于国家创新、发展与安全为宗旨,推动情报学理论和实践的发展创新,推动各类情报机构的学术交流与情报共享,以体制、机制和平台建设支撑情报能力的提升②。同时,情报机构也应该成为情报学教育与培训的实践基地,确保情报学科建设与情报工作融合协同发展③。

4. 开放情报思维

总体国家安全观下的开放情报思维主要强调公开和开放的情报源及情报渠道,面向

---

① 杨国立,李品. 总体国家安全观背景下情报工作的深化 [J]. 情报杂志,2018,37 (5):52-58,122.

② 邓三鸿,郭骅. 情报学与情报工作发展论坛 (2017) 隆重召开并凝聚形成《南京共识》[J]. 图书情报知识,2017 (6):125-127.

③ 中国科学技术情报学会,中国社会科学情报学会. 情报学与情报工作发展南京共识 [J]. 图书情报工作,2018,62 (1):142-143.

公开源情报。这种情报源及情报渠道的公开性和开放性主要得益于开放获取、信息公开、开放政府、开放数据等开放共享运动,越来越多的情报信息可以从这些公开的情报源中获取。总体国家安全观下的文化安全、科技安全、信息安全、生态安全等非传统安全形态的安全保障所需的情报信息大都需要公开源情报。

公开源情报(Open Source Intelligence,OSINT)主要指通过搜集、分析和利用公开情报信息并及时传递给有关情报需求对象、满足特定情报需求的情报[①]。公开信息、公开途径是公开源情报的技术特征。合法获取、见微知著是公开源情报的运作方式。一般来说,公开源情报所依赖的情报源主要是传统媒体、网络媒体、政府出版物、公开文献、学术成果、商业报告和灰色文献等。通常来讲,现代情报工作主要包括两条战线,即秘密情报战线和公开情报战线,其中秘密情报战线被人们视为间谍工作,如今随着信息技术的进步和信息获取渠道的多元化,情报活动的公开程度日益扩大,"全源情报"逐渐取代了"单一来源"情报,这已成为情报界的共识,公开源情报已在逐渐发挥出其独特的优势[②]。如今,公开源情报已经成为获取情报的新趋势,美国情报部门官员和外交家表示,美国政府所利用的情报中有80%~95%都来自公开的情报源,仅有5%~20%的情报内容是通过隐秘渠道获取的。

美国是最早重视公开源情报利用的国家,当代美国情报界对公开源情报的利用始于"二战"时期,1941年美国外国广播监测处成立,标志着其公开源情报工作的开始,至今已有70多年的历史[③]。其建立在公开源情报基础上的决策建议,在影响总统研判国内外重大议题时发挥的作用越来越大。2005年11月,美国创立了隶属中情局的国家公开情报中心(National Open Source Center,NOSC),负责搜集、分析和提供与国家安全有关的公开源情报[④]。同时,其成立于2003年的美国公开情报研究院在培训公开情报分析人才方面发挥了主要作用[⑤]。此外,根据国家情报委员会第301号行政令,美国计划把公开源情报打造成一个面向各类情报需求的第一资源库,锻炼一支善于利用公开源情报的专家队伍,实现一次获取、多家共享的情报服务架构[⑥]。日本情报专家也以通过社会

---

① 李会明. 美国利用公开情报的新进展及我国的对策[J]. 智库理论与实践,2016,1(3):31-34.
② 沈固朝. 将情报思维纳入保密意识中[J]. 保密工作,2011(5):32-34.
③ 张允壮,刘戟锋. 大数据时代信息安全的机遇与挑战:以公开信息情报为例[J]. 国防科技,2013,34(2):6-9.
④ 李会明. 美国国家公开情报研究中心[J]. 国际资料信息,2008(6):29-31.
⑤ 李会明. 美国利用公开情报的新进展及我国的对策[J]. 智库理论与实践,2016,1(3):31-34.
⑥ 同②.

公开渠道获取情报而闻名,20世纪60年代,日本通过从中国公开刊物中收集的信息,准确地了解了我国大庆油田的位置、规模和加工能力①。这次由《中国画报》所引发的王进喜照片泄密事件就是典型的社会公开情报源泄密事例,一直被我国竞争情报界视为利用公开信息成功获取情报的典范。

公开源情报成本低、效益高,这是不争的事实。美国著名记者卡汉纳(Larry Kahaner)称,无论是政治领域还是经济领域,20%的公开情报投入就可以满足80%的情报需求,而10%的秘密情报需求却可能需要50%的秘密情报投入。在网络通信技术和社交媒体广泛应用的今天,公开源情报的获取渠道更加宽泛,获取情报的边际成本无限减小,这为公开源情报的初次获取提供了便利。但在数据价值密度极低的大数据时代,也同时增加了对有价值情报进行筛选的难度,此时可靠的情报分析尤为重要,这就需要关注和提高情报人员的情报分析能力。

3.3.3.3 情报新思维呼唤新的国家情报工作制度

在大数据的时代背景下,总体国家安全观的提出为我国国家安全工作厘清了思路,也为新时期服务于国家安全与发展的情报工作指明了方向。中央国家安全委员会的成立、总体国家安全观的提出、新《国家安全法》的颁布、情报领域《南京共识》的形成,共同孕育了情报新思维。作为总体国家安全观下的典型情报新思维,大数据情报思维、大情报思维、总体国家情报思维、开放情报思维等都还处于雏形阶段,目前还不具备或还不完全具备成熟的运作模式与环境,亟须新的国家情报工作制度为其深远发展提供切实保障。

(1)情报新思维为国家情报工作拓展了新方向

历来情报思维都极富时代感,总体国家安全观下的情报新思维是响应大数据时代需求,响应国家创新、发展与安全号召,响应情报学与情报工作自身发展变革的时代产物。大数据情报思维、大情报思维、总体国家情报思维、开放情报思维等情报新思维为我国国家情报工作拓展了新方向。

首先,情报工作需要一体化的发展目标。《南京共识》指明了当前情报学与情报工作的核心宗旨和发展目标,即始终围绕和服务于国家安全与发展,为此,情报学与情报工作必须进行一体化建设。在大数据情报思维、大情报思维、总体国家情报思维、开放

---

① 曾忠禄. 情报背后的情报:日本利用公开信息获得大庆油田情报的秘密[J]. 情报杂志,2016,35(2):7-11.

情报思维的指导下,推动情报学与情报工作的协同创新发展,开创一条具有中国特色的情报学与情报工作发展之路。在总体国家安全观的指导下,国民安全、政治安全、国土安全、军事安全、经济安全、社会安全、资源安全等传统安全形态与文化安全、科技安全、信息安全、生态安全、核安全等非传统安全形态的安全保障对情报工作提出了更高的要求,在服务于国家创新、安全与发展目标的宗旨下,进行情报学与情报工作的一体化建设是有效发挥情报职能与情报智能的充分条件,也是情报工作发展变革的必由之路,这条道路的畅通与否关键在于情报学与情报工作的协同创新发展能否顺利进行。

其次,情报工作需要统一的战略部署。情报工作的总体部署有利于增强情报凝聚力和整体战斗力,产生"$1+1>2$"的情报聚合效应。总体国家安全观构建了集国民安全、政治安全、国土安全、军事安全、经济安全、文化安全、社会安全、科技安全、信息安全、生态安全、资源安全、核安全等于一体的国家安全体系,在这每一个安全形态领域及其之外的其他领域中都需要相应的情报工作提供智库服务。显然,倘若没有统一的战略部署,诸多领域内的情报工作将始终维持如今的离散状态,领域情报隔阂、部门情报隔阂、情报理念隔阂、情报技术隔阂等终将阻碍总体国家情报工作目标的实现。为了打破情报工作这种各自为政的局面,更好地服务于国家安全与发展的统一战略目标,必须从国家战略顶层设计出发,构建国家层面统一领导的情报体制、机制和工作平台,统一部署各个领域情报工作。因而,在大数据情报思维、大情报思维、总体国家情报思维的指导下,形成广泛共识,建立总体国家情报工作体系、建立统一领导的国家情报中心、制定规范的情报工作相关标准,在保持各个领域情报工作特色和相对独立性的前提下,消除认知与实践上的壁垒,激发情报工作一体化建设的联动效应,是当前情报界需要重点关注的问题。

最后,情报工作需要相对开放且安全的系统环境。随着情报活动的公开程度日益扩大,如今,公开情报战线的投入产出比已经大幅领先于秘密情报战线。"全源情报"逐渐取代了"单一来源"情报,公开源情报已经成为当代获取情报的新趋势。大数据环境与技术又使得情报信息的易获取性不断提高,任何具备情报意识和情报分析能力的组织和个人都可以低成本地从事情报活动。毫无疑问,这种相对开放的情报系统环境对情报工作的多元化发展是有巨大促进作用的,尤其在总体国家安全观所构建的国家安全体系中,文化安全、科技安全、信息安全、生态安全等非传统安全形态的安全保障所需的情报信息大都来自开放系统的公开源情报。需要注意的是,任何系统的开放性和公开性都有潜在的安全隐患,情报工作也不例外。大数据时代的隐私侵权案件、恶意制造社会舆论案件、非法获取和贩卖公民个人信息案件比比皆是，这都是开放所引起的安全问题。但是，如果仅仅因为存在安全危机就拒绝开放，显然是不科学的。如果开放所带来的情报工作正面效应远远大于安全隐患的负面效应，便是一个有效的且值得推广的情报系统。因而，情报界需要在情报新思维的指导下，考虑为今后长久的情报工作打造一个相对开放且安全的系统环境。

（2）情报新思维为国家情报工作制度发展开辟了新思路

情报专家认为，目前情报界缺乏对国家情报工作的界定、缺乏一体化的国家情报工作体制、缺乏融合化的国家情报数据平台、缺乏特色化的国家情报思想体系、缺乏制度化的国家情报法制体系①。习近平总书记指出：改革开放40年的实践启示我们，制度是关系党和国家事业发展的根本性、全局性、稳定性、长期性问题，必须不断发挥和增强我国制度优势②。因此，想要从根本上解决情报工作这一系列问题，首先需要从国家层面构建统一领导的面向当今时代、服务于总体国家安全观的全新的国家情报工作制度，而大数据情报思维、大情报思维、总体国家情报思维、开放情报思维等情报新思维正是为国家情报工作制度的发展开辟了新思路。

首先，国家情报工作制度要切实推动情报领域的深度融合，为实现情报的军民融合提供制度保障，这是大情报思维为国家情报工作制度发展开辟的新思路。与20世纪80年代情报界所倡导的大情报观有所不同，总体国家安全观下的大情报思维本质在于情报的军民融合，致力于推动军事情报、安全情报与科技情报、社科情报等情报领域与学科的相互融合和相互支持。但是囿于军事情报学与军事情报工作等军用情报自古以来的神秘性、秘密性和特殊性，而科技情报、社科情报等民用情报工作又大都具有公共开放性，二者在工作规范、工作流程、工作标准、技术方法等方面有较大的差别，使得相关情报工作机构与部门之间很难进行无缝衔接，从而难以实现真正的融合。要彻底解决这个问题，必须追本溯源，从国家制度层面进行统一的规范和要求。例如，在国家情报工作制度中清晰界定军、民情报工作的边界，制定统一规范的军民情报工作相关标准，明确规范军民情报工作的融合机制，建立国家和各级地方层面的军民情报融合工作平台，明确各级情报机构、组织和部门的权责，建立系统完善的监督与反馈机制等。

---

① 包昌火，马德辉，李艳，等. 我国国家情报工作的挑战、机遇和应对 [J]. 情报杂志，2016，35（10）：1-6.

② 习近平：在庆祝改革开放40周年大会上的讲话 [EB/OL]. (2018-12-18) [2021-05-20]. http://www.xinhuanet.com/politics/leaders/2018-12/18/c_1123872025.htm.

其次，国家情报工作制度要着力加强情报学与情报工作的一体化建设，建立情报共享机制，确保协同创新发展，这是总体国家情报思维为国家情报工作制度发展开辟的新思路。总体国家情报思维强调的情报一体化主要包括情报学研究一体化、情报工作一体化、情报学与情报工作一体化，想要实现这三个方面的情报一体化建设，使之保持同样的发展步调，必须同时解决认知和实践障碍两大难题。这就需要从国家情报工作制度层面进行探索和推动。例如，建立具有高度共识的总体国家情报学科体系或情报学科群体系，解决学科认知之争；建立总体国家情报工作体系、创建统一领导的国家情报中心、制定规范的情报工作相关标准、搭建统一技术入口的情报工作协同创新平台等，解决实践上情报工作协同与情报资源共享的难题。此外，情报学研究与教育的方向同情报工作实际需求的匹配、协同、统一问题，也需要有明确的制度保障，以防止相互偏离，甚至背道而驰。

最后，国家情报工作制度要大力推广公开源情报的深度挖掘和创新应用，构建安全的开放情报工作系统环境，这是大数据情报思维和开放情报思维为国家情报工作制度发展开辟的新思路。美国政府所利用的情报中有 80%～95% 都来自公开的情报源，无论是政治领域还是经济领域，20% 的公开情报投入，就可以满足 80% 的情报需求，这些事实表明公开源情报在情报工作实效中大有可为。在大数据时代，开放获取、信息公开、开放政府、开放数据等开放共享运动无疑为开放情报注入了源源不断的理念与实践动力，但同时所引发的安全问题也已不容忽视。潜在安全隐患的消除和外显安全问题的消解，已经不能单纯依靠社会道德层面的手段来应对，必须通过制度层面的约束和法治层面的强制，才能有效保障开放情报系统的安全运行。通过国家情报工作制度大力推广公开源情报的深度挖掘和创新应用，同时采取强制约束手段确保安全，是当代情报工作既服务于国家创新发展，又服务于国家安全战略的重要实践。

本章小结

在大数据的时代背景下，总体国家安全观为我国国家安全工作厘清了思路，明确了国家安全的开放系统内安全和发展是两大核心要义，同时也为服务于新时期国家安全与发展的情报工作指明了方向。

总体国家安全观的提出，开辟了国家安全顶层设计的新思路，为我国的国家安全与发展工作开创了面向未来的崭新局面，构建了集国民安全、政治安全、国土安全、军事安全、经济安全、社会安全、资源安全等传统安全形态和文化安全、科技安全、信息安全、生态安全、核安全等非传统安全形态于一体的新型国家安全体系，同时体现了法律、管理、道德、技术和教育这 5 个层面的国家安全制度。总体国家安全观是大安全时代的国家安全大思路，在这个时代，国家安全和国家安全工作突破了以往封闭和狭隘的系统，置身于一个更大、更开放的系统当中。在"国家安全"与"国家发展"齐头并进的当下，想要贯彻落实总体国家安全观的思想精髓，实现"大安全"和"大发展"，必须重视和提升情报的力量。国家情报服务于国家安全，国家安全保障国家发展，这是总体国家安全观对情报工作最根本的要求，也是对情报工作思维创新和制度创新的呼唤。

总体国家安全观要求情报思维变革，也为情报思维的创新发展提供了最重要的契机。中央国家安全委员会的成立、总体国家安全观的提出、新《国家安全法》的颁布、情报领域《南京共识》的形成等一系列中国特色社会主义新时代国家安全与发展领域、国家情报工作与研究领域的重要举措共同孕育了情报新思维。在总体国家安全观的视角下，情报思维已不仅仅局限于特情侦察思维、人民情报思维、科技情报思维和小情报思维中的任何一种，而是响应国家安全大发展的时代要求，形成了大数据情报思维、大情报思维、总体国家情报思维和开放情报思维等典型的情报新思维，这些情报新思维必将促进情报学与情报工作的彻底变革，进而最大限度地发挥情报的"先导""引领""耳目""尖兵""参谋"作用，从而更高效地服务于国家安全与发展的最高目标。需要指出的是，尽管情报新思维为国家情报工作拓展了新方向，但这些典型的情报新思维还处于雏形阶段，目前还不具备或还不完全具备成熟的运作环境与模式，亟须新的系统、完善的国家情报工作制度为其长远发展提供有力保障。

第 4 章
大数据观对国家情报工作制度的影响分析

在大数据观下，我国国家情报工作制度必须要进行深度变革以适应新时代的新要求。我国国家情报工作制度的变革要以深度了解国内外国家情报工作制度为先，通过比较辨明我国国家情报工作制度的不足及未来发展的趋势；然后，也是最为重要的是，在大数据观的影响下，国家情报工作制度变革要具有大数据思维，方能使国家情报工作制度符合大数据观的新要求。

4.1 国外情报工作制度建设现状分析

在冷战期间，一些国家的情报制度，特别是主要国家的情报制度，很可能已经超出了它们的最佳规模。一些国家在控制其情报制度方面也遇到了问题。在民主国家和专制社会里，这些组织都要求对它们的活动及其收集的信息保密，不仅对公众保密，而且对大多数政府官员保密。保密的要求显然使充分的监督难以实现。在一定程度上，由于技术的迅速进步，在 21 世纪情报制度的权力和自主方面可能会扩大。为了避免成为它们实际上的囚犯，立法和行政机构必须认识到有必要进行有效的政策控制①。美国、英国、法国和俄罗斯四个国家的情报制度具有一定的代表性，被其他大多数情报机构所采用。因此，下面将要介绍美国、英国、法国和俄罗斯四个国家的情报工作制度建设现状。

---

① National intelligence systems［EB/OL］.［2021-08-06］. https：//www.britannica.com/topic/intelligence-international-relations/National-intelligence-systems.

4.1.1 美国情报工作制度

美国情报工作制度主要涉及美国情报法律、美国情报机构和美国情报流程等内容。

4.1.1.1 美国情报法律

美国情报法律主要包括《信息自由法》、《外国情报监视法案》、《第13526号行政命令》、《第12333号行政命令》、美国情报界政策指南。

（1）《信息自由法》

《信息自由法》（Freedom of Information Act, FOIA）为公众提供了一种要求和获取联邦政府记录的手段，同时仍然保护敏感信息不被公开发布。政府必须向任何请求者提供其记录，除非根据《美国联邦法典》第5编第552条《信息自由法》的规定特别豁免或例外[①]。

（2）《外国情报监视法案》

1978年的《外国情报监视法案》是美国的一项联邦法律，规定了在涉嫌间谍或恐怖主义的"外国势力"和"外国势力的代理人"之间对"外国情报信息"进行实物和电子监视和收集的程序。该法案设立了外国情报监视法庭（FISC）来监督联邦执法机构和情报机构对监视令的要求。自"9·11"事件以来，该法案已多次修订，包括2006年恐怖主义监视法案（Terrorist Service Act of 2006）、2007年保护美国法案（Protect America Act of 2007）、1978年外国情报监视法案2008年修订法案（Foreign Intelligence Act of 1978 Amendments Act of 2008）、2015年美国自由法案（2015 USA Freedom Act）、2017年FISA修订再授权法案（FISA Amendments Reauthorization Act of 2017）[②]。

（3）《第13526号行政命令》

《第13526号行政命令》分为原始定密、衍生信息定密、解密和降级、保护、实施和评论、一般条款等六个部分。该行政命令规定了对国家安全信息（包括与防范跨国恐怖主义有关的信息）进行定密、保护和解密的统一制度，其中涉及的民主原则要求美国人民了解他们政府的活动。此外，国家的进步取决于政府内部和美国人民之间信息的自由流动。然而，纵观历史，国防部门一直要求保密某些信息，以保护公民、民主制度、国土安全及与外国的交往。保护对国家安全至关重要的信息，并通过准确和负责任地应用定密标准和常规、安全、

---

① Security, D. o. H. Intelligence and analysis freedom of information act/privacy act office [EB/OL]. [2021-05-20]. https：//www.dhs.gov/intelligence-and-analysis-freedom-information-actprivacy-act-office.

② Foreign intelligence surveillance act [EB/OL]. [2021-05-20]. https：//en.wikipedia.org/wiki/Foreign_Intelligence_Surveillance_Act#Amendments.

有效的解密，展示对开放政府的承诺，同样是重要的优先事项①。

(4)《第 12333 号行政命令》

1981 年 12 月 4 日，美国总统里根签署了《第 12333 号行政命令》。这个行政命令旨在扩大美国情报机构的权力和责任，并指示美国联邦机构领导人与中央情报局要充分合作。这个行政命令被称为美国情报活动。2004 年 8 月 27 日，在《第 13355 号行政命令》的基础上修改了《第 12333 号行政命令》，加强对美国情报界的管理。2008 年 7 月 30 日，布什总统发布《第 13470 号行政命令》修改《第 12333 号行政命令》，加强国家情报总监的作用。其中，条款 1 "关于国家情报工作的目标、方向、职责和责任" 为包括国防部、能源部、国家和财政部在内的各个情报机构起到了作用；条款 2 "情报活动的实施" 为情报部门的行动提供了指导方针②。

(5) 美国情报界政策指南

国家情报总监办公室发布了美国情报界政策指南，其内容包括：ICPG 101.1 情报界指令和政策指导；ICPG 101.2 情报界标准；ICPG 107.1 在散发的情报报告中要求美国人的身份；ICPG 110.1 雇用残疾人士；ICPG 403.1 对外披露和发布国家机密情报的标准；ICPG 403.2 需要跨部门协调、通知和 DNI 批准的对外披露和发布程序；ICPG 403-3 紧急对外披露和发布的标准和条件；ICPG 403.4 对外披露和向外国高级官员披露之前的机构间协调程序；ICPG 404.1 联邦合作伙伴访问 IC 信息技术系统；ICPG 500.2 基于属性的授权和访问管理；ICPG 501.1 信息发现豁免；ICPG 501.2 敏感审查委员会和信息共享争端解决程序；ICPG 501.3 资料的后续使用；ICPG 660.1 情报部门文职联合任务计划实施指导；ICPG 704.1 调查标准；ICPG 704.3 拒绝或撤销对 SCI 的访问；ICPG 704.4 互惠；ICPG 704.5 人员安全数据库分散城堡；ICPG 704.6 为人员安全审查进行测谎检查；ICPG 710.1 传播控制的应用：发起者控制；ICPG 710.2/403.5 传播管制的申请：对外披露和发布标记；ICPG 801.1 收购；ICPG 801.2 合同和采购政策；ICPG 801.3 采购人员；ICPG 900.2 危机管理；ICPG 900.3 任务姿态变化报告；ICPG 906.1 项目组合管理③。

---

① The president executive order 13526 [EB/OL]. [2021-05-20]. https://www.archives.gov/isoo/policy-documents/cnsi-eo.html.

② 第 12333 号行政命令 [EB/OL]. [2021-05-20]. https://zh.wikipedia.org/wiki/%E7%AC%AC12333%E5%8F%B7%E8%A1%8C%E6%94%BF%E5%91%BD%E4%BB%A4.

③ Intelligence, O. o. t. D. o. N. Intelligence community policy guidance [EB/OL]. [2021-05-20]. https://www.dni.gov/index.php/what-we-do/ic-related-menus/ic-related-links/intelligence-community-policy-guidance.

4.1.1.2 美国情报机构

美国情报机构主要由国家情报总监办公室、中央情报局、国防情报局、国家地理空间情报局、国家侦察办公室、国家安全局等组成。具体的组织架构如图4-1所示。

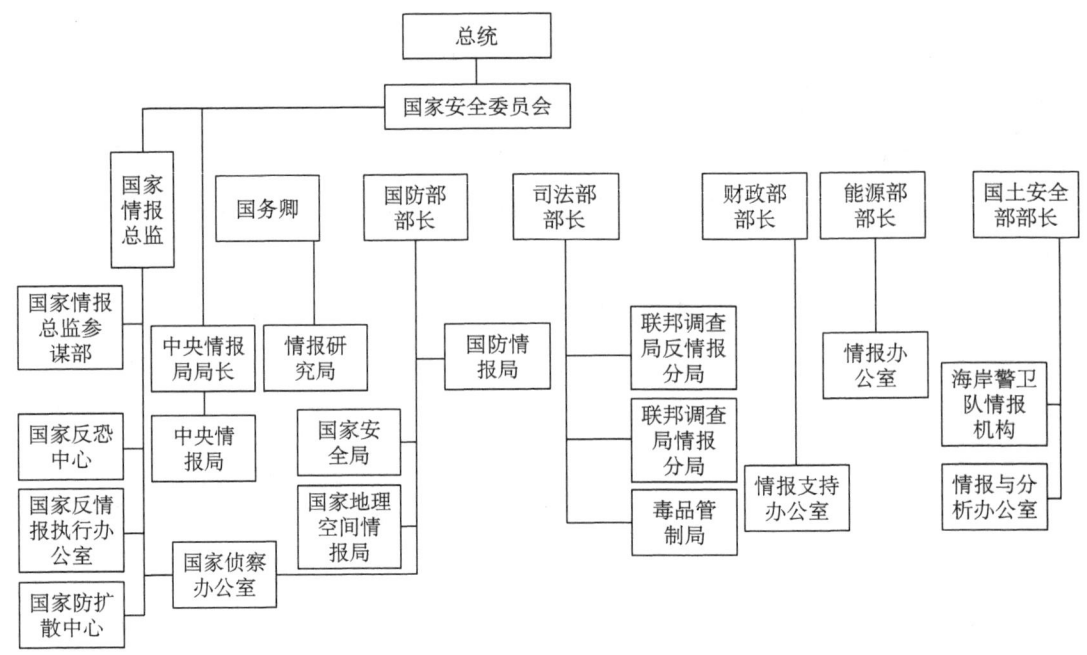

图4-1 美国情报机构组织架构

(资料来源：马克·洛文塔尔. 情报：从秘密到政策 [M]. 杜效坤，译. 北京：金城出版社，2014：46)

(1) 国家情报总监办公室

国家情报总监办公室（Office of the Director of National Intelligence，ODNI）是根据美国国会2004年的《情报改革和预防恐怖主义法案》（IRTPA）设立的，以改善信息共享，促进战略、统一的方向，并确保整个美国情报系统的一体化。ODNI于2005年4月21日建立，由国家情报总监领导。作为17个情报机构的领导者，ODNI是总统和国家安全的主要顾问，负责与国家安全有关的情报事务，并监督和指导国家情报计划的实施。

(2) 中央情报局

中央情报局（Central Intelligence Agency，CIA）是为美国高级决策者提供全源国家安全情报的最大机构。美国中央情报局对海外事态发展的情报分析，有助于国家安全和国防领域的政策制定者和其他高级决策者做出明智的决定。中央情报局不制定外交政策。

(3) 国防情报局

国防情报局（Defense Intelligence Agency，DIA）为决策者和军事指挥官收集、制作和管理外国军事情报。它主要活动在国防情报分析中心（DIAC）、联合基地阿纳科斯蒂亚-柏林（在华盛顿特区）、亚拉巴马州亨茨维尔的导弹和空间情报中心（MSIC）、马里兰州弗雷德里克的国家医学情报中心（NCMI）、弗吉尼亚州夏洛茨维尔附近的里瓦纳车站及弗吉尼亚州匡蒂科海军陆战队基地。

(4) 国家地理空间情报局

国家地理空间情报局（National Geospatial-Intelligence Agency，NGA）是美国地理空间情报（GEOINT）的主要来源，为美国国防和自然灾害提供及时、相关和准确的情报产品。GEOINT利用图像和地理空间信息来描述、评估和可视化地描述地球上的物理特征和地理相关活动。

(5) 国家侦察办公室

国家侦察办公室（National Reconnaissance Office，NRO）成立于1961年9月，是国防部（DoD）的一个机密机构。NRO的存在及其使命于1992年9月被解密。NRO系统提供SIGINT（敌方通信、来自外国武器系统的信号和其他感兴趣的信号）和GEOINT（图像）情报数据。NRO卫星往往是能够进入关键领域的唯一收集器，以支持秘密和高度优先的行动。

(6) 国家安全局

国家安全局（National Security Agency，NSA）及其军事伙伴——中央安全服务部门，在包含信号情报、信息安全保障产品和服务的密码方面服务于美国政府，并且为了获得在所有情况下对国家和所有联盟的决策优势使计算机网络运行（NCO）成为可能。

除此之外，美国情报机构还有美国能源部的情报和反情报办公室，国土安全部的情报与分析办公室、融合中心（Fusion Center）、跨部门威胁评测和协调组、海岸警卫队情报机构，司法部的毒品管制局、联邦调查局，以及财政部的情报支持办公室等。

4.1.1.3 美国情报流程

美国情报流程涉及情报规划、方案拟订、预算编制和评估，情报收集、处理和开发，以及情报分析、生产和反馈。

(1) 情报规划、方案拟订、预算编制和评估

负责系统和资源分析的国家情报助理主任（ADNI/SRA）管理情报规划、方案拟订、预算编制和评估（Intelligence Planning, Programming, Budgeting, and Evaluation, IP-

PBE）系统的一体化和同步。该系统通过制定符合国家情报战略（NIS）的国家情报计划（NIP）和预算来有效地塑造情报能力。IPPBE过程包括规划、方案拟订和预算编制等相互依赖的阶段，这些阶段由正在进行的评价阶段联系起来。每个阶段都由其他阶段的产品和决定提供信息和指导。①规划。规划阶段确定国家情报总监（DNI）的战略重点和规划阶段要处理的主要问题。②编制。编制阶段通过对备选方案的分析和评估研究，为制定DNI资源决策提供选项成本和性能（cost-versus-performance）好处。③预算编制。IPPBE按照《情报共同体指令》（ICD）104的政策原则处理预算编制和执行活动，目标是编制和执行年度统一的NIP预算。④评估。评估阶段评估集成电路项目、活动、主要倡议的有效性，以及在实施DNI指导方面的投资，并结合原始目标、有效性度量、度量标准、结果、收益、不足和成本。

（2）情报收集、处理和开发

1）情报源（Sources of Intelligence）

情报收集主要来自下述情报源：①测量和签名情报（MASINT），是对目标和事件的物理属性进行定量和定性分析产生的情报，以描述和识别那些目标和事件；②人力情报（HUMINT），是人力资源直接提供的信息集合——或者口头的或通过文献；③地理空间情报（GEOINT），是对图像的开发和分析，利用图像和地理空间信息来描述、评估和可视化地描述地球上的物理特征和地理相关活动；④开源情报（OSINT），是由为了解决一个特定情报要求向适当的受众及时收集、开发和传播公开可获得信息产生的情报；⑤信号情报（SIGINT）是从数据传输中收集的情报，包括电信侦察情报（COMINT）、电子情报（ELINT）和国外仪器仪表信号情报（FISINT）。

2）情报处理和开发（Intelligence Processing, and Exploitation）

美国情报资源的很大一部分用于处理和开发——将原始数据合成情报分析人员可用的材料——及保护携带这些数据的电信网络。各种活动属于加工和利用的范畴，包括但不限于解释图像，解码消息，翻译外语广播，将遥测技术转化为有意义的测量，为计算机处理、存储和检索准备信息，并将基于HUMINT的报告转换为更易于理解的内容。

（3）情报分析、生产和反馈

1）情报分析和生产（Intelligence Analysis, Production）

情报分析员通常被分配到一个特定的地理或功能专业领域。分析人员通过信息收集、处理和转发系统从与其职责范围相关的所有来源获取信息。分析人员可以利用这些系统来获得特定问题的答案，或者生成他们可能需要的信息。分析人员接收传入的信息，对其进行评估，将其与其他信息，以及他们的个人知识和专业知识进行对比测试，对分析的特定领域的当前状态进行评估，然后预测未来的趋势或结果。

情报分析之后形成的产品有：①目前情报，解决的是逐日的事件；②趋势分析，提供关于一个或一系列事件的信息（事件的趋势分析报告包括对事件的相关情报是否可靠的评估、类似事件的信息，以及使读者熟悉该问题的背景信息）；③长期评估，它在广泛的背景下应对发展，评估未来的趋势和发展，或者对正在进行的问题、特定的系统或其他一些主题提供全面、详细的分析；④评估情报，利用未来的情景和对未来可能发生的事件的预测来评估可能影响美国国家安全的潜在事态发展；⑤警戒情报，它为政策制定者"发出紧急警报"；⑥研究情报和科技情报。

2）审核和签发（Review and Release）

由于需要保护信息源的身份及情报界（IC）分析结果的潜在影响，大多数情报报告都是机密的。情报报告的分类可能会限制客户使用它们的能力，尤其是当它们与美国政府以外的个人进行交流时。由于认识到让情报对客户有用的重要性，资讯科技署已制定程序，允许适当地发放情报。情报披露有以下几种情况：有些情报可以通过对外披露来共享，有些情报可以由情报委员会自由发布，有些则可以通过修订后的《信息自由法》来共享①。

4.1.2 英国情报工作制度

英国情报工作制度主要涉及英国情报法律、英国情报机构和英国情报工作体制。

4.1.2.1 英国情报法律

英国情报机构是在法律框架内行动，所有业务是在界定它们角色和活动的法律框架内进行的。总而言之，它们的业务必须与国家安全、重大犯罪的预防或侦查、英国的经济福利相关。管理机构的法令主要包括涉及安全局的《1989年安全局法案》、涉及秘密情报局和政府通信总部的《1994年情报法案》及《2000年调查权力法案》。

（1）《1989年安全局法案》

《1989年安全局法案》首次为英国安全局（MI5）确立了法定依据。它将安全局的功能界定为"保护国家安全，尤其是防范来自间谍、恐怖主义和毁坏的威胁，以及来自

---

① STONE C, JOEL A W. US national intelligence 2013 overview [EB/OL]. [2021-05-20]. https://www.dni.gov/index.php/newsroom/reports-publications/reports-publications-2013/item/835-u-s-national-intelligence-an-overview-2013-sponsored-by-the-intelligence-community-information-sharing-executive.

外国强权的势力活动和意欲推翻或破坏议会民主政治、工业或暴力手段的行动，保障英国的经济福祉，使其免受英属岛屿以外人士的行动或意图的威胁"①。后来，《1989年安全局法案》被五个独立的法案取代了。

（2）《1994年情报法案》

《1994年情报法案》确立了情报机构监视包括外国外交官在内的个人的权力，允许从事间谍活动的人以行政职权进行任何形式的监视。"情报机关为了保障国家安全而运作，特别是为了联合王国政府的国防和外交政策，或为了联合王国的经济福祉，或为了防范严重罪行"。该法案公布后遭到许多国家怀疑，他们担心经济福利条款的列入可能用于为英国公司提供有利情报，为战胜对手带来竞争性优势。另外，由于对"国家安全"似乎没有任何官方定义，这为英国情报机构提供了巨大的保护伞，用以在进行典型间谍行动时寻求庇护②。

之后《1994年情报法案》被《2001年反恐怖主义、犯罪和安全法案》（Anti-terrorism, Crime and Security Act 2001）取代了。《2001年反恐怖主义、犯罪和安全法案》是布莱尔政府对"9·11"事件的回应。布莱尔将英国描述为处于与恐怖主义作战的状态中，并且这个法案意欲武装政府以打击恐怖主义。该法案的关键因素是政府决定找到一种方法来对付那些被安全部门怀疑从事、组织或支持恐怖主义的外国公民③。《2005年预防恐怖主义法案》（Prevention of Terrorism Act 2005）已经替代了该法案，2011年9月14日，它又被《2011年恐怖主义预防和调查措施法案》（Terrorism Prevention and Investigation Measures Act 2011）的第一章取代了。

（3）《2000年调查权力法案》

《2000年调查权力法案》（Regulation of Investigatory Powers Act 2000）规定了公共机构进行监视和调查的权力，包括截取通信。该法案规定了某些公共机构进行监视和访问个人电子通信的方式。该法案使某些公共机构能够要求网络服务提供者（ISP）秘密提供对客户通信的访问途径，使大规模监测过境通信成为可能，使某些公共机构可要求ISP安装设备以方便监察，使某些公共机构能够要求某人交出受保护信息的密钥，允许

---

① Security service act 1989 [EB/OL]. [2021-05-20]. https://en.wikipedia.org/wiki/Security_Service_Act_1989.

② 刘阳. 各国情报立法概述 [J]. 保密科学技术, 2017 (8): 10-13.

③ Anti-terrorism, crime and security act 2001 [EB/OL]. [2021-05-20]. https://www.theguardian.com/commentisfree/libertycentral/2009/jan/13/anti-terrorism-act.

某些公共机构监察市民的互联网活动等①。

4.1.2.2 英国情报机构

英国情报机构（图4-2）主要包括秘密情报局（经常被叫作 MI6）、政府通信总部（GCHQ）、安全局（经常被叫作 MI5）、国防情报局（DI）和联合反恐分析中心（JTAC）等。其中，秘密情报局、安全局和政府通信总部是当今英国情报界的核心成员。政府的其他部门也有助于情报收集和/或分析和评估，如英国重大有组织犯罪署（SOCA）、英国税务及海关总署（HMRC）和英国内政部。

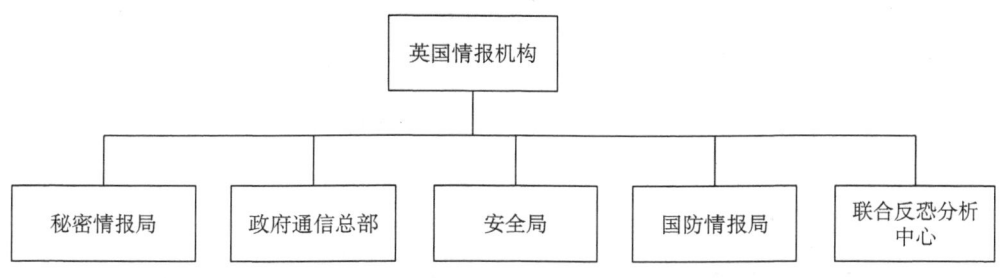

图4-2 英国情报机构组织架构

（1）秘密情报局——对外情报的主导者

秘密情报局（Secret Intelligence Service）是英国政府负责对外情报的主导者。秘密情报局由外交与联邦事务大臣领导，并受国会、内阁大臣和法律的监督②。其主要功能是收集在安全、国防、重大犯罪、外交和经济政策领域中有关英国重大利益问题的秘密外国情报③。《1994年情报法案》将秘密情报局负责在海外搜集秘密情报的范围界定为：与英国国家安全相关（尤其是各国的国防和外交政策）、与经济利益相关、预防和侦测重大犯罪④。

（2）政府通信总部——信号情报的主宰

政府通信总部（Government Communications Headquarters）是根据《1994年情报法

---

① Regulation of investigatory powers act 2000 [EB/OL]. [2021-05-20]. https://en.wikipedia.org/wiki/Regulation_of_Investigatory_Powers_Act_2000.
② 王谦. 英国情报体制简介 [J]. 国际资料信息, 2009 (10): 19-25.
③ UK national intelligence machinery [EB/OL]. [2021-05-20]. https://assets.publishing.service.gov.uk/government/uploads/system/uploads/attachment_data/file/61808/nim-november2010.pdf.
④ 同②.

案》设立的①。政府通信总部由外交与联邦事务大臣负责②。政府通信总部有两个主要任务：通过拦截通信收集情报，并为英国国家信息保障技术管理局（National Technical Authority for Information Assurance）提供服务和咨询。政府通信总部的拦截通信工作为政府在国家安全、军事行动和执法领域的决策提供了情报。它为打击恐怖主义提供了必要的情报，并为预防严重犯罪做出了贡献③。

（3）安全局——对内情报的龙头

安全局（Security Service）是英国政府负责对内情报的龙头。依照法律，安全局要听从内政大臣的领导，但它并不是内政部的组成部分。《1989年安全局法案》规定保安局的主要职能是"保护国家安全，尤其是防范来自间谍、恐怖主义和毁坏的威胁，以及来自外国强权的势力活动和意欲推翻或破坏议会民主政治、工业或暴力手段的行动，保障英国的经济福祉，使其免受英属岛屿以外人士的行动或意图的威胁"④。

（4）国防情报局——军事情报系统的领袖

国防情报局（Defence Intelligence）是国家情报机构的重要组成部分，但它不是一个独立的组织，而是国防部（MOD）的组成部分。它汇集了三支武装部队及文职人员的专门知识。它的经费来自国防预算。国防情报局负责公开情报来源和秘密情报来源的全源情报分析。它提供情报评估，以支持决策、危机管理和军事能力。除了这些评估外，国防情报局收集情报以便直接支持军事业务和机构业务。情报收集是依照《2000年调查权利法案》制定的程序授权的。国防情报局也提供广泛的地理空间服务，包括制图及在国防情报和安全中心选择与情报有关的培训活动。

（5）联合反恐分析中心——反恐情报的枢纽

联合反恐分析中心（Joint Terrorism Analysis Centre）在2003年建立，是响应国际反恐威胁处理和传播情报的统筹安排发展的一部分。联合反恐分析中心已被广泛认为是一个权威和有效的机制，用于分析有关可能威胁英国及其全球盟友利益的国际恐怖分子活动、意图和能力的所有来源情报。它设置威胁级别并及时发布威胁警告（与国际恐怖主

---

① UK national intelligence machinery [EB/OL]. [2021-05-20]. https://assets.publishing.service.gov.uk/government/uploads/system/uploads/attachment_data/file/61808/nim-november2010.pdf.
② 王谦. 英国情报体制简介[J]. 国际资料信息，2009（10）：19-25.
③ 同①.
④ 同②.

义有关),并就趋势、恐怖主义网络和能力提供更深入的报告①。

4.1.2.3 英国情报工作体制

(1) 情报管理与协调体制

情报管理与协调体制是对分属不同部门的情报机构进行统一管理与协调,调整情报系统内部要素间的关系,对系统各组成部分的任务进行分工、对资源分配进行协调、对情报产品进行统一评估、对工作情况进行检查,以防政出多门、相互冲突造成情报界工作效率的下降。英国的情报管理与协调体制有三个特色:第一,将促进情报共享作为情报管理与协调的一项重要内容;第二,注重对内和对外情报机构间的协调与合作,以减少内耗、资源浪费,从而有效应对新的威胁;第三,注意增强管理与协调的任务导向性,提高协调的效能,增强情报机构反应的灵敏性。

进行情报管理与协调的主要机构包括:一是部长级情报机构委员会(Ministerial Committee on the Intelligence Services),该委员会的主要任务是审核有关情报机构的政策;二是常务次官情报机构委员会(Permanent Secretaries' Committee on the Intelligence Services),任务是协助各个部门的主官管理各个情报机构,具体包括监督情报机构的年度经费预案、确定情报需求、制订情报管理计划、定期就情报机构活动方案及搜集要求提出建议等;三是内阁官方安全委员会(Cabinet Official Committee on Security),是英国安全事务管理方面的最高权威机构,由首相领导,下设安全委员会,负责监督各相关部门的工作;四是联合情报委员会(Joint Intelligence Committee),是英国情报管理与协调体制中确定情报搜集任务、进行情报评估的主导机构,是英国内阁办公室的组成部分,负责为首相和高级官员提供有关国家安全、国防和对外事务等方面的近期和远期跨部门评估等②。

(2) 情报分析体制

在英国,情报界的主要成员安全局、秘密情报局、政府通信总部和国防情报局等机构的工作流程中都有情报分析这一环,情报分析产品上报至相关的情报用户手中。联合情报委员会负责对各个情报机构的情报进行深度分析和评估,再上报给首相、内阁大臣和高级官员。除了官方正式情报机构和联合情报委员会的情报分析工作外,政府还利用具有官方、军队或具有官方背景的一些高级研究机构协助政府进行战略情报分析。这种以各个情报机构的分析为基础、以联合情报委员会的分析为核心、以高级研究机构的分

---

① UK national intelligence machinery [EB/OL]. [2021-05-20]. https://assets.publishing.service.gov.uk/government/uploads/system/uploads/attachment_data/file/61808/nim-november2010.pdf.

② 王谦. 英国情报组织揭秘[M]. 北京:时事出版社,2011:139-167.

析为补充的模式构成了英国的情报分析体制①。

（3）情报监督体制

为了维持情报的有效性，情报机构和安全机构必须秘密地运行活动。对于不透明的情报工作制度而言，有监督他们工作的有效保障和手段，并对其活动有明确的政治责任，这一点也很重要②。有效的问责和监督由行政、立法和司法部门共同实施。英国的情报监督体制主要由行政监督、议会监督、司法监督和社会监督组成。①行政监督主要是指政府行政部门通过发布行政指令、制定行政规章，规范情报机构的运作，并对情报活动进行控制，对机构绩效进行考核审查，其最终目标是使情报机构能够依法行政。英国对情报的行政监督主要有三种方式，分别是上级监督、机构之间相互监督和内部监督。②议会监督是议会按照分权制衡的原则，通过预算审核、法案审查、计划报告、举行听证会、调阅相关文件等权力来获取信息，对情报机构进行监督。当前，英国议会并无直接渠道对情报机构进行监督，其监督主要通过情报与安全委员会审阅法定监察委员会所提交的报告，对情报机构进行间接的监察。③司法监督的主体是法院。法院作为英国宪法规定的分权制衡体系中的第三权力部门，在情报监督机制中的地位十分重要。由于情报活动通常的秘密性及司法判决的被动性与事后性，司法监督很少发挥事前防范性监督的作用，主要是通过诉讼由司法机关介入调查、经司法程序形成判例或解释，才能达到对情报机构监督的目的。④英国的社会监督主要依靠两种方式：大众传媒和公众舆论③。

为了确保情报监督体制运行稳定，英国情报法律从组织上提供了相应的保障。例如，《1989年安全局法案》（1996年修订），使安全局处于内务大臣的管理下，并且设置了安全局的功能和局长的责任；《1994年情报法案》，建立了议会实施对这三个机构的开支、管理和政策监督的框架；《2000年调查权力法案》设立了通信拦截专员、情报局和调查委员会专员，以核查申诉和听取诉讼程序④。

（4）情报预算体制

情报预算是进行情报活动的重要基础，情报预算的多少往往可以决定情报机构的规

---

① 王谦. 英国情报组织揭秘［M］. 北京：时事出版社，2011：139-167.
② UK national intelligence machinery［EB/OL］.［2021-05-20］. https：//assets. publishing. service. gov. uk/government/uploads/system/uploads/attachment_data/file/61808/nim-november2010. pdf.
③ 同①.
④ 同②.

模和情报活动能力的大小。一般国家的情报预算分为公开预算、秘密经费、附加和追加经费。当今，英国情报界的三大核心成员，即安全局、秘密情报局和政府通信总部的经费通过单一情报账目（Single Intelligence Account）支取。单一情报账目的数额由内阁大臣通过两年一次的预算审查确定。做这种安排的意图是使内阁大臣可以决定情报与安全机构经费的总额，并使之置于政府所有预算开支与分配之中。国防情报局与内阁办公室的情报管理与协调机构的经费则由其所属部门负责。联合反恐分析中心的经费比较复杂，由于其人员来自各个部门，在隶属关系上也是原部门，因此，人员支出由其原所属部门负责，另外联合反恐分析中心还可以得到安全局通过单一情报账目对其进行的额外财务补贴。

像其他政府部门一样，情报机构也要接受预算审查。负责预算审查的单位是国家审计办公室（National Audit Office），其工作人员有权根据需要查看相关数据和记录。情报机构的支出和预算分配还要接受议会中情报与安全委员会的审查，后者还可能得到国家审计办公室的帮助。下议院的公共账目委员会（Public Accounts Committee）也负责审查情报机构的详细支出，并可通过国家审计办公室对情报机构的支出情况进行询问。另外，英国政府还将新设立一个单一安全与情报预算（Single Security and Intelligence Budget）以改革反恐与情报预算的管理，并整合所有负责反恐的安全与情报机构、警察和其他政府机构的预算①。

4.1.3 法国情报工作制度

法国情报工作制度主要包括法国情报法律、法国情报机构和法国情报工作体制。

4.1.3.1 法国情报法律

法国情报法律与美国和英国情报法律不同，并不成体系，经过多年的发展，它主要有建立情报卡的法令、《日常安全法》、《法国情报法》。

（1）建立情报卡的法令

1990年3月，法国政府颁布了建立情报卡的法令，允许内政部普通情报局各个机构和司法系统在特殊的情况和条件下，建立一些有关当事人的种族、政治、经济、哲学、宗教言论、工会活动等方面的情报卡。内政部普通情报司和司法系统设立的情报卡涉及以下三类人：一是那些会给国家和社会造成危害的人，或者那些与暴力活动有直接和

---

① 王谦. 英国情报组织揭秘［M］. 北京：时事出版社，2011：139-167.

非偶然关系的人;二是能够接触到机密情报的人,或者对政治、经济和社会局势有影响的人;三是执行反恐怖活动和反社会化混乱的工作人员。情报卡的内容包括当事人的公民身份、地址、职业、体貌状况、性情特点、电话号码、与有关人的直接或间接的联系等①。

(2)《日常安全法》

1995年,法国立法机构制定了有关限制公民使用个人密码的互联网信息条例;2001年,法国政府颁布了《日常安全法》,2003年对其进行修改完善后重新予以颁布。该法对司法调查、警察权力、反恐斗争、贩卖人口、武器与弹药的管理等问题都做了详细的规定,并列出了打击各种破坏国内安全活动时应依据的法律条款及相应的刑罚期限和罚金数目②。

(3)《法国情报法》

2015年6月24日,《法国情报法》通过,它是法国议会通过的法规,从法律上授予了情报机构对相关恐怖分子嫌疑人进行电话监听和电子监控的权力。该法案确定了法国情报机关的职责,包括预防恐怖主义及防止经济间谍。该法决定成立独立的行政机构情报技术监控全国委员会,负责审批情报部门使用技术手段实施监控的行为。该法主要内容还包括:为了加强监控措施,采用多种相关工具,如监视恐怖嫌犯时,情报部门有权直接进入其网络,获取与此人相关的所有信息,包括通信往来、社交网络、网站服务器等;情报部门即使尚未确定嫌犯,也有权通过安装数字"黑匣子"自动获取高风险行为信息;准许使用其他工具,对反恐斗争不设限制。此外,该法还涉及预防有组织犯罪,维护法国重大外交、经济、科技利益等内容③。该法增加了可以证明有理由法外监视的目标的数目。这些包括:国家独立、领土完整和国防;外交政策的主要利益,法国履行欧洲和国际义务与防止一切形式的外国干涉;法国的主要经济、工业和科学利益;预防恐怖主义;预防有组织的犯罪和犯罪预防;防止大规模毁灭性武器的扩散等④。

---

① 《情报与安全概览》编写组. 情报与安全概览:1983—1992年[M]. 北京:时事出版社,1993:600-601.

② 高振明. 法国情报组织揭秘[M]. 北京:时事出版社,2013:105-121.

③ 刘阳. 各国情报立法概述[J]. 保密科学技术,2017(8):10-13.

④ Wikipedia. Intelligence act (France) [EB/OL]. [2021-05-20]. https://en.wikipedia.org/wiki/Intelligence_Act_(France).

4.1.3.2 法国情报机构

法国情报机构主要有六个（图4-3），其中，三个情报机构由国防部管理，即对外安全总局（Directorate General on Exterior Security，DGSE）、军事情报局（Directorate on Military Intelligence，DRM）、防务安全与保护局（Directorate on Defense Protection and Security，DPSD）；两个机构由财政部管理，即反非法金融流转情报处理和行动处（Service Against the Laundering of Capital and the Financing of Terrorism，TRACFIN）、国家海关调查情报局（National Directorate on Customs Intelligence and Investigations，DNED）；另外，内政部也有一个情报服务机构，即国内中央情报局（Central Directorate on Domestic Intelligence，DCRI)①。

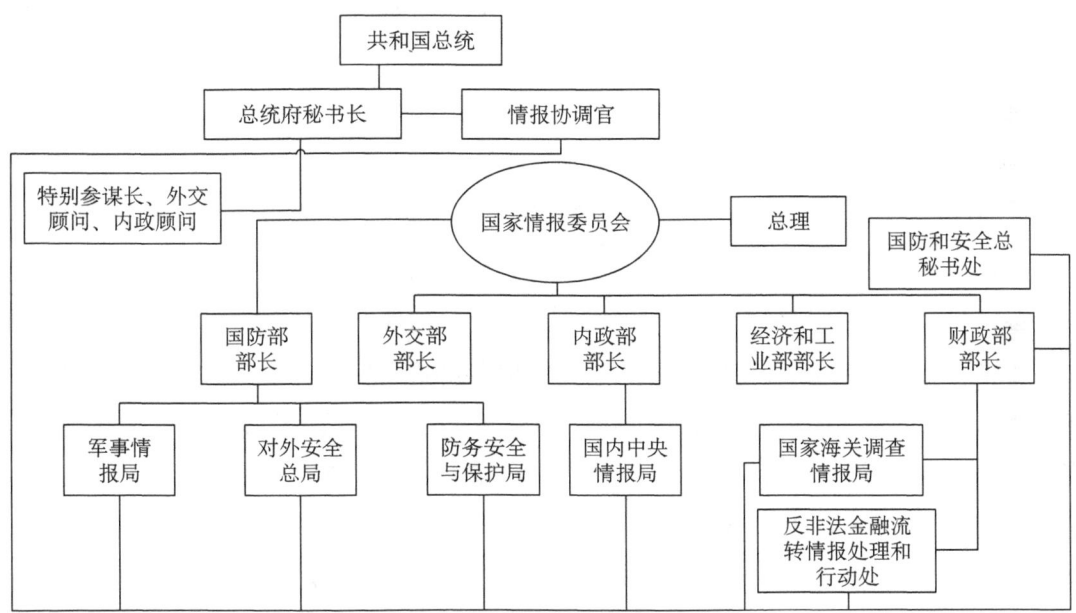

图4-3 法国情报机构组织架构

（资料来源：高振明. 法国情报组织揭秘［M］. 北京：时事出版社，2013：105-121）

（1）对外安全总局

对外安全总局是法国最大的情报局，其主要任务是全面搜集国外政治、经济、军事、科技和恐怖活动等各种情报，负责侦破在国外的有损于法国利益的间谍活动；通过

---

① French intelligence agencies［EB/OL］.［2021-05-20］. https：//www.globalsecurity.org/intell/world/france/index.html.

搜集外国通信信号破译外国情报。对外安全总局对内部机构重新进行了整合，下设行政局、作战局、情报局、战略局和技术局。

（2）军事情报局

在新的情报体制下，军事情报局作为国防部下属的军事情报中心被保留下来。它的任务是为武装力量提供业务上的情报。它引导和协调三个武装力量的情报资源并主管图像情报（地球观测人造卫星）。

（3）防务安全与保护局

防务安全与保护局也是直属法国国防部的情报机关，与对外安全总局、军事情报局和国内中央情报局之间的合作关系尤为紧密，同属"法国情报共同体"。根据法国《国防法》第 D3126-5-9 条，其主要职能是在军队或国防机构内部开展反对间谍、颠覆和恐怖主义等危及国家安全的破坏活动。同时，它还负责监督隶属国防部门的人员、信息、设备和敏感设施，保证具有重大技术含量的国防工业的安全。

（4）国内中央情报局

从 2008 年 7 月 1 日起，法国撤销先前的反间谍机关领土监护局和负责普通国内安全情报工作的普通情报局，成立国内中央情报局。根据国内中央情报局成立时内政部的一份公报，"国内中央情报局力求成为法国式的 FBI"。该局的首要任务是反恐。改组后的国内中央情报局依然设在警察总局内部，由内政部部长领导。它的具体职责为：预防和抵抗来自外部的干涉与威胁；预防和抵抗恐怖主义行为，以及旨在威胁国家主权、国防秘密或国家经济财产的所有行为；监管通信和抵御网络犯罪等。

（5）国家海关调查情报局

国家海关调查情报局，隶属财政部，接受海关税务总局副局长的领导，担负总局的情报工作和反走私行动。该局有以下三个分支机构：海关情报局，负责整个海关的情报搜集、处理和传达；海关调查局，负责国内或国际等重要、敏感业务的反走私调查；海关行动局，负责反大型偷税漏税、作战情报研究、调查技术应用情况及援助海关兄弟单位等。

（6）反非法金融流转情报处理和行动处

反非法金融流转情报处理和行动处主要通过与其他国家行政机构的情报交流，负责对金融机构的申请进行行政调查，开展反洗钱业务①。

---

① 高振明. 法国情报组织揭秘［M］. 北京：时事出版社，2013：105-121.

除了这六个情报服务局,其他的几个机构也有助于与安全有关情报的收集,如领土情报中央服务局(Central Service for Territorial Intelligence)、警察局情报部门(Intelligence Directorate of the Prefecture of Police)、犯罪活动情报和分析部门(Department of Intelligence and Analysis on Organised Crime)、法国宪兵队(Gendarmerie Nationale);监狱当局(司法部)有一个情报服务台(Intelligence Desk)主管监督大多数危险犯人,尤其是穆斯林的激进分子[①]。

4.1.3.3 法国情报工作体制

(1) 情报协调体制

在世界主要情报大国中,法国较早意识到情报协调问题,但情报协调工作一直进展不大。与美国的中央情报主任(国家情报总监)协调机制与英国的联合情报委员会协调机制相比,法国部际情报委员会协调机制的运转时断时续,不能发挥实际作用。法国的情报协调体制之所以迟迟不能建立,与法国的政治体制密切相关。根据法兰西第五共和国宪法,总统是国家权力的核心,有权任免总理、组织政府、解散国民议会。然而,宪法第20条规定政府制定并执行国家政策并掌管行政与武装力量,宪法第21条规定总理领导政府工作并负责国防,据此,法国情报工作由总理负责。1962年成立的部际情报委员会就对总理负责。2008年7月23日,法国成立国家情报委员会,由总统担任主席,成员有总理、内政部部长、国防部部长、外交部部长、财政部部长、预算部部长(根据议题需要,还可以包括其他部长)、国家情报协调官、各个情报机构负责人和国家防务与安全秘书长。国家情报委员会是国家防务与安全委员会的一个专门机构,由总统直接领导,负责制定情报战略方针,确定情报工作的优先方向,制定情报机构的人力与技术手段发展计划。国家情报委员会的成立,取代了先前部际情报委员会及其他以总理为核心的情报协调形式,开始建立以总统为核心的情报协调体制。2008年8月,法国总统正式批准增设国家情报协调官一职。国家情报协调官负责根据总统的指示,指导与协调内政部、国防部、财政部下属情报机构的行动,参与情报机构的预算制定与跟踪,在情报机构领导人任命、专项经费拨款与使用问题上提供建议。根据2008年版的法国《国家防务与安全白皮书》,国家情报协调官由总统府秘书长领导,管理一支精干的保障队伍。在国防与安全秘书长的支持下,国家情报协调官负责起草国家情报委员会的决议,并监

---

① DENÉCÉ, É. French intelligence and security services in 2016:a short history [EB/OL]. [2021-05-20]. https://www.cf2r.org/historique/french-intelligence-and-security-services-in-2016-a-short-history/.

督其执行。在此框架下，国家情报协调官主持部际情报技术投入指导委员会会议，通过年度投入计划的形式，制定情报工作的目标与手段，并确保其实现。同时，作为情报机构向共和国总统提供情报的入口，国家情报协调官还主持情报机构主任参加的例行会议，确定情报优先搜集级别，明确情报需求。2013年版的法国《国家防务与安全白皮书》指出，要赋予国家情报协调官预算裁决权。通过国家情报协调官，法国情报界在国家层面成为一个有机整体，情报能力实现互助共享①。

（2）情报监督体制

冷战期间，法国没有设立任何情报监督机构，情报部门仅受上级行政机构的监督，只是在情报机构的监听行为方面，法国建立了一套审批制度，情报机构进行电话监听之前，必须得到情报机构领导和主管部长批准，再由总理或其代表审批，最后由部际监察小组实施。在一定程度上，这种审批制度对情报机构的监听活动可以起到一定的监督作用，但效果有限。

1991年7月，米歇尔·罗卡尔政府通过了有关安全截听的立法，完善了针对情报机构监听的监督机制。该法律规定了监听实施的范围，仅在涉及国家安全、经济与科技能力的核心技术保护、反恐、有组织犯罪及已取缔的组织时才能进行监听。法律规定，监听必须由总理（或其代表）批准，并由总理负责集中组织实施。同时，该法律还规定成立国家安全截听监督委员会，负责对截听工作进行监督。委员会主席由总统任命，成员分别来自国民议会和参议院。委员会可以自主或在相关人员的要求下对任何安全截听活动进行审查，以核实其是否合法。当发现违法违规行为时，委员会应向总理建议中止相关监听活动。法律同时规定，该委员会每年向总理提交一份工作报告，并将其向社会公开。在任何需要的时候，委员会都可以向总理提供相关建议②。

2007年法国最后创建了主管监督情报事务的国会代表团。情报国会代表团（Intelligence Parliamentary Delegation）由8名立法者组成，其中4名代表来自国家议会，还有4名参议员。政府为它提供了情报服务的预算、一般活动和组织的信息。它能召集内政部和国防部部长、情报局的主任、服务部门的任意成员和它希望的任何外部专家。每年它

---

① 法国情报工作浅析［EB/OL］.［2021-05-20］. https：//wemedia.ifeng.com/72969663/wemedia.shtml.

② 同①.

会就法国情报和安全服务活动提交报告给共和国总统、首相和国家议会与参议院的主席①。

2013年12月18日通过的《军事规划法》规定了情报机构向电信运营商获取联系信息的监督办法,并将其纳入国家安全截听监督委员会的审查职权范围,同时情报机构对定位信息的获取与使用情况也被纳入国家安全截听监督委员会的监督职权范围。议会情报代表处会收到政府报告的国家情报战略、详细的情报经费年度综合报告和情报机构的年度活动报告,还能够要求获得情报审查办的工作报告。同时,代表处还可以请国防秘密咨询委员会和国家安全截听监督委员会提供活动报告,可以向总理申请全部或部分情报机构检查报告,以及各部关于其下属情报机构的检查报告。不过,如果这些检查报告涉及"正在进行的行动",总理可以拒绝这一申请。议会情报代表处获得了特别资金审查权,设立了特别资金核查委员会,负责"确保特别资金被用于财政法确定的用途"。该机构有权了解"所有可能证明相关开支和资金使用的档案、文件和报告"。这一机构为议会情报代表处提供了一种新的监督方式,大大提升了其对情报机构的影响力,加大了议会监督的权威②。

4.1.4 俄罗斯情报工作制度

俄罗斯情报工作制度主要包括俄罗斯情报法律、俄罗斯情报机构和俄罗斯情报工作体制。

4.1.4.1 俄罗斯情报法律

俄罗斯的情报法律已经发展成为一个立体、综合的法律体系,涵盖了军事、国防、行政等不同类别、不同层级的法律制度。按照俄罗斯情报法律的类型,可将俄罗斯的情报法律分为以下几类。

(1)《俄联邦宪法》和宪法性法律

《俄联邦宪法》(Конституция РоссийскойФедерации)和宪法性法律(КонституционныеЗаконы)调整国家最重要的社会关系,即社会生活、国家、集体和个人的基本问题,不仅是情报法律最核心的法律基础,还是情报法律的立法依据。

《俄联邦宪法》第八十三条规定,俄联邦总统"根据俄联邦政府的提议,任免俄联

---

① DENÉCÉ, É. French intelligence and security services in 2016: a short history [EB/OL]. [2021-05-20]. https://www.cf2r.org/historique/french-intelligence-and-security-services-in-2016-a-short-history/.
② 同①.

邦政府副总理和联邦政府部长","组成并领导俄联邦安全委员会"。《俄联邦宪法》第八十七条规定,"俄联邦总统是俄联邦武装力量的最高统帅","当俄罗斯联邦遭到侵略或受到直接侵略时,俄联邦总统可在俄联邦境内或某些地区实行军事状态"。此外,《俄联邦宪法》还赋予了俄联邦总统在情报立法方面的权力。《俄联邦宪法》第八十四条规定,俄联邦总统可以"向国家杜马提出法律草案","签署并颁布联邦法律"。《俄联邦宪法》第九十条规定,"俄罗斯总统发布命令和指示","俄联邦全境都必须执行俄联邦总统的命令和指示"。

（2）专门针对情报相关内容的普通法律

专门针对情报相关内容的普通法律（Закон），也就是狭义上的情报法律,这类法律的特征是直接规定情报的组织、活动和产品。在俄联邦对外情报总局的规范性文件中就包括了《俄联邦安全法》《俄联邦反恐怖主义法》《俄联邦对外情报法》《俄联邦安全总局法》等法律文件。① 1992年3月5日通过的《俄联邦安全法》,确立了保障个人、社会和国家安全的法律基础,规定了国家安全系统的范畴及其职能,规定了国家安全系统的财政拨款程序及对国家安全活动的监督等,并对俄联邦安全会议的法律地位、职能、权限和工作程序做出了相应规定。② 2006年3月出台的《俄联邦反恐怖主义法》确定了俄罗斯反恐怖主义活动的法律基础、组织基础和监督机制,规定了开展反恐活动必须遵守的原则、反恐活动的主体及其权限、与恐怖分子进行谈判的原则、在反恐行动中管理媒体的原则等①。③《俄联邦对外情报法》第一章就首先对俄联邦对外情报总局的职能、情报活动、情报活动的法律基础、情报活动的原则、情报活动的目的和对外情报机关的权力进行了规定。④《俄联邦安全总局法》是规定联邦安全总局的任务、构成、法律基础、活动原则、活动方向、力量和手段,以及对联邦安全总局活动的监督和监察的法律。

（3）总统令、政府决议和部门指令

总统令（Указ Президинта）是指由总统签署发布的命令,政府决议（Постановление Правительства）是指由总理领导的政府发布的命令,部门指令（Инструкция）是指由各个情报部门机关发布的指令。

与普通法律相比,总统令、政府决议和部门指令有以下特点。一是与普通法律相比,这些命令、决议和指令具有较大的灵活性,可以作为对法律的补充。俄罗斯的立法

---

① 艾红,王君,慕尧. 俄罗斯情报组织揭秘［M］. 北京:时事出版社,2013:52-94.

程序较为复杂，出台的法律需要经过立法动议、准备草案、草案讨论、通过法律、颁布法律等五个阶段。而这些命令、决议和指令没有这些烦琐的程序，往往是根据实际情况的需要适时进行发布。二是这些命令、决议和指令可以针对较为细微的一个点发布。每部情报法律都有一类或一个整体的规范对象，而在不具有颁布一部法律进行规范的意义的情况下，这些命令、决议和指令就可发挥法律效力①。

4.1.4.2 俄罗斯情报机构

当代俄罗斯情报界包括负责国内安全事务的联邦安全总局（Federal Security Service of the Russian Federation，FSB）、负责对外情报事务的对外情报总局（Foreign Intelligence Service，SVR）、负责军事情报工作的总参情报总局、负责反恐怖主义的国家反恐委员会等。

（1）联邦安全总局

联邦安全总局是俄联邦执行权力机关，依照俄联邦法律组织联邦国家安全系统，制定符合联邦安全所需的法规和规划，指导联邦各级国家安全部门履行职责，指挥联邦边防部队。联邦安全总局的职能是在自己的权力范围内实现保障俄联邦国家安全、与恐怖主义做斗争、保卫俄联邦国家边境及保护俄联邦内海、领海、专属经济区、大陆架及其自然资源方面的国家行政管理，以及保障俄联邦信息安全、直接落实俄联邦法律规定的联邦安全总局机关的主要活动、协调具有开展反间谍活动权力的联邦执行权力机关的反间谍活动。

（2）对外情报总局

对外情报总局是俄联邦安全保障力量的组成部分，是直接隶属总统的联邦权力执行机构，负责利用《俄联邦对外情报法》所规定的方法和手段保护个人、社会和国家免遭来自外部的威胁。根据《俄联邦对外情报法》第5条的规定，对外情报总局的总体任务是：为俄联邦总统、联邦会议和联邦政府做出政治、经济、国防、科学技术和生态领域的决策提供侦察情报保障；为顺利落实俄联邦在安全领域的政策创造有利条件；促进俄联邦经济发展、科技进步及军事技术安全保障能力提升。

（3）总参情报总局

总参情报总局集技术侦察、人力情报于一身，统管俄军各个军种、兵种及各个军区的情报部门，是一个高度集中的军事情报机构。总参情报总局是俄罗斯情报机构中最秘

---

① 王腾飞，张学建. 俄罗斯情报法规概念试析［J］. 法制博览，2016（24）：199-200.

密的机构,它的主要任务是:在军事、军事政治、军事技术、军事经济和生态等领域开展侦察活动,组织军事间谍渗透和谍报侦察、前线侦察、无线电技术侦察、航天侦察和敌后破坏与游击行动,指导和监督驻外使馆武官、各个军种和兵种、各个军区及其下属作战部队情报部门的工作。

(4)国家反恐委员会

根据2006年2月15日《关于打击恐怖主义措施》的俄联邦总统令,国家反恐委员会于2006年3月10日正式成立,是俄罗斯最高国家反恐协调机构。国家反恐委员会是协调联邦执行权力机关、联邦主体执行权力机关和地方自治机关在打击恐怖主义方面的行动,同时向联邦总统提供相关建议的国家机关。

4.1.4.3 俄罗斯情报工作体制

俄罗斯情报工作由总统直接领导,安全会议和联邦政府分别负责决策协调和执行协调,联邦会议负责立法和监督。总统是国家情报系统直接的、最高的领导者。安全会议是国家高层磋商协调情报安全工作的"中间环节"。安全会议主席由总统担任,安全会议秘书由总统任免,主要负责领导安全会议机关,并在情报工作中发挥重要的组织与协调作用。

(1)情报协调体制

俄罗斯情报工作的协调体制分为决策协调和执行协调两种。决策协调由俄联邦安全会议执行,执行协调则由联邦政府负责。①决策协调。根据《俄联邦安全会议条例》第1章的规定,安全会议是"为总统准备有关保障安全方面的决定的宪法性机构",还是俄罗斯现行宪法唯一明文要求成立的、隶属总统的会议咨询机构。它"负责准备俄罗斯联邦总统有关保障个人、社会、国家的重要利益免受内外威胁的决定,在保障安全领域推行统一的国家政策",是"保障俄联邦总统履行自己保护人和公民的权利与自由,保卫俄联邦主权、独立和领土完整的宪法权限的宪法性机构"。作为俄联邦宪法唯一明文要求成立的总统会议咨询机构,俄联邦安全会议的地位特殊,具有审议俄联邦对内、对外和军事政策问题及其法律草案等12项职能。凡与国家利益有关的重大问题都要在总统主持召开的安全会议中进行专门的研究并审议通过,包括有关国家安全方面的对内、对外政策和国家经济、社会、国防、新闻、生态、保健、防止紧急情况及消除其后果、确保稳定和法律秩序等方面的战略问题。②执行协调。联邦政府作为国家权力机关,在情报领域负责执行总统的决策,协调各个机构的情报活动,因此,俄罗斯情报工作的执行协调由其实现。与总统的巨大权力相比,法律所规定的联邦政府在情报安全领域的权力相当有限，主要体现在行政协调方面。但联邦政府所拥有的其他行政权力可对情报机构及其活动产生影响①。

（2）情报监督体制

俄罗斯情报工作的监督体制包括总统监督、议会监督、法院监督和检察院监督等形式，其中主要的形式是议会监督。作为俄罗斯的立法权力机关，俄联邦会议拥有对联邦政府和联邦行政权力机关的监督权，并据此在情报体制中行使立法监督机构的职能。联邦会议的监督职能具体体现在三个方面。①议会听证权。议会听证会是联邦会议监督国家情报活动的一个重要手段，联邦委员会和国家杜马可以举行议会听证会听取联邦安全总局和对外情报总局局长的工作报告及安全机关公职人员的专题报告。②议会质询权。按照《俄联邦会议联邦委员会成员和国家杜马代表地位法》的规定，联邦会议两院代表有权在联邦委员会或国家杜马会议上，以书面形式向俄联邦政府、各联邦行政权力机关领导人提出质询。被质询的国家公务人员应在收到质询之日起15日内，或按照相应规定的其他期限，以口头或书面的形式给予答复。③情报活动经费审议监督权。联邦会议下院国家杜马拥有审议联邦预算的权力，其中包括有关国防（总参情报总局）开支与对外情报总局、联邦安全总局及其他情报机构的经费开支，并对情报工作的开展产生相应影响。

此外，在对外情报活动的监督方面，除一般程序上的监督外，俄联邦审计院作为联邦会议审计部门，还拥有一项专门权力，即检查划拨给对外情报机关预算开支情况的权力②。

4.2 我国情报工作制度建设与发展

我国情报工作制度经过多年的建设，与国外情报工作制度的差距已经逐步缩小。但是，梳理我国情报工作制度的建设现状之后，发现我国情报工作制度仍然有一些不足需要完善。通过与国外情报工作制度对比，发现我国情报工作制度的发展呈现一些新的趋势。

---

① 艾红，王君，慕尧. 俄罗斯情报组织揭秘 [M]. 北京：时事出版社，2013：52-94.
② 同①.

4.2.1 我国情报工作制度建设现状

我国情报工作制度建设现状的梳理,主要从我国情报法律、我国情报机构、我国情报工作体制、我国情报工作流程和标准等四个方面展开。

4.2.1.1 我国情报法律

我国情报法律主要有《中华人民共和国国家情报法》《中华人民共和国国家安全法》和《中华人民共和国反恐怖主义法》。

(1)《中华人民共和国国家情报法》

为了加强和保障国家情报工作,维护国家安全和利益,我国制定了《中华人民共和国国家情报法》。《中华人民共和国国家情报法》分为总则、国家情报工作机构职权、国家情报工作保障、法律责任和附则五个部分。国家情报工作坚持总体国家安全观,为国家重大决策提供情报参考,为防范和化解危害国家安全的风险提供情报支持,维护国家政权、主权、统一和领土完整、人民福祉、经济社会可持续发展和国家其他重大利益。

(2)《中华人民共和国国家安全法》

《中华人民共和国国家安全法》于2015年7月1日起施行,该法共7章84条,对维护国家安全的任务与职责,国家安全制度,国家安全保障,公民、组织的义务和权利等方面进行了规定,明确了政治安全、国土安全、军事安全、文化安全、科技安全等十一个领域的国家安全任务。

(3)《中华人民共和国反恐怖主义法》

《中华人民共和国反恐怖主义法》于2016年1月1日起施行。该法是我国第一部全面系统规范反恐怖主义工作的综合性法律,对贯彻落实总体国家安全观,构建反恐怖主义法律制度体系,防范和惩治恐怖活动,维护国家安全、公共安全和人民生命财产安全具有重大意义。该法共10章97条,对反恐怖主义工作的基本原则、体制机制、恐怖活动组织和人员的认定、安全防范、情报信息、调查、应对处置、国际合作、保障措施、法律责任等做了规定。其中,明确规定了有关部门、单位和人员的反恐职责义务、手段措施和法律责任,是反恐工作领导机构和职能部门依靠、动员所有国家机关、武装力量、社会组织、企业事业单位、村(居)民委员会和个人共同开展反恐工作的重要法律依据,是动员全社会力量防范打击恐怖主义的法律基石[①]。

---

① 冯跃飞,唐晖.形势与政策[M].北京:国家行政学院出版社,2016:172.

4.2.1.2 我国情报机构

根据《中华人民共和国国家情报法》,中央国家安全领导机构对国家情报工作实行统一领导,制定国家情报工作方针政策,规划国家情报工作整体发展,建立健全国家情报工作协调机制,统筹协调各领域国家情报工作,研究决定国家情报工作中的重大事项。中央军事委员会统一领导和组织军队情报工作①。根据《中华人民共和国反恐怖主义法》,国家反恐怖主义情报中心,实行跨部门、跨地区情报信息工作机制,统筹反恐怖主义情报信息工作②。因此,我国情报机构的组织架构可概括如图4-4所示。其中,中央国家安全领导机构下设国家反恐怖主义工作领导机构、国家安全部、公安部、中央军事委员会,中央军事委员会下设总参谋第二部、总参谋第三部和总参谋第四部。

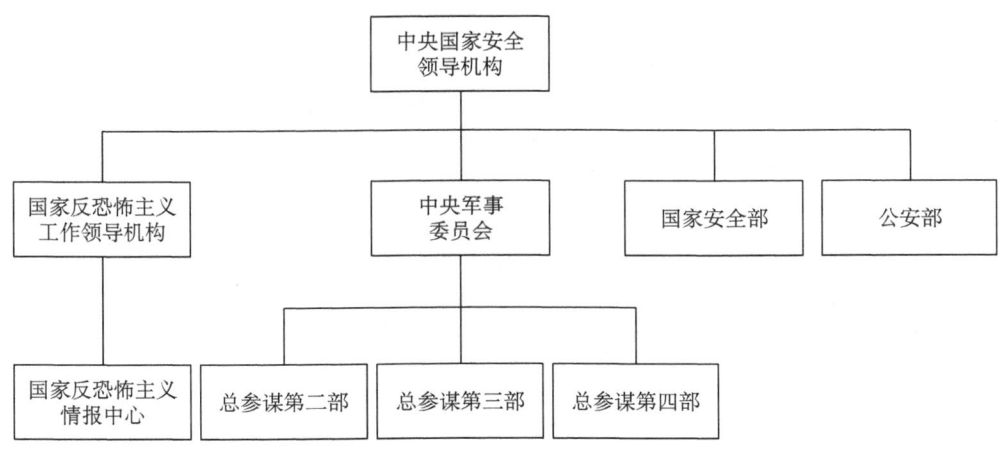

图4-4 我国情报机构组织架构

(1) 中央国家安全领导机构

我国的中央国家安全领导机构是中央国家安全委员会。2013年11月12日,党的十八届三中全会再次提出将设立中央国家安全委员会,完善国家安全体制和国家安全战略,确保国家安全。2014年1月24日中共中央政治局召开会议,研究决定设置中央国家安全委员会,由习近平任主席,李克强、张德江任副主席,下设常务委员和委员若干

---

① 中华人民共和国国家情报法[EB/OL].[2021-05-11]. http://www.npc.gov.cn/npc/xinwen/2017-06/27/content_2024529.htm.
② 中华人民共和国反恐怖主义法[EB/OL].[2021-05-10]. http://www.npc.gov.cn/npc/xinwen/2018-06/12/content_2055871.htm.

名。中央国家安全委员会作为中共中央国家安全工作的决策和议事协调机构，向中央政治局、中央政治局常务委员会负责，统筹协调涉及国家安全的重大事项和重要工作。其主要职责是制定和实施国家安全战略，推进国家安全法治建设，制定国家安全工作方针政策，研究解决国家安全工作中的重大问题①。

世界上有很多国家设置了国家安全委员会，如美国、巴西、智利、南非、土耳其、泰国等国。例如，苏联的"克格勃"就是由过去的反间谍机构"契卡"演变而来的②。

（2）民事情报机构

在民事方面，我国情报机构由国家安全部和公安部组成。

1）国家安全部（Ministry of State Security）

国家安全部是中国的情报和安全机构，它是国务院负责维护国家主权、利益和安全的专门机构。1983年，第六届全国人民代表大会第一次会议批准设立国家安全部。其主要职责包括：统一领导和管理全国安全和反间谍工作；承担间谍特务案件的侦破，开展隐蔽战线的斗争；管理驻外机构的安全保卫工作；掌握有关情报，依法行使侦查、拘留、预审和执行逮捕的权力，教育全体公民忠于祖国、保守国家秘密、维护国家利益③。《中华人民共和国国家情报法》赋予了国家安全部进行国内和国外很多种谍报活动的广泛权力，它也赋予了国家安全部行政拘留阻止或泄露情报工作信息的人最多15天的权力④。

2）公安部（Ministry of Public Security）

公安部是国家公安的领导机关，负责预防和查处违法犯罪和恐怖活动，维护公共安全和社会秩序。公安部还负责管理与移民、户籍和居民身份证有关的事务，保卫特定人员和重要场所，管理集会、游行和示威，监督和管理公共信息网络，指导、监督国家机关、社会团体、企事业单位和重点建设项目的治安工作，指导公安委员会等群众性组织的治安工作⑤。

---

① 刘本旺. 参政议政用语集［M］. 修订版. 北京：群言出版社，2015：324.
② 赵阳. 军事知识和常识百科全书［M］. 北京：北京联合出版公司，2015.
③ 邹瑜，顾明. 法学大辞典［M］. 北京：中国政法大学出版社，1991.
④ STAFF R. China passes tough new intelligence law［EB/OL］.［2021-06-25］. https：//www. reuters. com/article/us-china-security-lawmaking/china-passes-tough-new-intelligence-law-idUSKBN19I1FW.
⑤ Ministry of Public Security（MPS）［EB/OL］.［2021-08-04］. https：//www. uschina. org/sites/default/files/2018. 12. 28_mps. pdf. S

（3）中央军事委员会

中央军事委员会是中国共产党和中华人民共和国领导全国武装力量的最高军事机构，享有对国家武装力量的决策权和指挥权。《中华人民共和国国防法》第十五条规定，中央军事委员会行使下列职权：①统一指挥全国武装力量；②决定军事战略和武装力量的作战方针；③领导和管理中国人民解放军、中国人民武装警察部队的建设，制定规划、计划并组织实施；④向全国人民代表大会或者全国人民代表大会常务委员会提出议案；⑤根据宪法和法律，制定军事法规，发布决定和命令；……⑧决定武装力量的武器装备体制，制定武器装备发展规划、计划，协同国务院领导和管理国防科研生产……①

（4）军事情报机构

中国人民解放军情报部门负责收集外国军事、经济和政治情报，以支持军事行动。2016年1月，中共中央总书记、国家主席、中央军委主席习近平宣布取消原来的总参谋部、总政治部、总后勤部和总装备部四个部门，它们的职能由中央军事委员会下的15个新部门承担。主要负责权威外国情报收集的中国人民解放军总参谋部被重组成新的联合参谋部门，不过，尚不清楚新成立的战略支援部队或联合参谋部是否将承担前总参谋部对情报活动的监督责任。总参谋部解散前，中国人民解放军对外情报工作最突出的机构是总参谋部（General Staff Department）第二、三、四部，第二部负责人工情报、图像情报和战术侦察的收集和分析，第三部负责收集信号情报和开展网络行动，负责电子战和电子对抗的第四部对外国信息网络进行监视②。

由于《中华人民共和国反恐怖主义法》是2015年12月底才通过的，国家反恐怖主义领导机构和国家反恐怖情报中心，截至2018年底还未正式成立。

4.2.1.3 我国情报工作体制

（1）情报协调体制

一个国家的情报机构大体上可分为分散式和集中式两种。尽管中国一直被视为中央集权国家，但国家情报机构曾经是分散管理。中国最高领导人是党政军的最高决策者，然而这三个方面有各自的决策团队。例如，国务院负责内政之决策，中央军委负责军事

---

① 陈景辉，王锴，李红勃. 理论法学 [M]. 北京：中国政法大学出版社，2016.

② Section 3: Chinese intelligence services and espionage threats to the United States [EB/OL]. [2021-06-25]. https://www.uscc.gov/sites/default/files/Annual_Report/Chapters/Chapter%202%2C%20Section%203%20-%20China%27s%20Intelligence%20Services%20and%20Espionage%20Threats%20to%20the%20United%20States.pdf.

方面之决策①。中国的情报机构为国家和中国共产党的利益服务。国家安全部和中国人民解放军服从于且最可能接收来自中共中央政治局常委和中共中央军事委员会的任务，而且来自这些组织的任务分配可能由横跨中国共产党、中国政府和中国人民解放军的各种组织来协调②。

（2）情报交流体制

中国可能缺乏与决策者进行情报交流的良好制度。然而，中国情报服务可能共享情报以支持彼此的业务行动。中国人民解放军很可能给高级政策制定者和人力情报团体（包括公安部、中央军事委员会联合参谋部情报局和中央军事委员会政治工作部门联络局）提供了直接支持。此外，中国人民解放军日益增加的联合性可能促进不同来源情报的加工处理和与军事决策者之间的交流③。

4.2.1.4　我国情报工作流程和标准

（1）情报工作流程

基于我国的国情和情报工作传统，系统的情报流程在立法中未予明确，但我国情报搜集、情报分析、情报预警等环节在相关法律中都有体现。首先，在情报搜集方面，一是都强调情报工作的群众路线（如《中华人民共和国反间谍法》第二条和《中华人民共和国反恐怖主义法》第四十四条）；二是都提及技术侦察措施（如《中华人民共和国反间谍法》第十二条和《中华人民共和国反恐怖主义法》第四十五条）；三是用宽泛的兜底条款为情报工作留出了空间（如《中华人民共和国国家安全法》第七十五条和《中华人民共和国反恐怖主义法》第四十六条）。其次，在情报分析方面，《中华人民共和国国家安全法》第五十三条，提出要借用科技手段分析情报信息。最后，在情报预警方面，《中华人民共和国反恐怖主义法》第四十七条将情报信息分析与预警相结合。这些规定都体现出情报工作法律化的重要进展④。

（2）情报工作标准

情报工作标准，是关于情报的收集、加工、存贮、传播、出版和各种设施等方面的

---

①　叶茂之，刘子威.《中國國安委》：秘密擴張的秘密［M］.纽约：明镜出版社，2013.

②　DANIS M R. 2016 report to congress of the U. S. -China economic and security review commission［R/OL］.［2021-08-10］. https：//www.uscc.gov/sites/default/files/annual _ reports/2016% 20Annual% 20Report% 20to% 20Congress. pdf.

③　同②.

④　郭秦茂. 论国家情报体制的法律建构：基于《国家安全法》与《反恐怖主义法》的视角［J］.情报杂志，2016，35（6）：19-22，28.

规则与情报技术规范。它是由国家主管机关或各有关部门共同确定的①。我国曾经先后制定了《信息交换用汉字编码字符集（基本集）》《文献目录著录标准（总则）》《检索期刊条目著录规则》《文献目录信息交换用磁带格式》等标准。这些标准的制定，为我国情报工作现代化打下了一定基础。但是，我国情报工作标准制定得还很不够，还有很多标准需要制定，如分类法标准、主题词表标准、标引标准、情报载体的标准、数据编码标准、软件方面的标准、多语种转换标准、通信网络接口连接标准、缩微技术方面的标准和声像方面的标准等②。总之，在情报工作标准方面，我国与美国、英国等国家相比差距还较大。标准化问题涉及的因素很多，要想立即达到统一和完善是不容易做到的，我们要充分借鉴外国情报工作标准或规范的经验和成果，使其逐步完善。

4.2.2 我国情报工作制度的不足

4.2.2.1 情报机构体系化程度不够

纵观我国情报机构的设置，可以发现我国情报机构体系化程度不够，其终将会影响情报工作的开展。它主要表现在以下两个方面。一方面，国家安全领导机构的绝对领导组织地位有待进一步强化。我国目前已经建立了中央国家安全领导机构、国家反恐怖主义工作领导机构等国家情报机构，但是它们之间的组织联系并不十分明确，在《中华人民共和国国家情报法》《中华人民共和国国家安全法》等有关情报的基础法律中也没有具体阐明国家安全领导机构的决定领导地位，以及它的人员设置和职责义务等。当情报机构出现利益纠纷、权责不清时，国家安全领导机构的法律地位不明将影响顺利解决争议，进而导致情报工作无法有效开展。另一方面，情报机构联系不够紧密。我国情报机构分为民事情报机构和军事情报机构两个系列。从当前形势来说，安全情报和发展情报一体化是国家情报工作的必经之路。在大情报观和总体国家安全观的引导下，安全情报和发展情报一体化也是2015年中共中央办公厅、国务院办公厅联合发布的《关于加强中国特色新型智库建设的意见》对新形势下构建具有中国特色的"国家情报智库"的要求——让"情报"引领并服务于国家安全和经济社会发展的重大决策③。因此，民事情报机构和军事情报机构要深度沟通、共享和融合，从而处理好国家安全问题、国家发展

---

① 张长城，薛春海，蒋明克. 软科学辞典 [M]. 长春：吉林人民出版社，1991.
② 吉林工业大学科技情报研究室. 情报学概论 [M]. 阜新：辽宁省阜新市机械局情报室，1983：169.
③ 张薇. 推动中国情报学学科建设创新发展 培养新形势下的情报人才 [J]. 情报杂志，2017（2）：208.

问题、全球治理问题和社会发展问题等国家情报的四大问题①。因而，国家情报机构必须进行一体化建设，并要强化国家安全领导机构的绝对领导地位、明确各个情报机构间的联系，以便于开展情报共享和交流，促进情报工作的高效开展。

4.2.2.2 统一协调的情报体制尚未建成

马德辉博士（2015）认为，国家情报是一个超越政治、军事、外交、安全、执法、经济、科技等单一领域情报活动的基本范畴，是以国家情报体系情报活动的一体化为主体架构，以服务于国家安全治理和经济社会发展为总体目标，对数据信息进行规划指导、搜集、整理、分析、传递、服务决策的一项基础工作。情报体制是国家情报工作最根本的问题之一，是国家情报工作的组织形式和基本制度。长期以来，我国各条战线、各个领域的情报工作各自为政，条块分割严重，利益制衡很普遍。虽然在情报工作中也建立了诸如部际联席会议等一些协调工作机制，但是从总体上看仍不能有效地解决情报的准确性和及时性等基本问题，也难以主动协调、快速出击，发挥情报的预警、预知和预防的先导作用。从根本上讲，我国尚未形成面向国家安全治理和经济社会发展整体需求的统一、高效的国家情报工作体制。近年来，在我国多发和频发的重大暴恐事件、突发公共安全事件等充分地说明了这一点②。而且，国家的一系列情报法律并未明确国家安全领导机构和国家反恐怖主义领导机构之间的关系，我们难以辨析清楚。因此，当各个情报机构发生冲突，或者出现重大恐怖主义安全问题时，没有统一协调、高效运行、保障有力的国家情报工作体制是难以想象的，出现情报失误也就是在所难免的。

4.2.2.3 监督与问责主体尚未明确化

我国情报法律着重强调公民与企业事业组织的配合义务，如《中华人民共和国国家安全法》第七十九条规定，企业事业组织根据国家安全工作的要求，应当配合有关部门采取相关安全措施。显然，未明确监督主体的委派和职责范围，将不利于国家情报工作的有效开展，具体表现在以下几个方面。首先，我国情报法律对国家机关及其工作人员的监督方式，主要是公民和组织的批评建议权，以及对国家机关及其工作人员的申诉、控告和检举权利，包括内部处分与刑事制裁，如《中华人民共和国反间谍法》第三十七条。其次，情报活动的监督机关未明确，只是笼统地对国家安全工作中可能侵犯公民个

---

① 赵冰峰. 论面向国家安全与发展的中国现代情报体系与情报学科［J］. 情报杂志，2016（10）：7-12.

② 包昌火，马德辉，李艳，等. 我国国家情报工作的挑战、机遇和应对［J］. 情报杂志，2016，35（10）：1-6.

人和组织权益的情况做出了概括性的规定,以此来保障国家安全活动与公民权利间的平衡。国家机关及其工作人员应当严格依法履行职责,不得超越职权、滥用职权,不得侵犯个人和组织的合法权益,这一点在《中华人民共和国国家安全法》第八十三条"在国家安全工作中,需要采取限制公民权利和自由的特别措施时,应当依法进行,并以维护国家安全的实际需要为限度"中有体现①。最后,问责主体未明确。问责作为一种责任认定和追究的活动,必须由特定的主体负责。问责主体不同于监督主体。问责主体因为有权决定是否实施问责,并且能够直接处理问责对象的实体权利和义务,因而必须是法律授权的特定的国家机关②。但是,我国情报法律并未明确国家情报工作中的问责主体,将有损于监督权的切实落地。

4.2.2.4 情报工作流程和标准不成体系

(1) 情报工作流程不成体系

情报工作流程规定了情报活动的基本环节、运行模型等。它是对情报活动概括、提炼的结果,反过来又为情报活动的有序开展提供保障③。由于我国的国情和情报工作传统,系统的情报流程在立法中未予明确,情报工作流程不成体系。我国情报法律未规定每个环节情报人员应该从事的具体情报工作,也未界定各个情报环节如何开展,是线性推进还是以任务为中心实施情报流程等。如果没有体系化的情报流程,它就不能推动各个情报机构从事的情报活动有序开展。在大数据环境下,情报活动不可能完全按照情报流程各个环节进行线性推进,或者根据情报周期依次实施等,而应构建一个一体化的情报流程体系,使得决策者、一般用户、情报人员都参与到情报流程中。为使情报活动顺利开展,信息技术、安全保密等也要为情报流程的实施提供基础的保障。

(2) 情报工作标准不健全

我国现有的情报工作标准很不健全,还有很多标准需要制定。我国与美国、英国等国家相比,差距还较大,如情报界指令和政策指南、加密国家情报的对外披露和公布、请求跨机构协调情报对外披露和公布程序、情报界信息技术系统等方面的标准在我国还没有制定。这些标准能够推动我国情报工作逐步走向规范化、统一化,这是提高情报服务工作效率,实现情报工作自动化、现代化的重要条件之一。

---

① 郭秦茂. 论国家情报体制的法律建构:基于《国家安全法》与《反恐怖主义法》的视角 [J]. 情报杂志, 2016, 35 (6): 19-22, 28.

② 陈党. 问责法律制度研究 [M]. 北京:知识产权出版社, 2008: 207.

③ 彭知辉. 情报流程研究:述评与反思 [J]. 情报学报, 2016, 35 (10): 1110-1120.

4.2.3 我国情报工作制度发展趋势分析

4.2.3.1 建立统一协调的情报体制

情报体制是国家情报工作顺利开展必须要理顺和解决的根本问题之一。由于我国长期缺乏一体化的情报体制,各个领域的情报工作分散割据、利益冲突、协调困难等难以解决的关键问题日益突出。所以,我国应该尽快建立统一协调的情报体制,始终以国家安全治理和经济社会发展为目标导向,在安全和发展利益攸关的重大问题上,在国家层面统筹协调政治、经济、军事、国安、外交、公安、科技、文化、市场竞争等领域的情报工作,为国家安全和发展战略的重大决策提供高质量的情报产品和服务①。情报体制既要具有一定的集中度,同时又要保证能够表达不同声音,这就需要建立一个协调型情报体制。从美国的历次情报改革来看,协调型的情报体制有可能是情报机构发展的方向。什么是协调型情报体制?假如用数量衡量,在一个总数为100的坐标轴上,分散型情报体制和集权型情报体制分在两头。以集中度来划分,集中度在50%~75%的体制,就是协调型情报体制。当然这只是一个粗浅的划分,不一定准确。这里面最重要的是把握度的问题。分散到何种程度,集中到何种程度,这是可以讨论的。这也是目前国家正在主张建立的健全集中统一、分工协作、科学高效的国家情报体制。①集中统一。国家安全领导机构对国家情报工作实行统一领导,制定国家情报工作方针政策,规划国家情报工作整体发展。②建立健全国家情报工作协调机制。统筹协调各个领域的国家情报工作,研究决定国家情报工作中的重大事项。中央军事委员会统一领导和组织军队情报工作。一个合理、完善的情报体制,能够优化情报力量的配置,提高情报机构的效率,确定合理的情报需求,对重大的情报问题形成情报界共同的意见②。

4.2.3.2 加强情报组织与内外群体的协作互动

伴随着经济全球化与现代技术发展,情报组织独自开展情报工作模式已经不能适应现实需求,需要其与情报组织内其他部门(内群体)和相关机构(外群体)协作互动。根据《中华人民共和国国家情报法》和《中华人民共和国国家安全法》,国家安全机关和公安机关情报机构、军队机关情报机构(统称国家情报工作机构)按照职责分工,依法搜集涉及国家安全的情报信息,做好情报工作、开展情报行动;有关国家机关及其各

---

① 包昌火,马德辉,李艳,等.我国国家情报工作的挑战、机遇和应对[J].情报杂志,2016,35(10):1-6.
② 高金虎.试论国家情报体制的管理:基于美国情报界的考察[J].情报杂志,2014,33(2):1-5.

部门应当根据各自职能和任务分工，与国家情报工作机构密切配合，对于获取的涉及国家安全的有关信息应当及时上报。《中华人民共和国反恐怖主义法》也要求公安机关、国家安全机关和人民检察院、人民法院、司法行政机关及其他有关国家机关，根据分工依法做好反恐怖主义工作。可见，国家目前在极力主张情报组织与内外群体的协作互动。例如，国家安全机关和公安机关情报机构、军队机关和有关国家机关及其各部门要相互配合共同开展情报工作，同时也可与有关个人和组织建立合作关系，并要求他们提供必要的支持、协助和配合，为国家安全（包括反恐怖主义）和发展做贡献。传统集中式的情报工作已经不能适应组织要求，单凭国家情报工作机构来搜集全面的、精准的、有效的情报信息是不够的。有些情报信息分散在个人、社会组织、有关国家机构及其部门等中，或者他们在搜集、处理某些情报信息时具有相较于情报组织而言得天独厚的优势，唯有情报组织与内外群体协作互动才能发挥各自的优势，实现情报融合，从而做出最为精准的情报分析。

互联网、大数据等信息技术为情报组织与内外群体的协作互动带来了机遇，同时，网络信息空间也为它提供了可操作的交流平台。具体而言，情报组织与内外群体的协作互动可以通过三种形式完成：一是国家情报工作机构内部员工间、国家情报工作机构内部员工与国家安全机关、公安机关、军队机关员工间相互配合来协同完成国家情报工作；二是以国家情报工作任务为导向，国家情报工作机构与有关国家机关及其部门相互配合、协作完成同一任务；三是围绕国家情报工作目标，以国家情报工作机构内部员工、有关个人和组织等的合作为基础，共同开展国家情报工作。

情报组织可协作互动的主体包括：①内群体，即情报组织的工作者、情报组织内其他部门的员工等，内群体成员在心理上自觉认同并归属于其中的群体，他们会自觉或不自觉地接受群体的约束；②外群体，即情报组织外部人员，如公民、行业与企业等，人们普遍对外群体及其成员抱有怀疑和偏见，甚至采取蔑视、厌恶、仇视、挑衅等敌对态度。由于内外群体心理存在着很大的不同，为了能够促使情报组织与其协作发挥积极作用，首先，情报组织与内外群体之间要建立平等的对话交流机制，经常沟通、发挥各自优势，并在群体环境中整合各自优势。其次，通过宣传教育，使内外群体克服群体中可能出现的消极因素，明白情报组织的长远目标，建立良好的文化氛围和价值观，在群体之间达成共识，这样才能使群体凝聚力成为提高生产率的动力。事实上，组织价值观、群体价值观与个人价值观需要达成一致，才能获得双赢。在群体价值观统一过程中，协作主体必须相互信任、彼此承诺与有效沟通。有效沟通对协作中情报信息的准确性、及时性、充分性和可靠性，对情报共享程度都有十分重要的影响。沟通能使群体成员产生感情上的亲切感和态度上的认同感，促使成员之间亲密、团结、协调、合作，从而提升群体能力和整体绩效。再次，情报组织的内外部环境应保持和谐一致，便于情报组织对内群体和外群体成员形成更高的吸引力和凝聚力，形成一种无形的力量以推动情报组织与内外群体的协作和配合，有效地发挥总体力量。情报组织的协作互动应以国家发展与安全共谋为本，以理论共建为基，以资源共享和方法共通为路。然后，情报组织和内外群体要给其成员提供需要满足和分配公平，以及良好的气氛、群体的知名度等条件，才能发挥这个大群体的效用。群体凝聚力越高，其成员就越遵循群体的规范和目标，工作效率会提高，情报工作目标也会容易实现。最后，情报组织要发挥联合组织的作用——集中和协调一切有关的资料，在提供联合服务和全国性情报方面加强协调和提高效益，改进情报质量、提高时效、避免重复作业①。

4.2.3.3 建立情报共享与协同制度

《中华人民共和国国家情报法》《中华人民共和国网络安全法》《信息通信网络与信息安全规划（2016—2020）》指出国家有关机构可以开展对内对外交流合作以维护国家（网络）安全，显然，国家支持情报信息的国内外交流与合作，但是缺乏促进情报交流与合作的共享机制。另外，《中华人民共和国国家安全法》主张国家应建立协同联动机制、跨部门会商工作机制、情报信息工作协调机制，《网络空间国际合作战略》建议完善网络空间对话协商机制，《中华人民共和国反恐怖主义法》主张应当建立跨部门情报信息工作机制，这些情报工作机制的建立、完善都要以情报共享与协同为基础。唯有《国家网络空间安全战略》明确指出要建立政府、行业与企业的网络安全信息有序共享机制，以实现情报信息的共享，统筹协调国家安全工作。这些网络与信息安全政策法律不仅主张情报信息的交流与合作，而且为情报组织合作创造了有效通道并提供了实施机制，从技术和平台的角度加速了情报信息在情报组织、内群体和外群体之间的流动，有助于实现情报共享与协同。情报共享与协同是多维情报融合的基础，是提升情报战斗力和核心竞争力的关键。情报共享有助于发挥各个情报组织在某一方面的情报优势，减少重复劳动，提升情报工作效率，同时基于大数据分析和多维情报共享，能够将情报人员的有限精力有的放矢地投入维护国家政权、主权、统一和领土完

---

① 王英，王涛．我国网络与信息安全政策法律中的情报观［J］．情报资料工作，2019，40（1）：15-22.

整、人民福祉、经济社会可持续发展和国家其他重大利益上,而不必发散到各个领域安全和发展上。

总体国家安全观要求从总体上关照国家安全,也就是说各个领域相关机构均应奉献各自领域安全中的情报信息,通过情报共享来实现总体国家安全这一目标,这是总体国家安全观从基调上、高度上对情报共享做出的隐性要求,是推动情报共享的重要动力。我国网络与信息安全政策法律也已经为情报共享提供了实施机制,但是还要考虑各个相关机构的情报信息共享意愿。由于每个情报主体都有各自的利益需要维护,国家情报工作机构的领导者——国家安全领导机构要平衡好参与情报共享主体的利益实属困难,因此,若想真正实现情报共享,第一,可以尝试从提高共享信息的安全保障、寻求情报组织新的核心竞争力、细化情报产品的评价和补偿机制等方面提升情报组织的情报信息共享意愿;第二,制定统一的共享程序和标准,建立共享成果的绩效评估制度,以督促情报信息共享。需要注意的是,情报共享不仅仅是在情报信息收集阶段,更为重要的是在情报工作的整个流程中各个情报主体都能够面向同一任务、目标,以联动效应推动情报工作的动态化协作,无论是对应急性事件的即时情报支援,还是对战略性规划的情报支持,均需各个领域情报加强协同建设,在协同中促进情报工作能力的大幅提升;情报共享也不仅限于本国范围,在某些重大问题的处理上可以同世界上其他国家开展情报共享和协同。例如,俄罗斯对叙利亚境内"伊斯兰国"空袭取得的重大战果就要归功于俄罗斯与伊朗、伊拉克和叙利亚四国之间的情报合作①。

4.2.3.4 强化情报监督

情报监督是为防止情报机构不当活动的发生和效率低下,对情报机构进行的指导、管理和监察②。情报监督对于国家情报工作是非常重要的,它能促使情报机构恰当地履行职能,积极响应决策者的需求,提高情报流程的实践能力,生产出高质量的情报产品,还能防止情报机构滥用职权做出有违情报伦理的行为。因此,很多国家政府都建立了较为完善的情报监督制度,如美国、英国和俄罗斯等。美国赋予立法部门广泛的监督职责和权力,这种做法独一无二,包括预算、对政策要求的响应、情报分析质量、行动

---

① 王英,王涛. 我国网络与信息安全政策法律中的情报观[J]. 情报资料工作,2019,40(1):15-22.

② 汪明敏,谢海星,蒋旭光. 美国情报监督机制研究[M]. 北京:光明日报出版社,2013:10-29.

控制、活动的适当程度等①。在英国，情报监督由行政、立法和司法部门共同实施。各个监督部门所关注的内容是有所区别的：行政监督一般关注的是情报机构的效率，即情报机构是否有效运转并完成指定任务；国会监督主要关注情报活动的效率和正当性；司法监督主要关注情报活动的合法性问题；社会监督主要是由大众传播媒体和公众舆论执行，其主要关心的是情报机构和情报活动的正当性问题。俄罗斯情报工作的监督机制包括总统监督、议会监督、法院监督和检察院监督等形式，其中最主要的形式是议会监督。作为俄罗斯的立法权力机关，俄罗斯联邦会议拥有对联邦政府和联邦行政权力机关的监督权，并据此在情报体制中行使立法监督机构的职能。

从我国的实际情况来讲，情报经费被间接纳入预算也并不意味着短期内就会受到监督。情报活动在世界各国也都有集权的趋势，但主要集中于行政分支，而我们的情报工作明显超出了行政分支的范畴，中国共产党中央国家安全委员会是中国共产党中央委员会的下属机构。理顺情报监督关系，首先要面对的是中央国家安全委员会与全国人大及中央军事委员会之间的关系问题，需要从法治与效率两个层面予以规范②。我们可以效法英国、法国和俄罗斯等国情报监督机制的制定，结合我国实际情况同时建立正式情报监督机制和非正式情报监督机制，通过确定性的、完善的法律条文和规章制度对情报机构进行正式监督，也可鼓励广大公众对情报人员的价值观和职业操守进行非正式监督，以全方位地监督情报活动和情报人员，实现情报监督的功能③。

4.2.3.5 推行情报众包与外包

《中华人民共和国国家情报法》规定国家情报工作机构可以与有关个人和组织建立合作关系，委托开展相关工作；《中华人民共和国国家安全法》主张采取专门工作与群众路线相结合，充分发挥专门机关和其他有关机关维护国家安全的职能作用，广泛动员公民和组织，防范、制止和依法惩治危害国家安全的行为。可见，情报众包和外包在我国得到了法律上的支持和认可。

目前我国国家安全和发展面临的大数据环境，使得大数据已成为情报信息的重要组成部分，对大数据的获取和分析、利用能力将决定情报工作的核心竞争力。在大数据环境下，情报工作在海量情报获取、实时处理与分析，以及情报研究方法变革等方面都面

---

① 郭秦茂. 论国家情报体制的法律建构：基于《国家安全法》与《反恐怖主义法》的视角 [J]. 情报杂志, 2016, 35 (6): 19-22, 28.

② 同①.

③ 汪明敏, 谢海星, 蒋旭光. 美国情报监督机制研究 [M]. 北京：光明日报出版社, 2013：10-29.

临着严峻挑战。众包具有开放性、参与性、无边界、创新性的特征，有助于情报工作模式走出现有的困境，并且可以开发和利用大数据。2009 年美国国家安全情报搜集领域就曾使用类似的情报众包的做法。情报众包如果要运转良好并产生预期效果，首先，需要构筑一体化情报网络和移动终端平台；其次，加强情报众包实施的宣传力度，扩大和强化民众知悉度和参与度；再次，建立激励机制，强化参与者持续参与的动力；最后，通过正面引导形成情报众包的规则意识。

另外，在美国，国家情报也可以外包给私人企业，特别是"9·11"事件发生以后就已经出现庞大的情报外包产业。根据彭博行业资讯数据，美国 2013 年大约 70% 的情报都被外包出去了，其中最大的承包商就是斯诺登先生原来供职的博思艾伦咨询公司（Booz Allen Hamilton），该公司 2013 财年收入 57.6 亿美元的 99% 来自政府合同。情报外包有很多好处是情报内部服务难以达到的，其中最重要的有匿名、客观性、交叉优化组合、间歇式服务、节约成本。由于诸多新技术掌握在私人公司或研究机构中，而且其具有大量的人力、物力，情报界加强与之合作，进行情报外包是必然趋势。当然，出现的情报问题，并不能全部进行情报外包。为使情报外包能够顺利进行，必须有配套的制度设计并执行到位以免存有泄密的盖然性①。

4.2.3.6 构建一体化的情报流程体系

情报活动并不是独立、封闭的体系，而应该是一个开放的、动态的、交融的系统。随着情报与行动、决策的进一步融合，情报活动的边界越来越模糊，已不仅仅是情报部门的一项专门化工作。任何组织都可视为一个完整的系统，生产、管理、营销、人事、资金、物流等构成它的一个个子系统。情报活动作为组织内部的一个子系统，既有其自行运转的独立性，也与其他子系统形成相互影响、互为支撑的关系。孤立地研究情报流程，必然存在某种局限性、片面性。当前，情报活动正朝着组织、流程、技术、决策和文化一体化方向发展，因此，应该将情报流程纳入组织的整体构架中，以情报活动为核心，整合组织内部各个要素，构建一体化的情报流程体系（图 4-5）。这一体系由用户层、业务层、协作层、保障层及环境层等构成。用户层，即情报活动的服务对象，它是整个情报流程的指向目标；业务层，即情报流程本身，它是情报活动的核心；协作层，即在开展情报活动过程中，不同部门之间有组织地协调配合、通力合作；保障层，即为

---

① 王英，王涛．我国网络与信息安全政策法律中的情报观［J］．情报资料工作，2019，40（1）：15-22．

情报流程的正常运转提供支撑、辅助的要素；环境层，即要求情报活动关注外部环境，获取社会面信息资源。

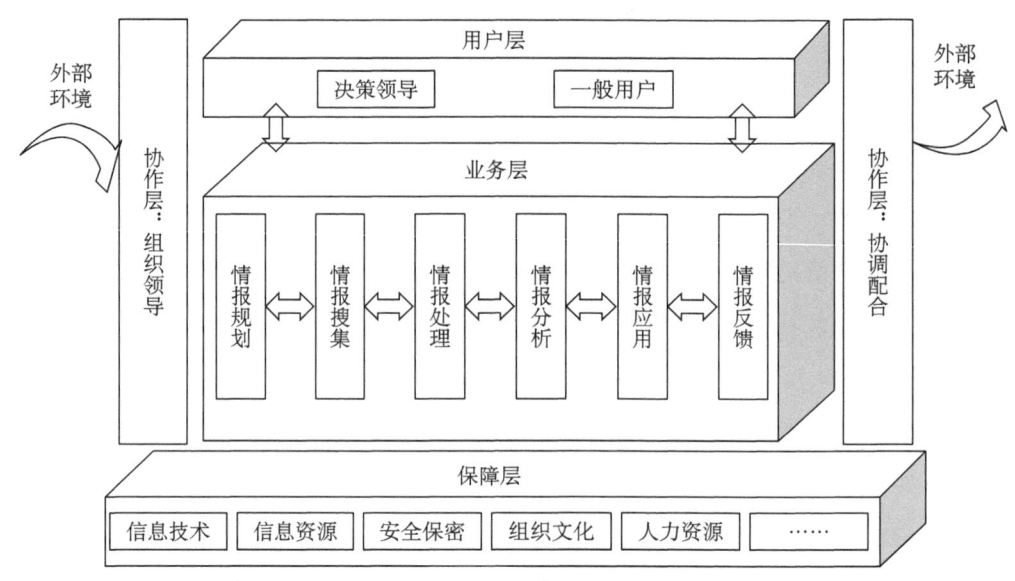

图4-5 一体化的情报流程体系
[资料来源：彭知辉. 情报流程研究：述评与反思 [J]. 情报学报，2016，35（10）：1110-1120]

4.2.3.7 健全情报工作标准

情报是一种宝贵的资源，是人类社会的共同精神财富，充分开发、利用情报资源是各国人民的迫切愿望，现在，人们对情报服务工作和现代化情报技术日益增长的需要，正有力地促进整个情报交流活动各个方面的国际合作与协调。为了保证情报服务工作取得良好效果，使所有国家的情报用户都能迅速而方便地使用各国、各地区、各部门的情报资源，标准化工作就变得越来越重要了。没有情报工作的标准化，就不能进行有效的情报交流，也不可能实现情报工作的现代化[1]。目前国际上有很多组织都在积极从事与情报工作有关的标准化活动。在1980年出版的《世界科技情报系统标准手册》中，规定文献情报工作应遵守的国际标准就多达308页[2]。2015年荷兰阿姆斯特丹大学信息法律研究所制定了《国家情报工作的监督和透明的十条标准》，分别是：标准1，情报工作需要服从完整的监督；标准2，监督应该包括情报周期的所有阶段；标准3，情报工作的

---

[1] 严怡民. 情报学概论 [M]. 修订版. 武汉：武汉大学出版社，2000：273.
[2] 靖继鹏. 实用情报学 [M]. 北京：海洋出版社，1989：306.

监督应该是独立的；标准4，监督应该在措施实施前发生；标准5，监督机构应该能够宣示一个措施是不合法的并且提供补救；标准6，监督应该包含辩论原则；标准7，监督机构应该有充足的资源执行有效的监督；标准8，情报工作及其监督机构应该提供分层的透明度；标准9，监督机构、市民社会和个人应该能够收到和获取有关监督的信息；标准10，公司和其他私营法人实体应该能够发布其收到的有关监督的聚合信息①。基于情报工作标准的重要作用，我国应该借鉴美国情报界工作规范和荷兰阿姆斯特丹大学最新的研究成果《国家情报工作的监督和透明的十条标准》，健全我国情报工作标准。

4.3 国家情报工作制度变革的大数据思维

目前，我国尚未建立起集中统一、高效协调的国家情报工作制度②。在总体国家安全观和大数据观的指导下，我国传统的国家情报工作制度表现出诸多的不适应性，必然要走上变革的道路。在大数据时代，国家情报部门面临的最大挑战是形成管理和利用大数据的新能力。"大数据"是指由新信息技术（如移动互联网、云存储、社交网络和物联网）和用于处理这些数据的高级分析技术创造的数字信息数量呈指数级增长的现象。大数据带来的不仅仅是信息的数量增长，还有我们创造新知识和理解世界方式的质变③。提及"大数据"，首先是指一种新的理念，而后是指解决问题的方法集，即如何对海量数据进行分析挖掘，从中获得有价值的内容，并最终帮助我们改善社会治理，或者衍化出新的商业模式④。体量巨大的大数据无疑大大增加了信息情报搜集整理和分析研究的难度，也给情报人才带来了更大挑战，并提出了更高要求⑤。那也就意味着，国家情报工作制度必须要革新以积极响应新的要求和变化。因而，在大数据时代下，国家情报工作制度要具有大数据思维，这时大数据才能成为精准的、科学的国家情报工作的最大助

---

① ESKENS S, DAALEN O V, EIJK N R. Ten standards for oversight and transparency of national intelligence services [EB/OL]. [2021-05-28]. https：//www.ivir.nl/publicaties/download/1591.pdf.
② 迟玉琢，马海群. 国家情报工作制度的基本构建逻辑 [J]. 情报资料工作，2019，40（1）：23-32.
③ SYMON P B, TARAPORE A. Defense intelligence analysis in the age of big data [J/OL]. Joint force quarterly，2015，1：79 [2021-08-10]. https：//ndupress.ndu.edu/Publications/Article/621113/defense-intelligence-analysis-in-the-age-of-big-data/.
④ 大数据时代的科技情报工作：在中国航发科技情报工作会上的发言 [EB/OL]. [2021-08-10]. https：//www.sohu.com/a/209837862_332162.
⑤ 黄长著. 对情报学学科发展的几点思考 [J]. 信息资源管理学报，2018，8（1）：4-8.

力，而不是阻力。传统的国家情报工作制度，如单一的情报协调机制和机械化的情报分析机制，根本无法完全满足大数据时代对情报工作的新要求，因而，国家情报工作制度必须要变革并特别彰显出大数据思维，这才是对大数据观的最佳回应方式。国家情报工作制度变革的大数据思维体现为以下几点。

（1）安全思维。它是国家情报工作制度变革的逻辑起点。我们都知道保障国家安全、维护国家利益是国家情报工作安身立命之根本，是国家情报工作的使命与职责所在①。为了维护国家各个领域的安全，必须要利用大数据，它能够推进国家情报工作的快速而精准地开展。另外，也要确保国家情报工作本身在安全的环境中开展，不管发生任何安全事件，都会使得情报分析形成的情报产品令人质疑，根本起不到保卫国家的作用。因此，即便是要立足并发展于大数据时代，国家情报工作制度变革仍然要以安全为根本，这亦是总体国家安全观的要求。虽然时空环境在变化，国家安全的具体内容会有所不同，但安全依旧是国家情报工作的逻辑起点。

（2）文化思维。它是国家情报工作制度变革的基本理念。文化的影响是无形的，它从潜意识方面影响人们的工作模式。为积极响应大数据观，情报机构及其情报人员要从文化的视角、领域和方面重新思考情报工作模式。因而，国家情报工作制度变革必须以新的情报文化为理念，从而不断适应并践行大数据观。

（3）技术思维。它是国家情报工作制度变革的根本方式。科学技术是第一生产力，科学技术在各类社会问题的早期预警和解决方案中发挥越来越大的作用。科学技术一方面深刻影响了国家安全环境，另一方面深刻改变了情报工作元素②，进而引发国家情报工作制度的改革。很多国家政府情报机构在运用大数据技术处理国家情报工作，呈现了大数据技术应用的现实基础；大数据技术在情报工作中应用的优势，呈现了大数据技术应用的方法论；人工智能则是大数据技术在国家情报应用的新趋势和方向。可见，在大数据时代，情报人员必须运用技术工具这种方式处理随时生成、主动生成和被动生成的海量数据，否则将难以进行精准的情报预判。因而，技术是国家情报工作制度变革的根本方式。

（4）发展思维。它是国家情报工作制度变革的方向和归宿。国家情报工作要以确保国家安全为出发点，朝着促进国家各个领域长足发展的方向前进，进而能够在国际竞争

---

① 迟玉琢，马海群. 国家情报工作制度的基本构建逻辑［J］. 情报资料工作，2019，40（1）：23-32.

② 同①.

中占有一席之地，甚至独占鳌头。另外，在大数据观的影响下，国家情报工作要有更大的发展空间，能够更加精准地进行情报研判和预警，即发展是国家情报工作的方向和归宿。

（5）资源思维。它是国家情报工作制度变革的源泉。在大数据观的影响下，国家情报工作的有效性、准确性都依赖情报工作人员具备的资源意识和资源方法，以及其掌握的大数据。那也就是说，国家情报工作制度变革要有资源思维的要求，而且大数据必须成为情报工作的重要战略资源。

4.3.1 安全思维

国家情报工作，首先要从安全的视角考虑。为了维护国家各个领域的安全，必须要利用大数据，它能够提炼出有价值的情报，从而形成精准的情报产品，将其投放到相应的领域中以服务于国家安全治理。另外，也要确保国家情报工作本身在安全的环境中开展。

4.3.1.1 大数据为国家安全提供重要支撑

数据定义了现代社会的特征。每天，人类和与之交互的机器共同创造了 2.5 万亿兆字节的数据。随着数据变得愈来愈唾手可得，人们也随之不断地利用分析方法或算法分析数据和理解这个世界，这对于国家安全尤其如此[1]。在大数据时代，一国拥有数据的规模及解释、运用数据的能力，将成为综合国力的重要组成部分。网络空间的数据主权已经成为继陆地、海域、领空之后大国的另一个博弈空间。可以说，大数据和网络安全是相互依存、相互促进的：大数据促进网络安全提升，安全的网络保护着大数据安全；而信息网络空间的可知、可管、可控也是大数据安全的根本保证[2]。

在政府和总是依赖数据源收集原始信息和为决策者开发大量产品的情报机构内，大数据越来越受欢迎。在美国情报界，大数据已经制度化，如民事和军事情报机构中的高级分析单位，像美国情报高级研究计划局（IARPA）、美国国防部高级研究计划局

---

[1] PUYVELDE D V, HOSSAIN S, COULTHART S. National security relies more and more on big data. Here's why [EB/OL]. [2021-08-20]. https：//www.washingtonpost.com/news/monkey-cage/wp/2017/09/27/national-security-relies-more-and-more-on-big-data-heres-why/? noredirect = on&utm _ term =. 31a97d49f916.

[2] 梁智昊. 美国大数据战略及其治理逻辑 [EB/OL]. [2021-08-20]. http：//www.sohu.com/a/134225828_465915.

(DARPA)和中央情报机构的科技孵化部门In-Q-Tel这样的机构,资助的数据分析项目越来越多①。大规模的数据分析,有助于国家处理大多数关键的公共安全挑战,包括恐怖主义。为了国家安全,安全机构、部队和其他政府机构利用大数据赋予的灵活情报分析能力,有助于产生有价值的情报以预防恐怖主义行动②。在国防、反恐、安全等领域应用大数据技术,能够对来自多种渠道的信息进行快速自动分类、整理、分析和反馈,有效解决情报、监视和侦察系统不足等问题,提高国家安全保障能力③。在此方面,美国再次走到了世界前列。"9·11"事件之后美国就开始利用大数据反恐,2013年美国反恐局长在国会上提到利用语音通话等大数据已经成功挫败了50多起恐怖事件④。随着大数据技术的不断成熟和应用范围的不断扩大,国家情报部门通过对互联网企业社交数据、互联网流通数据、国家安全部门数据库、政府部门数据库、统计部门数据库等的模式识别、网络分析,挖掘其蕴含的大量有意义信息,为保障国家安全提供重要的支撑⑤。

大数据的使用影响了传统的收集、处理、分析、传播、反情报和安全情报活动要求,具体表现在技术进步允许专业人员迅速地收集和处理更大、更多样化的数据,以便这些数据能够被分析并且形成情报,进而被更高效地传播。然而,大数据不总是比人类表现得好。关于国家安全的一些重要见解,如国外领导者的意图信息,并不是都能通过数据进行表达。大数据不能并且不应该代替人类作为情报生产者或消费者在国家安全决策中发挥绝对的核心作用⑥。

4.3.1.2 运用技术确保国家情报工作安全

国家情报工作要在安全的环境中开展,不管发生任何安全事件,都会使得情报分析形成的情报产品令人质疑,根本起不到有效保卫国家的作用。为此,可以运用一些新的技术工具确保国家情报工作安全稳定地开展,区块链技术就是一个不错的选择。区块链技术是以量化视角认识世界的,将会对国家情报工作产生重大影响。区块链技术在整个

---

① PUYVELDE D V, COULTHART S, HOSSAIN M S. Beyond the buzzword: big data and national security decision-making [J]. International affairs, 2017, 93 (6): 1397-1416.
② Big data to revolutionize our national intelligence [EB/OL]. [2021-06-26]. https://www.promptcloud.com/blog/big-data-for-national-intelligence/.
③ 段竹,田宏,吴旭东,等. 大数据基础与管理 [M]. 北京: 清华大学出版社, 2016: 7.
④ 梁智昊. 美国大数据战略及其治理逻辑 [EB/OL]. [2021-08-10]. http://www.sohu.com/a/134225828_465915.
⑤ 同④.
⑥ 同①.

情报工作过程中是以情报保护伞的角色出现的,它可以应用在此前没有建立传统信任关系的两个情报主体上,通过它,无须借助于传统的信息渠道向上传达情报需求,再由上级单位向指定目标传达指令。该技术拥有的去中心化、不可篡改和轨迹可追溯等特征能够极大地激发情报工作潜力,可有效解决传统情报工作的两大弊端:一是情报信息交易成本高;二是情报共享泄露风险。实际上,区块链技术在国家情报工作的诸多领域有着应用的必要性和可能性。其一,在隐匿情报信息来源、保障信息安全方面,区块链具有很强的技术优势。在共享情报来源的基层领域,提供情报的"线人""特情"等需要隐匿身份,传统的工作方式使其极易被跟踪,甚至被锁定,但利用区块链技术可以隔断线索,以保障情报信息及情报人的安全。区块链技术通过集体维护、分布式记录和储存实现去中心化,通过非对称技术加密和可靠数据库技术保障系统开放、透明、安全,这在中心化、信任缺失的互联网时代具有显著优势。其二,区块链技术在保障情报信息系统免遭攻击破坏方面具有强大的抵御功能。伴随着互联网的发展,侦察情报在各个合成单位间流转,其安全性遇到了极大的挑战,如黑客攻击、非法访问、数据窃取和篡改、破坏数据的完整性、利用操作系统和软件的漏洞进行病毒传播和恶意攻击等。这些攻击,轻则引发信息系统性能受损、效率降低,重则导致系统瘫痪、业务中断,甚至数据丢失。一旦国家情报系统遭遇诸如此类的攻击和破坏,情报行动将会陷入困境。区块链技术则能很好地扮演"系统加密者"的角色,采用非对称密码学原理对国家情报信息进行加密;同时,借助于分布式系统各节点的工作量证明等公式算法形成强大的计算能力以抵御外来攻击,保证数据不被篡改、不可伪造,形成具备较高安全性的情报保密系统[①]。区块链技术的应用将为国家情报工作信息平台填补技术缺陷,有助于从技术上解决情报机构、情报信息的彼此融合,成为整个国家情报工作安全、平稳开展的基本技术路径。

4.3.2 文化思维

为积极响应大数据观,情报机构及其情报人员要从文化的视角、领域和方面思考国家情报工作,才能适应大数据时代的要求,即情报机构和情报人员要变革原有的文化思维,形成新的数据驱动和数据共享的文化思维。

---

① 裘树祥,金浩波.区块链技术应用下的合成侦查情报管理[J].公安学刊(浙江警察学院学报),2018(4):28-34.

4.3.2.1 大数据迫使情报机构改变文化模式

一个组织的文化是强大的力量,每个组织有自己的文化模式,它是一个组织的一部分,但很多组织没有考虑到。尽管它是无形的,且在潜意识中存在,但它是影响组织成功或失败的一个重要因素。文化能够提高效率和效能。在健康的文化中,文化是最新的,并且它与组织的使命和视野是一致的。同样地,为了提高国家情报工作制度的效能,领导者理解文化的重要性和范围及其影响是非常必要的①。也就是说,我们要从情报文化入手,使得情报工作适应大数据时代的新要求。那是因为,情报文化对情报工作具有深远的影响,具体表现在:情报文化对情报工作具有潜在的和长期性影响,包括思想文化、对国家安全环境的认知、国家行政体制及情报实践传统四个方面;情报文化对情报工作具有突变性、逆转性影响,其中国家对外战略取向的变化、重大事件的发生和强势决策者的情报观念这三个因素可以导致情报文化转型②。由于情报文化主要分为情报机构文化和情报人员文化两个层面,体现国家情报工作效能的核心和关键是情报机构,因此,首先且重点要关注的是情报机构的文化。

大数据技术提升了情报机构对公共领域海量数据的融合与处理能力,如果情报机构文化和对数据的态度没有转变,传统的机构会处于不能实现对数据架构和基础设施投资回报的危险中,因此,情报机构要形成数据驱动的文化。数据驱动文化是一种工作环境,通过强有力的经验数据证明,要采用一致的、可重复的方法进行战术和战略决策。简单地说,一个机构的决策要以数据而不是直觉为基础。情报机构文化的转变是复杂的,要求相应部门用新的工作方式代替长年累月的流程。我们建议用三个步骤引导决策者做出客观的决策:管理情报机构人员使用数据;吸引机构人员注意数据的各种可能性;教他们如何操作和使用数据③。那么,情报机构数据驱动的文化是否形成,可以通过观察下列事项来审视:可观察到的显性行为;群体规范;信奉的价值观;正式的哲学观;博弈规则;风气;嵌入式技能;思考、行为和范式习惯;集团的共同含义;隐喻或象征;人工制品;神话和故事④。

---

① HAMRAH S S. The role of culture in intelligence reform [J]. Journal of strategic security, 2013, 6 (3): 160-171.
② 高金虎. 试论情报文化对情报工作的影响 [J]. 江南社会学院学报, 2010 (4): 77-80.
③ How to create a data culture [EB/OL]. [2021-06-30]. https://www.cognizant.com/InsightsWhitepapers/how-to-create-a-data-culture-codex1408.pdf.
④ 同①.

4.3.2.2 情报人员要有数据驱动和数据共享的文化思维

情报人员应该具有这种数据驱动的文化思维和行为模式，因为他们是情报机构的成员，是开展情报活动的直接操作者。他们的这种文化思维必定会潜在地影响国家制定情报战略、规划情报体制、布局情报活动等。因此，情报人员必须理解并拥有数据驱动的情报文化思维，首先，要把握大数据环境下的情报思想体系，可以使他们站在大数据的战略高度和思想深度上认识情报工作，掌握情报工作的主体脉络。其次，要强化对情报工作规律的把握。情报文化是情报界的思维、行为模式和规范，对情报人员和组织的义务、责任和权利具有规定性，这些内容都是把握情报工作规律的要点。在大数据环境下，情报人员的义务、责任和权利没有大的转变，但情报界的行为模式和规范表现出特殊性，依然可从中抽象出情报工作的一般规律。从情报实践看，情报工作制度改革措施的背后有着深刻的文化根源，我们要发挥数据驱动的情报文化在改革中的推动作用，促进新形势下我国情报队伍的建设和情报体制的改革[①]。

另外，情报人员还要具有数据共享的文化思维。在今天的"大数据"世界中，情报机构正在获取、收集、创建和处理比以往任何时候都多的数据。要使这些信息发挥作用，我们必须更多地利用数据服务作为为授权的情报人员强制执行所有数据处理和使用要求的手段。我们必须充分利用大数据平台，利用能帮助我们获得真知灼见的所有数据。因此，美国情报界建议情报机构必须培育一种符合社会最大利益和最大限度地共享数据信息的文化，同时确保有适当的保障措施。基于数据作为情报机构资产的原则，必须去除数据共享的文化和结构障碍，将数据管理作为贯穿整个数据生命周期的共享职责，并应用一致的数据管理来减少数据访问的障碍。因此，要教育情报人员满足以数据为中心的环境中的这些任务需求，通过产业界、学术界和政府之间的战略伙伴关系，加快创新方法和技术的发展，促进试验和创新[②]。

4.3.3 技术思维

南京大学的沈固朝教授认为，将大数据小数据化，继而转化成情报，即将大数据序

[①] 高新元. 美国情报文化研究：从思维行动到决策的透视 [M]. 北京：军事谊文出版社，2008：12-13.

[②] Intelligence Community Information Environment (ICIE) Data Strategy 2017-2021 [EB/OL]. [2021-07-09]. https：//www.dni.gov/files/documents/CIO/Data-Strategy_2017-2021_Final.pdf.

化，转化成信息，进而提升为知识或情报的过程均少不了先进技术的参与和使用①。因此，情报人员开展国家情报工作必须具有技术思维。

4.3.3.1 大数据技术在多国政府情报机构的应用

政府机构已经意识到大数据技术对国家情报工作制度的积极影响。因此，政府机构开始积极参与开发大数据安全分析技术，重点在于开发大数据分析、工具和算法，增强国家安全、击败恐怖主义。今天，很多国家政府都在为国家情报使用爬虫抓取服务。为了应对恐怖组织及其活动，全世界大多数政府和安全机构把自己定位在抓取像"伊斯兰国"这样的恐怖组织的推文上，并使用新兴技术通过在线对等网络抓取"伊斯兰国"的网站信息。一些安全机构、国防机构在寻找有能力挖掘社交媒体帖子的网络爬虫和分析软件，希望借此预测"对外起义"、恐怖袭击和其他这样的安全事件。不同的国家政府已经在与不同的信息技术公司合作，使用高级的网络抽取和分析系统与服务，以识别和分析不同水平的恐怖主义威胁，这些系统具有高级特征，如时域分析、地理空间分析、社交网络分析、社交媒体监控，可以用于"爬取"多个网站的实时数据等②。

4.3.3.2 大数据技术在情报工作中应用的优势

大数据技术允许情报迅速移动、无限期地存储，并久而久之产生更加有价值的见解。收集的大数据基本支持情报收集、情报处理、情报使用、情报传播和情报分析等核心情报功能；而且，任何分析者没有处理或没有看到的大量数据将被存储，并且可以在未来数据要求的环境下进行挖掘以发现或识别关联或趋势。机器学习允许整个过程随着时间而改进③。大数据分析技术可以通过五种方法支持国家安全决策：一是异常侦测，可用来自动评估一个在线活动是否令人怀疑；二是关联挖掘，它能够发现大数据集中隐藏的有趣关系和模式；三是分类与聚类；四是链接分析，它的一个最著名应用是利用社交网络分析识别如盖达恐怖组织（al-Qaeda）恐怖主义或犯罪网络的关键节点；五是机

---

① 竞争情报研究院. 引领竞争情报与大数据分析、人工智能的融合应用：2018 年第 13 届中国竞争情报国际年会综述 [EB/OL]. [2021-08-10]. http：//www. sohu. com/a/304355182_522171.

② Big data to revolutionize our national intelligence [EB/OL]. [2021-06-26]. https：//www. promptcloud. com/blog/big-data-for-national-intelligence/.

③ SYMON P B, TARAPORE A. Defense intelligence analysis in the age of big data [J/OL]. Joint force quarterly，2015，1：79 [2021-08-10]. http：//ndupress. ndu. edu/Publications/Article/621113/defense-intelligence-analysis-in-the-age-of-big-data/.

器学习。大数据技术上述方法的适当运用能够促进情报分析并且有时会自动处理安全①。方法的选择将取决于用户询问的问题类型和回答这些问题的可用数据。用户所做的选择对于大数据的有效性非常重要，因为它们影响所做推断的精确性。从这个角度来说，大数据的高效使用依赖人类判断。当与人类判断相结合，大数据才是最有用的②。虽然大数据技术的应用给情报分析带来了高效率和新见解，但是在其核心位置，全源分析需要的不仅仅是数据，更重要的是专家领导；另外，情报分析需要专业分析师。对于复杂的问题，大数据可以快速而不费力地提供目标的更细粒度图像，但只能由企业的专家领导和分析师与客户密切合作并预测或管理（如果有的话）③。可见，大数据技术在国家情报工作制度中的运用，要采用综合的观点来看待，我们不仅要看到它的高效率和新见解，更要了解大数据技术不是万能的，对于一些复杂问题的分析、大数据方法的选择都离不开人类判断的作用。

同时，我们要正视大数据在情报工作中应用的局限性，如解决知识鸿沟（knowledge gaps）。对于情报部门来说，追求更多数据是再熟悉不过的事了。对于一些问题，解决情报鸿沟至关重要，大数据将会有所帮助——无论是开源还是情报信息集合。但是，复杂的现象不那么容易被数据所征服。为此，评估机构需要解决持久的知识鸿沟。与情报鸿沟不同，知识鸿沟没有单一的、持久的答案，而且可能不需要直接支持特定的决策或行动。相反，它们具有持续的需求，是一个指导信息集合的框架，并在决策者寻求执行计划时提高他们的理解力。只有这些鸿沟在对决策优势不再重要时，它们才会得到满足，或者更有可能不再优先处理。再多的数据也无法弥补知识鸿沟，因此，知识鸿沟包含了不可避免的不确定性，限制了分析的信心。它们仍然是构建和优先考虑情报收集和分析的非常有用的构造，但它们也凸显了大数据在战略分析中实用性的局限性。知识鸿沟可能由多个情报鸿沟组成，但关键的是，它们还需要分析性的解释和判断。例如，对中国

---

① PUYVELDE D V, HOSSAIN S, COULTHART S. National security relies more and more on big data. Here's why [EB/OL]. [2021-08-10]. https：//www.washingtonpost.com/news/monkey-cage/wp/2017/09/27/national-security-relies-more-and-more-on-big-data-heres-why/？noredirect = on&utm_term = . 31a97d49f916.

② PUYVELDE D V, COULTHART S, HOSSAIN M S. Beyond the buzzword：big data and national security decision-making [J]. International affairs, 2017, 93（6）：1397-1416.

③ SYMON P B, TARAPORE A. Defense intelligence analysis in the age of big data [J/OL]. Joint force quarterly, 2015, 1：79 [2021-08-10]. http：//ndupress.ndu.edu/Publications/Article/621113/defense-intelligence-analysis-in-the-age-of-big-data/.

新航空母舰的信号（signatures）进行编目，绘制其飞机和武器系统的性能图表，或者在巡逻时跟踪其位置，这些都代表着具有可以发现答案的情报鸿沟。了解中国政府如何利用这艘军舰，连同在危机中的其他能力或作为强制战略的一部分，将代表一种复杂的知识鸿沟，包括许多组分的情报鸿沟，以及未来不可知的偶然的、复杂的、不可预测的行动路线。数据无法揭示哪些还不存在，如危机中对手的决策。对于这种知识鸿沟，收集和整理所有有关数据是不够的；更好的数据可能为解释和预测提供更丰富的证据，但它只是对专业知识和严谨的商业技巧的补充①。大部分知识差距是通过理解"长数据"（长数据指的是对长期趋势的理解）而非大数据获得的。2016 年 Sam Nunn 安全计划的团队项目描述了技术如何在过去半个世纪改变了情报部门。使用这个领域的知识，我们可以解决未来的颠覆性技术，如增强/虚拟现实，是否会导致类似于冷战时期由卫星通信观察到的效果。在任何已知的分析中大数据本身都不能有意图地回答这些问题②。

4.3.3.3 人工智能在情报工作中应用的趋势

数据的向量、体积、速度、多样性和普遍性正在改变国家安全政策、军事行动和情报活动的传统工具和方法，影响范围只会越来越大，变化速度也只会越来越快。在"信息就是力量"这一格言的指导下，一些信息技术能够产生海量的结构化和非结构化数据，其规模之大足以颠覆以往所有的谍报分析技术和模式识别。根据我们以往的经验，情报界的数据在太多的不连接或不可访问的系统中以不同的格式生成，没有标准化的结构，也没有统一的本体。因此，融合不同来源、不同格式的数据是情报界必须要面临的挑战，但是单靠情报分析人员很难做到这些，于是，需要人工智能的帮助。第一，人工智能和机器学习可以融合来自不同数据集的大量数据并提供有意义的答案。美国公布的《国家安全战略》和《国防战略》都提到了人工智能和自主系统对国家安全和战争的重要性。第二，人工智能和机器学习可以在数据到达时实时了解数据，以毫秒为单位评估选项并加快 OODA 循环（Cycle Observe-Orient-Decide-Act）的每个步骤。此类决定包括在操作人员有时间阅读警报或在预先确定的一组经批准的参数内启动对之前指示和警告的响应。机器学习为缩小 OODA 循环的前两个阶段提供了机会，极大地增加了人类加速

---

① SYMON P B, TARAPORE A. Defense intelligence analysis in the age of big data［J/OL］. Joint force quarterly, 2015, 1：79［2021-08-10］. https：//ndupress. ndu. edu/Publications/Article/621113/defense-intelligence-analysis-in-the-age-of-big-data/.

② JANI K. The promise and prejudice of big data in intelligence community［EB/OL］.［2021-07-09］. https：//arxiv. org/ftp/arxiv/papers/1610/1610. 08629. pdf.

决策和采取行动的潜力①。第三，人工智能"投身"情报界，可充分融合卫星、互联网、无人机等技术手段，加快情报提取与分析速度，实现全天候、多层次、实时广泛的情报搜集，甚至有望成为情报界的"大咖"。事实上，美国中央情报局早在2015年就创建了数字创新局，他们开发的用于预测社会动荡事件的人工智能系统可以在事件发生前提供预警，并已应用在美国各州针对警察的暴力事件中。2017年底，美军就在中东地区开展了人工智能情报分析试验。加载有特殊算法的计算机被用来辅助分析无人机采集的视频信息，从中自动识别出人、汽车及各类建筑物。人工智能"投身"情报工作，其原理并不复杂。借助于语音识别、文本识别、人脸识别等技术，人们就可以把大量非结构化数据"整合标注"，把已采集的数据处理成计算机较易理解的有用信息。人工智能"情报分析员"的优势就在于算法可以适应不断变化的环境和场景，还可以代替人工操作员实施目标识别等任务。人工智能与情报的有机融合，恰恰说明了科技进步正推动情报获取、整理和分析过程的技术变革与创新②。

未来的情报技术将取决于数据访问，围绕数据塑造正确的企业架构，开发人工智能，通过人机协同工作极大地加强对数据的语境理解力，提高其在海量数据中操作和定位的分析技能。情报界需要开发用于访问、安排和分析数据的谍报技术和方法，包括结构化分析技术和用于机器智能的分析谍报技术标准③。

4.3.4 发展思维

习近平总书记的大数据观提出推动大数据与实体经济深度融合，建设全国一体化的国家大数据中心，做好数据开放共享，大数据等信息技术推动教育革新，大数据精准分析有利于政府决策④。根据此大数据观可知大数据可以促进国家各个领域的发展。但是，大数据并不能直接起这样的作用，而是要以国家情报工作作为中介分析大数据并最终促发展。因而，国家情报工作必须具有发展思维。大数据的运用可以推动国家情报工作成为国家社会发展的刺激力，更能助推政府决策的精准化、科学化；同时，于情报工作本

---

① WEINBAUM C. 数据驱动时代的情报［EB/OL］.［2021-08-15］. https：//465915. kuaizhan. com/14/19/p543262944c722a.
② 陆天歌，张瑷敏. 人工智能"投身"情报界［N/OL］. 解放军报，2018-08-03［2021-09-10］. http：//www. 81. cn/jfjbmap/content/2018-08-03/content_212437. htm.
③ 同①.
④ 习近平：实施国家大数据战略加快建设数字中国［EB/OL］.（2017-12-09）［2021-05-11］. http：//www. xinhuanet. com/politics/2017-12/09/c_1122084706. htm.

身而言，大数据的运用同样也能推动情报研判和预警向前发展。

4.3.4.1 大数据推动社会各个领域的发展

大数据作为一种重要的战略资产，已经不同程度地渗透到每个行业领域和部门，大大地推动了社会发展。大数据对社会发展的推动作用，体现在很多个领域。第一，在经济领域。大数据技术作为一种重要的信息技术，通过大数据的收集、整理和分析形成经济情报，进而能够帮助经济部门做出理性的决策。大数据的深度应用不仅有助于企业经营管理活动，还有利于推动国民经济发展①。2012年3月29日，奥巴马政府宣布启动大数据研究和发展计划，指出应当通过对海量、复杂的数字资料进行收集、整理，从中获得真知灼见，以提升对社会经济发展的预测能力②。Netflix每个月都会收集数十亿小时的用户数据，分析标题、类型、观看时间和视频配色方案，以评估客户的偏好，从而不断更新他们的推荐算法和程序，为客户提供尽可能好的体验。2013年，Netflix推出了第一部原创剧集《纸牌屋》（House of Cards），主要运用客户行为数据和分析的结合来帮助塑造故事情节。Netflix在这部电视剧上投资了1亿美元，没有进行试播，也没有进行焦点小组讨论，而是寄希望于BBC早些时候的一部同名电视剧的成功，以及Netflix了解到的4400万名观众的喜好，这部剧讲述的是英国政治。《纸牌屋2》获得了巨大的成功，吸引了200万户新订户。第二，在科学领域。例如，在2012年，Merck制药公司通过数据分析发现由于反常的寒冷天气过敏源可能潜伏在2013年3月和4月，紧接着是5月的突然变暖导致花粉以高于平均水平的速率扩散，从而增加了对Merck过敏药物的潜在需求。Merck随后修改了其营销策略，利用缓解过敏的高需求。通过与沃尔玛的合作，他们基于邮政编码数据，为受影响严重的地区提供个性化的促销活动，从而增加了收入③。

数据驱动的智能已经成功地应用于技术和商业活动中，但是在社会领域中存在着不同的情况。在那里，数据驱动信息的潜力和它在帮助解决社会问题方面的实际用途之间存在着巨大的鸿沟。利用大数据可以很容易地解决一些社会问题，如利用交通数据帮助缓解公路交通压力，或者利用天气数据预测下一场飓风。但是，如果我们想要利用数据来帮助我们解决最具人性和最关键的社会问题，如无家可归、人口贩卖和教育，又该怎么办呢？如果我们不仅要解决这些问题，而且要以一种可持续的方式来解决这些问题，

---

① 段竹，田宏，吴旭东，等. 大数据基础与管理［M］. 北京：清华大学出版社，2016：7.
② 连玉明. 中国大参考：2013—2014［M］. 北京：当代中国出版社，2014：276.
③ DESOUZA K C, SMITH K L. Big data for social innovation［EB/OL］.［2021-07-09］. https：//ssir.org/articles/entry/big_data_for_social_innovation.

那会怎样呢？社会问题通常被称为"恶劣"的问题。社会问题不仅比它们的技术同行更混乱，而且由于涉及的利益相关者数量多和相互关联的组件间的大量反馈循环，它们也更加动态和复杂①。因而，大数据在解决这些社会问题方面的能力略显不足。

4.3.4.2　大数据精准分析利于政府决策

大数据的核心功能就是预测，它是建立在数学模型和算法基础上的科学预测活动，即研究、探索海量数据之间的内在逻辑和关联方式，预测事情发生的可能性。20世纪以来，面临大数据，人们一般都依赖采样分析，这是信息流通受到限制的模拟数据时代的产物。与局限在小数据范围相比，使用大数据为国防安全预测带来了更高的精确性，能够更清楚地看到样本无法揭示的细节信息。通过大数据技术搜集、分析、甄别其他国家的信息，从而准确透视其战略意图。同时，对大数据的拥有使我们不再对一个现象刨根究底，适当忽略微观层面的精确度，只要掌握大体发展方向就能使我们在宏观层面对国防安全问题拥有更好的洞察力②。有研究表明，近年来，随着对海量数据的收集、传输、存储、处理和分析变得越来越容易，大数据引起了美国地方官员的关注。美国最大城市、中型城市确实采取了大数据的做法，如收集和分析各类传感器数据，通过开放数据和众包方式让公众参与，将数据分析融入项目管理和预算，并对政府决策产生积极的影响③。的确，政府机构应该把大数据作为一项战略资产，利用各种渠道的数据，快速获得关键、准确的深刻见解，可在战略规划、业务架构和人力资源方面做出部署，进而将显著改进政府的各项关键政策和工作④，提高政府决策的科学性和精准性，提高政府预警能力及应急响应能力。大数据的深入广泛应用会给政府带来科学且精准的决策依据。大数据应用能够揭示传统技术方式难以展现的关联关系，推动政府数据开放共享，促进社会事业数据融合、资源整合，将极大提升政府整体数据分析能力，为有效处理复杂社会问题提供新的手段⑤。

---

①　DESOUZA K C, SMITH K L. Big data for social innovation [EB/OL]. [2021-07-09]. https://ssir.org/articles/entry/big_data_for_social_innovation.

②　ATECH. 大数据战略与国防安全 [EB/OL]. [2021-08-10]. http://www.sohu.com/a/114112523_465915.

③　TAT-KEI HO A. Big data and evidence-driven decision-making: analyzing the practices of large and mid-sized US cities [C]. Proceedings of the 50th Hawaii International Conference on System Sciences, 2017: 2794-2803.

④　徐辉，元章. 大数据时代党员干部的12堂必修课 [M]. 北京：中国友谊出版公司，2014：17-57.

⑤　董伟，聂清凯. 大数据时代地方政府治理：以北京市朝阳区为例 [M]. 北京：人民日报出版社，2016：24.

然而，大数据在政府决策中也存在一些影响因素。第一，公众的观点。关注人们对数据收集的观点是很重要的。每个人每天都沉浸在各种各样的活动中。这些活动包括使用互联网、社交媒体、信用卡等。所有这些活动都为政府提供机会，收集有价值的信息，并为公众的利益利用它们。收集个人信息也应该包括公众的意识和接受度。第二，数据的所有权。人们还对收集到的数据的所有权感到担忧。政府需要提供有关隐私政策和从社会收集的数据安全性的有价值证据。人们想要确定是谁在控制他们的信息，以及信息是如何被使用的。第三，数据驱动决策的潜在结果。当涉及决策时，政府的主要关注点应该是为社会带来的利益。然而，只有当他们有正确的信息可用时，他们的政策才会有益。大数据无疑提供了一幅更广阔的蓝图。数据的正确性也很重要，否则，结果将不会像预期的那样有益。因此，政府需要制定有效的策略来聚合正确和高质量的数据①。

4.3.4.3 大数据推动情报研判和预警的发展

情报的重要作用在于预测，那么情报研判和预警作用之重不言而喻。在大数据环境下，情报机构面临着分析数量庞大的各类数据以提取有价值的重要信息进行情报研判和预警，这就需要先进的情报技术作为工具支持。例如，IARPA 就是开展情报技术研究计划的先例，它公布了人工智能领域的最新工作重点：视频监控及利用机器视觉实现视频监控自动化。在名为"深度互联模态视频活动"（DIVA）的新项目下，IARPA 已经选择了六个团队来开发用于扫描视频的机器视觉技术。美国 2017 年启动了名为 Maven 的人工智能项目，要求国防部成立"算法战跨职能小组"（AWCFT），以推动国防部将人工智能、大数据和机器学习整合到其情报业务中。AWCFT 小组的第一个任务就是将算法运用在情报领域，依托大量的无人机视频追踪 ISIS。其自动化功能允许分析师只检查无人机拍摄视频中的重要内容，而无须观看所有画面。DARPA 和 IARPA 的这些工作旨在让数小时冗长的数据分析工作实现自动化②。除此之外，IARPA 目前开展了一系列研究计划，包括：Amon-Hen，涉及空间态势感知能力、光学干涉、纤维光学、图像重建等研究领域；BETTER，涉及人类语言技术、自然语言处理、信息抽取、信息检索、主动学习、多语言处理等研究领域；C3，涉及高级、可替代计算技术、超导微电子等研究领域；CAUSE，涉及网络安全、网络事件预测、威胁情报、威胁建模等研究领域；

---

① WILLIAMS J. How government policy making will be impacted by big data？［EB/OL］.［2021-07-09］. https：//www.promptcloud.com/blog/big-data-influence-on-government-policy-making/.

② 美情报机构开发自动化视频分析技术［EB/OL］.（2018-01-26）［2021-08-10］. http：//www.sohu.com/a/219045900_635792.

CORE3D，涉及多视角卫星图像处理、深度学习、远程传感、图像分割和分类、容积三维数据表征方法等研究领域；CREATE，涉及逻辑、人类决断、批判性思维、预测等研究领域；另外，还有 DIVA、FELIX、FOCUS、Fun GCAT、HECTOR、HFC、HFGeo、Ithildin、Janus、LHO、LogiQ、MAEGLIN、MATERIAL、MICrONS、MIST、MOSAIC、O-din、Proteos、QEO、RAVEN、SCITE、SHARP、SILMARLIS、SuperCables、SuperTools、VirtUE 等[①]。在大数据时代，情报机构要关注与科技发展密切相关的国际新兴技术发展动态，及时掌握国际最新科技战略动态，评估情报技术的发展趋势，进而研判现有及潜在竞争对手的技术能力和技术方向，分析预测影响本国安全的核心科技成果，保护和发展本国的科技竞争优势。

4.3.5 资源思维

在大数据时代，数据成为核心的资产。谁拥有数据资源，谁用活数据资源，谁就将拥有未来。大数据作为信息时代新的战略资源，不仅能为企业提供商机和财富、为个人生活服务，更是政府的中央处理器和大脑，因此，被美国奥巴马政府称为"未来的石油"。我国的国家情报工作制度变革中一定要贯彻资源思维的要求。资源思维可以具体化为资源内容、资源意识和资源思维方法[②]。也就是说，国家情报工作要有大数据即资源的意识和占领绝对资源内容的高地。

4.3.5.1 国家情报工作制度变革中资源思维的要求

国家情报工作制度变革中的资源思维要求有以下几项。第一，聚合为国家情报工作所需要的信息资源，即大数据，为具体的情报搜集过程提供丰富的"输入"。第二，要在符合伦理要求的情况下获取情报资源并通过网络输出情报产品，与部分人员共享。在大数据环境下，情报人员能够获取的信息资源数量巨大，必须确保情报搜集过程无伦理争议。由于单一的情报机构难以掌握充分的信息资源，因此，各个情报机构要将情报信息共享，方便交流，各取所需，以获得有价值的情报产品。第三，要对情报资源进行加工、利用和创造，形成的二手情报资源可为情报机构省去情报处理与利用过程，减少时间成本，使其迅速地达到最终的情报分发与使用、情报反馈环节。

---

① IARPA. Research programs [EB/OL]. [2021-08-09]. https://www.iarpa.gov/index.php/research-programs.

② 罗维亮，杨岗. 课件工程 [M]. 北京：清华大学出版社，2014：58-59.

4.3.5.2 大数据成为情报工作的重要战略资源

很明显,大数据已然成为企业和社会关注的重要战略资源,并已成为大家争相抢夺的新焦点。为了避免数据重复建设,优化业务流程,提高数据质量与可信度,应该倡导建设全国一体化的国家大数据中心。习近平总书记也提出了以推行电子政务、建设新型智慧城市等为抓手,以数据集中和共享为途径,建设全国一体化的国家大数据中心。建立国家大数据中心,需要整合来自政府职能部门及企事业单位、行业协会、中介组织的各类数据资源,且这些资源的获取必须以符合伦理的方式进行。这些数据资源分别掌握在不同的部门中,因此,必须协调好部门利益问题。一方面,国家层面要出台推动数据共享的政策,且要有强制性;另一方面,要建立一套鼓励共享的机制,那些数据共享量大、访问多、评价高的主体,就应该受到相应的政策激励。国家大数据中心发挥的是黏合剂作用,它能把相关数据黏在一起,实现聚合。在聚合的基础上,它还促进价值倍增,让数据价值得以爆发式体现,从物理叠加到发生化学反应,最终"1 + 1"可能要大于100①。通过大数据中心,推动国家基础数据开放共享进程,促进大数据成果广泛应用②。

目前,我国各省市已经建立了一批大数据情报中心,如 2014 年"江苏省大数据产业情报服务平台"和"广东省大数据产业情报服务平台"正式上线。它们在第一期选择机械行业、电子行业、化工行业、纺织行业、食品行业、造纸行业共六大行业作为应用方向,主要为广大中小企业提供产业动态、供需情报、会展情报、行业龙头、投资情报、专利情报、科技文献、竞争情报、海关情报、招投标情报、行业研报、行业数据、电商情报等基础性情报信息,还可以根据企业的不同需求提供消费者情报、竞争者情报、合作者情报、生产类情报、销售类情报等个性化定制情报③④。2015 年 1 月 30 日,菏泽市大数据产业情报服务平台在市中小企业服务中心启动⑤。但是,经过调查发现,

---

① 全国一体化大数据中心怎么建 [EB/OL]. [2021-08-12]. http://www.xinhuanet.com/city/2016-11/07/c_129354107.htm.
② 国务院发展研究中心课题组. 信息化促进中国经济转型升级:上册 [M]. 北京:中国发展出版社,2015:160-161.
③ 陆菲. 江苏省大数据产业情报平台正式上线 [EB/OL]. [2021-08-12]. http://www.js.chinanews.com/news/2014/0806/87615.html.
④ 广东省大数据产业情报平台正式上线 [EB/OL]. (2014-08-06) [2021-08-12]. http://gd.sina.com.cn/yj/chanye/2014-08-06/14363349.html.
⑤ 市中小企业服务中心启动大数据产业情报服务平台."大数据情报"助力中小企业 [N]. 牡丹晚报,2015-02-02(A2).

有些情报服务中心已经停止更新数据、服务和情报产品，如上海行业情报服务网。因此，大数据情报中心是否能够较好地发挥"耳目""尖兵""参谋"作用不得而知。综上，国家情报工作制度变革必须要秉持资源意识，才能不断更新大数据情报服务中心并占领大数据资源的绝对高地，进而为国家情报工作服务。

本章小结

本章首先梳理了美国、英国、法国和俄罗斯的情报法律、情报机构和情报工作体制等情报工作制度，然后介绍了我国的情报法律、情报机构、情报工作体制、情报工作流程和标准等情报工作制度的建设现状，通过对比发现我国情报工作制度存在情报机构体系化程度不够、统一协调的情报体制尚未建成、监督与问责主体尚未明确化、情报工作流程和标准不成体系等问题。在大数据观的影响下，我国情报工作制度未来将要朝下述趋势发展，包括：建立统一协调的情报体制、加强情报组织与内外群体的协作互动、建立情报共享与协同制度、强化情报监督、推行情报众包与外包、构建一体化的情报流程体系、健全情报工作标准。为了回应大数据观的新需求，我国情报工作制度的发展趋势必将成为现实，但是国家情报工作制度在变革过程中必须具有大数据思维，国家情报机构、情报人员等相关主体的情报工作才能促使其朝着正确的方向推进。国家情报工作制度变革的大数据思维体现为：安全思维，它是国家情报工作制度变革的逻辑起点；文化思维，它是国家情报工作制度变革的基本理念；技术思维，它是国家情报工作制度变革的根本方式；发展思维，它是国家情报工作制度变革的方向和归宿；资源思维，它是国家情报工作制度变革的源泉。

第 5 章
大数据观下的国家情报政策与法律制度

数据是情报学对象信息链中的要素，在大数据时代，数据的生产加工更加广泛、数据的挖掘分析越发深入、数据的利用价值日益彰显，这既对现有国家情报政策与法律制度变革产生重要影响，也将形成以数据为突出特征的国家情报政策法律制度新体系和新结构。

5.1 政策范式与法律范式

范式（Paradigm）的概念和相关理论最早是由美国科学哲学家托马斯·库恩（Thomas S. Kuhn）在《科学革命的结构》一书中提出的："范式是某些实际科学实践的公认范例——它们包括定律、理论、应用和仪器在一起——为特定的连贯的科学研究的传统提供模型。"[1] 库恩围绕常规科学所赖以运作的理论基础和实践规范进行了系统阐述，具体包含学科的理论、方法、术语、假设、体系原则、操作规则等方面内容。范式被用来描述一种广义的模型、框架、思维方式或理解现实的理论体系，是从事某一科学领域的研究者群体所共同遵循的世界观和行为方式。

英国学者玛格丽特·马斯特曼（Margaret Masterman）在《范式的本质》中将范式概括为三种类型：第一种是作为一种信念和形而上学思辨的哲学范式或元范式；第二种是作为一种学术传统的社会范式；第三种是作为一种解决问题的方法或示范工具的人工

---

[1] 托马斯·库恩. 科学革命的结构 [M]. 4 版. 金吾伦，胡新和，译. 北京：北京大学出版社，2012：8.

范式①。

根据库恩的理论,范式具有三个特点:一是范式在一定程度内具有公认性;二是范式是一个由基本定律、理论、应用及相关仪器设备等构成的整体,为科学家提供了研究纲领;三是范式为科学研究提供了可供模仿和借鉴的成功先例②。

后来,范式的概念和理论被应用到社会科学中,出现了社会范式、政策范式等诸多方面的研究与应用。

5.1.1 政策范式

5.1.1.1 政策范式的概念和作用

在政策研究领域,英国政治学家彼得·霍尔(Peter Hall)在借鉴库恩范式理论的基础上,提出了政策范式(Policy Paradigm)的概念。霍尔认为,政策制定者习惯性地在一个由各种理念和标准组成的框架中工作,这个框架不仅指明政策目标及用以实现这些目标的工具类别,还指明它们需要解决的问题的性质,该框架嵌于政策制定者开展工作所使用的每一个术语之中,其影响力源于它常常被认为是理所当然的,而且作为一个整体难以得到仔细验证,这个框架就是政策范式③。

政策范式可以看成政策制定者在政策制定与执行过程中分析、研究和思维的框架,其明确体现出政策制定者对问题状态的价值判断、理解问题的方式方法、选择工具的原则偏好等方面。通常,政策制定者为规避政策形成过程中的不确定性,会自觉或不自觉地将这种思维框架变为一种惯性模式或路径依赖④。

霍尔提出的政策范式,有利于人们更进一步、更深层次地了解政策制定者进行政策决策及实施的过程:一个特定的政策范式决定了政策制定者如何界定政策问题(Policy Problems)、如何设计政策目标(Policy Goals)、如何选择政策工具(Policy Instruments)⑤。人

---

① 赖茂生. 新环境、新范式、新方法、新能力:新时代情报学发展的思考[J]. 情报理论与实践,2017,40(12):1-5.
② 嵇绍乾. 社会政策的新范式:从规范性社会政策到发展型政策[J]. 社会工作(学术版),2011(2):45-50.
③ HALL P A. Policy paradigms, social learning and the state: the case of economic policy making in Britain[J]. Comparative politics, 1993, 25(3):275-297.
④ 王程韡,曾国屏. 政策范式的社会形塑:以《美国竞争法》为例[J]. 科学学研究,2008,26(1):3-12.
⑤ 黄进. 资本建设:农民工政策范式的新走向[J]. 农村经济,2009(6):117-120.

们通过对异常事件、问题界定、政策主体、政策对象、政策目标、政策取向、政策资源、政策机制和政策语言等构成政策范式基本要素的分析，一是有利于认识和明晰政策活动的特点，更好地理解政策的制定和实施过程；二是有利于帮助把握和控制正在进行的政策活动；三是有利于预测未来政策活动风格和发展走向。

5.1.1.2 政策范式转变

政策范式一旦形成，就会具有相当高的稳定性，难以轻易改变。但是，一个稳定的范式如果不能提供解决问题的适当方式，那么它就会变弱，从而出现范式转变①。因为范式是一套公认的核心理念，也就是"共识"，所以范式的转变不是一件容易的事。

霍尔认为，政策转变（Policy Change）的核心便是"新"理念的萌生、扩散和稳定化的过程，根据程度不同可将其分为三类：第一类是现有政策工具设置发生变化（称为第一序列变化）；第二类是实现政策目标的基本工具发生变化（称为第二序列变化）；第三类是政策工具设置、政策工具本身和政策目标三种要素都发生变化（称为第三序列变化）。在这三种变化中，第三序列变化往往导致激烈的政策变化，直至引起政策范式转变②。范式转变是社会学习（Social Learning）过程的一部分，所谓社会学习就是为解决政策问题而进行的对新理念的集体探寻。可以说，政策范式转变在本质上是诱致性的，是在政策参与者认知改变的基础上发生的③。此外，政策范式转变的过程可以划分为6个阶段（表5-1）④。

表5-1 政策范式的转变过程

序号	阶段	特征
1	稳定阶段	在这个阶段，占统治地位的直通学说被制度化，政策的调整在很大程度上是由一个封闭阶段的专家和官员群体做出的
2	异常现象的累积阶段	在这个阶段，"真实世界"出现的发展既不能用正统学说来预测，也不能被它充分解释

---

① 岳经纶，郭巍青. 中国公共政策评论：第1卷[M]. 上海：上海人民出版社，2007：1-3.
② 梁君林. 社会政策范式转型视阈下的农民工市民化[J]. 常熟理工学院学报（哲学社会科学版），2018（1）：45-51.
③ 同②.
④ 迈克尔·豪利特，M. 拉米什. 公共政策研究：政策循环与政策子系统[M]. 庞诗，等译. 上海：生活·读书·新知三联书店，2006：330.

续表

序号	阶段	特征
3	实验阶段	在这个阶段，现有范式被用于牵强地解释异常现象
4	权威的分裂阶段	在这个阶段，专家和官员出现分裂，新的参与者挑战现有范式
5	论战阶段	在这个阶段，争论扩大到公众，且牵涉到更大范围的政治过程，包括选举和党派因素
6	新范式的制度化阶段	在这个阶段，在一段或长或短的时期之后，新范式的倡导者确立了权威地位，并且改变现有的组织安排和决策安排，以将新范式制度化

5.1.1.3 情报政策范式

根据政策范式的概念，情报政策范式可以理解为，在制定与情报相关的政策过程中，政策制定者在政策问题、政策目标、政策工具等方面形成的习惯性框架。随着科学技术的发展和人类社会的进步，尤其是互联网和信息技术的快速发展，情报的形式、载体、技术不断地发展和变化，情报的内涵和外延也不断地随之变化，情报政策的形态和模式也随之转变和发展，情报政策范式经历了"信息范式（20世纪40年代至20世纪80年代）—网络范式（20世纪90年代至2010年之前）—数据范式（2010年至今）"的转变。

5.1.2 法律范式

5.1.2.1 法律范式的概念和作用

在法律研究领域，德国哲学家于尔根·哈贝马斯（Jürgen Habermas）在借鉴库恩范式理论的基础上，将法律范式定义为：人们对法律系统所处的社会所持有的一般看法，这种看法构成了人们的立法实践和司法实践的背景性理解。换言之，它主要指涉内涵于特定法律体系内的社会形象，这些形象，或者说是社会理念、社会模式，指引着我们从事法律的创制与适用①。

哈贝马斯认为，法律范式（只要是以一种未成议题的背景知识的方式起作用的）支配着所有行动者的意识——支配公民和当事人的意识，不亚于支配立法者、法官和行政

---

① HABERMAS J. Between facts and norms: contributions to a discourse theory of law and democracy [M]. Massachusetts: the MIT Press, 1996: 392.

者的意识①。法律范式作为一种背景知识对人们的行为产生影响，适合于所有受众，而不只是专业人士②。

5.1.2.2 法律范式转变

人们对法律范式的理解和诠释，是和人们所处的具体社会情境密切相关的，法律范式的改变也总是与社会转型相关，而社会转型常常引起法的危机；当范式性法律理解不再具有纯粹直觉地引导背景知识的地位时，就需要寻求新的范式解释现实社会情境③。

哈贝马斯认为，在现代西方社会存在着两种主流的法律范式，一种是古典资产阶级形式法范式，是早期资本主义即自由资本主义社会的法律范式，因其以关注法律形式要件为基本特征，故称为形式法；另一种是社会福利国家实质法范式，是发达资本主义社会的法律范式，因其以关注全社会的福利为特色，故称为福利法。这两种法律范式都是以实现社会的有效管理为目的，并在有效制度所营造的社会秩序状态中实现国家对个人自由的保护④。这两种法律范式因社会制度的变化而逐渐产生，具有其合理性，但是，由于社会的不断发展又各具局限性，从而使得基于这两种法律范式之上的法的合法性也在逐渐丧失⑤。古典资产阶级形式法范式因为片面地强调形式的公平而显得冷酷，而社会福利国家实质法范式因为片面地强调实质的公平而显得越界。无论是古典资产阶级形式法范式还是社会福利国家实质法范式，都有各自的局限性而无法解决资本主义国家存在的合法性危机。为消解两种法律范式的弊端，哈贝马斯提出了程序主义法律范式的概念。程序主义法律范式将私人自主与公共自主置于"同源"的地位，通过同时保障公民的私人自主与公共自主，可以摆脱市场崇拜或国家崇拜的"两难处境"，为消解可能的私人自主与公共自主之间的张力关系找寻到了"唯一出路"⑥。私人行动主体和国家行动主体的主动性空间之间不再是一种零和博弈，取而代之的是生活世界的私人领域、公

---

① 哈贝马斯. 在事实与规范之间：关于法律和民主法治国的商谈理论［M］. 童世骏，译. 北京：生活·读书·新知三联书店，2003：492.
② 刘光斌. 论哈贝马斯对权利和法律理论的理性重构［J］. 石家庄学院学报，2017，19（5）：14-19.
③ 同②.
④ 崔燕. 哈贝马斯程序主义法律范式及其当下隐喻［J］. 社科纵横，2012（3）：73-75.
⑤ 王小芳，王树理. 解决合法性危机的新出路：哈贝马斯程序主义法律范式［J］. 沈阳大学学报，2011，23（6）：30-34.
⑥ 同④.

共领域与政治系统之间的多多少少未受扭曲的交往形式①。

5.1.2.3 情报法律范式

根据法律范式的概念,情报法律范式可以理解为,人们对关于情报法律系统所处的社会所持有的一般看法,这种看法构成了人们的情报立法实践和司法实践的背景性理解。随着人们对情报的理论认识不断深入、实践活动不断扩展、技术手段不断进步,情报立法的内容越来越广泛,外延也逐步扩大,立法的范围由原来仅局限在军事和安全情报领域,逐步衍生和扩展至反恐情报、经济情报、科技情报、竞争情报、文化情报等众多方面,立法目标也经历了保密—开放—保密与开放并重和协同的转变。

5.2 国家情报政策框架

5.2.1 国家情报政策框架的概念、意义和作用

5.2.1.1 国家情报政策框架的概念

国家情报政策框架是在国家安全战略的指导下,形成的涉及国家情报工作各个方面政策的有机整体。国家情报政策框架是国家情报政策体系的重要组成部分,决定着国家情报工作的发展导向和行为准则,对国家安全、社会稳定、科技进步、经济发展等方面具有很大的影响。因此,构建一套科学、合理、规范的国家情报政策框架已成为国家情报工作一项不可或缺的重要内容,也是实现国家安全战略和推进情报事业发展的前提和基础。

5.2.1.2 国家情报政策框架的意义

一是能够满足情报工作的现实需求。随着移动互联网、大数据、云计算、人工智能等技术的快速发展,国家信息安全面临的风险日益增多、任务更加繁重,传统情报政策框架下的理论、思维和工作方式逐渐不能适应数据时代的发展需要,迫切需要根据实践发展和理论创新情报来构建政策框架。通过情报政策框架的构建,能够为情报工作顺利开展、准确研判、科学决策、精准实施提供行动指南,为情报活动提供具有导向性和约束力的指导方针,为情报事业的发展提供强有力的保障。

二是能够促进情报工作快速有序发展。中华人民共和国建立以来,我国的情报工作

---

① 哈贝马斯. 在事实与规范之间:关于法律和民主法治国的商谈理论[M]. 童世骏,译. 北京:生活·读书·新知三联书店,2003:508.

随着时代的发展形式更加多样、内涵不断丰富、手段日益扩展,在情报实践工作中应用的领域也越来越广泛,因此逐渐受到党和政府的高度重视。进入互联网时代后,全国各级情报机关科学规划、分步实施,在逐步形成全网采集、全网应用、全网共享的情报应用格局,在扩展和完善情报信息综合应用平台建设的基础上,逐步构建起"大情报"系统。情报政策框架的构建,给情报工作提供了引导与帮助,使情报工作有章可循、有据可依,促进了情报工作的良性运行和协调发展。

三是能够引导和规范情报活动。情报活动过程中不可避免地会出现一些矛盾或问题,从而影响情报工作的效果和效能。情报政策框架为管理和约束情报工作提供了一般规则,不同的情报政策可以对情报工作中各种具体的情报活动进行规范,在情报政策执行过程中,通过情报活动产生社会效果,实现情报政策的各项具体目标;反过来,情报活动的规范程度和实施效果又能间接地评价情报政策的可行度。

5.2.1.3　国家情报政策框架的作用

一是增强情报政策的系统性。随着互联网、信息技术和大数据技术的快速发展,安全、军事、经济、科技、文化等诸多工作与情报活动的关联性日益增强,这就要求在设计情报政策框架时必须强调系统性,即从系统的角度构建全覆盖、多层次、相协调的情报政策体系,而不是以单一的政策形态零散地出现,尽可能全面且有重点地反映情报领域纷繁复杂的各种社会关系。在情报政策框架中,从纵向看,情报政策是一种层次结构,各种层次的政策与法规上下兼容,并逐渐具体化;从横向看,情报政策与法规又是一种联系结构,各类政策与法规相互配套、相辅相成、相互作用。这种体系框架有助于保证情报活动都能从政策体系中找到相应的依据。

二是增强情报政策的稳定性。情报政策框架设计的目的是给情报政策的制定和实施提供科学的指导。如果情报政策框架本身缺乏稳定性,必然导致以之为基础的情报政策在实践中失去意义,在具体的制定工作中迷失方向,造成情报政策朝令夕改,从而减弱了情报政策的权威和效力。因此,在设计情报政策框架时,要充分研究情报工作发展的趋势,综合考虑现有情报政策的实施情况,并以总体国家安全观思想为导向,注意因情报工作的变化而不断颁布或修订的新情报政策与原有情报政策间的衔接和连贯。

三是增强情报政策的协调性。情报政策体系是国家情报体系的有机组成部分,与政治、经济、科技、文化及其他领域的国家情报政策保持着密切联系,同时它又是一个具有不同类型、不同领域的情报政策的集合体。因此,在设计情报政策体系时,应该充分考虑各方面的协调性。第一,情报政策体系应与经济、政治、科技、文化等其他领域的国家情报政策相互协调,共同为国家情报政策战略目标的实现服务。第二,组成情报政策体系的各种不同类型的政策应保持协调性,不同级别之间与同级别之间的政策应达成一致。第三,在情报政策框架中,不同情报的政策间应避免冲突,形成内容互相支持、映射和关联的整体①。

5.2.2 国内外情报政策框架现状

5.2.2.1 美国

（1）国家层面

根据美国国会 1986 年通过的《戈德华特：尼科尔斯国防部改组法》（*Goldwater-Nichols Defense Department Reorganization Act*）第 603 条的要求，总统应定期向国会提交并向社会公布反映外交政策及其战略走向的《国家安全战略报告》。该报告由国家安全委员会撰写，经总统签署后递交国会。自 1986 年法案通过至 2021 年 8 月底，美国总统先后向国会提交了 17 份报告，包括里根 2 份（1987 年、1988 年）、老布什 2 份（1990 年、1991 年）、克林顿 7 份（1994—2000 年）、小布什 2 份（2002 年、2006 年）、奥巴马 2 份（2010 年、2015 年）、特朗普 1 份（2017 年）、拜登 1 份（2021 年名为《国家安全战略临时指南》）。2002 年 9 月，报告中提出，革新情报机构，构建新的情报能力；2010 年 5 月，报告中提出，国家的安全和繁荣依赖情报搜集及分析的质量、对情报进行及时评估与共享的能力和反情报威胁的能力；2015 年 2 月，报告中提出，美国重要情报活动也正在改革，以维护确保利益所需的能力，同时继续尊重隐私和遏制滥用②；2017 年 12 月，报告中提出，建立国家级战略情报和规划能力的优先行动。"9·11"事件后，反恐和安全情报工作被提升至国家战略层面。2002 年 7 月，公布历史上首份《国土安全战略》，把情报和预警作为反恐行动的首要工作，加强反恐情报工作和预先掌握恐怖活动情报信息。《国家情报战略》（*National Intelligence Strategy*，*NIS*）由国家情报主任办公室发布，是协调、整合情报界力量，指导整个情报界工作和未来发展的 4~5 年期战略规划，在美国国家情报战略体系中处于核心地位，截至 2020 年底已经发布 2005 年版、2009 年版和 2014 年版、2019 版共 4 版，与其配套的有《情报界规划指导》（*Intelligence*

---

① 任翔. 公安情报政策法规体系框架研究 [J]. 中国人民公安大学学报（社会科学版），2008（6）：26-32.

② 刘文祥，张琦. 后"9·11"时期美国情报政策改革及其启示 [J]. 武汉交通职业学院学报，2016，18（2）：30-37.

Community Planning Guidance)①。2005 年版中将促进民主与反恐、防止大规模杀伤性武器列为情报机构的三大首要任务,这也是美国第一次对外公布其国家情报战略,也是第一次将联邦调查局、国土安全部、各州和地方情报机构加以整合后的情报战略;2009 年版中强调要通过加强协调和整合提高情报搜集、分析和管理能力;2014 年版中提出战略情报、预期情报、当前操作、网络情报、反恐、防扩散、反情报七大任务目标,将网络情报立为工作新重点;2019 年版中提出为驾驭当前复杂的战略环境,必须改变思路和方式,加强情报活动整合、创新、合作与透明度,并确立了情报界的七大任务目标与七大能力目标。

2000 年美国的首个《信息系统保护国家计划》,是指导信息安全立法工作的指导性文件。2003 年的《网络空间安全国家战略》成为国家信息安全战略,对网络空间面临的威胁和脆弱性进行分析,明确地指出制定和实施网络空间安全保护计划的指导方针;2011 年的《网络空间行动战略》加强美军及重要基础设施的网络安全保护,将网络空间的威慑和攻击能力提升到更重要的位置。2006 年、2009 年、2013 年的《国家基础设施保护计划》(National Infrastructure Protection Plan,NIPP),旨在加强对国家重要基础设施和关键资源的保护。

国家反情报总监(National Counterintelligence Executive)领导的国家反情报与安全中心(National Counterintelligence and Security Center)发布的《美国国家反情报战略》(National Counterintelligence Strategy of the United States),截至 2020 年底公开的有 2005 年、2007 年、2008 年、2009 年、2016 年、2020 年共 6 版。该战略是在美国《国家情报战略》的指导下,国家反情报工作运用与发展的重要战略文件。它对美国面临的反情报威胁进行了细致的分析,并提出加强反情报信息共享、加强网络空间反情报等重要理念。2005 年版中要求情报机构应在反情报工作中"先发制人",保护情报行动和分析工作的完整性,挫败外国情报活动,建立全国性的反情报系统;2007 年版中提出捍卫情报系统的完整性、确保反情报界的协作、改善反情报界的训练与教育、增强公共和个人的反情报危机意识等 8 项战略目标;2016 年版中明确将外国情报实体作为工作目标,关注的对象包括已知和涉嫌的外国情报组织和机构、非政府组织和个人,打击的行为包括非法获取美国情报、阻止美国情报收集、误导美国政策和破坏美国政治、社会制度的行为②;2020 年版中阐述了美国面临的日益严峻的外国情报机构威胁及应对这些威胁的措施。

---

① 单东.美国国家情报战略体系解析[J].情报杂志,2016(3):7-11.
② 杨赛赛."9·11"事件后美国反情报体系建设及对中国的启示研究[D].北京:中国人民公安大学,2017.

主管政策、计划与需求的国家情报副主任（Deputy Director of National Intelligence for Policy, Plans, and Requirements）颁布的《四年情报界评估》（Quadrennial Intelligence Community Review）是情报界10~20年长期战略规划的文件，为美国《国家情报战略》的制定提供前瞻性的视角，其以国家情报委员会的《全球趋势》（Global Trends）系列报告为依据来构建对未来国家情报的展望。该文件最早于2001年由中央情报局制定，在国家情报主任办公室成立后，分别又于2005年、2009年颁布两版报告[①]。

2008年，小布什总统签发了"综合国家网络安全倡议"（Comprehensive National Cybersecurity Initiative, CNCI）的秘密文件，主要内容是为保证美国网络安全采取防御和攻击等措施，具体包含12项核心内容。

（2）部门层面

国家安全委员会（National Security Council, NSC）先后发布了一系列战略报告，如1999年的《新世纪国家安全战略》（National Security Strategy for a New Century）、2001年的《信息系统保护国家计划》（National Plan for Information Systems Protection）等。

负责情报监管的助理国防部长（Assistant Secretary of Defense for Intelligence Oversight），应保证所有的国防部情报活动均严格遵守联邦法律、行政命令和部门指令、条例和政策，先后发布了1982年的《国防部第5240.1-R号指令：对美国人产生影响的国防部情报活动之管理规定》（DOD Directive 5240.1-R: Procedures Governing the Activities of DOD Intelligence Components that Affect United States Persons）、1988年的《国防部第5240.1号指令：国防部情报活动》（DOD Directive 5240.1: DOD Intelligence Activities）、1994年的《国防部第5148.11号指令：负责情报监管的助理国防部长》（DOD Directive 5148.11: Assistant to the Secretary of Defense for Intelligence Oversight）、2000年的《国防部第3115.8号指令：应美国执法机构要求对美国境外非美国籍人员的信息搜集》（DOD Directive 3115.8: Collection of Information on Non-U.S. Personnel Outside the United States at the Request of U.S. Law Enforcement Agencies）等。

国防部总监察长办公室（DOD's Office of Inspector General）负责为国防部长和国会评估国防部项目，先后发布了1999年的《第4630.2号指令：互联网使用政策》（Instruction 4630.2: Internet Use Policy）、2000年的《安全调查需求的追踪》（Tracking Secu-

---

① TAMA J. The purpose and impact of quadrennial reviews by US national security agencies [J]. American political science association, 2013 (12): 10-11.

rity Clearance Requests）、2001 年的《政府信息安全改革后国防部 2001 财年情报安全现状》（FY 2001 DOD Information Security Situation for Government Information Security Reform）等评估和审计报告。

国家安全局发布的《信息安全保障技术框架》（Information Assurance Technical Framework，IATF），目的是为保障美国政府和工业的信息基础设施安全提供技术指南。

国防保密业务处（Defense Security Service，DSS）主要负责针对那些为国防部工作、能接触高度机密信息的个人，确保他们对美国忠诚并拥有值得信赖的品格。针对国家安全的计划、教育、训练和意识等方面，先后发布了针对相关人员的报告，如 1991 年的《保密文件、设备/部件的国际运输安排》（Arrangements for International Hand Carriage of Classified Documents，Equipment，and/or Components）、1992 年的《终结者 8 世：如何销毁保密材料》（Terminator Ⅷ：How to Destroy Your Classified Materials）、2009 年更新的《国际工业安全要求指导附录》（International Industrial Security Requirements Guidance Annex）、1995 年的《工业安全信件》（Industrial Security Letters）、1997 年的《安全电话装置，第三代（STU-Ⅲ）Ⅰ类工业手册》[Secure Telephone Unit，Third Generation（STU-Ⅲ）Type Ⅰ Handbook of Industry]、1997 年的《国防部标记涉密文件指南》（DOD Guide to Marking Classified Documents）、1997 年的《可疑指标和针对外国搜集美国国防工业信息活动的防卫安全对策》（Suspicious Indicators and Security Countermeasures for Foreign Collection Activities Directed Against the U. S. Defense Industry）、1988 年的《从清廉的防务公司搜集科技信息的学术方法》（Scholarly Approaches to Collecting Scientific and Technical Information from a Cleaned Defense Company）、1997 年的《美国国防工业技术搜集趋势》（Technology Collection Trends in the U. S. Defense Industry）等。

美国国防技术信息中心（Defense Technical Information Center，DTIC）主要负责提供国内外科学技术报告（重点是国防部用于军事用途的信息资源）。例如，1998 年的《信息融合作战空间优势》（Information Fusion Battlespace Dominance）、1999 年的《合众为一：加强网络中心环境下的情报支援》（E Pluribus Unum：Enhancing Intelligence Support in the Network Centric Environment）等。

关键基础设施保障办公室（Critical Infrastructure Assurance Office，CIAO）的目的是调整联邦政府关键基础设施保障计划，提供与国家安全相关的资源。例如，1998 年的《脆弱性评估框架》（Vulnerability Assessment Framework）、2000 年的《黑客行为的第三方责任》（Third Party Liability for Hacking）、2000 年的《捍卫美国网络空间：美国信息系统保护计划 1.0 版 邀请对话》（*Defending America's Cyberspace*：*National Plan for Information Systems Protection Version 1.0 An Invitation Dialogue*）等。

国家标准与技术研究院（National Institute of Standards and Technology，NIST）先后出台了 1990 年的《国家安全电信和信息系统安全咨询备忘录（NSTISSAM）：COMPUSEC/1-99 可信任计算机系统评估标准向信息技术安全评估国际通用标准的过渡》[*National Security Telecommunications and Information Systems Security Advisory Memorandum*（*NSTISSAM*）：*COMPUSEC/1-99 Transition from the Trusted Computer Systems Evaluation Criteria to the International Common Criteria for Information Technology Security Evaluation*]、2000 年的《拒绝服务限制入侵检测体系》（*A Denial of Service Restraint Intrusion Detection Architecture*）、2000 年的《联邦组织关于已测试/已评估产品的安全保障及采购/使用指南——国家标准技术研究院建议》（*Guidelines to Federal Organizations on Security Assurance and Acquisition/Use of Tested/Evaluated Products – Recommendations of the National Institute of Standards and Technology*）、2001 年的《常见的生物计量学交换文件格式》（*Common Biometric Exchange File Forma*）、2002 年的《计算机系统安全与隐私咨询委员会就政府隐私政策设置和管理的发现与建议》（*Computer System Security and Privacy Board Findings and Recommendations on Government Privacy Policy Setting and Management*）等政策和文件。

能源部先后制定了 1993 年的《第 5639.8A 号令：外国情报信息安全和敏感保密信息设施》（*Order 5639.8A*：*Security of Foreign Intelligence Information and Sensitive Compartmented Information Facilities*）等条例，保障与能源相关的信息安全。

情报政策和审查办公室（Office of Intelligence Policy and Review，OIPR）负责向司法部长提供国家安全活动方面的建议，如《向国会提交的年度国外情报法报告》（*Annual Foreign Intelligence Act Report to Congress*）等。

为适应大数据技术的快速发展，2012 年《数字政府战略》（*Digital Government Strategy*）致力于为公众提供更好的数字化服务。2013 年 10 月，国防部在联合作战系列手册《联合情报》中提出"作战环境—数据—信息—情报"的联合情报链组成。

5.2.2.2 苏联/俄罗斯

（1）苏联时期

早在 1918 年的国内战争时期，共和国革命军事委员会下令实行《关于军事检查的规定》，规定未经军事审查机关预先检查的书刊、信件及数据，不能通过邮政电报进行邮递。1926 年，苏联人民委员会批准《按内容进行特别保护的国家秘密资料目录》，规定涉密内容分为三个部分：军事方面、经济方面和其他方面的资料。1929年的《联合国家政治局地方机关及组织处理涉密文件规则》，确立了苏联加盟共和国涉密机关和组织在监督和处理秘密文件方面的责任及权限。

（2）俄罗斯时期

苏联解体后，俄罗斯先后出台一系列纲领性文件，对情报机关的行为进行规范。1995年的《国家信息安全纲要（草案）》，首次将"信息保护"概念变为"信息安全"，强调国家信息安全政策应该建立在国家、社会和公民在信息领域利益平衡的原则基础之上，并将数据传递和远程通信系统中的信息安全纳入传统信息安全保护体系。1997年的《俄罗斯国家安全构想》，明确提出保障国家安全应把保障经济安全放在第一位，信息安全是经济安全的重中之重。1998年的《国家信息政策纲要》，形成以建立信息社会为核心的统一的国家信息政策。同年颁布的《关于组织、利用和保护俄联邦国家信息资源的规定》和《关于对利用国家信息资源进行监督和统计的规定》，明确指出国家信息资源的范围为：联邦所有的文件、联邦主体形成和所有的文件、各个部门的文件资料、国家信息机构（包括图书馆、档案馆、博物馆等）的文件资料及利用国家预算而形成的各种信息资源。1999年的《俄罗斯联邦国家安全构想》，是国家正式采用的关于运用现有资源抵御政治、经济、社会、军事、技术、生态、信息等领域的内外威胁，保障国家、社会和个人安全战略和目标观点的总和。同年的《俄罗斯联邦信息安全法律保障完善构想（草案）》，明确了立法建设的主要目标、原则及10项主要工作。2000年的《俄罗斯联邦军事学说》，将保障信息安全列为国防部、内务部、安全总局等强力部门的重要职责。同年的《俄罗斯联邦信息安全学说》，把信息安全正式作为一种战略问题来考虑，明确了国家信息安全建设的目的、任务、原则和主要内容，为进一步制定未来的信息政策奠定了基础。2001年的《俄罗斯联邦信息与信息化领域立法发展构想》，确立未来5～10年内信息立法的主要方向和内容。同年的《至2010年俄罗斯信息化发展》，阐述俄罗斯建设信息化社会的意义与必要性。2002年的《2002—2010年俄罗斯信息化建设目标纲要》，明确2010年前俄罗斯信息化建设要完善信息通信技术的法律法规、建立健全国家对信息化建设的管理和协调机制、加快对信息通信技术专业人才的培养等内容①。2002年发布的第368号政府令，规定联邦办公自动化系统必须使用俄罗斯智能卡。2002年的《2010年前俄联邦科技发展基本政策》，将信息通信技术和电子学发展列第一位。

---

① 梁炳超，刘雅婧. 俄罗斯信息社会建设的经验与启示［J］. 现代情报，2011，31（5）：161-163.

2003 年的《保障俄罗斯联邦主体信息安全的联邦政策框架》和《2001—2007 俄罗斯关于建立和发展国家行政机关专用通信系统的联邦专项计划》，重点加强对国家信息网络的基础设施完善。2008 年的《俄罗斯联邦信息社会发展战略》，部署了至 2015 年信息社会建设的基本任务、基本原则、实施措施及预期目标。2010 年的《2011—2020 信息社会发展规划纲要》提出，以提高俄罗斯竞争力发展经济、政治、文化，借助于信息通信技术完善国家管理体系的目标①。2014 年的《至 2030 年科技发展前景预测》，对发展网络发展进行了战略规划，明确了各阶段的建设目标。同年的《俄罗斯联邦网络安全战略构想》，对信息安全与网络安全进行了明确的定义。

5.2.2.3　欧盟及欧盟国家

（1）欧盟

1995 年，成立非正式国际性金融情报合作组织——埃格蒙特集团（Egmont Group）。1995 年的指令 95/46EC——《关于涉及个人数据处理的个人保护以及此类数据自由流动的指令》（简称《数据保护指令》），规定成员国可以以国家安全、自卫、公共安全，刑事犯罪的预防、调查、发现和起诉，以及欧盟或某成员国的重要经济或财政利益（包括货币、预算和税务事项等）为由，制定国内法对个人数据隐私予以限制。2001 年的《关于协调欧盟各成员国金融情报机构在交换情报方面合作的决定》，提高了成员国开展金融情报活动的积极性和有效性，为区域内的金融情报交流提供了平台，提高了国际金融情报，尤其是金融竞争情报工作的效率。2002 年的《关于电子通信方面个人数据处理及隐私保护指令》，要求电子通信服务机构处理个人数据时，必须提供保护其服务的相应技术和手段。2002 年的指令 2002/58EC——《隐私与电子通信指令》更新了《数据保护指令》的内容，将电子通信中的个人数据纳入法律规制范围。2003 年的《2005—2008 年的网络安全计划》，旨在建立更安全的上网环境、推广新的在线技术和减少网上不良信息。2013 年的《欧盟网络安全战略》，提出了欧盟的网络安全发展战略和具体措施。2015 年的《欧洲安全议程（2015—2020）》，进一步深化了欧盟网络安全战略的框架。2016 年的《强化欧洲网络恢复系统与培养竞争性和创新性网络安全产业》的通报，要求建立网络安全公私伙伴关系。

（2）德国

2005 年，德国出台《信息基础设施保护计划》和《关键基础设施保护的基线保护

---

① 彭亚平，王亮. 俄罗斯联邦情报法制建设及其特点［J］. 情报杂志，2017，36（1）：14-17.

概念》。为更好地满足情报工作的需要，德国放宽了对各情报机构之间信息交流的限制，将大部分情报信息资源进行联网，从而提高了情报共享的效果。例如，联邦情报局在情报工作总体方针中特别提出，要与其他情报部门合作，加强对欧洲重要地区和世界其他地区国家政策发展变化的关注。此外，情报机构加强对外合作力度，特别是与欧盟、美国、英国、俄罗斯等国家情报机构的交流与协作，共同应对国际恐怖主义和跨国犯罪等安全威胁。2014年的《德国数字纲要2014—2017》，旨在通过数字化变革将"信息+通信+技术"（ICT）与工业、农业、医疗、贸易，以及社会文明、民主管理，乃至军事方面进行深度融合。

（3）法国

《国防与国家安全白皮书》规定了法国国家安全战略的发展方向，是国家安全立法的风向标；第一份1972年发布；2008年提出建立国防与国家安全委员会，并设立国家情报委员会作为其特殊机构，接受总统的直接领导，统筹各情报部门的协调交流；2013年强调情报的重要作用，明确情报发展尤其是增强网络空间情报能力的优先性①。2003年的《强化信息系统安全国家计划》，提出四大目标：确保国家领导通信安全、确保政府信息通信安全、提升计算机反攻击能力、将法国信息系统安全纳入欧盟安全政策范围。

（4）其他国家

2011年，波兰提出"欧洲法庭科学2020展望"，旨在增强反恐合作和相互认可，维持并发展欧盟"自由、安全和公正区域"，同时能克服现有数据交换和情报共享的障碍。

5.2.2.4 英国

（1）国家安全情报

首相办公室先后发布了2002年的《伊拉克大规模杀伤性武器：英国政府评估报告》（*Iraq's Weapons of Mass Destruction*：*the Assessment of the British Government*）、2003年的《伊拉克：基础设施的隐匿、欺骗和威胁》（*Iraq*：*Its Infrastructure of Concealment*，*Deception*，*and Intimidation*）等政策文件。内阁办公室下设的情报安全委员会，每年向首相汇报一次，定期向首相提交特别报告，如2000年的《国家情报机器》（*National Intelligence Machinery*）和《米特罗欣调查报告》（*Mitrokhin Inquiry Report*）、2002年的《情报监督》（*Intelligence Oversight*）和《对2002年10月12日巴厘岛恐怖爆炸案发前的情报、评估和

---

① 化国宇. 法国反恐情报机制研究［J］. 情报杂志，2017（9）：7-13，18.

建议的调查》(Inquiry into Intelligence, Assessments, and Advice Prior to the Terrorist Bombings on Bali 12 October 2002）等①。联合情报委员会向内阁大臣提供的《每周情报信息摘要》，是涉及国家安全、国防和外交领域的情报分析报告，被称为"红皮书"。

(2) 信息安全

1996年的《R3安全网络协议》，是第一个自律性的网络管理规范，建立了完整的信息等级划分标准。2005年的《国家情报模式指导手册》，列举了警务情报的信息来源。2005年的《信息保障管理框架》，作为信息安全保障战略。2006年的《警务信息管理指导手册》，规定了警务信息收集的三项基本原则。2009年的《英国网络安全战略》(Cyber Security Strategy of the United Kingdom)，把加强网络空间安全视为国家安全的重要组成部分。2010年的《战略防务与安全审查——在不确定的时代下建立一个安全的英国》，将恶意网络攻击与国际恐怖主义、重大事故或自然灾害及涉及英国的国际军事危机共同列入安全威胁的最高级别。2011年的《网络安全战略》，将建立更加可信和适应性更强的数字环境，以实现经济繁荣，保护国家安全及公众的生活所需，并将加强政府与私有部门的合作，共同创造安全的网络环境和良好的商业环境。2016年的《国家网络安全战略（2016—2021年）》，旨在快速灵活地应对新兴挑战，改善网络安全保障。

(3) 政府信息公开

1972年的《弗兰克报告》，首次提出缩小保密范围。1983年，信息技术咨询小组在其报告中建议，把公开的政府信息以交易的方式提供给私营部门进行开发利用，是推动英国信息产业的重要步骤。1986年，在交易信息指导方针中，强调公共部门对私营部门商业利用公共信息的重要性，提出公共部门向私营部门传播公共信息的准则。1990年的《政府拥有的可交易的信息：政府部门与私营部门信息交易指南》，对公共信息的市场竞争进行指导。1998年的《加强竞争力白皮书》，确定了英国建设信息社会的方式。2007年由公共部门信息咨询委员会发布的《公共部门信息再利用的政府策略》，提出公平竞争的主要举措。此外，内政部编写和发布了《信息公开法》说明文件，信息督察官办公室编发了《信息公开法》指南（Guidance)，包括程序指南、技术指南、特殊部门指南、例外指南等内容。

---

① 伯特·查普曼. 国家安全与情报政策研究 [M]. 徐雪峰，叶红婷，译. 北京：金城出版社，2017：432-433.

5.2.2.5 日本

（1）国家安全情报

在国际安全环境发生巨大变化，尤其是发生"9·11"事件的背景下，日本对国家安全情报的重要性有了更深刻的认识，其中加强安全情报政策体系建设便是重点。2001年9月，自民党成立"美国同时多发恐怖事件对策总部"，下设"情报收集等研讨小组"，并发布《关于强化国家的情报能力等建议》（又称《町村报告》）。2004年10月，内阁官房召开关于加强安全保障和防卫力的恳谈会并发表报告，提出实施涉密人员统一严格且明确的情报保密规则。2005年9月，外务省召开关于强化对外情报机能的恳谈会并发布报告书《努力强化对外情报机能》，提出完善情报保密法律体系是将国家所需情报进行共享、综合调整的必要条件。2006年6月，PH综合研究所成立日本情报体制变革研究会并发布《情报体制通向变革的路线图》。2006年6月，自民党政务调查会关于强化国家情报机能的研讨小组发布《关于强化国家情报机能的建议》，提出制定各省厅共通的情报保密标准，完善法律体系。2007年8月，反情报推进会议发布《强化反情报机能基本方针》。2008年2月，强化情报机能研讨会议最终发布《强化官邸情报机能的方针》，主要分为"强化情报机能"和"贯彻情报保密"两大项内容。2011年8月，发布题为《关于秘密保全法制的应有状态》的报告书，政府情报保密工作研讨委员会以这份报告书为参考。2011年10月，发布《关于秘密保全法制的建设》的决定①。

（2）信息安全

随着互联网的快速发展，日本通过出台一系列政策，加快信息安全体制的建设步伐。2000年的《信息安全指导方针》，提升国民对实施的电子政府计划的信心。2000年的《关于防范关键基础设施电脑恐怖活动的特别行动计划》，保护关键基础设施免受黑客恐怖活动的攻击。2001年的《确保电子政务实施过程中的信息安全行动方案》，包括制定有效的信息安全政策、建立信息系统监视机制、建立完善紧急应对机制、公务员要掌握一定的网络安全知识和相关技术、加强网络安全相关软件的开发等内容。2001年的《国家数字土地信息纲要》，加强对地理信息数据库数据的使用限制。2003年的《信息安全总体战略》，重点强调"信息安全监察"的事前预防制度，将信息安全置于国家安全层面。2003年的《日本计算机安全战略》，强调保护重要设施免受网络攻击威胁②。

---

① 高畅. 第二次世界大战后日本情报保密法制建设概述［J］. 保密科学技术，2017（2）：44-49.
② 刘一. 国外网络信息安全建设概述［J］. 信息安全与技术，2013，4（6）：3-4，7.

2004 年的"e-Japan Ⅱ 重点计划"（2004 年），认为目前日本网络信息安全的首要措施是实施保证 IT 社会安全的社会保密政策。2004 年的《新防卫大纲》，确定运用最前沿的信息技术，提高其安全防御能力。2004 年，制定政府部门及相关机构的《信息安全标准》。2005 年，制定《信息战略计划》。同年的《关键基础设施信息安全措施行动计划》，写出了关键基础设施的定义，规定从事相关领域的部门如何对关键基础设施进行保护，增强关键基础设施的防御能力。2006 年，信息安全政策会议通过《第一份信息安全基本计划》。2007 年，信息安全政策会议制定《关于信息安全政策指南》。2009 年，《第二份信息安全基本计划》通过。2010 年的《保护国家信息安全战略》，旨在保护公众日常生活正常运转不可或缺的关键基础设施的安全，降低民众在使用 IT 时所面临的风险。2011 年的《信息安全普及与启蒙计划》，明确推广信息安全普及教育的机制和具体措施。2013 年的《网络安全战略》，旨在保护日本信息化社会正常运转不可或缺的关键基础设施的安全，维护网络空间安全，降低互联网使用风险。2013 年的《国际网络安全战略网络安全合作计划》，在战略基础上主动推进信息安全领域的国际合作与相互协助①。

日本强调"信息安全保障是日本综合安全保障体系的核心"，先后制定了 1999 年的《21 世纪信息通信构想》和《信息通信产业技术战略》、2000 年的《信息通信网络安全可靠性标准》和《IT 安全政策指南》、2001 年的《确保电子政务实施过程中的信息安全行动方案》和《信息安全标准》、2012 年的《中央政府计算机系统信息安全测量管理标准》和《中央政府计算机系统信息安全测量技术标准》等一系列关于信息安全的标准和指南。

（3）信息产业和科技情报

日本以"科技立国"为国策，重视信息政策的研究和制定。例如，1969 年，科学技术会议在咨询报告《关于科学技术信息流通的基本政策》中提出建立"全国科技交流系统"（NIST）的构想。1969 年由通产省制定的《发展信息处理产业的措施》，为日本信息产业的起步奠定了坚实的基础。1974 年的《电子计算机技术安全对策基准通信白皮书》，明确信息产业发展战略。1987 年的《2000 年情报产业设想》，为日本情报化和情报产业指明了方向。1989 年的《关于科学技术振兴财团发展的基本准则》，提出推进科学技术信息流通系统的基础设施建设。1992 年的《科学技术总体迈向新世纪的基本策

---

① 王康庆，蔡鑫. 日本网络信息安全保护的政策法规研究及启示：以日本关键信息基础设施保护的政策法规为视角［J］. 福建警察学院学报，2015（6）：14-18.

略》，提出促进文献信息与科学技术信息流通系统使用的推广。1992年的《科学技术政策大纲（修订案）》，在科技信息政策方面把扩大科技信息的国际交流作为信息政策的三大重点之一。1994年，电气通信审议会提出《通向21世纪知识创造型社会政策方案——建立高性能信息通信基础设施纲领》。1994年，设立"高度信息通信社会推进对策本部"，由首相亲自担任部长。同年12月，通过"行政信息化五年规划基本计划"。1995年的《信息通信基础建设基本方针》，废除一些妨碍信息化发展的法规。1996年制定"经济结构改造计划"，提高信息产业地位，加强信息基础设施建设。2000年9月，提出"e-Japan"战略，包括构建超高速网络基础结构、制定竞争政策、建立电子交易新环境、实现电子政务等。2001年的"e-Japan重点计划"，明确信息和通信网络社会努力的方向和实施的策略；2004年2月，出台《加速实施e-Japan战略Ⅱ的政策纲要》；6月提出"u-Japan战略"，出台《2004 ICT政策大纲》。2006年的《IT新改革战略》，作为2006—2010年信息技术建设的基本纲领。2007年，召开"消除数字鸿沟战略会议"。2008年，出台《IT新改革战略政策纲要》《IT政策路线图》和《消除数字鸿沟战略》。2009年3月，发布"数字日本创新项目（ICT坞山计划）大纲"；4月，推出《面向数字新时代的新战略（三年紧急规划）》；6月，推出《互联网使用基本计划》；7月，颁布《i-Japan战略2015》。2011年的《推进ICT维新愿景2.0版》，提出打造强大的日本信息经济。2012年的《日本再生战略》，提出要彻底应用信息通信技术，构建稳固的信息通信平台，通过信息产业振兴政策。

5.2.2.6 中国

中国共产党自成立起，就十分重视情报保卫系统的建设，主要负责军事、安全、公安等情报保卫工作。1927年11月，"中央特科"成立，标志着中共情报保卫专业机构的诞生。中共情报保卫历史可分为初创期、成熟期、建设期、破坏期和法制期，历经1931年11月成立的国家政治保卫局、1935年11月成立的西北政治保卫局、1937年12月成立的中央特别工作委员会、1939年2月成立的中央社会部、1941年8月成立的中央调查研究局、1941年9月成立的中央情报部、1949年7月成立的中央军委公安部、1949年11月成立的中央军委情报部、1955年6月成立的中共中央调查部及1983年7月成立的国家安全部等机构演变。先后形成1941年8月的《中共中央关于调查研究的决定》、1941年12月的《关于中央情报部的性质、任务、组织、计划》、1949年11月的《中共中央关于情报工作的决定》等对情报工作建设具有重要意义的纲领性文献，确立了坚持党的绝对领导、服务党的决策的情报工作路线；形成了"打进去，拉出来""下闲棋，布冷子"，以及公开工作与秘密工作相结合、专业工作与群众路线相结合、分工负责与协作配合相结合的原则,扮演了提供作战情报的"参谋"角色及辅助政治军事决策的"智囊"角色。

中华人民共和国成立后,我国开始加大科技情报的发展力度。1956年,中共中央制定的《1956—1967年科学技术发展远景规划纲要(修正草案)》中提出,通过组建科技情报机构,建立科技情报体制,投入了大量的人力、物力,想方设法突破西方国家的科技封锁,尽力收集世界科技资料,进行选择、整理、翻译、分析研究和报道,为我国各级科学研究机构的工作提供信息和情报服务,支持国家的科技事业和经济建设。1958年5月,国务院批准实施《关于开展科学技术情报工作的方案》,明确规定我国科技情报工作的任务是报道最近期间在各种重要的科学技术领域内国内外的成就和动向,使科学、技术、经济和高等教育部门及时获得必要的情报和资料,便于吸收现代科学技术成就,节省人力、时间,避免工作重复,促进我国科学技术的发展。同年11月,全国科技情报工作会议首次提出"广、快、精、准"的科技情报工作指导方针。

改革开放以后,国家科学技术委员会(简称国家科委)制定一系列与情报相关的政策。1985年发布《国家科技情报政策指南》,开始国家科技情报政策要点的起草组织工作,布置相应的软科学研究。1990年9月发布《信息技术发展政策》,阐明我国信息技术发展的总体政策,并在与国防科工委联合召开的科技情报工作会议上强调,情报研究工作要当好"四化"建设的"耳目""尖兵""参谋"。1991年2月发布《国家科学技术情报发展政策》,这是我国第一个国家科技信息政策,阐明了科技信息发展的总体规划,为其他信息政策的制定奠定了基础。1992年制定关于加快发展科技信息服务业的规划纲要和政策要点。

20世纪90年代开始,逐渐加大竞争情报的发展力度。1994年1月成立的中国科技情报学会情报研究暨竞争情报专业委员会和1995年4月成立的中国科技情报学会竞争情报分会专业组织对情报研究的发展起到了重要作用。

进入21世纪后,公安情报工作得到快速发展,形成了以信息化应用为支撑、以情报信息研判为主要内容、以服务于警务决策为目标的工作体系[①]。此外,为了加大对信息安全的管理力度,先后颁布《关于加强信息安全保障工作的意见》(中办发〔2003〕27号)、《关于进一步加强互联网新闻宣传和信息内容安全管理工作的意见》(中办发

---

① 包昌火,马德辉,李艳. Intelligence视域下的中国情报学研究[J]. 情报杂志,2015(12):1-6,47.

〔2002〕8号）、《关于进一步加强互联网管理工作的意见》（中办发〔2004〕32号）、《关于加强网络文化建设和管理的意见》（中办发〔2007〕16号）、《国家网络与信息安全事件应急预案》（中网办发文〔2017〕4号）等文件及2005年的《国家信息安全战略报告》、2011年的《信息安全产业"十二五"发展规划》等报告和规划，明确建设信息安全保障体系的发展目标、主要任务和重要措施，指导网络信息安全产业建设，切实保障国家信息化发展。2012年国务院发布的《关于大力推进信息化发展和切实保障信息安全的若干意见》中提出健全信息安全保障体系，切实增强信息安全保障能力，维护国家信息安全。

此外，国家和各部委还制定了信息产业各分支领域的产业政策，包括通信技术、数据库产业、软件业、信息市场、科技咨询等领域。例如，2006年，中共中央办公厅、国务院办公厅印发《2006—2020年国家信息化发展战略》，对我国信息化发展的基本形势、指导思想和战略目标、战略重点、战略行动、保障措施等方面进行阐述。2010年，民用航空局公布并实施的《民用航空情报工作规则》，规定中华人民共和国领域内民用航空情报工作的规则，指出民用航空情报服务的任务是收集、整理、编辑民用航空资料，设计、制作、发布有关中国领域内及根据我国缔结、参加的国际条约规定区域内的航空情报服务产品，提供及时、准确、完整的民用航空活动所需的航空情报。

5.2.3 国家情报政策框架分析

5.2.3.1 美国

美国在实现维护其世界霸权的国家安全战略目标的过程中，国家情报政策框架具有重要地位和作用。

（1）情报政策目标。一是重视对技术信息的政策引导，以适应日新月异的技术需求为主要出发点。二是与经济紧密相连，侧重从国家经济利益出发，把经济作为制定国家情报和信息政策的依据，焦点是权衡信息自由交流所产生的经济利益。三是与国际大环境接轨，为确保其作为世界信息强国的优势地位，以增加其产业竞争力为目标，制定信息保护方面的信息政策。

（2）情报政策管理。美国情报界在体制上历来就有军方与国家情报机构之分，设立国家情报主任之后，各个情报机构之间的合作不断加深，形成一种不协调的多元结构。在国家情报战略方面，许多部门的战略在内容上相互联系、相互衔接、相互借鉴。不论是军方还是国家情报机构，不论是情报搜集分析机构还是情报执法机构，均能按照国家情报主任办公室所提出的宏观战略进行相应的战略规划。为加强对信息活动的宏观调控和管理，专门成立科学信息委员会，发挥其政策咨询和管理协调的职能。

（3）情报政策内容。一是国家情报战略体系涵盖情报活动的各个机构、阶段、内容，情报搜集、分析、研判、开发、共享，人力资源建设，未来前沿的预测分析等内容，均能在国家情报战略体系中找到与之相对应的战略；使用广义情报政策的范畴和概念，未专门分离出科技情报政策，也很少单独提到科技情报政策，而是对所有的情报问题进行情报政策的研究和探讨。二是对信息政策研究和政策咨询比较广泛和活跃，产生大量的研究文献和研究报告，其中的洛克菲勒研究报告在信息政策发展史上影响颇深，它延续至今，已成为信息政策研究的重要文献。

5.2.3.2 苏联/俄罗斯

俄罗斯国家情报和信息政策是在苏联科技情报政策基础上的扩展。俄罗斯的科技情报体系与苏联虽然一脉相承，但在向市场经济和私有化转轨过程中，对科技情报的体系和功能进行了重要改革。科技情报工作在为科学和技术服务的基础上，逐渐向市场靠拢，为经济和生产服务。随着信息化的逐渐深入，俄罗斯越来越关注社会信息化的发展和建立信息社会的问题，制定了各种信息化发展纲要，逐渐形成以建立信息化社会为核心的国家信息政策。俄罗斯在20世纪90年代初期的信息化建设中受苏联技术决定论的影响，国家信息政策内容偏重于信息系统等"硬"环境的建设，忽视信息资源组织利用、信息用户需求和信息立法等关键要素，致使国家投巨资建立的信息化系统与社会的实际需要脱节，未能达到预期效果。俄罗斯国家情报和信息政策在制定和实施过程中也存在不足之处。一是政出多门，相互重复和矛盾现象比较严重。例如，在20世纪90年代初期联邦议会、政府、总统制定大量信息政策和法令，成立20多个相关的机构，但这些政策法令及机构之间不够统一和协调。二是实施不力，政策不少但成效不突出，国家政策缺乏相应的具体措施。三是政策的连续性和稳定性不佳，20世纪90年代以来，由于俄罗斯社会曾长期处于动荡和经济低潮状态，政府领导频繁更换，施政方针随之更改，从而影响了政策贯彻实施的效果①。

5.2.3.3 欧盟

欧盟自20世纪90年代以来，以1993年12月《德洛尔白皮书》和1994年3月《本

---

① 肖秋惠. 20世纪90年代以来俄罗斯国家信息政策综述［J］. 图书情报工作，2006，50（5）：139-143.

杰曼报告》的提出为标志，以发展欧盟诸国经济、解决社会突出问题、重新树立欧盟在国际政治舞台的地位等为目标，把发展信息技术提升到国家战略的高度，并在各成员国广泛普及，在信息战略落实过程中不断根据实际情况调整实施计划以适应国家和社会需求。欧盟通过制定信息安全发展战略，包括各项安全政策和策略、安全法规和条例等，并随着网络技术的不断进步及其在实践中的应用，对制定的发展战略进行了逐步调整和完善，在信息安全领域发挥着更大的指导作用，使欧盟逐渐成为一个在信息安全技术、管理、政策、法律等方面具有明显优势的联盟体①。

5.2.3.4 英国

第二次世界大战后，英国一直采取与美国构建铁杆同盟的对外情报策略，携手加拿大、澳大利亚、新西兰等英联邦国家与美国组建了"五眼联盟"，借助于美国的雄厚实力维持，构建覆盖全球的情报网体系。"9·11"事件之后，随着国际恐怖威胁的不断上升，英国进一步加强针对恐怖主义的情报搜集、分析和评估的情报政策的制定。

5.2.3.5 日本

第二次世界大战后，由于受到自然资源的限制，日本情报和信息政策的出发点是在谋求发展和国际竞争中将信息作为能源和特殊的竞争力，充分发挥信息技术的作用，扶植信息产业。因此，在情报政策体系建设过程中，将科技情报政策和信息产业政策作为核心内容。日本能够成为世界经济大国和科技大国，很大程度上得益于制定并实施了适合本国国情的信息政策：一方面，将国家科技情报政策作为国家科技政策框架的重要组成部分，在信息政策的导向上极为重视技术经济信息和专利信息的应用，尤其注意吸收和利用国外的技术信息；另一方面，通过政策倾斜促进信息产业的发展，为国家谋求新的经济利益，信息政策促进经济发展，经济发展带动信息政策的实施，通过政策加快信息交流，促进科技成果商业化和产业化。日本实施"保障型"信息安全战略，强调"信息安全保障是日本综合安全保障体系的核心"，重点保障关键基础设施安全，将保护关键信息基础设施的地位上升到国家战略层面，使本国情报政策与国际环境相适应，以保证在国际上的核心利益和竞争优势。日本在信息安全方面做了大量努力，但就范围、影响和效果来讲，迄今所采取的信息安全保护措施和有关计划还不能从根本上解决目前的被动局面，整个信息安全系统在迅速反应、快速行动和预警防范等主要方面，缺少方向

---

① 刘迎．欧盟信息安全保障架构概述［J］．信息网络安全，2009（8）：23-26，58.

感、敏感度和应对能力①。此外,建立产、官、学一体化的信息政策咨询研究体系,促进社会信息化发展。

5.2.3.6 中国

我国长期以来一直采用计划管理、集中管理模式,推行按行政隶属进行管理的情报和信息体制。由于管理体制机制僵化,缺乏灵活性,加上条块分割体系造成的部门封锁,以及20世纪80年代出现的大批民间集体所有和私人所有的情报和信息开发机构缺乏必要的管理和协调政策,从而导致情报系统始终处于离散的状态。目前,我国的情报政策体系还不够完善,与发达国家相比仍处于起步阶段,缺乏系统性的情报政策体系。在政策目标上,近期目标是立足发展,强调的是面向发展、谋求发展、实现发展,这符合我国经济社会发展的总体水平和国家发展的总体战略目标;在政策内容上,虽然情报和信息政策内容不断丰富,但政策内容落后于社会发展需要,在社会上尚未取得共识和高度重视;在政策效力上,由于受换届等人为因素的影响,仍呈现出阶段性与不连续性的特点;在政策执行上,缺乏强有力的监督机制,使情报和信息政策的执行缺乏权威性和约束力。

5.3 国家情报法律体系

国家情报是一个超越政治、军事、外交、安全、执法、经济、科技等单一领域情报活动的基本范畴,以国家情报体系与情报活动的一体化为主体架构,以服务于国家安全治理和国家社会经济发展为总体目标,对信息和数据进行规划指导、搜集、整理、分析、传递、服务决策的一项基础工作②。

5.3.1 国家情报法律体系的概念、意义和作用

5.3.1.1 国家情报法律体系的概念

国家情报法律体系是由与国家情报的认识活动和实践活动相关的一切法律法规所组成的整体,是指对国家情报关系进行法律调整和法律运行的统一,是促进国家情报法律效力转变为法律实效的关键步骤,主要由国家情报的法律规范、法律关系及主体间权利

---

① 王鹏飞. 论日本信息安全战略的"保障型"[J]. 东北亚论坛, 2007, 16 (2): 95-99.
② 马德辉, 黄紫斐. 美国《国家情报战略》的演进与国家情报工作的新变化、新特点与新趋势[J]. 情报杂志, 2015, 34 (6): 1-4, 11.

与义务等要素构成①。现代情报体系的重点是构建国家情报法律体系，国家情报法律体系在现代情报体系中具有保障性、支撑性和引导性，协调处理对外关系和对内关系，对安全、军事、经济、公安、反恐、科技、文化等其他国家情报活动具有主导和引领作用②。

国家情报法律体系，按照效力可分为宏观情报法律法规（如与国家安全情报相关的法律法规）、中观情报法律法规（如与各个行业、产业、领域情报相关的法律法规）及微观情报法律法规（如与公司、组织、个体等情报相关的法律法规）；按照内容可分为安全情报（如国家安全、反恐怖主义、公众安全等方面）法律、军事情报法律、竞争情报法律、科技情报法律、经济情报法律、社科情报法律等。

5.3.1.2 国家情报法律体系的意义

一是为维护国家核心利益提供有力保障。安全是一个国家、民族、社会和个人赖以生存、发展、进步的前提和基础。国家情报体系为国家提供了安全基础，对于保障国家信息安全具有重要战略意义。2014年4月15日，习近平总书记在中央国家安全委员会第一次会议上指出"国家安全和社会稳定是改革发展的前提。只有国家安全和社会稳定，改革发展才能不断推进""既重视传统安全，又重视非传统安全，构建集政治安全、国土安全、军事安全、经济安全、文化安全、社会安全、科技安全、信息安全、生态安全、资源安全、核安全等于一体的国家安全体系"③。在信息时代，信息安全是国家安全体系的重要组成部分，为保障国家安全提供了信息、技术、情报等方面的基础和保障。构建国家情报体系的最终目标是为巩固和拓展国家核心利益服务，实现国家战略目标，追求国家利益最大化④。在实现这一目标过程中，法律法规作为重要的工具和手段，对各情报主体开展情报活动起到了支撑、保障、规范和服务的作用。

二是为国家治理体系和国家治理能力现代化提供重要工具。国家主义主张，国家在治理体系中发挥主导作用并维护全体国民利益⑤。因此，国家主义下的国家情报应当作

---

① 靳海婷. 论总体国家安全观下国家情报法机制构建：以"三层次"和"三状态"为框架 [J]. 情报杂志, 2018, 37 (11): 10-15, 68.

② 赵冰峰. 论国家情报体系的基本属性、系统运筹与对外政策 [J]. 情报杂志, 2018, 37 (2): 1-7.

③ 习近平. 坚持总体国家安全观，走中国特色国家安全道路 [EB/OL]. [2021-08-01]. http://www.xinhuanet.com//politics/2014-04/15/c_1110253910.htm.

④ 臧纯钢. 美国杜鲁门政府国家情报体系研究 [D]. 北京：中共中央党校, 2016.

⑤ 何摇新. 新国家主义经济学 [M]. 北京：同心出版社, 2013: 12-13.

为一种治理手段予以规范，通过国家情报机构与安全机构的协同运作，加强与其他国家机构的联系和协作，联合国家一切力量为国家安全服务。国家情报体系的内涵已不只是传统狭义上的国家安全机构和情报部门的活动，以及仅涉及国家安全、政治和军事的情报，而是广义上的以国家利益为核心的军事、安全、政治、经济、科技、文化等领域有关情报活动的全面覆盖，包括军事和安全情报、经济和科技情报、文化和意识形态情报、产业和企业情报、资源和人才情报等随不同时期国家发展需要而衍生的各类情报。这种情势的变化，预示在经济全球化、国际区域竞争、文明冲突越发激烈的环境下，需要国家从法律层面介入情报领域，构建一个国家情报法律体系来有效协调、管理和规范这些情报资源，使其发挥最大效用，并作为促进国家治理体系和治理能力现代化的重要工具，提升国家在国际上的竞争力和软实力。

三是为国家安全和经济社会发展提供智力支撑和决策依据。国家情报体系是为国家安全决策提供基础资源的系统，在国家安全和经济社会发展的重大决策中发挥先导和基础作用。构建国家情报法律体系的主要目标是通过法律手段，保证国家情报体系（包含军事情报、安全情报、竞争情报、科技情报、经济情报、社科情报等子系统）中的各主体能够最大限度地开发利用整个国家的情报资源，建立外交、军事、安全、经济、科技、文化等部门的联合情报体系，促进情报主体依法有效运行，从而形成高效的国家情报收集、处理和研究网络，为政府部门、企业、社会组织等主体在做关于国家安全和经济社会发展的决策时，提供智力支持和决策依据。

5.3.1.3 国家情报法律体系的作用

一是从宏观层面增强国家情报体系的保障性，维护国家安全。国家情报体系是国家软实力的重要组成部分，国家情报能力强弱将对国家战略决策和实施的能力产生至关重要的影响，是衡量一个国家综合国力的重要指标之一。国家情报法律体系的建立，为国家之间的情报合作、情报对抗、情报防御等活动，提供了战略环境和顶层设计的保障。在法律体系下加强宏观情报建设，有利于以国家安全战略为总引领，增强国家情报体系的法律保障，推动国家情报体系发展和完善。

二是从中观层面增强国家情报体系的引导性，维护社会安全。国家情报体系是一个涉及多领域、多部门、多层级、多主体的复杂系统，既包含分属国安系统、公安系统和军事系统的国家安全机构、公安情报机构、军队情报机构，也包含分属经济系统、科技系统、社科系统的竞争情报机构、科技情报机构、社科情报机构。国家情报法律体系的建立，为国家内部分属不同系统的各情报主体之间的协同合作、职责分工、风险防控等机制的构建,提供了法律和制度层面上的引导和遵循。在法律体系下加强中观情报建设,有利于加强不同领域、系统、部门情报主体之间的交流、合作和协同,发挥国家情报体系最大化效能。

三是从微观层面增强国家情报体系的规范性,维护个体安全。国家安全与个体安全相辅相成。为确保国家安全与个体安全的有机统一,在国家情报法律体系构建过程中,应将国家与公民间的情报关系纳入法律规制范围,强化国家情报法律人民属性特征:一方面是对国家安全战略的落实;另一方面是为国家情报体系运行过程中收集和保护公民信息和隐私提供法治化方案。国家情报法律体系的建立,为情报体系常态运行过程中出现的国家与公民间的情报合作、国家情报权力与公民信息权利的矛盾等,提供了法律和政策上的规范和监督。在法律体系下加强微观情报建设,有利于对个体在情报活动中的行为和活动、权力和利益、权利和义务等方面加强规范、约束和监督,保障公民在情报活动中的安全和利益不受侵害。

5.3.2 国内外情报法律体系现状

5.3.2.1 美国

美国自第二次世界大战结束后就格外重视情报法律体系的建设,相继出台了一系列涉及国家安全和情报等方面的法律法规,构建了完备、科学的情报法律体系。

(1) 冷战时期

1) 国家安全体制。1947年的《国家安全法》(*National Security Act*),是美国国家安全的基本法和纲领性文件,确定了国家安全体制的组织框架,为中央情报机构的成立提供了法律依据,该法先后于1949年、1982年、1984年、1992年、1994年进行修改和补充。1958年的《国防部改组法》(*Defense Reorganization Act*),确立了行政领导与作战指挥相分离的军事领导体制,其中包含第五章"情报活动的责任"、第六章"对情报活动的保护"、第七章"情报工作文件的保护"、第八章"获取机密信息"、第九章"对间谍活动实施制裁"、第十章"教育对国家情报工作的支持"等涉及情报的内容。

2) 设立国家安全机构。1949年的《中央情报局法》(*Central Intelligence Agency Act*),明确规定了中央情报局的职责、法律保障和特权。1959年的《国家安全局法》(*National Security Agency Act*),对国家安全局的职能、人事、组成、培训等方面进行了规定。

3) 划分国家安全机构职能。1981年的《第12333号总统行政命令:美国情报工作》

(Executive Order 12333: United States Intelligence Activities)，首次对情报界的制度机构进行了定义。2003 年的《第 13284 号总统行政命令：关于建立国土安全部的相关行政命令和其他行动的修正》（Executive Order 13284: Amendment of Executive Orders, and Other Actions, in Connection with the Establishment of the Department of Homeland Security）和 2004 年的《第 13355 号总统行政命令：加强情报界管理》（Executive Order 13355: Strengthened Management of the Intelligence Community），对《第 12333 号总统行政命令：美国情报工作》进行了修正，强调只有及时、准确地了解有关外国政府、组织、个人及其代理人的活动方案、潜在能力、计划意图的情报，才能更好地维护国家安全①。

4）监督国家安全工作。1961 年的《对外援助法》（Foreign Assistance Act）及其附加法案即 1974 年的《休斯·瑞安法》（Hughes-Ruian Act），对中央情报局隐蔽行动做出了限制。1980 年的《情报监督法》（Intelligence Oversight Act），明确规定了中央情报局和各情报部门负责人对国会负有接受监督的义务。1978 年的《外国情报监视法》（Foreign Intelligence Surveillance Act），对政府监视在美国的外国组织和个人的行为从司法和合宪性上进行了监督。

5）保护情报人员和举报人员。1982 年的《情报人员身份保护法》（Intelligence Identities Protection Act），要求保护情报机构的工作人员和情报来源。1989 年的《举报人保护法》（Whistleblower Protection Act），引入情报系统参与对联邦雇员身份举报人的保护。1978 年的《政府道德法案》（Ethics in Government Act）规定，如果举报人依法被强制披露公职人员财务状况、职业履历和直系亲属情况，或者举报政府官员违反有关规定在离职"冷却期"内从事禁止从事的职业或行为，或者向独立检察官办公室提供信息配合其调查，都依法受到保护。

6）加强国家安全保密工作。1960 年的《密级资料工业保密手册》修正本，对保密资料密级的划分、标志、使用范围、保存方法、传递程序、收发手续、复制权限和销毁办法进行了规定。1966 年的《信息自由法》（Freedom of Information Act），对于公众对政府信息公开文件、档案等信息的权利进行了规定。1977 年的《联邦计算机系统保护法案》，首次将计算机系统纳入法律的保护范畴。1980 年的《机密情报程序法》（Classified Information Procedure Act），要求机密情报不在刑事诉讼过程中泄露。1982 年的《第 12356 号总统行政命令：国家安全情报》（Executive Order 12356: National Security Infor-

---

① 黄爱武. 战后美国国家安全法律制度研究［D］. 上海：华东政法大学，2009.

mation），对国家安全情报的保密分类、保密注销或降低密级及保障工作等制度进行了规定。1986 的《情报保密计划执行条例》，进一步规范了国防部的保密工作。1987 年的《计算机安全法》（Computer Security Act），是美国计算机安全的基本法律，规定所有联邦机构需制定计算机系统安全计划。1995 年的《第 12958 号总统行政命令：国家安全信息保密》（Executive Order 12958：Classified National Security Information），删除了一部分对《第 12356 号总统行政命令：国家安全情报》的规定。1995 年的《国家安全情报保密》实施细则，对国家安全情报定密、保护、解密的统一标准进行了规定。1996 年的《电子信息自由法》（Electronic Freedom of Information Act），将信息公开的范围扩大至电脑记录和存储在联邦机构运作过程中的应用。

7）开展技术侦察。1968 年的《综合犯罪控制和街道安全法》（Omnibus Crime Control and Safe Streets Act），规定了获得技术侦察许可的条件及监听的期限等内容。1986 年的《电子通信隐私法》，对刑事侦查领域的情报监听进行了规范。

（2）冷战后至"9·11"事件之前

1）调整国家安全机构和职能。1992 年颁布《情报组织法》（Intelligence Organization Act）。1992 年的《情报授权法》（Intelligence Authorization Act），对情报界进行了法定定义。1994 年的《反情报和安全促进法》（Counterintelligence and Security Enhancements Act），成立"国家反情报政策委员会"，负责规划和协调反间谍工作。1996 的《国家图像和测绘局法》（National Image and Mapping Agency Act），成立国家图像与绘图局，为决策者提供战略、战术图像情报。2000 年的《政府信息安全改革法》（Government Information Security Reform Act），规定了联邦政府部门在保护信息安全方面的责任，建立了联邦政府部门信息安全监督机制。

2）加强国家安全教育。1991 年的《国家安全教育法》（National Security Education Act），为培养和储备国家安全工作人才、加强国家安全法制宣传、提高全民的国家安全意识及营造国家安全工作的大环境提供了法律保障。

3）赋予国家安全机构新手段。1994 年的《情报局法》（Intelligence Services Act），授权联邦调查局在得到"外国情报监督法庭"批准后，可对特定对象的住宅、办公室和大使馆进行秘密搜查等行为。1997 年的《情报授权法》（Intelligence Authorization Act），授权联邦调查局拥有调阅、审查各地方电话通信部门记录和其他材料的权力。1999 年的《情报授权法》，明确冷战后国家安全情报机构的作用、职责、组织结构、人事制度和发展方向。

4）加强对国家关键信息基础设施安全的保护。1996 年的《国家信息基础设施保护法案》（National Information Infrastructure Protection Act），加大了对侵害国家信息基础设施行为的处罚力度。1997 年的《公共网络安全法》（Public Network Security Act），着重调整了商务、通信、教育和公共服务等领域公共网络的信息安全。1998 年的《关于保护美国关键基础设施的第 63 号总统令》（Presidential Decision Directive/NSC-63，Subject：Critical Infrastructure Protection），第一次就美国信息安全的概念、意义、长期与短期目标等做了明确说明。2000 年的《全球时代的国家安全战略》（National Security Strategy for a Global Age），将信息安全/网络安全列入国家安全战略，成为国家安全战略的重要组成部分，标志着网络安全正式进入国家安全战略框架，并具有独立地位。

（3）"9·11"事件之后至 2008 年

"9·11"事件后，美国先后颁布多部法案，进一步加大情报工作力度。

1）构建新的国家安全情报体制。2002 年的《国土安全信息共享法》（Homeland Security Information Sharing Act），旨在促进国家安全部门与联邦和地方行政、执法机构之间共享相关情报信息。2004 的《情报改革和预防恐怖主义法案》（Intelligence Reform and Terrorism Prevention Act），成为在新形势下进行国家安全情报体制改革的主要法律依据。

2）建立新的国家安全机构。2001 年的《第 13231 号总统行政命令：信息时代保护关键基础设施》（Executive Order 13231：Critical Infrastructure Protection in the Information Age），组建了总统关键基础设施保护委员会，包括国务卿、国防部长、司法部长、商务部长、国家经济委员会主席、总统国家安全事务助理等官员。2002 年的《国土安全法》（Homeland Security Act），成立国土安全部，责任是协调国家工作，保护所有领域的关键基础设施，包括信息技术和通信系统。2002 年的《反情报促进法案》（Counterintelligence Enhancement Act），设立国家反情报执行官，担任国家反情报政策委员会主席。2004 年的《第 13354 号总统行政命令：国家反恐中心》（Executive Order 13354：National Counterterrorism Center），成立国家反恐中心（National Counterterrorism Center），负责分析和整合政府所拥有的、获得的所有有关恐怖主义的情报，为反恐行动制定战略行动规划。

3）打击恐怖主义。2001 年的《捍卫与加强本土安全采取有效防范与打击恐怖主义举措的法案》（简称《爱国者法》）（Uniting and Strengthening America by Providing Appropriate Tools Required to Intercept and Obstruct Terrorism Act，USA Patriot Act），赋予国家安全机构防范、侦破和打击恐怖主义活动特殊权力，国家安全机关在搜集反恐情报时可以免受相关规定的限制。2005 年的《第 13388 号总统行政命令：为保护美国人民进一步加强反恐情报信息共享》(Executive Order 13388: Further Strengthening the Sharing of Terrorism Information to Protect Americans),成立信息共享委员会,要求在联邦机构与各州、地方政府之间,各机构与相关私营实体之间相互交换反恐情报。2007年的《保护美国法》(Protect America Act),规定了对身在美国境外的人士开展电子侦听的程序进行,对开展电子侦听申请法庭许可令的程序进行修改,加大涉及反恐情报的支持力度①。2007年的《开放政府法案》,使行政机关承担向民众提供行政情报方面的义务。2015年的《自由法案》(Freedom Act)替代了《爱国者法》,规定国安局只有在确认某个组织或个人有恐怖活动嫌疑的时候才能向电信公司索取相关数据。

4)加强关键基础设施保护,实施网络信息安全战略。2002年的《联邦信息安全管理法》(Federal Information Security Management Act)(后纳入《电子政府法》),对政府机构的信息安全问题做出了更为详细的规定。2003的《关键基础设施和重要资产物理保护的国家战略》(National Strategy for the Physical Protection of Critical Infrastructures and Key Assets),提出国家信息基础设施保障要达到三个战略目标:一是防止针对美国关键基础设施的数码攻击;二是降低国家关键基础设施的脆弱性;三是一旦攻击发生将危害和恢复时间降到最低值。这成为美国政府制定保护关键基础设施计划的基础②。2003年的《确保网络空间安全国家战略》(National Strategy to Secure Cyberspace),确立了三项总体战略目标和五项优先目标。

(4)2009年至今

2009年的《网络安全法案》(Cybersecurity Act),提出每四年进行一次网络安全评估,进行联合情报威胁评估,撰写网络风险管理报告,制定国际标准和网络安全威慑标准。2010年的《国家网络基础设施保护法》(National Cyber Infrastructure Protection Act)规定,国会应在网络基础设施保护领域设置"安全线",以保障美国的网络基础设施安全,并在政府和私营部门之间建立起网络防御联盟的伙伴关系,促进私营部门和政府之间关于网络威胁和最新技术信息的信息共享。2010年的《网络空间作为国有资产保护法案》(Protecting Cyberspace as a National Asset Act),授权国土安全部对国家机构的IT系统进行维护监管,总统可宣布进入紧急网络状态,并强制私营业主对关键IT系统采取补救措施,以保护国家的利益。2012年的《网络情报共享与保护法令》(Cyber Intelligence

---

① 张家,马费成.美国国家安全情报体系结构及运作的研究[J].情报理论与实践,2015,38(7):7-14.

② 柏慧.美国国家信息安全立法及政策体系研究[J].信息网络安全,2009(8):44-46,63.

Sharing and Protection Act），允许公司企业与美国政府共享网络攻击证据，而不用担心是否侵害了用户的隐私。2012 年的《网络安全加强法》（Cybersecurity Enhancement Act）提出壮大高素质的网络安全队伍，增加联邦政府在网络安全领域的研发投入，促进网络安全技术的商品化和市场化，加强网络安全教育，提高全社会对网络安全的认识。2012 年的《促进美国网络信息技术研究与开发法案》（Advancing America's Networking and Information Technology Research and Development Act），旨在促进 15 个参与机构开展更广泛合作，组建专家顾问委员会来负责评价计划的进展和提出新的方向建议，以反映网络和信息技术领域或国家优先领域的变化。2018 年，国会通过《公共、公开、电子与必要性政府数据法案》（Open，Public，Electronic，and Necessary Government Data Act），又称《开放政府数据法案》（Open Government Data Act），将确保联邦政府发布有价值的数据集、遵循数据管理的最佳实践，并承诺以非专有的电子格式向公众提供数据。

5.3.2.2　苏联/俄罗斯

（1）苏联时期

1922 年的《俄罗斯苏维埃社会主义共和国刑事法典》，在反革命罪的章节中包含"国家罪"的内容，规定"参加各种类型的间谍活动，传送、通报、窃取、搜集涉及国家秘密的资料，特别是为反革命目的或获得金钱向外国或反革命军事组织提供军事资料"的责任问题。1984 年的《关于禁止向外国提供情报的法令》，旨在制止公民向外国人出卖情报。1987 年出台《国家安全法》和《国家安全委员会条例》。1990 年的《苏联企业法》规定"企业的商业秘密"内容，成为恢复商业秘密法律制度的开始。1991 年的《关于大众信息传媒法》，做出禁止大众媒介泄露"受国家和其他法律保护的"秘密资料的规定，并包含"机密信息"的章节，规定编辑部门不得泄露公民提供的秘密资料。

苏联时期的国家安全和情报法律体系并不完善，情报机关实际是在没有法律依据的条件下行使职权，主要是"按自己内部的规矩办事"，仅克格勃就有近 5000 条工作条例；这也意味着情报机关的活动几乎不受法律的限制，甚至"凌驾于法律之上"[①]。1991 年的《苏联国家安全机关法》（О органом государственной безопасности），是苏联第一部情报机关立法，首次以法律形式确定克格勃的性质、任务、权限及活动范围。1992

---

① 彭亚平，王亮. 俄罗斯联邦情报法制建设及其特点［J］. 情报杂志，2017，36（1）：14-17.

年,俄罗斯共产党中央委员会秘书处通过《关于保存和转移保密文件的程序》的特别令①。

(2) 俄罗斯时期

苏联解体后,俄罗斯开始加快国家安全和情报法律体系建设进程,基本实现国家安全和情报法律法规的系统化,其按层级可分为三类。

1) 基本法律法规。1993 年的《俄罗斯联邦宪法》(онституция Российской ФедералцииК),对维护国家安全的根本原则和有关国家情报机关的活动进行了规范,构成国家安全保障体系的核心法律基础。1992 年的《安全法》(О безапасности),作为安全领域的基本立法,首次明确"安全""国家安全"等概念,成为情报立法的基础,之后的情报立法不得与之相冲突。1995 年颁布、2006 年修订的《信息、信息化和信息保护法》,明确界定了信息资源开放和保密的范畴,提出保护信息的法律范畴。1996 年的《信息交流法》指出,在信息交流中应保护国家、法人、自然人的利益。此外,《信息权法》《互联网发展和利用国家政策法》《国际信息交流中俄罗斯信息安全保障措施》《电子文件法》《电子合同法》《电子商务法》《产品和服务认证法》《信息保护设备认证法》《有关遵守加密设备的研制、生产、实现和应用以及提供加密信息领域服务的合法性措施》等 20 余部法律正在起草和修订中②。

2) 情报领导机构和情报机构法律法规,具体可以分为三类。第一类是情报领导机关的部门法律法规,对维护国家安全的根本原则进行规范,构成国家安全保障体系的核心法律基础,成为情报法律法规建立的重要依据,对情报机构行为具有规范作用。例如,1996 年的《国防法》(Об обороне)、1997 的《政府法》(Закон о правительстве Российской Федерации)、1999 年的《安全会议条例》(Положение о СоветеБезопасности Росиийской Федерации)、1998 年的《国防部条例》(Положение о Министерстве обороны РФ)和《总参谋部条例》等。1998 的《反恐怖主义法》(Закон Российской Федерации о борьбе с терроризмом),规定了对外情报局和其他对外情报机构的权限,负责保障境外机构的安全,以及这些机构工作人员与家属的安全,并搜集有国际和外国恐怖组织的资料。第二类是对情报部门所从事的某项业务的情报和反情报活动的专门立法,明确情报领导体制中各主体在情报领域中的领导职责。例如,

---

① 刘洪岩. 俄罗斯定密制度问题研究 [J]. 保密科学技术,2011 (2):29-34.

② 马海群,范莉萍. 俄罗斯联邦信息安全立法体系及对我国的启示 [J]. 俄罗斯中亚东欧研究,2011 (3):19-26.

1995 年的《业务侦察法》（Об оперативно-розыскной деятельности），对各安全与情报机关从事业务侦察进行了规范。1993 年的《国家秘密法》（О государственной тайне），对什么是国家秘密及各部门在保守国家秘密中的职责进行了规范。1993 年的《联邦政府通信与信息组织法》，明确由联邦政府通信与信息局负责保障国家通信的安全。第三类是各情报机关的部门法律法规。这类法律法规是情报法律体系中的主体，各主要情报机关都有自己的单行法律法规，也是各情报机关存在的最直接法律基础。例如，1992 的《对外情报机关法》（О внешней разведке）和《对外情报局条例》（Положение о внешней разведке Российской Федерации），使情报机关活动在其历史上第一次有了牢固的法律基础，对俄罗斯对外情报总局的职能、情报活动的范围、情报活动的法律基础、情报活动的原则、情报活动的目的和对外情报机关的权力等方面进行了规定。1992 的《国家安全机关法》、1993 年的《政府通信和信息机关法》、1994 年的《反间谍总局条例》、1998 年的《安全局条例》、2000 年的《边防局法》等，都是相应情报机关存在的合法性基础，同时也对其行为进行规范①。

3）总统令。总统令是俄罗斯联邦总统作为情报体系最高领导对情报活动实施领导的重要形式，内容主要是针对情报机关重大改革的明确指示。作为对比，情报机关单行法律具有相对稳定性，总统令则具有相对灵活性。例如，1991 年 12 月 19 日，叶利钦签署《关于成立俄罗斯联邦安全与内务部的总统令》；1993 年 12 月 21 日，叶利钦签署《关于撤销俄罗斯联邦安全部和建立俄罗斯联邦反间谍总局的总统令》；2003 年 3 月 11 日，普京签署的《关于完善俄罗斯联邦安全部门结构措施的总统令》成为情报改革的总指挥棒，"法普西"被撤销，其密码与认证等大部分职能归转到联邦安全局；2004 年 7 月 11 日，普京签署《俄联邦安全局问题的总统令》，对联邦安全局的结构进行调整，提高地位、扩大职权；2006 年 2 月 15 日，普京签署《关于打击恐怖主义措施的总统令》，成立新的反恐情报协调机构——国家反恐委员会，确立以联邦安全局为首的总统垂直领导的反恐协调指挥体系②；2009 年 5 月 12 日，梅德韦杰夫签署《俄罗斯联邦 2020 年前国家安全战略》，从政治、经济、军事、文化、卫生、科技等方面分析了安全状况并提出保障措施。2013 年 1 月 15 日，普京签署《关于建立查明、预防和消除对俄罗斯信息资源计算机攻击后果的国家系统》，要求能够有效应对黑客入侵及对信息系统和电信网络的攻击。

---

① 毛楚众. 俄罗斯反恐情报体系的历史演进［J］. 黑河学刊，2017（5）：84-86.
② 彭亚平，王亮. 俄罗斯联邦情报法制建设及其特点［J］. 情报杂志，2017，36（1）：14-17.

5.3.2.3 欧盟及欧盟国家

（1）欧盟

欧盟和各成员国在《马斯特里赫特条约》《里斯本条约》等条约框架下，制定了一系列关于安全情报、信息安全、数据安全的法律法规。

1992年的《有关数据库法律保护的指令》，旨在加强数据库的信息安全保护。1992年的《信息安全框架决议》[Council Decision of March 1992 in the Field of Security of Information Systems (92/242/EEC)]，是欧盟第一部针对计算机信息安全的法律，给予一般用户、行政管理部门和工商业界存储电子信息提供安全保护，并建立信息安全委员会。1995年的《关于涉及个人数据处理的个人保护以及此类数据自由流动的指令》（简称《数据保护指令》）(Data Protection Directive)，旨在让成员国接受与个人数据有关的隐私保护的共同标准。1995年的《关于合法拦截电子通信的决议》，提出网络环境下公权力行使与人权保护制衡。1999年的《电子签名统一框架指令》，要求成员国出台本国电子签名的法律法规。1999年的《关于采取通过打击全球互联网上的非法和有害内容以促进更安全使用互联网的多年度共同体行动计划的第276/1999/EC号决定》，强调必须安全使用网络，为加强互联网管制及杜绝种族歧视、分裂主义等非法和有害信息提供法律依据。1998年的《私人资料保护指南》，禁止将成员国公民的私人资料传送到对隐私权保护不力的国家。2002年的《关于网络和信息安全领域通用方法和特殊行动的决议》，对成员国提出加强信息安全与教育活动、推行国际公认标准的信息安全管理措施、加强共同体内与国际上网络和信息安全事件的信息交流等八项要求。2002年的《关于对信息系统反攻击的委员会框架协议》，确保有关部门的信息系统受攻击时，能在打击犯罪领域开展合作。2002年的《电子签名法令》，要求所有成员国将电子签名与手写签名视为具有同等法律地位。2002年的《电子欧洲2005行动计划》，提出要建立安全的信息基础设施。2003年的《计算机犯罪法案》，对网络黑客和病毒传播行为做出规定。2003年的《反数字盗版法》，规定间谍软件为非法软件。2004年的《建立欧洲网络和信息安全机构的规则》，旨在加强各成员国和工商企业应对网络和信息安全问题的能力。2005年的《普鲁姆条约》，致力于加强执法数据交换，打击恐怖主义、非法移民、跨境犯罪。2006年的《数据保存指令》，规定了情报部门可以毫无区别、限制和例外地对成员国所有公民的所有元数据进行监控①。2012年的《国家网络安全策略——为加强网络空间安全的

---

① 杨国挥. 国外信息安全建设情况综述[J]. 电力信息化, 2006 (9): 123-125.

国家努力设定路线》，提出了欧盟成员国国家网络安全战略应该包含的内容和要素。2016 年的"确保欧盟统一、高水平网络与信息系统安全之相关措施的指令"（Network and Information Security Directive），是欧盟层面第一部综合性网络安全立法，也是欧盟建立数字单一市场的重要举措之一。2018 年实施的《通用数据保护条例》，加强了对公民个人隐私和信息安全的保障，规定所有能直接或间接识别个人政治理念、种族、健康状况等敏感信息的资料，未经当事人授权，企业不得使用或进行其他操作。2018 年的《非个人数据自由流动条例》（Regulation on the Free Flow of Non-personal Data），有助于在欧盟单一数字市场战略下推动其打造富有竞争力的数字经济。2019 年的《网络安全法案》（Cybersecurity Act），为欧盟机构、机关、办公室和办事处等机构在处理个人用户、组织和企业网络安全问题的过程中，加强网络安全结构、增强对数字技术的掌控、确保网络安全提供应遵守的法律规制。

（2）德国

联邦德国为保障情报机构工作的开展，于 1986 年先后制定了《情报合作法》《联邦情报局法》《军事反间谍局法》《联邦宪法保护局法》，赋予情报机构更大的权力，对其职能、责任和权限等进行了界定。例如，联邦情报局有权对国家卫星、无线电通信、长途电话和电子邮件等实施监听和监控，并向金融机构调查嫌疑人的账户和资金往来情况；军事反间谍局有权对通信和电信服务进行调查；联邦宪法保卫局则有权对怀疑危害国家安全活动的人员及其幕后操纵者进行监视；内务部效仿美国国家安全局和英国通信总部的做法，建立中枢性的信号情报监控机构，专门进行信号情报的搜集和管理①。《联邦数据保护法》在数据保护法律体系中占据着中心地位，于 1977 年首次颁布，后进行了多次修改。1990 年，着眼于引导个人数据的合理使用，将国家安全机构对个人数据的收集和加工纳入保护范围，明确公共机构无过错赔偿的适用条件；2000 年，确立沿用至今的数据经济原则，完善数据保护官的职能，强调"意思自治"原则在数据保护领域的作用；2015 年，新增了数据泄露的通知义务，旨在对个人数据进行更好的保护。1996 年的《信息通信服务规范法》，明确了互联网内容传播过程中各个环节、相关机构的责任和义务。2009 年颁布、2015 年修订的《加强联邦信息技术安全法》，以信息关键基础设施为重点，搭建了网络安全的保护和协作框架，明确了政府机构、运营者及用户的权责。

---

① 安会杰. 德国信息安全法律法规建设情况 [J]. 中国信息安全，2013（2）：60-62.

(3) 法国

根据 1992 年的 1992-523 号法令，正式组建军事情报局，并在《国防法》的第 D3126-10 条到第 D3126-14 条对其职能做出规定，2016 年的新《军事情报局组织法令》，强化该机构的军事保密性质，从而有效应对反恐战争的局势。《国防法典》《国家安全法典》和 2002 年、2012 年和 2015 年的《对外安全总局组织法令》，是对外安全总局机构组织和行使职能的主要法律依据，其主要负责搜集国外的政治、军事、经济、科技和恐怖活动等方面情报，并通过拦截和搜集外国通信信号，对外国情报进行破译。2004 年的新《国防法典》，成为国防和国家安全活动的总章程，细化了总统和总理的国家安全职责；规定了国家情报委员会和情报协调官在情报工作中的任务；明确了对外安全总局、国内安全总局及军事情报局作为安全情报机关的法律地位和法定职责。2008 年修改的《宪法》，明确了总统作为国家反恐情报工作的最高领导地位。2008 年的第 2008-609 号法令，将普通情报中央局和领土监护局合并，并于 2014 年改为国内情报中央局。2014 年的《国内安全总局任务与组织法令》，规定国内安全总局是对内的主要情报机构，负责境内涉及国家基本利益和国家安全情报的搜寻、集中和挖掘工作。2009 年的《2009—2014 年军事计划法案》，规定情报事业的发展方向由国家情报委员会决定；国防部在军事情报方面的职能包括外国情报和军事情报的搜集，以及与国防相关的危机监测；内政部主要负责国内情报搜集，提出要在北约内部通过提高情报搜集能力实现战略自主，并列举提升情报工作的重要举措。2015 年的新《国家安全法典》，明确有关"搜集情报"的法律规定，增补了"情报"专章，对情报机关进行明确授权，扩大其监控范围和手段，成为重要的情报法渊源①。2015 年的《情报法》，在情报机关实施监控工作上给予更多授权，强化应对数字社会各种威胁的能力。2016 年的"关于加强打击有组织犯罪及其资助、优化刑事诉讼效率及保障的法律"，引入多种反恐侦查及预防手段，强化对恐怖犯罪的刑事打击，其中特别强调对数据库的应用及加强网络打击能力②。此外，在《邮电电子通信法典》《货币和金融法典》《海关法典》等法律法规中也涉及反恐情报搜集的内容。

(4) 其他欧盟国家

瑞典早在 1766 年就通过《出版自由法》，是世界上第一个实行政务公开的国家，该

---

① 化国宇. 法国反恐情报机制研究 [J]. 情报杂志, 2017 (9)：7-13, 18.
② 肖军. 反恐背景下欧洲情报体系的建设及其启示 [J]. 情报杂志, 2018, 37 (3)：28-32, 63.

余款规定所有非涉密的公共文件予以公开。此后，专门制定《保密法》，详细列举哪些信息属于国家机密，哪些信息可以公开。通过《反不正当竞争法》《政府信息公开法》等法律，将竞争情报视为以非军事手段保证国家和平与发展的方法之一，为竞争情报工作创造良好的社会环境和文化氛围，使情报工作受到社会公众的认可和尊重。

瑞士于 2016 年 9 月通过新的《联邦情报法》，在原有《情报法》基础上增加一系列附加安全保障手段，除电话监控外，情报安全机构还可以对电子邮件和跨境网上联络进行筛查或安装监听设备。

意大利专门出台《安全情报机关组织条例和关于国家机密的规定》。

5.3.2.4 英国

（1）国家安全情报

1989 年的《安全局法案》（Security Service Act），规定保安局的职责为搜集情报，应对间谍活动、恐怖主义和破坏活动带来的威胁，保卫英国国家安全等。1989 年的新《官方保密法》，突出保守国家核心机密的重点内容。1994 年的《情报服务法案》（Intelligence Services Act），要求安全局向情报与安全委员会报告并受其监督。1998 的《犯罪和扰乱秩序法》中对情报共享做了规定。2002 年的《反恐怖主义法案》，第一次提出"网络恐怖主义"概念，并把黑客入侵视为"恐怖行为"。2014 年的《紧急通信与互联网数据保留法案》，允许警察和安全部门获得电信及互联网公司用户数据，旨在进一步打击犯罪与恐怖主义活动。

（2）信息安全

根据欧盟法的要求，英国先后制定关于信息安全的法律法规。例如，1998 年的《数据保护法》，确定了数据保护的八大基本原则。2000 年的《无线电设备和电信终端设备条例》及其 2003 年修订案、2002 年的《电子签名条例》、2003 年的《隐私和电子通信（欧盟指令）条例》，都对电子通信领域的隐私问题进行了规定。2009 年的《数据存留（欧盟指令）条例》[Data Retention (EC Directive) Regulations]，对网络服务提供商存留数据的义务、数据的存留期限和种类、存留数据的安全和保护做出明确规定。除根据欧盟有关指令或决议要求制定的信息安全法律法规以外，英国还制定了一系列重要的信息安全国内法。例如，1985 年的《通信截收法》（Interception of Communication Act），内容涉及通信截收的禁止，通信截收许可证的范围、签发、期间及其修正，隐私的保护，通信截收的法律监督及其违法通信截收的救济渠道等方面。1990 年的《计算机滥用法》，列举了侵犯互联网系统和信息的违法行为。2000 年的《通信监控权法》，规定了对网上信息的监控，为保护英国国家安全或经济利益等目的，可截收或强制性公开某些信息。2000年的《调查权管理法》（Regulation of Investigatory Power Act），规范了公共机构的监控和调查权力，规定了截取通信的内容。2003年的《通信法》，规定当网络服务供应商的行为严重威胁到国家安全、公共安全、公众健康时，国务大臣和通信管理局有权暂停或限制供应商提供网络或服务的权力。2006年的《无线电信法》，对涉及频谱的信息安全问题做出明确规定。2010年，颁布《数字经济法》。2013年的《通信数据法案》（Communications Data Bill），确保英国警察、安全部门和情报机构能够获取充足的通信数据①。2017年的《数据保护法案》，旨在营造最好的、最安全的在线生活和商业环境，强化数字经济时代的个人数据保护。2018年5月，开始执行欧盟《网络与信息安全指令》，旨在加强关键行业的网络安全。

（3）政府信息公开

英国的保护主义历史悠久，早在1889年就实施了《政务保密法》，1911年《官方保密法》生效。1984年的《数据保护法》，赋予公众通过计算机查阅个人信息的权力。《利用地方政府信息法》《接触个人档案法》《接触健康报告法》等法律中都包含了关于政府信息公开的内容。1998年的《数据保护法案》（Data Protection Act），明确规定公民拥有获得与自身相关的全部信息、数据的合法权利，允许公民修正个人资料中的错误内容。除部分涉及国家安全、商业机密、个人隐私的信息受到法律保护不得公开外，其他政府信息应经过系统的处理后，尽量以电子化形式予以公开。2000年通过、2005年生效的《信息公开法》，主要包括信息公开的范围、信息公开的例外、信息公开的方式、信息公开的救济等内容。2003年的《公共部门信息再利用指令（2003/98/EC）》和2005年的《公共部门信息再利用规则》，对公共部门信息资源利用的具体问题进行了明确和细化。

5.3.2.5 日本

（1）国家安全情报

第二次世界大战后，日本国家安全情报相关法律建设发展迟滞，基本处于不成体系的状态，除日美间情报保密相关法律法规相对完善外，国内的国家安全情报法律规定零散地分布于各法律法规之中。1947年的《国家公务员法》，规定国家公务员的保密义务，并在1948年修改后规定了违反保密义务的惩罚内容。2000年10月，日美安保合作深化指南《美国与日本：走向成熟伙伴关系》发布，指出要争取政府的支持，以推进情报保

---

① 王新雷. 英国信息安全法律法规建设情况 [J]. 中国信息安全, 2013 (2): 63-65.

密法制化建设。在经历了《国家秘密法案》立法失败的挫折后，2014年10月实施的《特定秘密保护法案》，填补了相关法律空白，安全情报法律建设取得突破性进展，确立了情报保密法制框架，使安全情报工作发展步入正轨。此外，在加强国内情报立法的同时，日本积极与多个国家签订协定，旨在加强与盟友间的情报保密法制建设，2007年8月与美国签订《日美军事情报保护协定》，2010年6月与北约签订《日·NATO情报保护协定》，2011年10月与法国签订《日法情报保护协定》，2012年5月与澳大利亚签订《日澳情报保护协定》，2013年7月与英国签订《日英情报保护协定》，2015年12月与印度签订《日印情报保护协定》，2016年3月与意大利签订《日意情报保护协定》[①]。

(2) 信息安全和个人信息保护

1986年的《著作权法》修正案，加大了对信息知识产权的保护力度。1988年的《行政机关保有利用处理的个人资料保护关系法》，对利用计算机处理个人信息的政府行为进行了规范。1995的《科学技术基本法》，保证了包括信息安全技术研发在内的经费投入。1999年的《行政机关拥有信息公开法》，规定了不予公开信息的范围。2000年的《电子签名鉴别法》，确保了电子签名和认证的真实有效性。2000年的《建立高度信息通信网络社会的基本法》（《IT基本法》），规定了要通过制度改革适当保护和利用知识产权，确保网络的安全性和可信赖度，加强对个人隐私信息的保护。2000年的《防止非法接入法》，通过刑事处罚的形式禁止非法接入和相似行为。2000年的《反黑客法》和2001年的《关于禁止不正当存取行为的法律》，旨在保护个人隐私的数据安全与自由传送，惩处黑客行为。2005年实施的《个人信息保护法》《行政机关个人信息保护法》《独立行政法人等个人信息保护法》《信息公开——个人情报保护审查会设置法》《行政机关保有个人信息保护法》共五部与个人信息保护相关的法律，统称为《个人信息保护法》，形成一个相对完善的个人信息法律保护规范体系，目标是在充分保护的前提下，实现个人信息社会效益的最大化[②]。2017年实施的《个人信息保护法》修正案，加强了对个人信息权的保护，将原来隶属政府各省主务大臣的分散于各个领域的监督权，转移并集中到个人信息委员会，确立了个人信息权利保护的一体化监督体制[③]。

---

① 高畅. 第二次世界大战后日本情报保密法制建设概述[J]. 保密科学技术，2017（2）：44-49.
② 魏健馨，宋仁超. 日本个人信息权利立法保护的经验及借鉴[J]. 沈阳工业大学学报（社会科学版），2018，11（4）：289-296.
③ 同②.

（3）信息产业和科技情报

日本从1957年开始先后制定一系列促进信息产业发展的法律法规，最大限度地保障信息产业合理、健康、安全地发展，如1950年的《电波法》、1957年的《电子工业振兴临时措施法》、1970年的《信息处理振兴事业协会法》、1970年的《信息化促进法》（鼓励和刺激信息服务业）、1971年的《特定机械、信息产业振兴临时措施法》、1972年的《公共电信通信法》（放宽对信息处理业务和使用通信线路的限制）、1985年的《电气通信事业法》（规范电器通信产业）、1989年的《地区软件法》（加强东京以外地区软件产业的开发）、1999年的《信息公开法》《高度信息与电信网络社会形成基本法》、2002年的《关于行政机关实施政策评价的法律》（有效优化了科技情报政策的制定与执行）、2004年的《内容产业创造、保护及有效利用促进法》（保障内容产业的创造、保护与运用）等。

5.3.2.6 中国

1993年颁布的《中华人民共和国国家安全法》，将重点放在反间谍方面，对情报领域涉及较少。党的十八大以来，以习近平同志为核心的党中央，为适应新的时代潮流和形势需要，提出总体国家安全观，将情报观与国家安全观二者协调一致、联动推进，使国家情报法律为国家战略和国家利益服务，在国家安全战略中体现出更多的情报元素。2014年，成立国家安全委员会，旨在推进负责情报、军队、外交、公安等工作的国家安全机构的组建。2015年，颁布实施新的《中华人民共和国国家安全法》，提出建立国家安全体系，并在专门章节中提出加强情报信息收集和相关机制设置。2016年颁布的《中华人民共和国网络安全法》，旨在监管网络安全、保护个人隐私和敏感信息，维护国家网络空间主权和安全。2017年，颁布实施《中华人民共和国国家情报法》，加强和保障国家情报工作，维护国家安全和利益。此外，颁布和修改一批与国家安全和情报相关的法律，如2005年颁布的《中华人民共和国反分裂国家法》、2010年颁布的《中华人民共和国保守国家秘密法》（1989年《中华人民共和国保守国家秘密法》的修订版）、2014年颁布的《中华人民共和国反间谍法》（1993年《中华人民共和国国家安全法》的修订版）等。

5.3.2.7 其他国家

韩国除有《刑法》《军事刑法》《军事机密保护法》《国家保安法》等法律对危害国家安全的反国家行为进行打击和制裁外，于1961年组建中央情报部，制定《中央情报部法》，修改后的《中央情报部法》改称《国家安全企划部法》，1981年，再次对《国家安全企划部法》进行修订，规定了国家安全企划部的组织、职权及有效进行国家安全工作的必要保障。巴西 1953 年出台《国家安全法》，1964 年出台《国家情报法》，1988 年出台《国家情报局条例》。阿根廷 1992 年出台《国家安全法》。罗马尼亚 1991 年出台《国家安全法》，明确规定国家情报安全机构的组织和职责，以及国家机关、公共组织、私人组织在维护国家安全方面的义务等内容；1993 年出台《情报组织法》。土耳其 1983 年出台《国家情报服务和国家情报组织法》。

5.3.3 国内外情报法律体系分析

5.3.3.1 美国

美国的国家战略是称霸世界，维护由其制定的世界游戏规则，绝不能容忍其他国家对其地位进行挑战，因此，其国家情报体系的建立也是为其战略利益服务的，时常会产生情报政治化的现象。自"二战"以来，美国的情报模式经历了不断演变，可大致划分为三种模式。一是"二战"时期模式。该时期的情报工作主要是模仿英国国家情报体系，从事隐蔽侦察行动以配合国家的军事作战，可称为侦察支援型情报模式。二是冷战时期模式。该时期的情报活动以国家安全的"遏制战略"为基本框架，主要针对苏联等社会主义阵营，围绕意识形态对抗，开展以文化战、学术战、新闻战、思想战和公共外交等为主题的和平演变活动，可称为和平演变型情报模式。三是后"冷战"时期模式。苏联解体后，确立世界霸权地位为国际战略背景，在 20 世纪 90 年代经历短暂的规模缩减后，随着"9·11"事件的发生，提出恐怖主义和大规模杀伤性武器扩散等重大情报议题，以反恐战略为目标，推动情报规模再次扩大，国家安全情报机构在法律上被赋予的职能权限不断膨胀和扩张，赋予国家安全情报机构更大的权力[1]。美国情报法律保障非常完善，法典中与情报相关的法律共有 30 余部，内容涵盖情报活动的组织体系、人员任免、权责关系、工作内容、运行规范、奖惩体系、工作方法、预算控制、薪酬费用等方面。情报法律体系明确和细化了情报界的工作规范和工作内容，为情报系统运行提供了扎实的保障基础，同时也对政府情报和安全机构拥有强大的监督和控制能力[2]。国家情报体系具有非常完备的治理机制，包括组织机制、运行机制、决策机制、监督机制等，其中情报界与法律保障体系是其运行机制的核心体系。

---

[1] 王新雷. 英国信息安全法律法规建设情况 [J]. 中国信息安全，2013（2）：63-65.
[2] 赵晖，姜练琳. 日本网络地理信息安全政策建设的经验与启示 [J]. 金陵科技学院学报（社会科学版），2015，29（2）：1-6.

5.3.3.2 苏联/俄罗斯

苏联时期的情报法律体系尚不健全，只有《刑法》和《国家安全委员会条例》等单行法律法规，缺乏对情报机构和情报活动的法律管理和监督。苏联解体后，俄罗斯把国家情报立法作为情报系统生存、发展和改革的基石，先后颁布一系列法律法规，以《宪法》为基本依据，以《信息、信息化和信息保护法》为立法基础，以《国家信息安全学说》等纲领性文件为政策指导和理论依托，构建了一个较为完善的国家情报法律体系。情报法律体系为情报组织和机构的一切行为提供基本依据——赋予情报机关存在的合法性，规定情报机关存在的形式、活动的样式、活动的原则，保障情报人员的权利，对情报机关与情报活动进行监督，实现了情报基本概念、情报组织、情报活动、情报人员权利、情报监督的法制化。各项法律、总统令、特工部门单行条例、国家安全构想等为国家情报工作打下了坚实的法律基础，确立了国家情报法律体系及其部门职能，厘清了情报工作中的一些基本概念和范围，规定了情报部门的地位、职责、权力、人员、手段及开展情报侦察活动的监督程序，为保持国家情报法律体系的稳定起到重要作用①。历任总统多次签署总统令，部署和指导情报安全部门的改革工作，各部委根据相关法律和总统令下达多项保障情报工作开展的行政命令。同时，强化联邦安全总局、政府通信与管理总局和对外情报总局在网络和信息安全管理方面的职能，对信息安全产业实行严格的行业管理和认证制度，加强信息安全产品的研制和监管，重点加强对政府、银行等重点领域信息安全设备的采购、使用和管理，为政府和军事系统建立专用信息传输系统，确保其在技术上的独立性。但是，俄罗斯情报法律体系仍存在一些不足之处，尤其是在信息安全领域的法律法规还比较薄弱，不能完全满足信息化、网络化和数据化发展的要求，涉及国家信息安全技术保障的法律仍不够完善。

5.3.3.3 欧盟

欧盟自成立以来，一直重视情报法律体系建设工作，以保障整个欧洲的信息安全为目标，通过颁布决议、指令、建议、条例，初步形成一个由欧盟一体化立法、成员国国内立法、综合立法和专项立法共同构建的体系完整、层次分明、内容丰富的情报法律体系框架，有效地保证了整个欧盟的情报和信息安全。尤其是"9·11"事件以后，重点加强了在防范恐怖袭击和网络犯罪、保护信息基础设施安全等方面的措施。欧盟在信息安全战略和情报策略上建立了透明的协调机制，采用共同的测评认证标准，实现一国测评多国互认，在

---

① 彭亚平，王亮. 俄罗斯联邦情报法制建设及其特点［J］. 情报杂志，2017，36（1）：14-17.

网上内容监管方面相互协作,形成协调一致地打击网络犯罪的行动纲领和机制。

5.3.3.4 英国

英国作为世界上信息化发达国家之一,通过积极参与和执行欧盟立法及制定国内法律法规,建立了相对完整的信息和情报法律体系,主要围绕网络安全监控、电信管制、隐私和个人数据保护、密码管制、网络应急响应和打击网络犯罪等方面的建设,并随着经济和信息技术的发展不断地更新调整[①]。

5.3.3.5 日本

日本在充分借鉴美国经验的基础上,从日本国情出发,重点从法律体系、发展战略、信息安全、组织建制、产业发展等方面构建国家情报法律体系。《特定秘密保护法案》的出台,标志情报保密法制建设步入正轨。日本作为全球信息化强国,以"IT立国"作为基本国策,重点加强信息安全法制建设工作,构建了比较完善的信息安全法律体系,制定一系列相关的法律法规,建立了政府主导、社会参与、国际合作的三维合作模式,为网络和信息安全提供有力的支撑和保障,使信息安全步入法制化轨道[②]。在信息产业方面,通过连续立法,大力推进本国信息化进程,促进本国信息产业的发展。

5.3.3.6 中国

新中国成立以后,情报立法一度相对滞后,未能形成相对完善的国家情报法律体系,情报立法不能跟上情报实践的发展,就不能有效保障、指引和规范国家情报工作。例如,《中华人民共和国反间谍法》主要针对反间谍方面,适用范围较窄;《中华人民共和国国家安全法》主要针对国家安全方面,只是在第四章"国家安全制度"第二节中提到情报信息,内容较为宽泛。《中华人民共和国国家情报法》的颁布实施,第一次明确地从法律上对国家情报体系的构成和情报机构的相应职能和关系进行保障和规范,有力指导国家情报工作的开展。《中华人民共和国国家安全法》《中华人民共和国反间谍法》《中华人民共和国反恐怖主义法》《中华人民共和国境外非政府组织境内活动管理法》《中华人民共和国国家情报法》《中华人民共和国网络安全法》等一系列法律法规的颁布实施,标志着我国开始搭建起国家情报法律体系的初步框架。相较欧美一些发达国家近年来加快情报立法保护本国利益的做法,我国情报立法进度仍显滞后,法律体系还有待进一步完善。

[①] 赵冰峰. 情报学:服务国家安全与发展的现代情报理论 [M]. 北京:金城出版社,2018:343-344.
[②] 同①.

5.4 国家数据政策

5.4.1 大数据时代国家情报法律与政策的冲击与变化

未来10~20年，新技术将不断革新，出现物联网与互联网相结合的智能系统，技术系统进一步替代人力系统，出现功能更为全面、精准和适应复杂条件的数据采集、信息分析、人机通信、决策研判的集成系统。例如，卫星系统具有更精准的动态监测能力、网络机器人具有更智能的请求应答能力、大数据分析系统具有更加复杂和个性化的挖掘能力等，情报自动化将构建全域覆盖体系，具备动态采集、智能反应、快速处理等功能。

随着大数据、云计算、人工智能等技术的广泛应用，技术系统将渗透到意识形态方面，实现意识形态符号的自动化理解、生产与传播，以传播系统为载体的意识形态化情报活动将广泛出现，互联网媒介下的意识形态化情报工具将成为主流样式，包括操纵新闻以开展舆论战、操纵社会事件以开展公共外交、操纵娱乐习俗以开展文化战、操纵宗教以开展心理战、操纵知识研究以开展学术战、操纵财经传媒以开展金融战等。具有侵略野心的部分国际资本集团将通过控制传媒体系，利用新闻议题与议程调节社会舆论和国家话语权，试图与目标政权的法权力相抗衡。从Facebook、Twitter到Google，这些工具都增加了全球的联通性，人们越来越愿意在网络空间中表达自己的思想、观点及观察结果，这种信息和数据的生成过程最终促进了新情报模式的产生。据估计，约有1200艾字节的数据存在于世界上，其中90%是在过去的两年内被创建出来的，Facebook每天产生4PB的数据，包含100亿条消息、3.5亿张照片和1亿小时的视频浏览①；每一分钟就会有100小时的视频被传到YouTube上。

随着新技术和网络化组织的应用，独立式的个体活动与科层制的组织活动都将被融合到网络化组织当中，人机结合、系统协同、跨领域联合、行动一体化的网络化合作时代即将到来，出现社区化、平台化、生态化和社会化的新型情报组织模式。例如，更多的商业公司与数据公司参与国家的战略性数据采集与信息分析，各种智囊团和智库与国家决策体系紧密结合，经济、科技、社会、文化等各种组织通过军民融合体系和其他国家采购体系共同参与国家战略行动等。总之，新的历史进化为情报领域、情报法律和政

---

① 资本实验室. 不可思议的数字：互联网每天到底能产生多少数据？[EB/OL].（2019-04-15）[2021-08-23]. http://www.sohu.com/a/307947648_99950936.

策提出各种冲击和挑战,同时也提供了更多机遇①。

5.4.2 大数据观下的国家情报法律政策体系框架发展

从情报战略环境看,未来 10~20 年,我国的情报事业面临着三大战略环境的变革:一是以中国为代表的新兴市场国家对国际政治经济秩序的渐进式变革;二是以互联网为代表的新技术对人类社会生产与生活的跃迁式革命;三是以总体国家安全观为指导的中国国家安全质量体系的深度建设②。这三大战略环境的变革,决定了我国情报工作未来的发展方向,也为我国国家情报法律政策体系框架的发展指明未来发展方向。

一是通过国家情报法律政策体系框架促进情报一体化运作体系。实行情报各职能间的联合作战模式,以及情报与军事安全、政治外交、科技装备、经济金融、文化传播等的协同作战模式,这就在客观上要求国家情报法律政策体系框架必须采取适应性战略变革,强化情报防御能力,提升国家安全治理能力和治理水平。

二是通过国家情报法律政策体系框架促进情报协同。以移动互联网、大数据、云计算、人工智能为代表的新技术、新装备是以集成式创新的形态出现的,一个系统的功能发挥往往需要多个功能和多个系统的集成与协同,这就在技术上要求国家情报法律政策体系框架必须以跨部门的战略协同为指导,以实现信息互联、功能互补、系统配套的要求。

本章小结

本章通过对政策范式和法律范式的概念、作用、转变的梳理,分别对情报政策范式和情报法律范式的概念进行界定;对国家情报政策框架和国家情报法律体系的概念、意义、作用等方面进行论述,重点对美国、苏联/俄罗斯、欧盟及欧盟国家、英国、日本及中国等国家和地区的国家情报政策框架和国家情报法律体系的历史脉络和发展现状进行梳理和分析;对进入大数据时代国家情报法律与政策的冲击与变化进行了分析,对大数据观下国家情报法律政策体系框架的发展进行了展望。

---

① 赵冰峰. 情报学:服务国家安全与发展的现代情报理论 [M]. 北京:金城出版社,2018:383-384.
② 同①384.

第6章 大数据观下的国家情报相关制度

国家情报制度是由国家情报管理制度、国家情报评估制度、国家情报共享制度、国家税收情报交换制度、国家情报工作标准与规范制度等组成的制度体系。

6.1 国家情报管理制度

情报管理制度尚未形成统一概念,根据词语的结构来分析,情报管理制度是为确保情报工作展开而制定的管理制度。管理制度是对一定的管理机制、管理原则、管理方法及管理机构设置的规范,是实施一定管理行为的依据,是社会再生产过程顺利进行的保证[1]。情报管理制度是对情报工作管理机制、情报工作管理原则、情报工作管理方法及情报工作管理机构设置的规范。在情报活动快速发展的时代,情报管理制度的制定对情报的发展具有重要作用。情报活动的发展虽然可追溯到几千年以前,但将管理与情报活动分别作为一门学科进行研究,也是在近两百年发展的。研究情报管理制度不仅有利于情报活动朝着正确的方向发展,还有利于情报工作的顺利开展和情报资源的管理。

6.1.1 美国情报管理制度

美国情报工作的开展可追溯到 19 世纪。随着美国工业革命的快速发展,美国政府和军事部门成立了特定的情报机构,侦听、派遣、搜集等活动成为情报工作的主要开展方式。1916 年美国颁布了《军队拨款法案》,并成立了"国防委员会"来协调资源和产

---

[1] 何盛明,刘西乾,沈云. 财经大辞典 [M]. 北京:中国财政经济出版社,1990:1190-2010.

业发展以支持战争，主要是负责国防资源的协调和战士的斗志[①][②]。从1938年开始，随着国际形势的变化，美国建立了"联络常务委员会"，负责外交政策与军事的磋商，实现各部门之间的信息共享。1947年，美国成立了中央情报局，在一定程度上反映了美国情报工作体制的形成。美国"战略情报研究之父"谢尔曼·肯特早在1949年便提出情报是知识，也是活动，还是组织[③]。随着情报活动的不断发展，相关法律、法规相继颁布，促进国家情报管理制度的形成。1949年，成立"军队安全局"，主要负责陆海空的情报工作。美国情报管理制度研究是多学科、多领域研究的交叉，不但涉及管理学，还与军事情报学有着紧密的关系。美国情报管理制度的内涵相对稳定，国家通过相关法律法规对情报机构、情报主体、情报对象等进行管理。在管理过程中，总统是美国国家情报活动的总负责人，由特定的法律法规制约管理。1947年，《国家安全法（1947）》正式颁布，对情报机构的设立、管理等内容进行了规定[④]。在情报管理的机构中，国家安全委员会（National Security Council，NSC）是美国国家安全的最高决策机构，负责制定总体政策。国家情报体系则主要通过《国家安全委员会情报指南令》和国家安全委员会两种方式进行管理[⑤]。

1952年，在军队安全局的基础上成立了美国国家安全局，进一步加强情报通信工作[⑥]。1956年，成立了外国情报活动的总统顾问委员会，到1961年改名为总统外交情报咨询委员会，发展到2008年，该机构再次更名为总统情报咨询委员会[⑦]，该机构主要负责提供有关情报搜集、分析和预测，以及反间谍和其他情报活动的建议。2002年国家安全部成立[⑧]，2003年对外宣告，负责保卫美国国土安全，应对反恐活动。2005年美国国家情报局成立，负责搜集、分析和分发情报，协调各情报机关之间的工作，处理情报搜

---

① 胡荟，孟祥. 论法在美国情报管理体制中的地位与作用[J]. 情报杂志，2015（8）：6-10.
② 张晓军. 美国军事情报理论研究：第2版[M]. 北京：中国人民大学出版社，2011：56-64.
③ KENT S. Strategic intelligence for American world policy: the basic descriptive element [M]. Princeton: Princeton University Press, 2015.
④ LAMBERT E, WU Y, JINNG S, et al. Support for community policing in India and the US: an exploratory study among college students [J]. Policing, 2014, 37 (1): 3-29.
⑤ CONGRESS U. S. Senate select committee to study governmental operations with respect to intelligence activities [J]. Alleged assassination plots involving foreign leaders, 1976, 94: 1-347.
⑥ 詹静芳，詹幼鹏. 窃听风云：美国中央情报局绝密行动[M]. 哈尔滨：北方文艺出版社，2012：21-23.
⑦ 高金虎. 美国情报机构大揭秘：神秘的第三只手[M]. 北京：东方出版社，2012：31-36.
⑧ 张春顺，赵玲. 国家安全部中应有消防首脑的一席之地[J]. 科技信息，2009（21）：591.

集力量与搜集任务之间的矛盾和冲突，实现情报的准确分析，提高情报效能。

美国情报管理制度随着各机构的建立不断完善，具有系统化、稳定性的特点。情报制度主要以保卫国家安全为主，通过搜集信息、监控手段、瓦解等措施打击恐怖活动。《国家情报战略》指出，在采用传统监控、预警的基础上，强调对恐怖主义意识形态的传播与关注，并培养具有弹性和适应性的反恐能力①。2014年《美国国家安全战略报告》指出，网络情报包括国外活动者的网络计划、意图、行动等，主要负责本国的安全、信息系统、基础设施、数据资料等内容②。2015年"网络威胁情报整合中心"成立，负责为国家安全决策提供有关网络威胁的全源情报分析③。

6.1.1.1 美国情报管理制度的发展背景

美国情报管理制度自第二次世界大战后在军事和情报体系方面做出了重大战略调整，在修正的《国家安全法（1947）》中进行了明确的规定。美国总统是情报管理制度的主导者，国会作为总统决策的智囊团，对管理对象、管理领域及管理机制和方式提供决策。"二战"前，美国没有建立完整的情报体制，各部门的情报工作互为独立，彼此之间的沟通很少。1938年，柯德尔·哈尔设立的"联络常务委员会"作为美国第一个外交政策机构定期进行政治与军事磋商，为各部门提供信息共享服务。而由于当时美国制度的导向，该机构的管理范围受到了很大的限制。在此期间，美国主要的情报工作以军事情报为主，外交与安全情报尚未得到重视。各机构按传统方式获取情报，以各自上级部门为服务单位进行工作，跨机构之间并不共享情报④。而总统的情报来自陆军参谋部情报局、海军情报局、联邦调查局、国务院、海关总署、战略情报局、移民局和联邦电信局八个部门，尚未形成统一的管理部门⑤。美国情报管理机构随着战争的发起而活跃，随着战争的消失而被搁置，视情报活动为权宜之计，不存在常设性的情报组织。

"二战"后为了应对战争的再次爆发，临时设立了情报协调局、战略情报局等组织机构对外协调情报工作。根据1946年颁布的《行政命令》成立了国家情报管理委员会

---

① Congress US. Senate select committee to study governmental operations with respect to intelligence activities [J]. Alleged assassination plots involving foreign leaders, 1976, 94: 1-347.
② 王荣.《美国国家安全战略报告》研究 [M]. 北京：时事出版社, 2014: 117-125.
③ SCHLETTE D, BÖHM F, CASELLI M, et al. Measuring and visualizing cyber threat intelligence quality [J]. International journal of information security, 2021, 20 (1): 21-38.
④ BEST R A. Leadership of the US intelligence community: from DCI to DNI [J]. International journal of intelligence and counterintelligence, 2014, 27 (2): 253-333.
⑤ 杰弗里·琼斯. 美国谍报史：从安全勤务局到中央情报局 [M]. 北京：群众出版社, 1985: 45-56.

(National Intelligence Authority)，主要负责协调、汇编情报及情报活动开展的审核①。但管理情报工作的主体仍然是总统，国会仅起到辅助作用。在1947年，国家安全委员会成立②，会议签署了《国家安全法》，美国建立了中央情报局，在一定程度上标志美国情报管理体制的初步形成③。随着冷战的进行，杜鲁门意识到情报组织的重要性，通过获取情报能更有效处理战争问题。到20世纪60年代前，美国情报工作迅速发展，为了对迅速发展的情报工作进行规范管理，美国成立了情报机构来制约和监督管理情报工作，如国家保密局、国防情报局、国家侦察办公室等。自《情报改革和预防恐怖主义法案》通过后，美国情报管理不再区分国内与国外情报工作，实现情报工作管理的一体化。

6.1.1.2 美国情报管理制度的发展阶段

美国情报管理制度随着情报环境、情报形势、情报职责等变化，管理制度也不断发生变化。在2004年之前，美国并未通过立法对情报管理做重大改革，但随着情报结构的不断重组，情报管理制度也随之发生变化。60多年来，按情报发展的过程，情报管理制度可分为三个不同的阶段。

（1）情报管理制度自发阶段（1947—1971年）

在冷战期间，美国情报管理制度处于放任自流的自发阶段，各情报部门处于各自为政的状况。国家的情报工作主要由国家安全委员会进行宏观指导，1947年7月杜鲁门签署了《国家安全法》，要求国家安全委员会针对国家安全相关政策的整合向总统提出建议，加强政府在国家安全问题上的有效合作。在情报管理制度发展初期，中央情报局成立，作为总统的辅助机构，也是美国历史上第一个以立法形式成立的国家情报组织。中央情报局主要负责国家安全相关事宜，对安全问题进行评估并向国家安全委员会提出建议，执行国家安全委员会的其他指示，协调情报机构之间出现的问题。

在美国情报管理制度建立之初，管理制度并不完善，最主要问题是缺乏系统性。中央情报局主任主要协调情报的产生，帮助决策者获得更好的情报信息，但中央情报局主任仍处于孤立状态。在对外的情报活动中，西德尼·索尔斯在任的四个月期间，将国务院、陆军部、海军部、空军部情报单位的负责人组成顾问委员会，彼此进行情报活动的

---

① 托马斯·F. 特罗伊. 历史的回顾：美国中央情报局的由来和发展 [M]. 北京：群众出版社，1988：53-60.
② 姬文慧，王江华. 美国冷战战略发展与演变：从杜鲁门到布什 [J]. 湖北第二师范学院学报，2012（s1）：52-55.
③ 蔡晶晶. 美国1947年《国家安全法》研究 [D]. 长春：吉林大学，2009.

合作。索尔斯在其离职报告中指出，要尽快落实国家安全机构的一个部分或一个单独机构行使职权的法律地位和独立经费①。到了范登堡负责中央情报活动时期，建立了情报组织的独立预算权和人事权，获得搜集对外情报、协调各部门情报活动的权力。当希伦科特负责情报活动时，积极鼓励情报机构之间开展合作交流，以求协调国家之间产生的情报活动。

情报管理制度建立初期，形势需要更为迫切，情报活动不断出现问题，引起国家情报部门的关注。1950年6月朝鲜战争爆发，引起美国国会对情报部门的批评。同年10月，沃尔特·比德尔·史密斯担任中央情报局主任，指出情报职责是情报组织之间协商与妥协，在合理分工的基础上达成合作协议。史密斯协调总统与国家安全委员会提供的情报服务工作，并建立了国家情报评估委员会（Board of National Intelligence Estimates），对不同情报部门之间的意见进行标注，协调不同情报部门之间的意见，最终达成一致意见。通过情报主任的推动、发展，情报管理制度得到了明显的改善，史密斯为情报管理制度的建立做出了重要贡献，此外他还通过颁布立法、指令对情报活动进行管理。

随着互联网的发展，情报学得到了迅速发展。空间情报与通信情报的搜集能力不断增强，情报的管理成为重要工作，中央情报委员会参与情报的管理工作。在1948年，国家安全委员会认定通信情报不在中央情报主任的管理范围内。到了史密斯担任中央情报主任后，扩大中央情报主任对情报活动的管理范围，将通信情报纳入中央情报局的日常管理活动。在朝鲜战争爆发后，美国通过通信情报来预测朝鲜战争的爆发，史密斯指出通信情报是国家情报的重要内容，请求国家安全委员会审查通信情报的管理，申请成立美国通信情报委员会（USCIB）进行管理。

（2）情报管理制度的深入发展阶段（1972—2003年）

到20世纪70年代，情报管理体系逐步健全，情报工作人员不断增加。尼克松任职后对情报管理活动进行了改进，通过加大对国防部情报活动的集中控制力度来管理情报活动。尼克松指出，为了实现美国情报工作发展的全面化，要求中央情报主任对美国所有情报活动提供协调和指导，并通过管理和协调的情报活动向总统提供建议。1971年，《施莱辛格报告》中提出，情报管理工作未有显著提升，情报质量与情报产品管理不够协调，建议中央情报局进行审查。同年，尼克松发布了《美国对外情报界的组织和管

---

① 托马斯·F. 特罗伊. 历史的回顾：美国中央情报局的由来和发展［M］. 北京：群众出版社，1988：285-292.

理》决策备忘录,授予赫尔姆斯负责情报活动的权力。

到1992年3月,布什签署了《第67号国家安全指令》,对情报政策需求进行了调整,把1992—2005年情报需求划分为4个等级,成为中央情报主任管理情报活动的基础。1993年,克林顿发布了《行政命令》,将情报监督委员会归属于总统对外情报顾问委员会系统。到了1995年,克林顿发布了《情报重点》决策指令,提出了情报需求的优先顺序①。1998年11月情报主任第一号令《作为美国情报界首脑的中央情报主任的权力和义务》正式生效,该指令规定了情报主任的职责。

冷战结束后,美国情报人员大幅减少。美国情报管理在该阶段由混乱发展为平静,主要由中央情报主任负责情报的管理工作。在1986年,情报界提出新的情报搜集门类,即测量和特征情报(Measurement and Signature Intelligence)。在1992年,中央情报局成立了情报行政委员会(ICEC)代替国家对外情报委员会,成为中央情报主要的辅助机构。经过情报活动管理的不断发展,到了1997年,中央情报主任发布了新的中央情报主任指令,建立了情报界主管委员会(ICPC)和相应的附属委员会,代替情报行政委员会。

(3)情报管理者的管理权力不断扩大(2004年至今)

冷战结束后,情报管理制度发生了变革,产生激烈的斗争,主要斗争内容为反对情报主任拥有对情报人员的预算和人事权力。到了21世纪,改变了1947年确立的美国国家情报管理主体及其权力。随着情报管理制度的变革,情报分工逐渐形成,主要由17个情报组织组成,包括情报管理机构、国家情报机构、国防部情报机构、军事情报机构及非军事情报机构。国家情报机构服务于联邦政府,包括中央情报局、国家安全局、国家侦察办公室和国家地理空间情报局。而非军事情报机构主要服务于本部门、本行业的情报需求,主要包括司法部联邦调查局、禁毒署国家安全情报局、国务院情报和研究局、国土安全部情报与分析办公室等。

"9·11"事件成为美国国家情报制度改革的催化剂,美国政府颁布了《情报改革和预防恐怖主义法案》,使得美国情报管理制度发生了本质的变化。中央情报主任的角色更改为国家情报主任,扩大了情报主任的权力范围,提升了情报管理者职位的权威性与明确性。情报管理制度的变革也是时代发展的需要,为了满足当前情报需求而需要对情

---

① Commission on the roles, capabilities of the United States inteuigence Community. Preparing for the 21st century: an appraisal of US inteuigence: report of the commission on the roles and capabilities of the United States inteuigence community [M]. Washington, D.C.: United States Government Printing Office, 1996.

报管理制度、规则与关系进行转型。情报管理制度变革随着国家情报任务的基本特性而改变,而不只是采用和修改已有的情报管理制度。从管理方式来看,情报任务与目标相对固定,在情报管理制度变革时期,以国家情报产品的协调为重点,情报搜集、情报资源与人事管理主要按门类来自主管理。对情报搜集进行管理实际上是情报管理活动中最为重要的工作内容,情报搜集工作占情报活动的绝大部分。

6.1.1.3 美国情报管理制度的发展模式

美国情报管理制度形成的发展模式是根据美国对情报的需求而产生的,而管理制度的发展模式中,管理权力关系成为情报管理制度发展的主要内容。合法的情报管理权力关系是情报管理制度的核心内容,为了处理情报的跨组织管理与自主管理之间的困境,美国情报管理机构通过建立管理规则保证情报活动的正常进行。在美国国家情报管理体系中,情报管理按总统—部长—部门情报机构领导的管理层次进行。主要权力掌握在总统手中,由其统一指挥,属于集权管理的方式,中央情报主任在情报管理过程中只能干预、引导,没有实质权力进行处理。为了防止管理权力的垄断化发展,集权与分权混合的管理模式成为主要管理方式。这种混合的管理方式形成了"联邦式""多元主义"的框架,实现了权力的均衡化发展,但缺少有效的协调机制。

为了保证情报活动的顺利展开,将美国情报联合体(the United States Intelligence Community,IC)设为美国行政部门中执行情报活动的组织和机构的总称。自2004年《情报改革和反恐法案》颁布后,情报联合体不断发生变革,其中主要包括权力层面和执行层面两个方面。在2005年,建立了国家情报合作的法律和政策框架,设立了国家情报主任、国家情报中心、情报共享委员会等部门,对情报机构之间分工进行了协调。美国情报组织管理结构①,采用从上到下的管理制度,如图6-1所示。

随着情报管理组织的分工化发展,美国情报管理权力也逐渐走向集中化管理与分散化执行的发展模式。情报首长负责情报战略规划、政策制定及发布情报需求,指导有关情报部门进行搜集、分析与处理活动。而集中管理的过程,出现了很多缺陷,为了弥补集中化管理带来的不利状况,分散管理成为情报管理制度发展的趋势。通过美国情报组织管理结构图可以发现,具体情报管理活动都是由不同机构分散执行、自主管理。而各机构之间的情报管理活动并不直接应对国家安全,主要是依据对情报的搜集与分析组织体系来对情报活动进行管理。在各个机构进行情报管理过程中,由中央情报主任办公室

---

① 李炜,伍思妍. 美俄情报界管理模式比较研究[J]. 情报杂志,2009,28(B12):59-63.

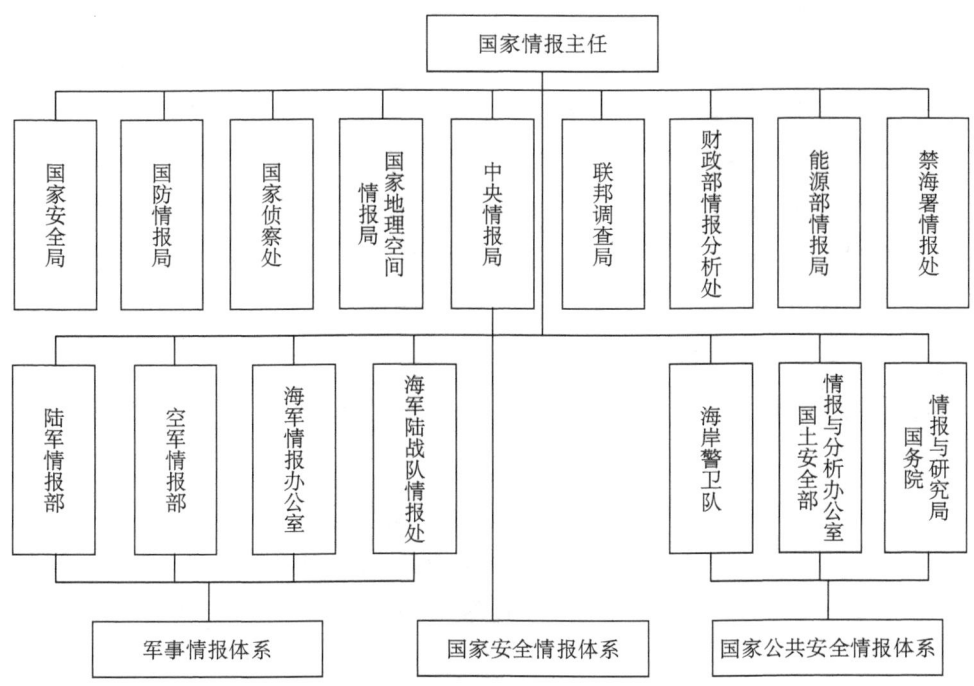

图 6-1 美国情报组织管理结构

的国家情报委员会负责各个情报活动的总体协调。

6.1.2 日本情报管理制度

日本情报工作发展较早，在战国时代，情报活动已非常活跃，如通过政治联姻、结盟、雇用忍者、暗杀等手段获取情报。早期虽然没有形成规范的情报管理制度，但对情报活动的管理早已有。从德川幕府时代到明治维新，日本情报工作得到了快速发展。"二战"后，日本战败，日本情报机构全部陷入瘫痪，有关情报工作的法律也被废除，但日本人的情报分析能力仍旧存在，据《日本的情报与外交》记载，日本外务省的情报工作很多来自公开资料①。到了 20 世纪 50 年代，美国结束对日本的占领，帮助日本成立和恢复了内阁总理大臣官方调查室、警察系统、自卫队系统等情报机构，其中内阁总理大臣官房调查室作为日本最高情报机构，负责集中处理情报信息②。国家情报管理制度与国家政治制度、国家对外战略、国家经济与科技水平、军事活动和情报工作要求相

---

① 孙崎享. 日本的情报与外交 [M]. 刘林, 译. 北京: 新华出版社, 2015.
② 肖传国. 冷战后日本情报体制改革探析 [J]. 日本学刊, 2012 (4): 95-108, 159.

关，情报管理制度成为国防体系的重要组成部分。

第二次世界大战前，日本情报活动主要分为三个部分，即军事情报活动、政府情报活动、民间情报活动，其中军事情报活动占主要地位，各情报机构之间在某些情报活动上存在一定程度的协作关系，但尚未出台明确的情报管理制度。随着情报活动的不断增加，情报机构设置齐全，情报管理制度的发展成为迫切需求。在明治维新时期后，日本政府对军事情报管理制度进行了全面改革，1886年设立统辖陆海军的参谋部，1893年撤销参谋本部，把原参谋本部内的陆军部改组为陆军参谋本部，把原参谋本部内设置的海军部改组为海军军令部，陆军参谋本部和海军军令部内分别设独立的情报部。陆军参谋本部的第二部不仅搜集陆军作战所需要的情报，还对整个日本军队及日本政府部分提供军事、政治、经济、科技等方面的情报。

日本政府情报管理制度发展较早，主要包括外务省情报局、内务省情报局、内阁情报局，以及拓务省、兴亚院、大东亚省的调查机构情报活动的管理，每个机构对情报活动管理都进行了说明。外务省情报局主要通过驻外使馆和外交官，全面搜集政治、经济、外交等方面的情报。内务省警保局是日本中央警察机关，负责政治警察任务。1940年，内阁情报局成立，主要负责协调各个情报机关的工作。相对来说，内阁情报局的设立没有建立明确的管理制度，最终没能起到协调各个情报部门工作的作用。民间情报作为日本情报活动的重要内容，为民间情报机构建立相关的管理制度成为日本民间情报机构发展的重要途径。该制度主要对各种秘密社团、东亚同文书院、满铁调查部等情报活动进行管理。

随着日本情报制度的不断完善，日本情报工作体系得到恢复并不断发展，情报工作水平也得到迅速提升。2013年，安倍政府通过制定《特定秘密保护法案》，将防卫、外交、反间谍和反恐四个领域中需要保密的情报指定为"特定秘密"，在一定程度上体现日本已在法律层面突破对外情报的限制，推动境外活动的参与，使得对外情报活动可以正常化发展。情报活动不仅是个人活动，还是有组织的活动，自从明治维新开始，日本情报机构主要由军事情报机构、政府情报机构及民间情报机构三部分构成。军事情报占主要地位，商业情报发展也较为迅速，设立专门的商业情报机构，专门搜集经济、科技情报，有时还会资助一些非官方机构开展情报搜集工作。从整体而言，各情报机构之间具有一定的协作关系，但还没有完善的情报管理制度。

6.1.3 俄罗斯情报管理制度

俄罗斯情报工作可追溯到沙皇时代，从1480年"钦察汗国"到1917年"二月革命"，情报工作发挥了重要作用，到 1697 年，首个反间谍机构"普列奥布拉任斯基公署"成立①，情报机构不断完善。1716 年，沙皇彼得一世提出立法，为情报工作奠定了法律基础。到女皇叶卡捷琳娜二世时，情报工作具有明确的分工，对内处理颠覆活动，对外防范威胁。到第一次世界大战时期，俄军设立的情报处和反间谍处对俄军作战发挥重要作用，主要以维护国内安全为重点。从 1856 年 7 月亚历山大二世批准了第一部《谍报人员工作细则》，到 1863 年 9 月《总参军总局条例与编制》被批准，体现俄国对军事情报发展的重视。1880 年 8 月，沙皇建立了第一个安全机构即国家警察部，下设中央特别部和安全处。中央特别部与传统安全机构不同，对不同情报工作进行了职能分工，境内负责对嫌疑人员的监督、境外负责渗透革命组织。

1917 年 11 月 7 日，列宁领导的十月革命推翻了以克伦斯基为首的资产阶级临时政府，建立了"工农代表苏维埃"②，情报工作处于缓慢发展期。1922 年 3 月成立了国家政治保卫局和民警机构，1923 年国家政治保卫局改为国家政治保卫总局，1934 年又改为国家安全总局，隶属最高苏维埃内务人民委员会。1943 年 4 月，俄情报体制进行了大幅调整，国家安全总局脱离内务人民委员会，负责情报与反情报事务，内务部不再承担国外情报搜集工作，也不负责反间谍与反情报工作，而是成了一个执法机构③。在冷战时期，苏联情报与安全机构进行了改组，主要由内务部和国家安全部组成，到了 1947年，苏联成立了情报委员会协调对外情报工作。发展到 20 世纪 70 年代，俄国共成立了 16 个机构，其中负责情报搜集的有 4 个机构，主要负责西欧、美洲、亚洲、非洲和中东地区的谍报侦察。1991 年 10 月，国家安全委员会被撤销，建立跨加盟共和国安全局、苏联中央情报局和苏联保卫边境委员会。1995 年，俄罗斯联邦安全局成立，成为保障俄罗斯安全的重要组成部分④，俄罗斯安全情报得到了快速发展。1996 年《对外情报法》签订，确定了俄罗斯对外情报的原则和职能，辅助政治、经济及外交决策，促进俄罗斯的经济发展和科技进步。俄罗斯的情报工作在维护国家内部安全、争夺世界话语权、提高科技竞争力等方面发挥了重要作用。如图 6-2 所示，俄罗斯情报组织由决策与协调

---

① 尼·布哈林，叶·普列奥布拉任斯基，布哈林，等. 共产主义 ABC [M]. 上海：生活·读书·新知三联书店，1982：26-32.
② 马智冲. 红星诞生日 彼得格勒十月武装起义世纪回眸 [J]. 国际展望，2007 (1)：42-45.
③ KING C S. Stalin's secret war: soviet counterintelligence against the nazis, 1941-1945 (review) [J]. Journal of military history, 2005, 69 (2): 595-596.
④ 戴艳梅. 俄罗斯联邦安全总局探析 [J]. 情报杂志，2010，29 (Z1)：51-53.

机构、俄联邦总统直属权力执行机构组成，直属总统领导，主要负责俄罗斯国家安全。

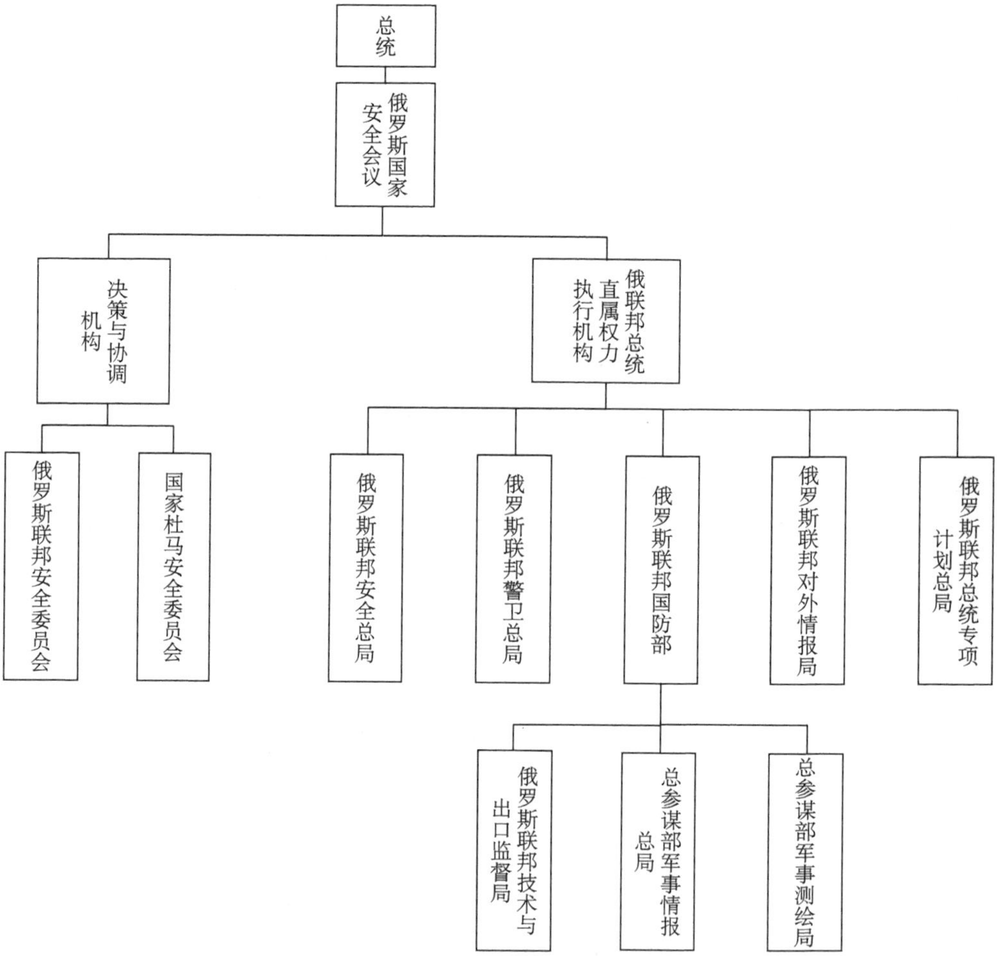

图6-2 俄罗斯情报组织结构

在1993年俄联邦宪法赋予总统最高权力，对国内与外交进行统一管理，情报管理受到总统的影响。情报管理制度是情报活动发展到一定阶段的产物，经历了从简单活动到复杂活动、从低级到高级的长期发展过程。俄罗斯情报管理制度与苏联时期沿袭下来的高度集权政治制度存在内在联系。从情报发展的历史来看，俄罗斯的情报发展史比较悠久，从1704年彼得一世建立沙皇特别署以来，俄罗斯情报工作不断变革，由五权分立发展为三权分立。随着情报管理的改革，进一步提高了情报的侦察能力、统一协调和管理能力，模糊了对外情报搜集和对内情报搜集工作的界限。

6.1.4 中国情报管理制度

我国情报发展早已有，涉及的范围较广。虽然我国情报的历史与人类发展史一样悠久，但情报管理制度尚未形成健全的体系，因为情报作为一门科学，是 20 世纪 50 年代才形成的。我国情报的管理大体可分为三个阶段，即分散管理阶段、国家管理阶段和国际管理阶段。分散管理阶段主要是由生产力发展到一定时期的经济水平与科学技术发展水平决定的。国家管理阶段是科学技术的快速发展推动了情报工作的开展，我国情报工作管理基本与苏联类似，但其发展速度缓慢，与苏联情报工作管理存在较大的差距。国际管理阶段是分散管理与国家管理的成熟阶段，网络技术与计算机技术的快速发展，为情报管理的现代化、网络化奠定了基础，最终形成了现代情报国际管理机构。

情报工作的管理主要包括情报的收集与管理、情报的分析、情报预测和情报指导等内容，而情报管理制度与国家情报工作机构职权、国家情报工作保障、国家法律息息相关。为了实现情报管理工作的有序化，2017 年 6 月 27 日，第十二届全国人大常委会第二十八次会议通过《中华人民共和国国家情报法》，明确了我国情报工作管理的方向。国家情报工作坚持国家安全观，为国家重大决策提供情报参考，为防范和化解危害国家安全的风险提供情报支持，维护国家政权、主权、统一和领土完整，以及人民福祉、经济社会可持续发展和国家其他重大利益等[①]。我国国家安全部是政府公开承认的情报机关，早在 1983 年 7 月负责全面性谍报工作，实现我国情报工作的顺利开展。

6.2 国家情报评估制度

情报评估作为判断情报价值的重要环节，也是实现情报价值的关键内容。情报评估制度是有关情报部门或经过认可的情报组织，对情报信息的水平、质量、价值等方面，进行综合或单项的考核和评定的制度。情报评估有利于增强情报机构及其相关的情报组织对社会的服务能力，发挥对情报的监督作用，不断提高情报服务水平和服务质量。对情报的评估主要根据一定的目标和标准，通过对情报信息的服务水平和质量进行评价，为情报相关部门或组织提供可靠的管理依据。目前对情报评估尚未形成统一的定义，但

---

① 白燕琼，王菊. 解读国家情报法，研讨中国情报学：第四届华山情报论坛成功举行[J]. 情报杂志，2017，36（7）：208.

情报评估的目的在于判断情报的质量、分析情报的应用范围、评估情报带来的效益，从而决定以何种方式和手段对其进行处理。

6.2.1 国家情报评估的含义

国家情报评估是从已获得情报的可靠性、质量等方面进行鉴别及分析其应用价值的过程，对情报工作进行规范化，实现情报工作的正常运行。情报评估是对国家情报工作的整体规划、设计及运作，而不是各个情报机构评估制度的简单叠加[①]。根据情报评估的发展，目前具有代表性的评估模式为美国国家情报评估（National Intelligence Estimate，NIE）系统，另一种是英国的联合情报委员会系统。随着情报的发展，国家情报评估已经不仅是关于国家安全问题。目前，大多数新兴工业化经济体对情报评估的需求日益加深，主要是通过情报评估预测未来经济的发展。由此可见，情报评估的范围从军事到经济不断扩大，对国家发展的影响力不断提升。

国家情报评估是对获取情报的可靠性进行鉴别、对获取情报的价值与使用价值进行判断，是情报分析的高级阶段，以期满足特定需求。情报评估有利于情报价值的显性化，成为情报管理的重要内容，情报评估制度成为情报评估的标准。有学者认为，国家情报评估制度是国家情报评估的机构设置及开展国家情报评估活动的规范体系[②]。国家情报评估是情报管理机构对获取的情报深入分析之后做出的科学评价，实现情报资源的有效配置，发挥最大的价值。

6.2.2 美国情报评估制度

美国情报评估是美国情报界集体协作生产的、为制定国家安全政策提供服务的预测性情报产品[③]。经过情报工作的不断发展，目前已经建立了严格的情报评估制度，对情报工作的开展具有重要影响。美国国家情报委员会作为情报评估的主体，承担美国情报评估的核心业务，以减少情报使用过程中出现的失误。情报评估作为情报分析的高级发展阶段，建立情报评估制度有利于保障情报评估结果的客观、有效，确保情报评估的顺利进行。根据美国国家情报评估实施情况，情报评估主要分为正式情报评估和非正式情

---

① 刘帅，刘志良. 英国国家情报评估制度初探 [J]. 国际研究参考，2015 (6)：21-26.
② 胡荟. 论美国国家情报法制管理的循环演进机制 [J]. 情报杂志，2017 (4)：1-5.
③ HASTEDT G P. Intelligence estimates：NIEs vs. the open press in the 1958 China straits crisis [J]. International journal of intelligence and counterintelligence，2010，23 (1)：104-132.

第 6 章
大数据观下的国家情报相关制度

报评估。无论是正式情报评估还是非正式情报评估,都要经历以下几个步骤,如图 6-3 所示。

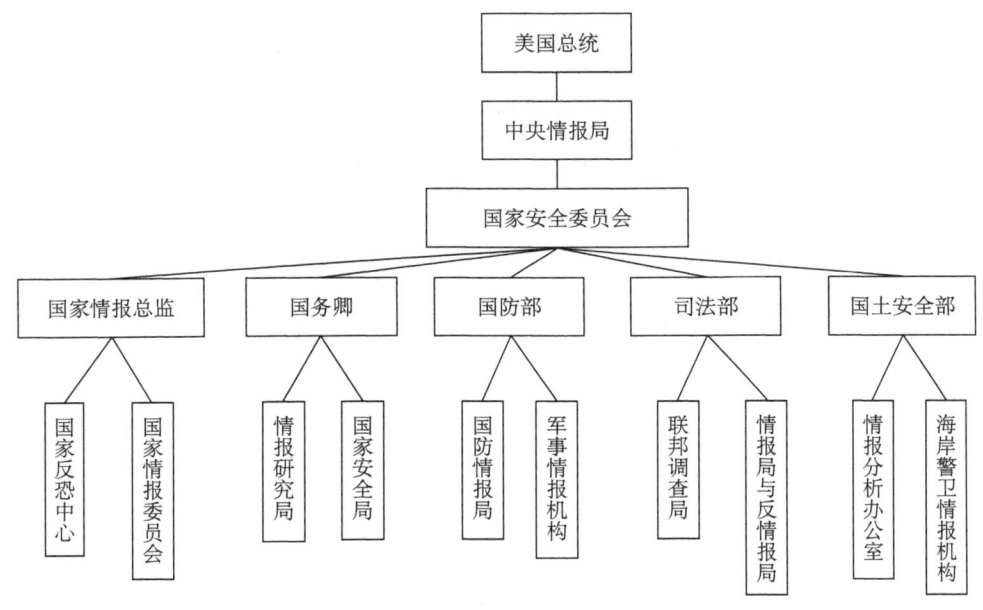

图 6-3 美国国家情报评估体系

美国情报评估体系主要由总统进行统领,由中央情报局上报,对国家安全委员会负责。国家安全委员会作为美国情报评估的核心,对国家情报总监、国务卿、国防部等机构获取的情报进行策划。而国家情报总监下设立国家反恐中心和国家情报委员会,这些下设机构直接向上级传达情报,完成上级下达的任务。美国情报评估体系是通过长时间的情报实践活动形成的,"9·11"事件成为美国情报评估体系建设的加速器。

美国情报评估对美国国家安全政策制定、辅助决策发挥了重要作用。情报评估成为获取准确、有效情报的基础,也成为国家情报战略发展不可或缺的组成部分。美国情报评估体系建设,既包括纵向的层级性,也包括横向的多领域性,使情报评估分布在不同领域。纵向由美国总统直接领导,垂直部门进行情报评估工作,反映情报的总体情况。通过建立情报评估体系,实现情报质量的把控,从下级到上级,层层按照预定的情报评估标准,从真实性、价值性、实用性、时效性、客观性及前沿性等方面进行评估,确保获取情报的质量。其中,真实可靠的情报是获取情报的基础,情报的价值与适用性主要从情报需求者角度出发,实现情报的最终目标。根据情报评估的流程分析,情报评估体系是不可分割的整体,是实现情报评估不可或缺的环节。情报评估体系的建立,可不断提高情报的质量，推动情报工作的开展，提高各机构的管理水平。

6.2.3　英国情报评估制度

英国情报评估制度被称为"第二次世界大战后英国对美国及英联邦国家最后的制度出口品"，在世界范围内受到好评。英国情报评估以联合情报委员会为核心、评估办公室为主体、跨部门协调为特征，从组织结构上，英国情报评估以首相为核心，负责情报安全在内的所有政策协调，英国国家安全委员会是内阁办公室之下负责国家安全工作的最高管理机构，对英国国家情报评估工作进行领导、协调和监督①。在国家情报评估中，联合情报委员会作为情报评估的核心，直接对内阁办公室负责，其管辖的分支机构负责情报的起草、评估与协调，是英国情报评估制度的枢纽。情报评估办公室作为英国情报评估工作的主体，负责起草对战略问题和所关注事务及形势的全源情报评估，对威胁国家安全提供预警②。英国国家情报评估体系由英国首相统一领导，联合情报委员会对情报评估具体过程进行管理，如图6-4所示。

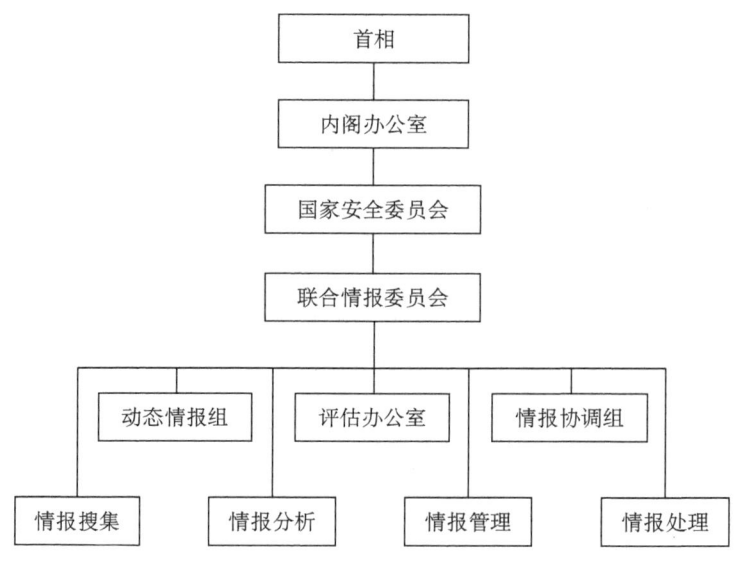

图6-4　英国国家情报评估体系

---

① 刘帅，刘志良. 英国国家情报评估制度初探［J］. 国际研究参考，2015（6）：21-26.
② DAVIES P H J. Intelligence and the machinery of government: conceptualizing the intelligence community［J］. Public policy and administration, 2010, 25（1）：29-46.

情报评估过程是根据国家战略进行服务的，一般来说，国家情报评估主要分为五个阶段：需求阶段、评估设计、评估审阅、评估协调及处理阶段，各个阶段组成了情报评估的全过程。情报评估作为国家的重要内容，每个阶段都有特定部门对情报工作进行监管，其中联合情报委员会成为情报评估的枢纽，将各部门的情报评估工作进行系统的汇总，发挥国家需求的战略指导作用。

英国情报评估的主要优势是通过民主协调机制对各部门提出的问题进行处理，确保国家安全委员会收到统一的评估结果。这种评估制度与英国国家制度是不可分割的，成为情报评估自由化的代表。英国联合情报委员会成立的目的主要是进行战略情报评估，初期负责跨部门情报评估，随着情报评估数据的增加，跨部门评估给联合情报委员会增加过重的负担，影响情报评估的客观性。21世纪以来，英国对情报评估制度进行了改革，把联合情报委员会的管理职能转到情报和安全协调机构及国家安全秘书处。

6.2.4　中国情报评估制度建设的启示

我国情报评估制度尚未健全，为了建立科学、公正、客观的情报评估制度，对英国、美国情报评估制度的分析，对我国情报评估建设具有借鉴作用，主要包括以下三方面内容。

第一，国家要制定相关政策，统筹规划情报资源。单一部门进行情报评估存在很多问题，尤其在大数据发展的时代，情报资源成为一种国家的重要资源，人们须根据国家的政策和战略发展对情报资源进行统一规划与管理。借鉴英国情报评估的发展，建立联合情报委员会有利于协调机构之间的恶性竞争，实现国家对情报的统筹规划，提高资源利用率。

第二，建立健全情报评估制度，发挥情报职能。借鉴国外情报评估的发展，吸取国外情报评估建设的经验教训。在情报评估建设过程中要实行集权与分散相结合制度，英国情报评估制度以高效著称，最主要的原因在于它建立了集权和分散相统一的组织体系和运行机制。英国对情报信息进行评估主要是对信息源进行评估，通过5×5×5的评估标准，在获取的情报的可靠性、内容真实性、利用等方面，对情报信息的出处、精确性、有效性进行评估，并划定优先等级，确保情报信息的质量[①]。我国处于情报评估的初级阶段，为了保证情报工作的顺利进行，集权与分散相结合能满足情报活动的高效管理。

---

① 耿蓓，王斌. 情报评估体系建设研究 [J]. 图书馆学研究，2014（23）：7-11.

第三，提升情报分析技术，加强情报评估人才队伍建设。情报质量与情报评估人员息息相关，英国在建设情报评估过程中，特别重视情报分析和情报评估人才队伍的建设。在情报评估人才队伍建设上，加强专业评估人才的培养，重视情报评估在情报工作中的地位。在情报收集、存储、分析、执行、反馈过程中，评估成为衡量情报质量的手段。美国国家情报评估模式对情报质量有较高的要求，通过建立严格的情报评估制度，突出情报的精确性、高效性。这些情报评估的成功经验对我国情报评估的建设具有良好的借鉴作用。

6.3 国家情报共享制度

根据美国国土安全部于 2011 年 9 月在《国家防备目标》（*National Preparedness Goal*）中下的定义，情报共享是指在联邦、州、地方或私营实体之间交换情报、信息、数据或知识的能力。情报共享还涉及政府间双边或多边协定，旨在于方便更广泛的决策者利用可操作的情报。经过对比情报共享与信息共享发现，信息共享可能与其共享相同的传播方法，但涉及未经过严格情报循环的未经评估的材料。

由于理念、技术标准、利益制衡、组织管理等方面因素的制约，跨地区、跨行业、跨部门的情报共享是世界各国面临的普遍难题，美国、日本等国通过情报共享制度建设积极推进本国的情报共享融合，效果显著，值得借鉴。

6.3.1 美国情报共享制度

作为世界上的主要强国，美国所面临的安全威胁问题相比其他国家尤为突出。为保障本国的国土安全，美国政府构建了庞大的情报系统。那么在该系统中，如何实现高效的信息流动和跨机构情报共享便自然地成为美国情报界最为关注的问题。

6.3.1.1 美国情报共享的历史沿革

"9·11"事件之前，美国许多主要情报机构，尤其是联邦调查局（Federal Bureau of Investigation，FBI）和中央情报局（Central Intelligence Agency，CIA），都对自己的信息进行保护，不愿与对方分享信息。以其为代表的美国情报机构的共享融合大致经历了如下发展阶段①。

---

① 谢晓专. 美国执法情报共享融合：发展轨迹、特点与关键成功因素 [J]. 情报杂志，2019，38（2）：12-20，115.

（1）20世纪50—60年代，信息共享从"自发"到"自觉"。20世纪50年代之前，美国大多数执法机构未设情报部门，各部门在信息共享时也往往心存疑虑，小心谨慎地保护着所拥有的信息，其他有共享意愿的机构则因为没有集中的信息交换中心而受到限制。到了20世纪50年代，美国部分执法机构开始自发协作推动信息交换。1956年3月，来自7个州的26个执法机构在加利福尼亚成立美国最早的执法情报协会。"执法情报联盟"（Law Enforcement Intelligence Unit，LEIU），作为联邦、州和地方执法机构之间的涉密信息"交换所"，是美国执法情报史上第一个正式的、大范围的情报信息交换机制，在执法情报界扮演着重要的角色。20世纪60年代，美国进入社会转型期，黑人民权运动、反主流文化运动等迭起，社会矛盾突显，犯罪高发，联邦委员会和联邦机构开始投入大量资金支持地方和州执法机构提高情报能力。1967年，美国执法与司法管理总统委员会呼吁各大城市的警察部门都应设立情报部门，并建议司法部加大财政投入，开发高效的区域情报搜集和分发系统。同年，FBI建立"国家犯罪信息中心"（NCIC）。美国司法部也专门成立执法援助局（LEAA），为情报系统建设提供资金和技术支持，执法情报工作得以快速发展。

（2）20世纪70—80年代，执法情报工作盛极而衰。20世纪70年代初，美国政府为应对日益泛滥的毒品犯罪，组建禁毒署（DEA），成立联合情报处（Unified Intelligence Division），并建立国家禁毒情报系统共享禁毒情报信息。1973年，美国国家刑事司法标准与目标咨询委员会基于对情报工作的广泛考察，建议每个州都应该建立一个集中的情报搜集、分析、存储和传递系统。1974年，美国司法部要求建立区域情报中心，随后埃尔帕索情报中心（El Paso Intelligence Center，EPIC）成立，成为美国最早的情报融合中心之一。同年，美国司法部资助创建区域信息共享系统（Regional Information Sharing System，RISS），1974—1981年先后共创建6个RISS中心，成为美国重要的情报共享融合机制。20世纪80年代，美国执法情报工作进入低谷。在这一时期，执法情报工作成为公众广泛关注的议题，民权意识觉醒及执法情报工作权的滥用，以及有关公民的自由权利投诉、法律诉讼、合意判决频现。执法情报机构与政府部门迫于压力开始建立政策规范以规制犯罪情报工作，但执法情报工作仍备受公众质疑，进而导致许多执法机构开始弱化情报搜集与共享能力，甚至有的干脆撤销情报部门，由此，美国执法情报工作进入低潮期。

（3）20世纪90年代，情报主导警务思潮兴起。20世纪90年代，借助于信息技术手段，美国掀起以情报共享与分析为核心的情报主导警务运动。这一时期，问题导向警务、比较统计警务、情报主导警务等思想与改革运动勃兴。90年代，美国开始大力推动"信息高速公路"建设，执法信息化建设随之快速发展，执法在线系统（LEO）、国家DNA数据库与索引系统（CODIS）、指纹自动识别集成系统（IAFIS）、国家实时犯罪背景核查系统（NICS）等一大批执法信息系统平台建成使用，为执法情报共享融合与情报主导警务实践奠定了信息化基础。

"9·11"事件的发生，给美国经济和社会带来了突如其来的打击，同时激起了美国政府和公众对情报机构的质疑，由此暴露的美国情报体系的种种弊端激发了美国情报体系的改革重组。美国国家恐怖袭击委员会（National Commission on Terrorist Attacks upon the United States）（即"9·11"委员会）在2004年发表的报告中分析了情报联盟（Intelligence Community，IC）的运作，表明IC过于分散，并且由于没有分享足够的信息而感到愧疚。该委员会建议，需要加强对IC的中央控制，并应设计更多的鼓励信息分享的措施①。此后，改善各级政府部门的情报搜集与信息共享能力成为美国政府的优先事项。

2001年，美国通过《爱国者法》，该法扩大了情报机构的情报获取权。2002年，时任美国总统布什签署《国土安全法》（Homeland Security Act），宣布成立国土安全部，整合包括海岸警卫队、联邦经济情报局、海关等22个与国防和情报有关的联邦机构，全面负责防范恐怖活动，保卫国土安全。2004年，《情报改革和预防恐怖主义法案》全面推动了国家情报体制改革，具体包括：设国家情报总监办公室，以统管美国情报界，加强情报机构间的信息交流与协作，实现情报的及时共享和利用；设国家情报主任，作为美国情报界的首脑和国家安全事务首席情报顾问，监督和指导国家情报计划的实施；设专门负责情报整合的国家情报办公室副主任，创建情报界执委会、跨界分析产品委员会、情报界信息共享执委会等协调议事机构推动共享与整合；先后成立恐怖分子威胁整合中心（TTIC）、恐怖分子筛查中心（TSC）和国家反恐中心（NCTC），归口管理涉恐情报信息。2007年10月，美国颁布《信息共享国家战略》（National Strategy for Information Sharing，NSIS）②，该战略认为能否成功防范未来的恐怖袭击，取决于是否有能力收集、分析和分享重要的反恐信息和情报，其中，通过联邦级别及与州、地方和部落政府，以及私营机构、外国合作伙伴间的信息共享阐明了政府的愿景，即需要进行哪些改

---

① BRUIJN H D. One fight, one team: the 9/11 commission report on intelligence, fragmentation and information [J]. Public administration, 2006, 84 (2): 267-287.

② National strategy for information sharing [EB/OL]. [2021-08-03]. https://georgewbush-whitehouse.archives.gov/nsc/infosharing/.

进,以及如何实现这些改进,给出了一个全面的方法和总体框架实施反恐信息共享。2008年,美国国家情报总监办公室发布《情报界信息共享战略》,这是美国情报界出台的第一份关于信息共享的战略报告,是对《信息共享国家战略》的补充,也是对"9·11"委员会和大规模杀伤性武器委员会报告所确认的需求的一种反应,同时还是对一系列行政命令和《情报改革和预防恐怖主义法案》规定的回应①。2012年,时任总统奥巴马签署发布《信息共享与安全保障国家战略》②,该战略认为重要信息属于国家资产,强调采取何种手段加强机密与敏感信息的保护,以增进参与机构与部门间的信任,从而在信息共享和国家安全保障两者间取得适当的平衡。

6.3.1.2 美国情报共享的领域

情报共享发生在情报分析的各个领域。情报分析的主要领域是国家安全、执法和商业。在这些领域中,为了进一步实现组织目标,以保护人们免受暴力威胁,找到并逮捕罪犯,或者保持相对于其他公司的竞争优势,各机构、局、政府或业务伙伴之间共享情报。

(1) 国家安全领域

在美国,国家安全情报共享在许多层面进行,范围涉及从情报机构的外地办事处到白宫。"9·11"事件之后,情报共享成为一项正式的政策,通过几项国会法案进行了情报机构重组,全面正式实施情报共享实践。国土安全部、国家情报总监办公室和美国各地的各种融合中心一直是情报共享的载体。它们在解决情报共享和效率问题方面虽然取得了不同的成功,但依然存在有待改进之处③。

自2001年以来,美国国务卿、国土安全部部长和其他美国情报部门部长之间通过立法和非正式会议,与欧盟各部委会面,讨论共享目标,并提供有关交通安全和阻碍恐怖主义传播的信息。

(2) 执法领域

美国执法界是一个极其分散、复杂的体系,根据2017年FBI相关数据统计,美国共

---

① 曲珂. 解读美国《情报界信息共享战略》报告 [J]. 国际资料信息,2008 (7): 11-13.
② 2012年美国信息共享与安全保障国家战略 [EB/OL]. [2021-08-03]. http://mil.sohu.com/20130311/n368394097.shtml.
③ ALFRED B, BUSH W, HEASLEY P, et al. Intelligence information Sharing: final report and recommendations [R]. Washington, D. C.: United States Government Printing Office, 2012.

有 18 547 个城市、大学、郡、州、部落和联邦执法机构①。美国自"9·11"事件后，深化了对执法机构犯罪情报能力的建设，并先后提出了《国家犯罪情报共享计划（National Criminal Intelligence Sharing Plan，NCISP）1.0》（2003 年）和《国家犯罪情报共享计划 2.0》（2013 年）。NCISP 由州、地方、部落和联邦执法机构合作拟定，旨在通过改进信息收集和分析，实现国内犯罪情报资源的共享。

NCISP 主要包括三部分：情报工作组全球愿景、8 项需求和 28 项指导性建议。它有两个基本特点：一是需要多方警种部门的配合协作参与；二是构建了具体目标方案途径②。NCISP 指出实现情报共享的关键要素包括：领导力，伙伴关系，隐私、公民权利和公民自由保护，政策、计划和程序，情报流程，培训，安全和保障，技术和标准，以及可持续性。情报共享的参与者包括联邦以下的刑事司法和执法机构、联邦执法机构、融合中心、区域信息共享系统、高强度贩毒区、犯罪分析中心、执法专业组织、私营部门和非执法组织。

（3）商业领域

在私人情报领域，各种类型的企业、产品和服务都会对其组织目标、竞争优势和安全性进行深入的情报分析。典型的企业会让其分析产品远离公众的视线，尤其是竞争对手。然而，安全领域，尤其是网络安全，是各企业为了给其产品、信息和客户创造一个更安全的环境而衍生出的一个合作主题。这方面的一个例子是零售网络情报共享中心（Retail Cyber Intelligence Sharing Center），它是由 30 多家零售公司合作建立的，旨在共享与零售公司安全相关的信息和情报。总的来说，他们的工作试图确定共同的威胁并分享最佳实践③。

6.3.2　日本情报共享制度

冷战结束后，面对国际安全环境急剧变化及国家安全战略调整，日本通过一系列举措对情报体制不断进行改革，以解决情报搜集能力不强、情报交流不畅、保密制度不完善问题。伴随着日美军事一体化程度的增强，日本的情报共享制度也在不断完善。

---

① FBI Releases 2017 Crime Statistics [EB/OL]. [2021-08-10]. https：//www.fbi.gov/news/press-rel/press-releases/fbi-releases-2017-crime-statistics.

② 张鹏，周西平. 基于演进视角的美国情报共享研究：从"犯罪情报共享"到"情报融合"再到"情报透明"[J]. 情报杂志，2018，37（3）：11-14.

③ What is R-CISC? [EB/OL]. [2021-08-01]. http：//www.r-cisc.org/about.html.

6.3.2.1 日本情报共享的历史沿革

日本情报共享制度的建立由来已久。1997年1月，日本"二战"后第一个战略情报机构——情报本部正式成立，负责协调防卫厅各情报机构。作为"二战"后日本最大的军事情报机构，情报本部负责对整个自卫队实施情报一元化管理①。1998年10月，设立内阁情报会议和联合情报会议体制，其主要任务就是协调情报活动。以内阁官房长官为组长的副部级内阁情报会议与以官房副长官为组长的局长级联合情报会议体制一直沿用至今。

受"9·11"事件影响，日本自民党于2001年9月成立了"应对美国恐怖事件对策本部"，其下设"情报搜集讨论小组"。在该小组发表的题为《关于加强我国情报能力的提议》的报告书中明确提出，要促进情报共享、强化秘密保护等。2004年10月，时任日本首相小泉纯一郎的咨询机构"安全保障与防卫力量恳谈会"发表了题为《面向未来的安全保障、防卫力量构想》的报告，其中，也强调要提高情报搜集、共享和分析能力，并就机密情报泄露的处罚措施和情报保护等问题做出相关明确规定。

一直以来，日本防卫省和自卫队都在努力实现通达全局的情报传递和共享，致力于构建世界最高水平的情报通信系统。日本在2004年的《防卫计划大纲》及《防卫白皮书》中曾提出，要下大力气整合情报通信系统。继而，在2005年度《中期防卫力量整备计划》中进一步提出，为在一体化作战、维和等行动中指挥通畅、实现情报共享，必须强化指挥命令系统的情报共享和应对网络攻击的能力，整合与国外优良的情报通信技术相匹配的指挥通信系统和情报通信网。在实践中，自卫队于2003年即完成了中央指挥系统的建设，搭建了防卫信息通信网络平台系统（DII）和通用操作环境系统（COE）。2007年，防卫省情报系统大部分资源系统都并入上述两个系统，自卫队的情报能力得以进一步提升。2008年3月，防卫省联合参谋部增设"自卫队指挥通信系统队"，这使得联合参谋部和各自卫队间能够准确、及时地传递情报，实现情报共享。2006年6月，在自民党政务调查会下属的"强化国家情报能力研究小组"发表的题为《强化国家情报能力》的报告中，指出应提升内阁情报官地位、扩大联合情报会议等。2010年12月通过的《防卫计划大纲》则提出，今后自卫队建设的重点之一是提高情报搜集、分析、评估和共享能力，通过建立情报通信网络，使相关自卫队能及时、有效地共享情报。

---

① 肖传国. 冷战后日本情报体制改革探析［J］. 日本学刊，2012（4）：95-108.

6.3.2.2 日本的网络情报共享

信息时代，网络安全威胁和风险日益突出，如何建立统一、高效的网络情报共享机制，以准确把握网络安全风险发生的规律和趋势，进而通过全网安全策略的动态调整实现突发事件的高效处置成为各国政府都在全力解决的课题。日本政府高度重视情报在维护网络安全方面的重要作用，通过多轮的网络安全管理体制的改革，逐步建成了一套"结构组织方式一体化、作用方式融合化、运转模式平战结合"的网络情报共享机制①。

（1）组织机构

根据日本《内阁官房组织令》② 规定，内阁网络安全中心是直属内阁的，为"内阁官房三室一中心"之一，具有"为保障网络安全而收集相关情报、调查网络安全事件并提供相关情报"的职能。依靠上述政令所赋予的直属内阁的行政地位及情报职能，内阁网络安全中心成为日本网络安全情报的归口管理单位，承担着政府内各部门情报产品的采集、分析、归类、分发等的统一管理工作。其下辖的政府跨部门信息安全监视快速反应小组（GSOC）有权要求各政府部门、独立行政法人、网络安全战略本部指定的特殊法人进行监视并要求其提供相关的威胁情报。另外，内阁网络安全中心下设信息安全应急支援小组（CYMAT），它与 GSOC 密切合作，负责向事发部门提供所需情报。在各省厅则分别设置计算机安全事件响应小组（CSIRT），独立行政法人及特殊法人等需要向管辖省厅报告并提供有关网络安全威胁的情报，而 CSIRT 在发现网络攻击时也必须向 GSOC 报告所收集到的情报。此外，防卫省自卫队、警察厅、经济产业省等网络安全协助五省厅作为网络安全战略本部的成员有义务向内阁网络安全中心提供情报，以协助其进行情报共享工作。内阁网络安全中心与其下辖的 CYMAT、GSOC 通力协作，完成对搜集的情报的归类和分析工作，然后再将所需的情报分发给相应部门，如图 6-5 所示。

（2）作用方式

与上述一体化的组织结构相适应，日本网络安全领域情报共享的作用方式呈现出融合化的特点，主要体现在以下几个方面。

一是通过加强网络情报共享关键节点建设，实现多源情报融合。一个机构的生存和发展状态在很大程度上依赖预算的数量，提高预算额度、优化预算分配则是强化机构履职能力的最直接、最有效的方式。内阁网络安全中心自 2015 年成立以来，日本政府对其

---

① 李奎乐. 日本政府网络安全领域跨部门情报共享机制剖析 [J]. 情报杂志，2017，36（10）：60-65.
② 日本内阁. 内阁官房组织令 [EB/OL]. [2021-08-10]. http：//Law. e-gov. go. jp/htmldata/S32/S32SE219. html.

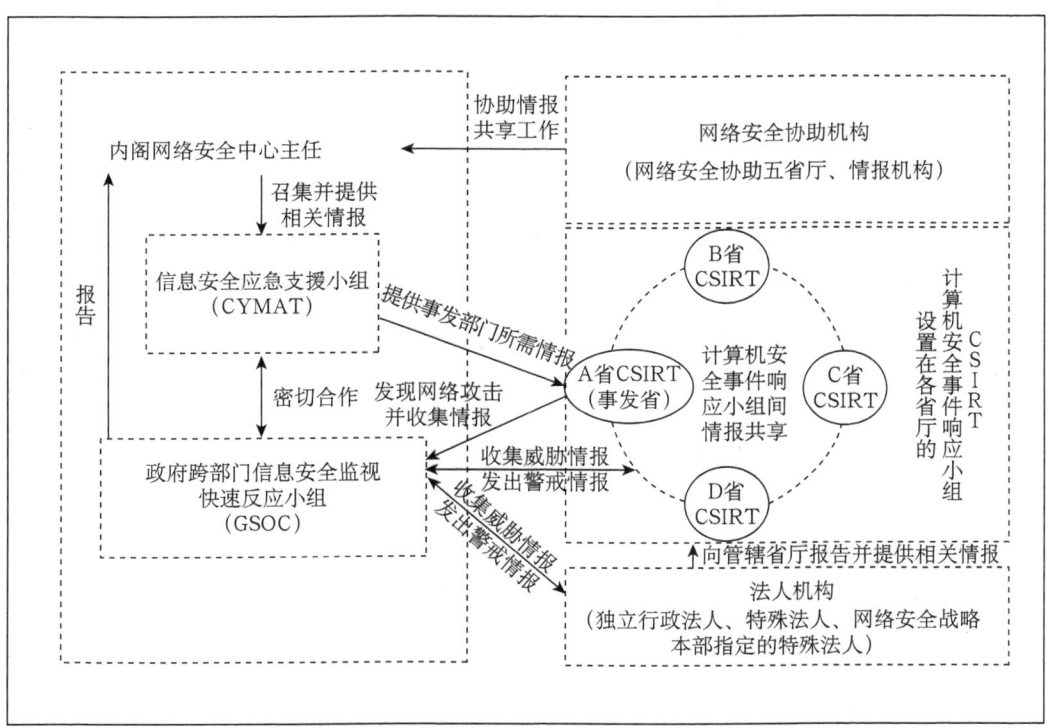

图 6-5　日本政府网络安全领域部门的情报共享"一体化"组织结构方式①

资金投入逐年增多。2015 年，日本内阁网络安全中心在情报收集、分析方面的预算为 6.49 亿日元，而到 2017 年，该预算则增至 8.9 亿日元。内阁网络安全中心在网络威胁监测与分析上的投入也由最初的 7800 万日元上升至 5 亿日元。通过预算调控，极大地推动了该中心情报收集、分析能力建设，促使其能够有效融合各部门的情报线索，组织政府跨部门情报共享。

二是通过对政府各部门的权力再分配，推动部门间情报共享的良性互动。合理的权力分配和制衡关系是情报共享正常运行的关键。曾经，日本政府在网络安全管理方面的"过分放权"造成了内阁和政府各部门间权力的失衡，各部门往往出于其部门利益考虑，不愿或有所保留地进行情报共享，严重影响了网络安全情报共享的质量及其有效性。为解决这一问题，日本政府通过行政命令和法律规范将政府部门监管、协调保障、情报资源再分配等权力统一转交给内阁网络安全中心，赋予该中心在网络安全领域的绝对领导权，从而通过权力再分配方式使得内阁网络安全中心能够有效协调政府部门间的情报共享。

---

① 李奎乐. 日本政府网络安全领域跨部门情报共享机制剖析 [J]. 情报杂志，2017，36 (10)：60-65.

三是通过构建完善的情报共享制度体系,为情报共享提供全方位制度支撑。近年来,日本出台了一系列涉及网络安全领域情报共享的战略、政策、规章。除《网络安全法》,是由日本国会起草并于2015年颁布外,其他制度均由日本内阁网络安全中心拟定后,交由网络安全战略本部批准并发布,具体包括:战略层面,通过拟定《网络安全战略2015》《网络安全战略2016》《网络安全战略2017》等对日本网络安全领域情报共享的整体结构和发展方向做出规划,并根据实际情况做出动态调整;政策层面,通过拟定《国际网络安全合作方针》,确立了日本网络安全领域的国际情报共享机制;规章方面,通过拟定《政府部门信息安全对策统一规范》《政府部门信息安全对策运用指针》《政府部门信息安全对策统一标准》《府省厅对策标准制定指南》《关键基础设施行业第4次行动计划》《关键基础设施行业信息安全标准制定指针》等,对网络安全管理相关的现实问题加以规范和引导。此外,2015年5月25日,网络安全战略本部发布《为强化网络安全政策而进行审计工作的基本方针》,其中,将日本内阁网络安全中心定位为"第三方监督者"的角色,它有权对各部门网络安全政策的制定、实施、检查和修正做出规范、监督、评价和建议。通过引入网络安全政策审计制度,能更好地统一政府各部门的情报共享目标,使其与政府的整体目标相符合。

(3)运转模式

日本网络安全领域情报共享的运转模式,贯穿于平时网络威胁监测预警到战时网络安全事件应急响应这一网络安全管理过程。其具体运转模式,如图6-6所示。

在平时网络威胁监测与预警阶段,内阁网络安全中心利用GSOC广泛收集网络威胁数据,并对网络威胁数据进行统计分析,从而对网络微信进行感知并判断是否升级为网络安全事件。具体而言,GSOC对日本政府部门信息系统进行实时监测,收集有关非法访问、目标型网络攻击等各类型网络威胁数据和情报,内阁网络安全中心通过对上述情报进行统计和分析,对网络安全威胁的倾向和趋势进行感知,并结合事发部门的报告对网络威胁加以评估,判断其是由于事发部门工作人员操作失误引起的系统故障还是属于真正的网络威胁,从而确定是否升级为网络安全事件。如果判断为非网络安全事件,则以网络威胁预警情报的形式发给事发部门进行系统故障排除;反之,如果判断为网络安全事件,则进入抑制阶段,并启动相应的网络安全事件应急处理机制。

对战时网络安全事件的应急响应则分为抑制阶段和根除与恢复阶段。在抑制阶段,其主要任务是限制网络安全威胁的影响范围和程度,因此,需要在网络安全事件发生的

第 6 章
大数据观下的国家情报相关制度

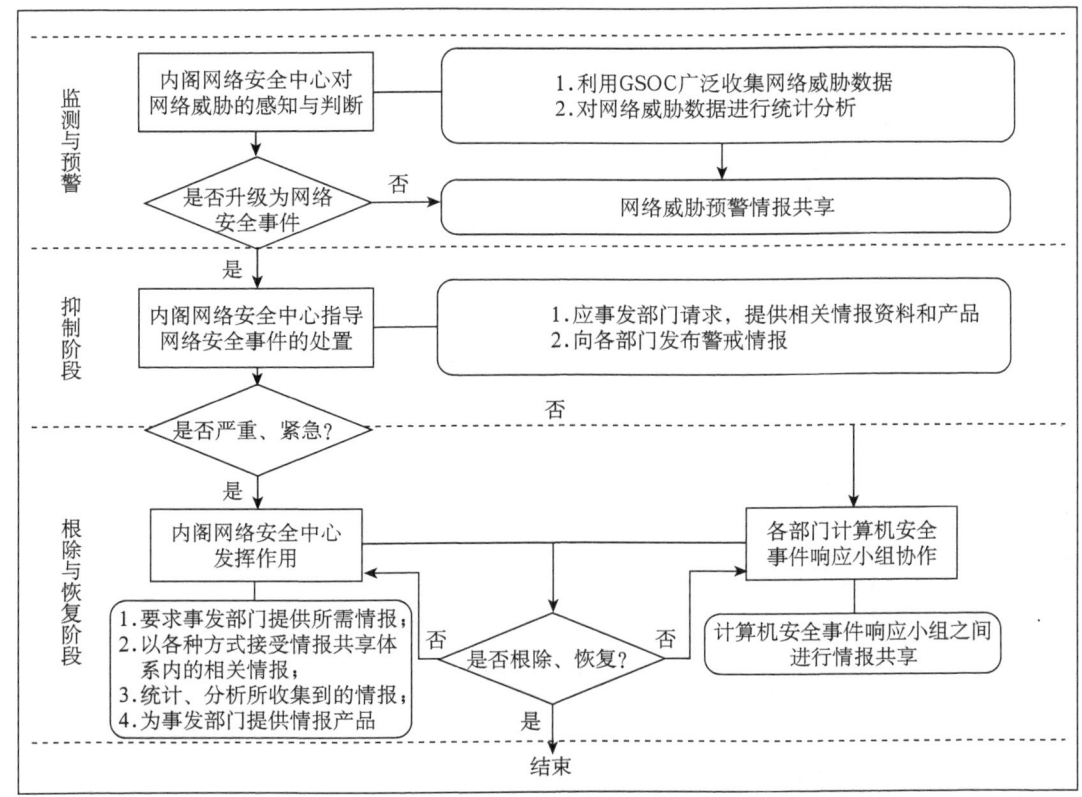

图 6-6　日本政府网络安全领域跨部门情报共享的运转过程①

第一时间，通过封锁可疑账号、断开网络链接等方式限制网络攻击范围的进一步扩大。在此阶段，内阁网络安全中心主要发挥指导和协调作用，一方面，指导事发部门进行应急事件处理；另一方面，应事发部门请求提供所需情报资料和产品，向各部门发布警戒情报。进入根除与恢复阶段，政府跨部门情报共享的方式根据网络安全事件的紧急程度分为两种。一种是针对"特定重大事故"网络安全事件所采用的由内阁网络安全中心发挥主导作用的情报共享方式。此时，内阁网络安全中心有权要求事发部门提供所需情报，并以各种方式接收情报共享体系内的情报，它会对收集到的情报进行统计分析，然后向事发部门提供所需情报。另一种是针对"非特定重大事故"网络安全事件所采用的各部门计算机安全事件响应小组间的情报共享方式。在网络安全事件处置过程中，由事发部门的计算机安全事件响应小组以"网络安全事件处置任务"为核心，组织各部门计算机安全

---

① 李奎乐. 日本政府网络安全领域跨部门情报共享机制剖析 [J]. 情报杂志, 2017, 36 (10): 60-65.

事件响应小组间情报共享。计算机安全事件响应小组既有权从省厅各部门及其下辖的独立行政法人处收集数据和情报，也可以依据所需，向内阁网络安全中心发起情报支援请求，从而从中心获得相应的情报资源和情报产品。此时的内阁网络安全中心不再发挥主导作用，而只是发挥对事发部门的计算机安全事件响应小组进行指导和协调的作用。

6.3.3 中国情报共享制度

面对着全球化及国际政治格局的变化，军事、政治和外交冲突等传统威胁与恐怖主义、信息网络攻击等非传统威胁相互交织的环境，使得当前我国国家安全内涵和外延比历史上任何时候都要丰富，时空领域比历史上任何时候都要宽广，内外因素比历史上任何时候都要复杂，正是在此背景下，习近平总书记提出必须坚持总体国家安全观。在总体国家安全观指导下，必须要考虑如何通过情报共享促进各部门的通力高效合作，以实现保障国家安全的总体目标。

目前我国的情报共享缺乏相应的制度支撑，有关情报共享的相关规定只是零散地分布于部分法律中，在很大程度上限制了情报共享的效率和效果。2015年通过的《中华人民共和国国家安全法》第五十一条规定："国家健全统一归口、反应灵敏、准确高效、运转顺畅的情报信息收集、研判和使用制度，建立情报信息工作协调机制，实现情报信息的及时收集、准确研判、有效使用和共享。"《中华人民共和国网络安全法》第三十九条把促进"网络安全信息共享"作为关键信息基础设施保护的重要措施，但信息共享的制度价值绝非仅限于关键信息基础设施保护的范围；第二十五条和第五十一条规定了网络安全事件报告和通报，只是侧重网络安全事件的报告和通报，并没有充分规定网络威胁应对措施的共享①。虽然《中华人民共和国国家情报法》第五条指出，国家安全机关和公安机关情报机构、军队情报机构（以下统称国家情报工作机构）按照职责分工，相互配合，做好情报工作、开展情报行动，并要求"各有关国家机关应当根据各自职能和任务分工，与国家情报工作机构密切配合"，但对于各情报机关如何配合、情报共享信息的范围等细节问题却并未做详细说明。

可见，相比美国、日本等发达国家，我国用以规范情报共享主体、范围、程序等具体内容的规章制度仍有欠缺，情报共享的组织机构尚不健全，其职责和范围也不够明

---

① 我国网络安全信息共享立法的基本思路和制度建构［EB/OL］.［2021-08-10］. http://www.sohu.com/a/195766071_786964.

确。肩负情报研判职责的部门各自为战,情报共享意识不强,还没有形成情报共享的文化环境和协调机制,情报共享的平台建设和技术能力也有待提高①。针对目前我国情报共享存在的上述不足,可以借鉴美国、日本等国情报共享的先行经验,着力在以下几方面加以改进。

第一,细化情报共享的制度框架,构建国家情报共享战略体系。虽然近年《中华人民共和国国家安全法》《中华人民共和国网络安全法》《中华人民共和国国家情报法》等一系列法律的出台,为情报共享提供了必要的法律保障,但对于国家情报共享顶层设计而言,尚有许多细节需要明确。因此,应当尽快出台情报共享的制度框架,明确情报共享的主体和范围,制定规范化的情报统一标准、处理流程、保密制度、管理规范、评估机制和监督条例,建立从上而下的情报共享政策体系,进而推动情报共享落到实处。

第二,设计科学的国家情报共享机制,促进国家情报共享的良性运作。情报共享必须以科学合理的机制设计为依托,否则限于思想文化、利益本位等方面的禁锢,很难长久高效地持续下去,因此必须对国家情报共享机制进行科学设计。一是注重革新情报理念方面的宣传教育,使得情报共享主体能够具有全局观,从思想上深刻认识到情报共享的重要性;二是效仿日本网络安全情报共享的一体化机构设置模式,同时在各情报共享主体内单独设立情报共享小组,各小组间以任务为导向进行情报合作和情报交流,从而实现对各情报共享主体实施扁平化管理。

第三,打造国家情报共享平台,规范国家情报共享的技术操作。信息时代,有效的情报共享离不开技术平台的支持,因此我国应尽快建立统一的技术标准和规范,在各地区、各部门间搭建情报信息交流共享的综合平台。依托平台,建立情报信息交流共享机制,为情报搜集和情报整合提供技术支持。

第四,妥善处理情报共享与隐私、情报共享与情报保密之间的关系。隐私和保密是与情报共享密切相关的两个重要问题,因此必须妥善处理情报共享与二者之间的关系。一方面,在进行情报共享时,要重视对私人权利的保护。在进行情报共享时,要尽量移除或无法匿名化处理与安全事件无关的个人信息,对于无法移除或无法匿名化处理的个人信息,则要最大限度地控制其共享范围,以保证权利人信息不被泄露或滥用。另一方面,情报共享过程中,还要重视情报保密。情报共享过程中所产生的保密风险,在一定

---

① 黄亚茜. 非传统威胁下美国情报共享体系的建设及启示[J]. 江苏警官学院学报,2018,33(1):123-128.

程度上影响着情报共享主体共享情报的积极性。因此，必须通过明确各级情报部门的权限、责任及情报共享活动中的相关程序等方式，实现情报共享与情报保密的权责统一。

6.4 国家税收情报交换制度①

国家税收情报交换，是指为了防止和减少国际偷税、逃税，在国际税收协定签订的各缔约国之间互通纳税人纳税情况和收入情况的一种措施。

6.4.1 税收情报交换的基本理论

税收情报交换的基本理论包括税收情报交换的概念、交换方式和作用等方面。

6.4.1.1 税收情报交换的概念

2006年，国家税务总局（国税发〔2006〕70号）发布了关于税收情报交换工作的有关规定，规定申明："本规程所称情报交换，是指我国与相关税收协定缔约国家（以下简称缔约国）的主管当局为了正确执行税收协定及其所涉及税种的国内法而相互交换所需信息的行为。"上述规定中关于情报交换的定义在整个实务界都得到了认可。

6.4.1.2 税收情报的交换方式

从定义上看，税收情报交换其实就是各个国家彼此进行信息共享的一种方式，因为每个国家推行的政策不同，所以采取的交换手段也存在着很大的差异。但是，当这些成员国之间进行信息共享时，其所依据的理论支撑还是相同的，主要还是根据OECD或联合国范本中的合约。总体而言，我国与其他贸易合作国进行信息共享和情报交换时主要采取以下三种类型。一是专项情报交换。专项情报交换主要是发生在有税收合作合约的两个国家之间，由一个国家提出问题，另一个国家提供问题的相关信息，达到信息共享和协助解决实际问题并查证的目的。二是自发情报交换。由合约国的一方首先提出交换跟双方都存在着利益关系的税收情报，这种情况是一方通过检查、调查等方式获得重要情报，主动地向合约国提供信息而采取的交换方式，因此这一类型的情报交换是合约国自发的交换行为，没有强制性。因为情报的发现具有偶然性，情报交换的要求也具有偶然性，所以这种情报交换类型没有得到广泛使用。三是自动情报交换（也称例行情报交换）。在合约中规定，如果一个国家在检查时发现纳税人的相关信息，会主动地提供给

---

① 闫冰. 税收情报交换制度法律问题研究［D］. 哈尔滨：黑龙江大学，2018.

需要相关情报的合约国,从而解决合约国的纳税问题。如果一个合约国发现了税收的有关信息,那么就会与需要这些信息的合作国家进行共享。

6.4.1.3 税收情报交换的作用

在当今社会发展趋势下,世界经济的多元化使得各国的经济都在迅速发展,国与国之间的贸易合作也越来越频繁,在此环境下税收情报交换也发挥着它不可替代的作用。

(1) 有利于解决跨国逃税、避税问题

随着当今社会信息化进程的加快,在国际范围内各国之间的贸易合作日渐增多,部分纳税人利用各国间税收制度的漏洞偷税漏税,给各国的税收监管增加了难度,要完全掌握跨国公司国内外的所有收益信息就成了难题,也很难对某个公司的税务问题进行准确分析,更没有办法对该公司是否存在漏税行为进行精确判定,也就无法对纳税人的逃税行为做出有效的惩罚,因此,难以通过单个国家的力量实现对跨国纳税人逃税、避税的行为实施有效管理。贸易全球化的趋势导致跨国偷税漏税情况的恶化,往往会因为单个国家缺少足够的信息而让税收就此流失。所以,各国开始重视税收情报的收集,以保证本国税收的正常运行,避免偷税漏税现象的发生;但显而易见,这并不是一个国家所能做到的,任何一个国家收集的税收情报对跨国纳税人来说都是不完整的,必须通过国家间的合作才可以实现情报共享,从而让各国都能获得更多的情报来处理纳税人的纳税问题。

(2) 有利于纠正恶性的税收竞争

国际税收情报交换制度的出现很好地解决了跨国税收的难题,让跨国纳税人的真实信息完整地得到曝光,使其避税手段被有效遏制。但目前国际上仍然存在着一些国家为了保护本国的纳税人的利益,而拒绝向他国提供该纳税人偷税漏税的情报。为避免此类现象发生,国际税法要求签订税收情报交换合约的国家都有义务向他国提供偷税漏税的相关信息,不得因为本国的利益关系而有意隐瞒不提供相关信息。其目的是建立良性的信息交换机制,打击恶性竞争行为和跨国纳税人偷税漏税的恶性行为,通过国际税收情报交换制度进行信息共享,切实减少本国的逃税漏税问题,有效保护各国的税收,通过惩罚部分跨国纳税人的不法行为来弥补国家在跨国公司领域出现的亏损。

6.4.2 国际税收情报交换制度

回顾国际税收情报交换制度的发展历程,其大致经历了以下四个发展阶段。

(1) 国际税收情报交换制度的萌芽期

国际上首次税务情报交换发生在比利时和法国之间。1843 年,两国正式签订相关合约，这代表了国际税收情报交换正式开始发挥其作用。1845年，比利时、荷兰及卢森堡三国签订了国际税收情报交换合作协议，这次签订的协议只是合约国税收之间的合作，从本质上来讲，这次的合作只是属于专项税收协议。1950年前后，世界各国的贸易开始向国际化方向发展，各国纷纷通过加强国际经济交流获取更多的资本。在各国进行税务征管过程中，跨国业务迅速成为其主要工作内容，因此如何更好地分配税收的各个部分成了当今主要的问题。国际贸易的进一步发展，形成了新的国际税收关系，关系中不仅包括利益冲突，还包括不同税种的征管合作，这些都是以国际税收情报交换制度为依据而进行的。

（2）国际税收情报交换制度的基本成型期

税收情报交换制度刚刚出现时，在社会上并未引起足够的重视，一直到1960年之后才慢慢被人们熟知，并在这一时期形成了比较完善的法律性文件，如1977年的OECD协定范本和1980年的联合国范本等法律性条文，由此，税收情报交换制度得到规范化发展。1946年，国际联盟退出了历史舞台，欧洲经济合作组织（Organization for European Economic Co-operation，OEEC）建立，正式接手国际税收协定方面的工作，包括范本的修缮与研究。1958—1961年的四年里，欧洲经济合作组织曾经多次提出应取消重复征税的条文。1961年9月，OECD成立，其主要目的就是促进经济的合作与发展。1963年，该组织以欧洲的一些经济组织提出的条文为基础，发布了关于所得财产相关税务问题的草案。在该草案中，对国际税务情报交换做出了明确规定。该草案不仅解释了开展税务信息共享的主要目的，对于维护协定的权威性也有极大作用。1960年以后，联合国逐渐得到了第三世界国家的认可，但第三世界国家认为OECD协议中的内容偏向于发达国家的利益，对第三世界国家的很多利益不予重视，因此，联合国于1967年重新修订税务条约，解决了发展中国家与发达国家的税务征管问题。1977年，发布了关于如何平衡发达国家与发展中国家税务利益问题的范本。1980年，联合国在该范本的基础上正式发布了联合国范本，该范本的出台为国际税收情报交换提供了法律依据。它与OECD协议相比，主要不同是要给予信息提供方更多的特权，这一内容得到了很多第三世界国家的认可。

（3）国际税收情报交换制度的全面发展期

1980年前后，世界贸易的发展再次提速，新的税收制度取代了旧的税收制度。国际税收情报交换制度也迎来了新的发展浪潮，并逐步完善，该时期的国际税收情报交换制度的发展具有里程碑的意义，是上一个时期的升级与发展。这个时期的国际税收制度的完善为 21 世纪国际税收领域的发展创造了条件,国际税收情报交换制度内容不断丰富。

(4) 国际税收情报交换制度的加速发展期

2000 年,世界经济的多元化发展对国际税务征管工作产生了较大影响。在这一趋势下,很多跨国投资者都会建立相应的机构来非法获取利润,这对于本国的税务工作影响很大。为了有效避免这一现象的出现,各国政府的税务总局都认为加强税务情报的信息共享是关键所在。在各个国家的大力推动下,税收情报交换制度的发展越来越迅速。具体表现在:一是有关国际税收情报交换的重要法律文件相继出台,如《税收情报交换协议范本》等;二是 OECD 和联合国两大范本分别对其第二十六条进行全面修订,OECD 范本第二十六条在 2004 年被全面修订,联合国范本第二十六条也于 2008 年被全面修订;三是 OECD 采取一系列举措推动国际税收情报交换制度的发展。

6.4.3 中国税收情报交换制度

自 1983 年我国与日本缔结第一个避免双重征税协定以来,截至 2013 年 12 月底,我国已同 98 个国家缔结了全面性的双边税收协定或安排。这些协定都对税收情报交换内容进行了说明。对税务情报交换工作进行大力推广,是我国作为合约国所承担的一项义务,同时也是在国际范围内我国与其他国家进行贸易合作的主要方式之一。

6.4.3.1 我国税收情报交换制度现状

发达国家之间的税收情报交换制度建立较早,并得以规范运行,相比之下,我国的税收情报交换工作起步要晚得多。然而,在税收情报交换工作的国际合作方面,工作成绩快速积累,成效十分显著,现已形成比较稳定的工作机制,具体表现在以下几个方面。

首先,建立了完善的相关机构体系。为了统筹安排税收情报交换,设置的机构体系包括:主管部门,相关工作由国家税务总局主管,与其他国家和地区签订协定,并负责国内各地区的协调工作;具体负责部门,设置了国际税收情报处,专门负责税收信息的核查、递交和分享,并且在个体税务机关设立负责专门的机构,形成了自上而下的工作体系,内部规范明确、分工合理、职责清晰。

其次,建立了完善的税收信息共享机制。随着我国税收工作与其他国家和地区的合作越来越频繁,税收情报交换内容越来越多、类型越来越丰富。在相关工作开展初期,国际合作单向特征比较明显,我国的税务机关只是在收到其他国家的税务合作请求后,才进行税收信息核查,并将信息反馈至发出请求的国家。可见,在早期的跨境税收信息合作过程中，我国税收部门的角色比较被动。而目前，我国税收部门多次积极地与其他国家和地区进行税务合作，并且请求范围并不局限在少数领域。以2014年的数据为例，在国家税务总局的统筹安排下，我国税收部门向全球30多个国家和地区发出合作请求，情报交换类型也逐步丰富，我国在国际税务信息领域的合作越来越主动。

最后，建立了比较完善的税收信息相关机制。我国税务部门积极利用现代信息技术，逐步构建起较为完善的税收信息网络。截至目前，在税务信息领域，成熟运行的信息软件包括金税三期工程数据库、CTAdS征管系统、BVD及涉外数据库等。通过信息数据系统，不仅可以提高税收情报的收集效率，而且可以显著提高内部税务信息的准确率。

6.4.3.2 我国国际税收情报交换制度存在的问题

近年来，我国的税收情报交换工作发展迅速，但是综合全球的国际税收情报工作来看，与美国、欧盟等税收情报工作较发达的国家相比，仍存在着一定的差距。

（1）国际税收情报交换工作法律依据不足

一方面，在国际税收过程中，没有相应的法律文件。在该领域，目前最高位阶的法律是国家税务总局于2006年颁布实施的《国际税收情报交换工作规程》（简称《规程》）。从法律位阶的角度来看，尽管其具有全国适用性，但属于部门规章，法律位阶偏低。此外，该《规程》存在立法依据不足的问题。根据我国的法学理论，部门规章需要实体法和程序法，而后者需要由专门的立法委员会制定，并由全国人大审核通过。正因为如此，尽管该《规程》对我国的国际税务情报局有指导性，但是其内部法理逻辑存在问题，对内部机构和工作人员的实际约束力较低，易导致无法可依的局面出现。

另一方面，在国际税务信息合作中，直接适用的法律依据不足。对于其他国家和地区的税务信息，如果要直接使用，需要有我国的行政诉讼和民事诉讼法律加以支持。当前，《规程》与上述实体法律没有进行有效连接。显然，我国立法工作的不完善，会给跨国税收信息合作带来法律层面的障碍。

（2）国际税收情报交换工作效率较低

一方面，相关税务部门尚未建立有效的联动机制。从我国税务工作体系来看，由于未建立双向联动机制，从而影响了税务信息的内部共享。作为我国税务信息工作的主管机关，国家税务总局的工作与下属各个地区之间的共享程度偏低，所获取的信息通常依赖下级机关的上报，动态性不足，因此存在明显的时效性问题。在境外税务信息合作中，如果需要采取专项国际合作，国家税务总局需要向地方税务机关发出信息收集和核对请求；在收到国家税务总局的信息请求后，地方税务机关开始信息收集，在完成本级内部信息核对后，将信息逐级上报。这一过程通常需要耗费较长的时间，会降低信息的时效性，不利于国际最新合作的快速推进。与美国等发达国家相比，我国的基层税务机关并不需要遵守信息定期上报制度，如果下级税务机关不能够按时上报税务信息，国家税务总局需要发函询问调查进度，并催办。显然，这种临时性的催办措施不仅缺乏主动性，而且还会导致信息滞后，影响到国际税务信息的传递和使用效率。

另一方面，税务相关信息尚未实现全面的自动化。互联网技术为我国的税务工作带来了良好的发展机遇，我国税务部门也积极地进行相应的网络化改造，税务征管和缴纳的智能化水平明显提高。但与发达国家相比，我国的税务工作网络化还存在一定的差距。如在发达国家，第三方信息申报制度已经比较完善，不仅可以增加税务申报的便捷性，而且可以同时有效约束纳税人和税收部门。虽然我国税务体系自2005年已开始运行NOTES税务申报和征管系统，但是信息的共享程度依然较低，还不能有效满足跨境信息合作需求。

（3）国际税收情报交换管理机制尚不完善

一方面，涉税信息口径不统一。在国际税务情报工作中，根据特定需求，国家税务局会向其他国家和地区发出合作申请，也可能收到境外税务合作申请。对于其他国家或地区所发出的税务合作申请，国家税务总局需要下级税务机关收集和核对信息；在收到上级机关的申请函后，下级税务机关开始信息搜集工作，并进行核对，上报上级税务机关审批。由于不同机关所采取的信息搜集口径存在差异，会直接影响到信息的客观性，同时也会降低信息交换的效率。

另一方面，在税务征管过程中与管理部门脱节。我国的税收征收工作有一个严格的垂直管理体系，税务信息部门在信息的收集和管理中有其独立性，对于税务信息部门而言，其所收集的信息多数是来自税收征管部门，而对于这部分"二手"信息，很难进行准确性核查，因此，与税收征收管理部门存在脱节问题。

（4）国际税收情报交换专业人才匮乏

国际税务情报交换，不仅涉及税收专业领域的知识，还与国际法、国际合作惯例等有关，对于业务操作人员有系统性的专业要求。目前我国国际税收情报交换专业人才还相对匮乏。

一方面，税务人员水平较低。当前我国国际税务情报交换工作人员年龄偏大，尽管有着丰富的涉税工作经历，但对于现代信息技术的不熟悉使得再学习的动力不足，进而影响到国际税收情报交换工作的网络化水平。

另一方面对于税务征管过程中的工作人员培养的方式比较单一。我国的税收人才培养体系有着很强的行政性质，逐级培养体系不仅成本较高，而且培养效率偏低，不利于增强税收人才队伍的活力。

6.4.3.3 完善我国国际税收情报交换制度的建议

随着世界经济多元化的发展，在国际范围内，各国间的贸易合作越来越频繁，这使得税收情报交换也进入了一个迅速发展的时代。借鉴国外的先进经验，结合我国的发展现状，可以考虑从如下几方面对我国国际税收情报交换制度加以完善。

（1）健全我国国际税收情报交换法律体系

诚如所述，我国关于国际税收情报交换的法律依据极少，目前仅有一部《规程》，而且《规程》的法律层级不高，仅仅是国务院所推出的部门规章，不具备较强的法律效力，因此《规程》作为普通的指导文件，无法准确地指导相关部门或机构开展工作。这就需要尽快出台法律层级较高并且具有较强国际性的相关法律，如制定《国际税收情报交换法》、完善《税收征管法》，以弥补此项空缺。

（2）提高我国税收情报交换工作效率

当下，信息技术发展日新月异，构建一个覆盖范围较广、内容全面、体系完善的税收情报系统势在必行，具体措施如下。

一是建立科学的国际税收情报交换网络系统。通过构建交换体系，有助于明确各个国家的权责划分，并通过互联网的便捷精准提升工作效率。就国家和国家的角度而言，建立完善的税收情报交换体系，可以快速获取各个参与国的税收情报，保障国家和国家之间沟通的及时性和便捷性，同时也能最大限度地保障其他国家税收最新信息获取的实时性。而就国家和纳税人的角度而言，将纳税人的信息加入税收情报网络就可以掌握纳税人在全球范围内的纳税情况，以及其参与的涉税活动，强化了国家的征税权，保障了国家的税收主权，能更好地避免国家税收主权被侵犯的现象。

二是拓宽协约国的税收情报交换范围。作为税收情报交换工作的参与国，在协商后的国际协定框架内，我国积极参与并配合完成既定的情报交换要求的同时，还要为自身利益与协约国博弈交涉，其主要方式就是增多参与交换的税种及交换的对象国，尽可能增强对纳税人信息的知晓程度。由此，跨国公司的经营状况及资金流动就能够得到很好的追踪，相关的税务部门就能够及时发现其是否存在违规违法的涉税行为，进而对其进行整治与惩罚。除此之外，我国现在能够掌握的情报种类只局限在专项等门类，而欧美国家已经拓宽了行业范围情报等更大范围、更利于调查的情报种类，因此我国可以借鉴其方法与经验，整体提高我国情报交换的水平。

三是建立上下级双向互动制度。在具体的操作层面，有相关的工作规程进行宏观指导，上至国家税务总局，下至各省市相关税务部门，层层协作、紧密配合落实税务情报交换工作。国家层面主要负责制定情报交换工作的目标，然后将这些目标分配下去，交由各省市税务部门在规定的时间内上交相关材料。

美国现在所采用的是上下级互动机制的方法，即加强定时的监管工作，上级要及时了解下级的工作进程及收集到的情报信息。这就要求他们定期发送相关文件向下级收取阶段性的信息，而下级在按要求提供了信息后要发送确认文件作为反馈，这种强制性的互动可以有效保障上下级间的良性交流。

（3）创新制度，建立健全长效机制

我国现有的工作流程是根据《国际税收情报交换工作规程》严格制定的。简而言之，即上级定时将制定好上交日期的工作规划发布给下级部门，下级部门根据规划开展情报的收集及交换工作，整理好之后上报回去进行进一步的审批与检阅。这一套固定流程虽然能够保证我国该项工作规范、有效地展开与落实，但也在很大程度上限制了税收制度的灵活发展。因为在这一套流程下一旦遇到紧急情况导致信息不能及时收集，部分纳税人就会趁机进行税款转移等偷税漏税行为。因此，有必要进行相应的制度创新。

一是建立事前自主机制。为防止上述情况的发生，应该放开基层机关的执法权力，使其在证据确凿的情况下能够自主进行情报信息的收集与保存，然后再上交给上级部门。这一措施能够有效地减少程序烦琐造成的信息收集滞后及错失时机情况的发生。任何权力的滥用都有可能造成不可挽回的后果，因此在行使自主权的背后，需要上层主管部门制定有针对性的规定，明确行使该权力的情况及具体要求，只有这样才能在权力不被滥用的情况下发挥该体制的最大效用。

二是建立风险预警机制。由于情报交换至少涉及两个国家的利益，其不确定性随着参与国家数量的增多而急剧提高，存在较大风险。鉴于此，我国亟须建立成熟的预警体系，以保证能够对交换过程中的潜在风险进行科学的评估，并针对性地制定应急措施，使得整个税收情报交换的风险降到最低，进而完善风险把控工作，规范我国的税收情报交换工作。

三是建立多样化机制。多样化可以分为两方面的内容，首先是收集方式的多样化。税务机关在收集税收信息的过程中有多样化的方式，如税务机关相关人员主动去企业收集,或者"谈约纳税人或扣缴义务人"等。其次是参与税收信息收集过程的主体的多样化。不仅仅是税务机关的工作人员,银行及相关的专家也可以参与其中。此举在一定程度上可以改变税务机关目前较为被动的地位,提高税收信息收集和传递的效率。

四是建立跟踪反馈机制。在我国和国外相关的税务机关进行税收方面的各种情报间的请求及送达操作之后,或者和其他国家签订相关的情报交换协议之后,一定要建立一个相对完善的后续跟踪机制。这样既可以发现问题,进行反馈,及时沟通,做出有效弥补及相关改进措施,而且能够在和跨国纳税人的沟通中,逐渐提高我国税收各项工作的质量及服务水平。此外,还要建立一个绩效评价机制,用以量化各项税收情报交换工作取得的成果。通过设立一套可行性强且具有科学化的绩效评价指标及相关的操作说明,使得工作的效益和成本能够被清晰地界定,进而在低成本前提下实现税收效益的最大化。

(4) 加强专业人员培训

就目前现状而言,我国的税收情报交换工作发展迅猛,与此同时,我国也面临着相关工作人员,尤其是高尖端人员极为稀缺的困难。事实上,税收情报的交换工作并不简单,对人员也有很高的要求,如专业化程度,其需掌握的专业知识包括税收相关的专业知识及相关的业务流程等。此外,税收情报交换工作还涉及一些税收机密,需要进行保密,这就需要工作人员除了需要熟悉国内外相关的法律法规等,还应当具备良好的职业操守,坚守岗位、保守工作机密。这都要求我国尽快培育出一批高素质的税收专业性人才。

6.5 国家情报工作标准与规范制度

标准是在一定范围内获得最佳秩序,经协商一致制定并由公认机构批准,共同使用和重复使用的一种规范性文件。国家情报工作标准与规范是对情报工作具体内容的统一规定,以情报技术、情报价值为基础,经过系统化评估获得一致的结果,作为共同遵守的准则和依据。情报工作标准作为情报工作的一个组成部分,对情报工作的展开具有监督作用。随着情报工作地位的不断提高,情报化已成为社会快速发展的重要资源,而情报规范化与标准化已成为情报化的前提。

情报化的发展是人类社会发展到一定阶段的产物,尤其在信息爆炸时代,人们面对海量信息,无法在短时间内准确获取所需的信息,情报作为海量信息中有价值的信息,情报评估成为衡量情报质量、价值的手段,而情报标准化、规范化是情报发展遵守的原则。国家情报工作标准与规范是情报工作开展不可缺少的环节，在情报工作管理中占有重要地位，同时也是情报工作管理的一个重要分支。情报工作的标准化发展是由标准化发展的需要所决定的，离开了标准化发展，情报工作标准化失去了生存和发展的基础，而情报化标准也促进了标准化发展的进程。由此可见，标准化发展在一定程度上取决于情报标准化发展的好坏，与情报的利用率和吸收速度有关。

6.5.1 国外情报工作标准与规范制度

国外情报工作标准与规范制度的发展主要根据 ISO/TC46 标准，截至目前已经有 50 多项，其中整体情报标准化主要有以下三大趋势。

（1）情报技术的标准化发展成为情报标准化发展的趋势之一。当今情报技术主要依靠计算机、缩微、现代化设备从事情报处理，通过建立数据库实现互联网传输情报数据。而情报标准与规范也是围绕现代化技术、计算机应用、检索语言、标引规则等进行管理，早期情报的发展通过信函、口头等方式传达，实现情报工作标准与规范化管理意义不是很大，而发展到 20 世纪 80 年代，办公自动化快速发展，网络成为情报传达的主要载体，同时电子出版物的大量发行，制定情报工作标准与规范制度具有重要作用。情报技术的人工智能在国外情报工作中已进行初步尝试，美国情报高级研究计划局开展的卫星影像分析比赛中，已出现了多角度拍摄物体影像上下颠倒、云朵移动影响成像效果、卫星影像分辨率参差不齐等诸多问题，增加了人工智能深度学习的挑战。

（2）情报工作标准与规范制度有国际化发展趋势，有利于实现情报工作的国际化发展。国外情报文献工作标准化范围与国际其他有关的技术委员会工作范围的交叉渗透现象越来越普遍。情报工作标准与规范制度的国际化成为国际情报工作合作的基础，特别是随着各国信息技术标准化、经济一体化的发展，各国在统一的标准与规范制度下互相协助，共同推进情报工作的开展。美国情报高级研究计划局积极"试水"人工智能，通过开展一系列研究项目寻求人工智能在情报领域的突破。早在 2015 年，美国中央情报局创建了数字创新局，能够预警事件的发生，预测社会动荡事件，并将情报人工智能系统应用在美国各州警察暴力事件中。美国军方正在建立地理空间情报系统，通过人工智能和机器学习实现情报的自动化处理。

（3）情报检索语言的标准化与规范成为国外情报工作发展的主要内容。随着情报发展对人们的重要性越来越凸显，情报技术标准化的同时，情报检索语言也成为情报工作标准与规范制度的重要内容。随着情报技术的提高，对检索语言的要求也随之提高，检索语言随着情报技术的标准化不断发展,检索语言的分类表和叙词表规范也不断提高,以适应情报技术发展的要求,如国际标准 ISO/R919(分类表编制方法与示例)、ISO 5964(多语种叙词表的编制规则)等,都成为各国情报检索语言的标准。各国为了加强国际上的合作,国外在情报检索语言中主要采用叙词表进行检索。检索的灵活性不断提高,叙词表与分类表相比灵活性较大,自由词成为叙词表的重要组成部分,尤其在情报信息多样化的时代,自由词使用得越来越多。随着网络化的发展,ISO 25964 将网络检索词规范化,通过编制和维护管理网络叙词与网络发展相一致,如网络检索词与 Google、Yahoo 搜索引擎的叙词抽取,实现人机语义的检索。

6.5.2 国内情报工作标准与规范制度构建

我国情报工作标准与规范制度的建设还处于发展初期,根据我国情报发展进程,标准化管理针对情报文献的管理。我国情报文献工作标准化是为国家情报系统服务的,也是文献工作自动化发展的高级阶段①。而对于情报实践的标准与规范管理,还存在很大的缺陷,尤其随着计算机技术、网络化的快速发展,还没有形成专门机构对情报标准与规范制度的构建提出系统化方案。我国对情报标准化管理还处于业余状态,在 1981 年,我国在南京召开了 ISO/TC46 会议,通过此会议我国全面深入了解国际情报文献工作的标准化发展情况,通过此会议我国起草了 29 项国家标准,通过相关领域专家的共同努力,报批了十余项编目和自动化方面的国家标准。

自我国加入 WTO 之后,企业标准化成为进入 WTO 的准绳,情报标准与规范化是服务于社会的基础,大量标准、科技档案等信息被收集在情报资料室,信息的"供"与"需"出现瓶颈②。为了实现我国情报标准与规范的国际化,加快我国情报工作标准的步伐,适应情报工作现代化和自动化的需求,我国情报工作标准制定与修订已采用国际标准和规范制度进行编订,获得了显著的成效。

为了实现我国情报工作标准与规范制度的构建,需从以下几个方面开展工作。

(1) 加强情报工作理论研究,完善情报工作标准与规范制度。加强国际之间的合作,积极参加国际情报工作组织会议,提出符合我国国情的、切实可行的规范制度。国家情报是一种超越政治、军事、外交、安全、执法、经济、科技等单一领域情报活动的

---

① 姜树森.应加强我国情报文献标准化管理工作[J].情报理论与实践,1990(3):9-10.
② 马莉.加强标准情报工作[J].化工管理,2003(3):38-39.

基本范畴，以国家情报体系与情报活动的一体化为主体架构，对数据信息进行规划指导、搜集、整理、分析、传递、服务决策的一项基础工作[①]。情报工作标准与规范制度是国家情报工作的核心问题之一，是国家情报工作的组织形式。加强情报工作的国际化主要包括情报研究服务范围的国际化发展和国际合作与交流两个方面，情报研究的国际合作主要是与发达国家之间建立服务机构，为我国科技发展提供鉴别的情报[②]。2018年10月10日，我国正式发布威胁情报的国家标准——《信息安全技术　网络安全威胁信息格式规范（GB/T 36643—2018）》。这份标准由中国电子技术标准化研究院牵头制定，共有29家单位共同参与完成。标准从可观测数据、攻击指标、安全事件、攻击活动、威胁主体、攻击目标、攻击方法、应对措施等8个方面进行描述，并将这些方面划分为对象、方法和事件三个域，最终构建出一个完整的网络安全威胁信息表达模型。网络安全威胁信息共享和利用是提升整体网络安全防护效率的重要措施，旨在采用多种技术手段，通过采集大规模、多渠道的碎片式攻击或异常数据，集中地进行深度融合、合并和分析，形成与网络安全防护有关的威胁信息线索，并在此基础上进行主动、协同式的网络安全威胁预警、检测和响应，以降低网络安全威胁的防护成本，并提升整体的网络安全防护效率。

（2）加强情报研究技术建设。随着计算机技术的快速发展，情报研究工作不再基于简单的邮件、纸质来源、手写文档、电话录音等情报收集方式，计算机的情报分析系统成为大数据时代情报工作的基础技术之一。数据仓库、联机分析处理等技术不断促进情报工作技术的发展，通过不同的分析处理环境，处理不同性质的情报工作，实现目标用户的决策分析，为情报工作发展奠定了基础[③]。人工智能的发展成为情报技术未来发展的重要内容，其早在1956年的Dartmouth会议上被公认是人工智能起源的标志，人工智能主要利用日益丰富的数据资源，通过计算机运算能力，结合不断更新的迭代算法来实现分析和决策，与哲学、数学、神经科学、语言学等多元学科交叉[④]。情报工作的烦琐与复杂性是简单人工无法胜任的，美国情报部门已开始用人工智能算法替代人工，借助于人工智能算法分析整理极端恐怖组织的情报数据。

[①] 马德辉，黄紫斐. 美国《国家情报战略》的演进与国家情报工作的新变化、新特点与新趋势[J]. 情报杂志，2015，34（6）：1-4，11.

[②] 包昌火，缪其浩，谢新洲. 对我国情报研究工作的认识和对策研究（上）[J]. 情报理论与实践，1997，20（3）：133-135.

[③] 韩影. 我国情报管理技术支撑体系优化研究[D]. 长春：吉林大学，2008.

[④] LU R. Enhance the automatic acquisition of knowledge [J]. Journal of computer science and technology, 1989, 4 (4): 295-303.

情报的人工智能技术融合了卫星、互联网、无人机等技术，加快了情报提取与分析速度，实现了实时、多层次广泛的情报搜集，对情报工作的开展具有推动作用。人工智能实现情报的语音识别、文本识别、人脸识别等，将大量非结构化数据"整合标注"，通过计算机将采集的数据处理成有用的信息。尤其随着数据的开源化发展，人工智能将这些开源数据进行自动化处理，适应不断变化的环境和场景。

（3）加强情报人才队伍建设，加大政府的引导作用。情报标准与规范制度的建设不仅涉及情报工作自身的建设，还涉及情报人才队伍的建设，尤其随着情报技术的不断提高，要培养适合从事决策研究、信息分析、信息咨询的专门人才。政府作为情报工作发展宏观协调者，要加强政府的宏观调控，改变我国科技信息管理不平衡体制，即一个机构、两个牌子的管理体制。加大政府对情报工作的投资力度，对国家重点支撑的情报研究机构和项目进行扶持，实现情报工作的运行和发展，拓宽情报经费的来源，实行国家、地方、企业及外资的多元化投入，丰富情报发展基金。

本章小结

国家情报制度是由国家情报管理制度、国家情报评估制度、国家情报共享制度、国家税收情报交换制度、国家情报工作标准与规范制度等所组成的一个综合的制度体系。研究国家情报管理制度，有利于探究如何引导国家情报活动沿着正确的方向发展，以促进国家情报工作的顺利开展和情报资源的有效管理；研究国家情报评估制度，有利于探究如何增强情报机构及其相关的情报组织对情报的监督作用，以提高情报服务水平和服务质量；研究国家情报共享制度，有利于探究如何实现高效的信息流动和跨机构情报共享，以提高数据整合和情报综合分析的效率；研究国家税收情报交换制度，有利于探究如何建立有效的国际税收情报交换机制，以防止和减少国际偷税、逃税，解决跨国税收难题；研究国家情报工作标准与规范制度，有利于探究如何把握情报发展的准则和依据，以实现情报工作的标准化发展。本章分别就国家情报管理制度、国家情报评估制度、国家情报共享制度、国家税收情报交换制度、国家情报工作标准与规范制度等选取国外代表性国家进行分析，通过国内外情报制度的对比，发现国外发达国家情报制度通过制定公开情报立法，将情报管理纳入政府常规管理体系，实行民主监督，保护公民自由的权利，实现情报管理与民主之间的有机结合和平衡。我国情报制度发展缓慢，地方政府情报制度尚未统一化，中国情报制度还存在一些问题及不足之处，对国外情报制度建设的分析为我国情报制度建设提供相关经验。

第 7 章
大数据观下的国家情报工作战略新布局

国家情报在国家安全和发展中处于战略中坚地位，是支撑国家治理的重要力量和必要手段。2012 年进入大数据时代以来，引发了国家情报工作的新发展与变革，情报工作跨入数据全息化、分析方法集成化、生产技术智能化及推送服务全纳化的崭新时代[1]。面对大数据时代复杂的决策环境，国家情报工作必须遵循以"事实数据＋工具方法＋专家智慧"为基准的"自动化＋规范化＋系统化"的情报系统工程范式，但是根据调查资料显示：目前仅有 7% 左右的情报工作进入了这个阶段[2]。我国国家情报工作发展出现不均衡问题，国家情报工作面临新的挑战，出现许多不和谐问题，但情报工作同样面临新的机遇[3][4][5]，因此，研究这种不和谐的原因，厘清新时代情报工作的使命和作用，解决情报工作自身存在的陈疾痼弊，找到促进这种不和谐向和谐演变的路径，为国家治理重大决策和顶层设计提供情报支撑，必将促进我国情报事业的发展。下面尝试在这方面做理论分析，以期为促进国家情报工作和谐发展提供理论参考。

---

[1] 吴晨生，李辉，付宏，等. 情报服务迈向 3.0 时代 [J]. 情报理论与实践，2015，38（9）：1-7.
[2] 朱礼军. 主编寄语 [J]. 情报工程，2015，1（2）：2-3.
[3] 赵冰峰. 我国情报事业面临的环境变革、战略转型与方法论革命 [J]. 情报杂志，2016，35（12）：1-5.
[4] 包昌火，马德辉，李艳，等. 我国国家情报工作的挑战、机遇和应对 [J]. 情报杂志，2016，35（10）：1-6.
[5] 张家年，马费成. 总体国家安全观视角下新时代情报工作的新内涵、新挑战、新机遇和新功效 [J]. 情报理论与实践，2018，41（7）：1-6.

7.1 国家情报工作演替趋势

马克思指出:"社会无穷发展进程中的每一个阶段都是必然的,对它发生的时代和条件说来,都有它存在的理由。"[1] 目前,数据驱动对中国的国家安全与发展产生重大的影响,由于体制限制、经费短缺、知识产权纠纷、非商业化运营等因素的影响,我国的情报事业尚未形成理想中的"大情报体系",而是处于分散、支离的不和谐状态,情报工作与发达国家相比还有一段距离,情报采集无法真正实现以大数据为基础进行,情报分析方法无法以专有工具的集成开发为支撑,情报决策无法以专家智慧协同为辅进行,整个情报工作流程无法实现工程化模式,即情报工作无法以最短的时间和最少的人力、物力的合理配置,做出高效且可靠的服务,为国家综合治理提供情报保障[2]。

7.1.1 大数据时代特点与其对国家情报工作的要求

大数据一般指在 10 TB（1 TB = 1024 GB）规模以上的数据量。"大数据"实质上是一个"新技术群",是一个具有"破坏性创新"威力的技术群,包括采集数据技术、存储数据技术、数据传输及数据处理分析技术等,与"大数据"技术群息息相关并且相互交融的技术包括物联网、云计算、下一代互联网和通信技术,"大数据"技术群与这些技术形成技术价值链[3];大数据本质上泛指所有的"数字化内容",数字化的"内容基本单元"就是"数据","数据"不仅指结构化数据(如数值型、数字型),还包括海量的非结构化数据(文本、视频、音频等)。随着传感器、物联网、互联网等技术的发展,生命物体(即人类和动植物的肢体动作)及社会行为、非生命物体的状态和运动轨迹等都是可处理的"数字化内容"。"大数据"技术群已经能够将所有的"数字化内容"转化为"数据化内容"。大数据时代,人与物必然呈现网络化、数据化、智能化、互联化、共享化、便捷化的特点[4]。

---

[1] 马克思,恩格斯. 马克思恩格斯选集 [M]. 北京：人民出版社,2009：213.

[2] 潘云涛,田瑞强. 工程化视角下的情报服务:国外情报工程实践的典型案例研究 [J]. 情报学报,2014,33 (12)：1242-1254.

[3] 维克托·迈尔·舍恩伯格,肯尼思·库克耶. 大数据时代 [M]. 盛杨燕,周涛,译. 杭州：浙江人民出版社,2013：2-23.

[4] 王世伟. 论大数据时代信息安全的新特点与新要求 [J]. 图书情报工作,2016 (6)：5-14.

大数据的"数据化内容"的基本特征有以下几个。①体量大（Volume）。全球在2010年正式进入ZB时代，互联网数据中心（IDC）预计到2020年，全球将总共拥有35 ZB的数据量。②多样性（Variety）。数据类型繁多，如今的数据类型早已不是单一的文本形式，如网络日志、视频、图片、地理位置信息等，数据类型分为结构化数据、半结构化数据和非结构化数据。③价值密度低（Value）。以视频为例，连续不间断监控过程中，可能有用的数据仅仅有一两秒。如何通过强大的机器算法更迅速地完成数据的价值"提纯"是目前大数据汹涌背景下亟待解决的难题。④速度快（Velocity）。这是大数据区分于传统数据最显著的特征。例如，涉及感知、传输、决策、控制开放式循环的大数据，有些数据具有时效性，所以对数据实时处理有着极高的要求。

大数据成为社会关注的重要战略资源，并已成为各国争夺的新焦点，大数据成为保障国家安全与稳定、推动经济转型发展的新动力，大数据为重塑国家竞争优势提供新机遇，为提升政府治理能力开发新路径[1]。例如，2017年1月美国国防创新委员会指出，不管是哪个国家，只要搜集并组织了最多的有关美国的数据，都将保持对美国的竞争优势。我国于2015年10月29日首次提出"实施国家大数据战略"，大数据战略与创新驱动战略、网络强国战略、"互联网+"行动计划共同构成了中国"十三五"期间拓展新空间的一系列重大战略和重大举措。大数据就是时代性的标签，是21世纪的"石油"与"金矿"，是提升国家综合竞争力的关键资源，大数据是社会发展中的基础性、战略性、先导性资源[2]。

云处理为大数据提供了弹性可拓展的基础设备，自2013年开始，大数据技术已开始和云计算技术紧密结合，物联网、移动互联网等新兴的计算形态，必将助力大数据革命。随着"大数据"兴起的数据挖掘、机器学习和人工智能等相关技术，必将改变"大数据"世界很多算法和基础理论，并实现科学技术上的重大突破。"大数据时代"是一个"数据驱动"的"智慧时代"，将对情报工作提出新的要求，情报工作必须把数据作为战略资产，迎接数据规模上（数量和速度）上的挑战和数据复杂性（多样性和准确性）的挑战。情报工作面临获取、管理、关联、融合和分析各机构之间不断增长的数据带来的挑战，而这些数据是以不同的格式生成，并且在不连接或不可访问的系统中生成的，没有标准化的结构，更没有统一的本体。这必然导致数据收集浪费、数据收集缺乏

---

[1] 王世伟. 论大数据时代信息安全的新特点与新要求［J］. 图书情报工作，2016（6）：5-14.
[2] 苗圩. 大数据：变革世界的关键资源［N］. 人民日报，2015-10-13（7）.

及时性、指示和警告漏报，导致缺乏决策相关性等风险，最终导致在情报周期早期无法融合数据构建多源情报，而且还必须清除太多的数据收集阶段产生的障碍，使得情报分析环节的任务更艰巨、更烦琐。大数据时代的这些问题不是任何一个情报实践部门、情报项目或国家情报主管机构能够解决的，国家情报工作必须以创造性的方式来适应大数据环境，情报收集人员必须对数据进行自动化、智能化处理，才会提高情报分析人员的工作效率，增加情报工作获得和保持竞争优势或时间优势的机会。数据的数字化转型、多域的数据集成和数据"算法战"将是情报工作保持长期竞争优势的核心。国家情报工作必须采取多方协作的方式，理解和操纵大数据系统和机器来提高整个情报界的技术和操作优势，并推进人机及机器之间的协作，这样情报分析人员才能更好地利用有限的时间来处理最困难的问题，充分发挥情报人员"专家智慧"的优势。

7.1.2　国家情报工作不和谐的现象

在复杂的大数据环境、激烈的国家间竞争和经济转型与发展的态势下，国家安全与发展面临新的博弈，为国家安全与发展保驾护航的国家情报工作存在若干不和谐问题现象，制约国家情报工作的全面发展和深化改革①。

7.1.2.1　国家情报工作的内涵和使命界定不清

1992 年，我国部分研究领域把"情报"改为"信息"，导致多年来国家情报工作的内涵与"信息服务"相混淆，情报研究和情报工作更偏重于文献整理和信息检索领域，情报工作在国家安全与发展、创新中承担的"耳目""尖兵""参谋"的历史重任反而弱化②。学界对我国国家情报工作的界定不清晰，既统一又科学、系统的内涵界定至今缺位。1992 年，美国情报专家安吉洛·科迪维拉的著作《知晓治国方略：新世纪的情报》出版，在这部著作中安吉洛指出，国家情报处于国家战略层面，国家情报工作的最终目的和本质属性是为国家治理决策服务，即国家情报工作的本质属性是决策支撑性③。今天，中国已经在国防、科技、经济等世界大国行列，在大数据时代背景下，国家情报工作肩负着为实现中国的强国梦引领并服务于国家安全和经济社会发展的重大决策，发挥"耳目、尖兵、参谋"的历史使命。军事情报工作必须支撑现代战争和大国博弈的决

---

① 赵冰峰. 论国家情报 [J]. 情报杂志，2013，32（7）：1-7.
② 包昌火，包琰. 中国情报工作和情报学研究 [M]. 北京：科学出版社，2014.
③ CODEVILLA A. Informing statecraft: intelligence for a new century [M]. Cambridge: Free Press, 1992.

策，国安情报工作必须为国家安全和社会稳定及反间谍工作的决策提供支撑，公安情报工作必须为驾驭复杂社会局势和服务于经济社会发展的决策提供情报支撑，科技情报工作要为国家科学技术研究与创新提供支撑，经济情报工作必须为国家经济建设和经济安全保驾护航，竞争情报工作要在市场竞争和企业战略制定中凸显价值。总之，面临大数据环境的新形势、新变化和新需求，国家情报工作必须厘清内涵，不断丰富完善和创新发展，发挥其在国家安全和社会发展中的决策支撑作用。

7.1.2.2 国家情报理论思想体系不完善

《孙子兵法》在世界情报界被视为经典、奉为圭臬。虽然《孙子兵法》是我国的著作，代表我国古代情报研究的先进性，但是《孙子兵法》的辉煌不能掩盖当代情报理论建设的苍白。20 世纪 80 年代中期以后，学界一批研究者虽然引进和形成了各类学派和学术理论，但李耐国等提出的军事情报理论、陈亮等提出的公安情报理论体系、包昌火等提出的竞争情报理论体系等，呈现各自论述、结构分散、良莠不齐的状态，理论研究与中国的历史发展规律、中国的国情现实及国家战略需求等尚存较大距离①。中国的情报学理论研究门类不齐全，无法进行理论的多元互相印证，学者在全球的知名度较低，理论研究内容与我国的国家安全治理和情报实践活动的需要不能紧密结合，既无法发挥战略引领作用，又不具备战术指导性作用。因此，国家情报的理论研究必须根植于国家情报工作实践，形成具有中国特色的国家情报思想体系和理论学说，培养世人所公认的情报理论大师。理论研究要继承中国传统思维方式的精华，强调国家安全的整体性、系统性和联动性思想，注重历史经验的反思和方法论体系的创新，中国情报学界的情报理论研究要在除军事、安全、犯罪情报已具备了操作层级的方法论体系外，在外宣情报（外交情报与对外宣传情报）、公安情报、经济情报、科技情报等领域开展实质性的研究，构建中国情报研究的理论架构，并且理论研究要服务于国家治理，不断改善既有的理论体系和工作方法，为情报侦察、情报分析、情报行动等提供高效的方法模型、情报实践工作标准手册，设计情报服务系统和模拟系统等，最后形成"情报研究的中国范式"②。

7.1.2.3 国家情报法律制度建设有待加强

国家情报制度是约束情报部门和情报行为的规则体系，是为了实现情报工作目标而形成的一种管理方式的载体，表征情报组织和人员的价值理念。国家情报制度建设要从

---

① 赵冰峰. 现代情报理论研究的国际比较与战略启示［J］. 情报杂志，2017，36（1）：9-13.
② JOHNSON L K. Handbook of intelligence studies［M］. London：Routledge，2007：1-14，28-37.

制度理念、制度设计和价值导向上分析情报制度建设的现状和缺陷，从情报人员、情报产品、情报行为绩效三个方面分析国家情报工作。国家情报工作服务于国家治理，要求情报工作必须科学、民主、依法有效地服务于国家和社会的管理，坚持中国共产党总揽情报工作全局、统筹各方的格局下的依据情报支撑治国理政，因此，国家情报工作既要得到法律的保护，也要受到法律的制约。基于总体国家安全观理论的指导，我国还未建立起健全的国家安全体制机制，国家安全的战略框架和法律体系也不完善，虽然我国先后制定或出台了一系列法律，如2014年11月的《中华人民共和国反间谍法》、2015年1月的《国家安全战略纲要》、2015年4月的《中华人民共和国食品安全法》、2015年7月的《中华人民共和国国家安全法》、2015年12月的《中华人民共和国反恐怖主义法》、2016年11月的《中华人民共和国网络安全法》、2016年12月的《关于加强国家安全工作的意见》、2017年6月的《中华人民共和国国家情报法》、2017年9月的《中华人民共和国核安全法》等，但诸如情报工作涉及的公民隐私权系统保护的法律等还未出台，更缺少制度化的法律监督。近年来我国虽然加紧了相关法律的制定，但距离建成既科学又成熟的制度化的国家情报工作法治体系还有差距，国家情报工作无法真正实现有法可依、有法必依、违法必究、执法必严的法治目标。

7.1.2.4　国家情报工作协作机制不健全

国家情报工作是一个超越单一领域情报活动的基本范畴，以安全、执法、政治、军事、外交、经济、科技等领域一体化为主体架构的情报工作体系，国家情报工作以国家安全治理和经济社会发展为服务的总体目标，国家情报工作的业务环节包括对数据信息进行规划指导、数据搜集、信息整理、情报分析、情报传递、情报服务决策等基础性工作①。而情报体制则是国家情报工作的组织形式和基本制度。长期以来，我国各个领域的情报工作条块分割严重，各自为政，虽然也建立了诸如部际联席会议等一些协调工作机制，但从总体上看，依旧是难以协调的状态，尚未形成统一、高效的国家情报工作协作体制和工作机制，更没有建立融合化的国家情报数据平台，因此，不同行业领域之间、各自行业领域内部的不同部门和不同地域间的情报工作无法协作，必然存在"信息孤岛"（"烟囱"）现象，信息利己主义综合征泛滥②。不同行业领域之间、各自行业领域内部的不同部门重复建设，导致资源浪费和数据信息标准不统一，情报服务系统无法

---

①　马德辉，黄紫斐. 美国《国家情报战略》的演进与国家情报工作的新变化、新特点与新趋势[J]. 情报杂志，2015，34（6）：1-4，11.

②　约瑟夫·斯蒂格利茨. 知识经济的公共政策[J]. 经济社会体制比较，1999（5）：20-28.

对接，情报分析研判的结果无法渗透和统一，这些现象不利于情报的共建共享，更无法满足国家总体战略和重大决策的情报需求，无法履行大数据时代的国家情报工作的使命——运用大数据技术群，维护国家安全，推动经济转型发展，为重塑国家竞争优势和提升政府治理能力提供决策支持。

7.1.3 国家情报工作出现不和谐的必然性

热力学第二定律（Second Law of Thermo Dynamics）告诉我们，在自然过程中一个孤立系统的总混乱度（即"熵"）不会减小，而会与日俱增。要使系统的混乱程度减低，就必须向系统注入负熵[1]。因此，大数据时代新的环境，如国家安全问题日益严峻、经济危机与气候问题并存、恐怖主义与难民问题同在、核扩散与网络安全共现等一系列问题，不仅拷问着中国的国家安全，而且威胁着整个人类的安全[2]。国家情报工作作为一个系统，不仅是国家间战争与冲突的伴生物，也是国家政治安全、公共安全、外交安全、国家经济、国家科技等多领域冲突的伴生物，根据热力学第二定律可知，一切自然过程总是沿着分子热运动的无序性增大的方向进行[3]。国家情报工作在自然运行中，必然出现各种各样的问题，这些问题如得不到有效解决，必然使得国家情报在现阶段出现一些不和谐因素，这种不和谐属正常现象，符合热力学第二定律。基于马克思主义哲学的历史必然性可知，国家情报工作在现阶段的历史条件下出现一些不和谐现象是必然的，是国家情报工作在这一历史关节点的必然现象，符合历史发展的因果律，是现阶段国家情报工作系统中主体与客体、人与社会相互作用的结果，是情报人员精神素质作用于当前社会基础条件而外爆为其情报工作实践的产物[4]。

7.1.4 国家情报工作走向和谐的生态演替趋势

哲学家说过，世界上唯一不变的是变化。古往今来，任何工作无不体现着变化的力量，我们必须学会跳出固有思维的框架，思考新时代国家情报工作的演替趋势。20 世纪

---

[1] 杜林. 再论热力学第二定律 [J]. 山东工业技术, 2016（1）：226.
[2] 乔晓东, 朱礼军, 李颖, 等. 大数据时代的技术情报工程 [J]. 情报学报, 2014,（12）：1255-1263.
[3] 李建中. 科学与技术的离散和自洽：我国高校科技成果转化率低的根源与对策 [J]. 科技管理研究, 2018（11）：260-266.
[4] 王晨, 张乐. 论马克思主义哲学历史必然性观念对社会科学研究方法的启示 [J]. 中共郑州市委党校学报, 2017（2）：39-41.

初出现的"演替"一词是由法国生物学家 Mall（1825）首次在生态学领域使用的，生物群落的构成和其存在的环境向一定方向产生有顺序的发展变化，称为演替①。学者王延飞、刘记等，针对目前国家情报工作中科技情报、军事情报和安全情报等的分野和争议问题，主张用生态理念来进行国家情报工作的综合治理②。生态演替的研究对于国家情报工作这种人工生态系统的管理和调控具有重要的意义，特别是在指导国家情报工作从不和谐状态走向和谐状态具有特殊价值③。追求国家情报工作的和谐发展，是大数据时代情报工作者面临的最重大的时代主题。马克思主义辩证法既强调矛盾对立性又强调矛盾的统一性："两个相互矛盾方面的共存、斗争及融合成一个新范畴，就是辩证运动的实质。"④ 依据矛盾的统一性可知，国家情报工作的不和谐状态与和谐状态是相互依存、相互转化的。二者之间是相对的，正是由于不和谐因素的存在，才会导致国家情报工作这个生态系统的运动和变化。因此，国家情报工作不和谐状态是其和谐发展的一个内在要素。基于系统论的观点，国家情报工作整体作为一个系统，必然经历一个发生、发展、成熟、衰退的过程⑤。任何系统（包括国家情报工作）的发展过程总是从不和谐走向和谐，再从和谐走向不和谐的无限交替过程，如图 7-1 所示。

通过国家情报工作演替过程模型（图7-1）可以得出：国家情报工作系统演化是遵循曲线 OB 式螺旋上升模式，也会出现短暂的停滞状态和退化状态，即不和谐状态，情报机构和情报人员的实践能力总是要受到一定历史条件的限制，是一个由低到高逐步发展的漫长历史过程，情报人员的情报工作实践活动绝不会尽如人意，不和谐现象是情报人员实践活动中不可缺少的伴随物，正如黑格尔所言："在历史里面，人类行动除了取得他们直接知道欲望的那种结果之外，通常又产生一种附加的结果。虽然这种结果没有呈现在他们的意识中，而且也并不包括在他们的企图中，却也一起完成了。"⑥ 自然辩证法指出，任何事物的发展都是利弊共存的一个整体，国家情报工作的和谐发展也是如

---

① 周秀云，娄策群．信息生态群落演替的概念、过程与特征［J］．情报理论与实践，2011，34（6）：12-14．
② 王延飞，刘记，陈美华，等．情报治理的生态观［J］．情报理论与实践，2018，41（1）：5-8．
③ 孙瑞英，蒋永福，刘丹丹．基于生态学视角的信息异化问题研究［J］．情报理论与实践，2011（4）：5-9．
④ 马克思，恩格斯．马克思恩格斯选集［M］．北京：人民出版社，2009：213．
⑤ 余少瑛．信息生态系统的自动演替与环境调控机制的耦合研究［J］．情报资料工作，2012（4）：33-36．
⑥ 黑格尔．历史哲学［M］．北京：生活·读书·新知三联书店，1956：76．

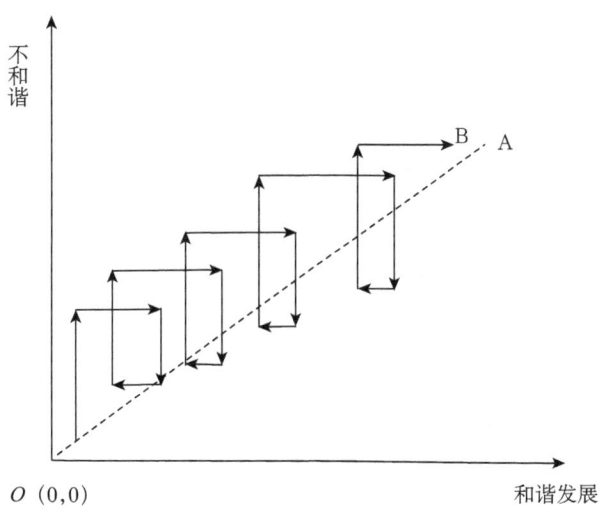

图 7-1 国家情报工作演替过程

此①。国家情报工作不和谐状态是一把双刃剑,事实上,国家情报工作这个生态系统存在的诸多矛盾和斗争正是其向和谐发展、演替的根本原因。从逻辑辩证的视角看,国家情报工作不和谐状态的失衡是其和谐发展得以生成与存在的条件。反过来,国家情报工作和谐发展状态本身也孕育着新的不和谐问题,国家情报工作的发展是一个从不和谐到和谐,再从和谐到不和谐的无限交替的过程。观察国家情报工作动态演化过程(图7-1)可知,国家情报工作系统的发展是一个动态的不断演化的过程,整体上看总是呈现出螺旋上升的轨迹和趋势,是在不和谐与和谐的不断交替过程中螺旋上升发展、进化的,是不以人的意志为转移的②。

7.1.5 国家情报工作系统演替的动力机制

国家情报工作是一个抽象的整体概念,在这个通过情报人员和其他生态因子的相互作用而织就的复杂关系网络中,情报本体在不停地创造和流转,不管是从国家情报工作系统自身调节性的角度,还是从国家情报工作系统和外部宏观大环境的相互作用关系角度看,都存在动力机制促使国家情报工作系统不断地运动演化。

---

① 马克思,恩格斯. 马克思恩格斯选集 [M]. 北京:人民出版社,2009:213.
② 孙瑞英. 从信息异化到信息生态系统和谐发展的演化博弈研究 [J]. 情报科学,2013 (9):122-127.

7.1.5.1 内力激发机制

在国家情报工作系统存在多种系统内力,正是这些系统内力的相互作用激发了国家情报工作系统的演化。

第一,生存与发展的原动力。在决策情报保障过程中,情报机构的"生存"意识要求保证情报事业发展所需的物质和精神条件,情报机构努力营造能够保障可持续发展环境的原始动力。情报机构和情报人员为了保证情报产品可靠供给的稳定性,情报人员要储备智力资源,保持耐心细致的工作作风,坚守理想信念,不受环境变化的消极影响,始终冷静做好情报前瞻预警工作。因此,在情报工作实践中必然形成"生存"和"贡献"的意识,这种"生存"意识和"贡献"意识反作用于情报工作,形成促进情报工作演替的原动力。

第二,竞争与协同的原动促动力。在国家情报工作这个复杂大系统中,情报工作人员和其他信息生态因子的相互作用而产生自然力的竞争和协同作用是国家情报工作演化的促动力。国家情报工作这个复杂大系统中的情报人员、情报对象、情报过程、情报机构、情报方法、情报教育和情报制度等生态因子,在满足情报需求过程中彼此竞争与协同,在情报治理中体现为相互作用,完成情报工作的动态扫描、前瞻预警等情报任务,推动情报工作环境和情报资源条件的发展变化等,使得国家情报体系的适应能力更强。"多样性"是健康生态系统的一个重要特征,国家情报工作同样具有多样性,各类情报工作相互依存,相互影响,维系着整个国家情报工作的生态平衡,保证了国家情报工作生态系统的健康发展。在情报工作系统中,互动力是情报理论和思想文化发展创新的重要条件,主要由不同系统情报工作人员形成的种群和群落产生各项基本社会活动,由于情报工作人员是国家情报工作的主体,情报工作人员之间的交流与互动是信息客体流转的纽带,也是推动国家情报工作演化的核心力量。情报工作人员的协同导致情报产品的聚集,形成情报工作人员群落,必然会带动整个情报事业的发展,国家情报工作的功能也必然会突破原有的单一走向综合。

第三,科技与制度的支撑力。基于技术、政治制度和安全三方面综合考虑,探索支撑国家情报工作的支撑力。技术的进步必然提升情报工作人员的工作效率和效果,提供超出原有领域界限的情报保障,科技进步和制度建设在国家情报治理的生态建设中形成砥砺奋进的合力,并由此带来国家情报工作的形态与功能结构的扩展和重组,促进国家情报工作的演化;情报制度与政策在国家情报工作的演化过程中扮演着尤为重要的角色,国家情报工作发展目标的确定,各种政策、法律等的制定,将在国家情报工作的演化过程中起着非常重要的导向作用，所以也是促进国家情报工作这个复杂的大系统演化的系统内力中的一种核心支撑力。

7.1.5.2 外力触发机制

国家情报工作这个复杂大系统的演化同样离不开系统外力的推动，国家情报工作的系统外力是指国家情报工作系统以外的宏观社会生态系统中的政治、经济、文化、技术等因素。国家情报工作是社会生态大系统的一个有机组成部分，是其子系统。国家情报工作要发展、演化，不但要依赖自身内部各要素的平衡互动而产生力的交互作用，而且还要依赖与外部社会生态宏观大环境诸多要素的良性循环。社会生态宏观环境是国家情报工作展现的背景，国家情报工作依存于社会生态大环境，同时也意味着国家情报工作局限于社会生态大环境，因此，忽略社会生态大环境中各种力量对国家情报工作演化的推动是不科学的，国家情报工作的演化离不开社会生态大环境中政治、经济、文化、技术等各种力量的作用，社会生态大环境变化给国家情报工作演化带来了外力，外力必然会干扰国家情报工作功能的平衡，是国家情报工作由无序走向有序、由低级走向高级的自组织演化过程。

7.1.5.3 内外协同机制

国家情报工作这个复杂大系统的演化是内外力有机组合推动的结果，国家情报工作功能结构的变化状态是一种动态平衡，这种平衡是国家情报工作这个复杂大系统内部各种动力相互抵抗以达到最终平衡的结果。不同阶段的内在动力大小与方向不同，整个系统的平衡与稳定正是在打破与重构中非线性成长的。但内部的稳定不仅仅是靠内力的支撑，国家情报工作这个复杂大系统所处的外部宏观大环境是多变的，外力的干扰加上内力的抗衡与调整，最终使国家情报工作这个复杂的大系统功能结构达到新的平衡。国家情报工作这个复杂的大系统演化的外源触发因子和内源激化因子，共同作用于国家情报工作这个复杂的大系统，这些涨落因子因外界宏观大环境的变化在国家情报工作这个复杂大系统发展演化的不同状态，对系统内力产生的影响也在发生着变化，而且表现为不同的动力形式，如支撑力、拉力、推力、压力，各种动力形式涨落因子的协同作用共同决定着国家情报工作这个复杂大系统的状态和演化方向。根据这些系统内力因子的作用和特点，国家情报工作这个复杂的大系统的演化明显表现为一个多重动力影响下的演进过程，始终受到支撑力、拉力、推力和压力的合力作用。支撑力来自技术进步和信息基础设施的完善等；拉力来自情报工作人员的使命感和情报需求的增长；推力来自情报生产、情报传递、情报制度、情报法律等的优化；压力来自各种情报活动不和谐的状态：

内涵使命不清，理论不完善，法律不健全，制度建设缺陷，协作机制不健全等。内外合力在国家情报工作演化不同的发展阶段，表现出不同的动力形式，国家情报工作这个复杂大系统演化的内外动力协同机制如图7-2所示。

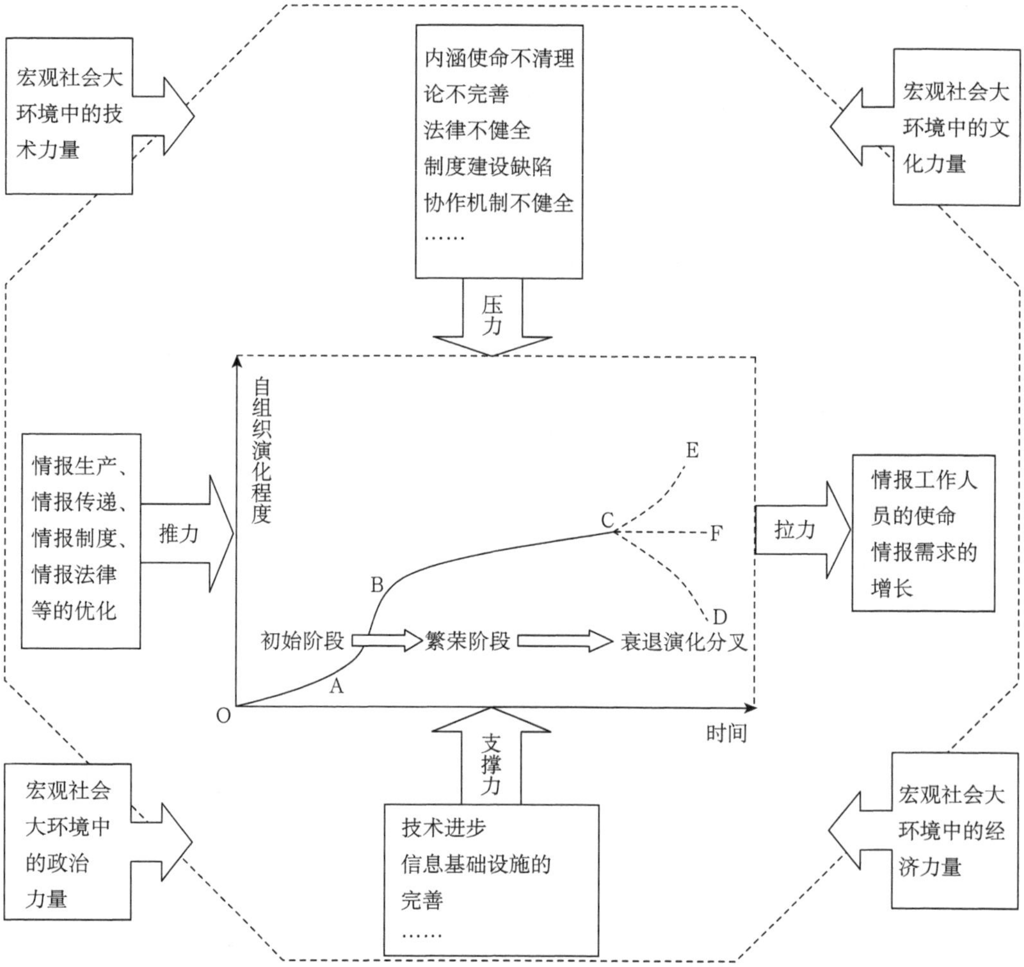

图7-2 国家情报工作演化的内外动力协同机制

如图7-2所示，在外部宏观社会大环境外力的制约下，即在宏观社会大环境中的政治力量、经济力量、技术力量、文化力量的综合作用下，国家情报工作这个复杂的大系统演化的初始阶段（曲线OA阶段），随着情报需求的急剧增加，情报工作人员快速聚集，建立了初级的信息基础设施，形成了各种情报工作人员群落，在这个阶段，国家情报工作这个复杂的大系统演化的动力主要是情报生产、情报传递、情报制度等产生的推力和情报需求快速增长产生的拉力；经历了快速发展的阶段（曲线AB阶段），在国家情报工作这个复杂大系统演化的繁荣阶段（曲线 BC 阶段），各种情报产品数量和质量稳中有升，形成各类情报资源的聚合体，此时信息基础设施完善，技术优化，但情报服务成本不断上升，国家情报工作开始恶化，各种不和谐问题开始出现。在这个阶段，国家情报工作这个复杂的大系统演化的动力主要是技术进步和信息基础设施完善给予的支撑力；在国家情报工作这个复杂大系统演化的衰退阶段（C 点以后），有用情报的可获得性不断下降，而情报开发成本大幅上升，国家情报工作进一步恶化，此时国家情报工作这个复杂大系统演化的动力主要来自支撑力、拉力、推力和压力的合力作用，在国家情报工作中各种涨落因子的复合作用下，通过国家情报工作这个复杂大系统内部的非线性机制和反馈机制，迅速突变为巨涨落，使原国家情报工作这个复杂大系统结构失稳并产生分叉，将呈现出两种不同的演化态势：第一种，在国家情报工作这个复杂大系统的演化分叉点（C 点），此时作用于系统的压力所产生的负效应远远超过了支撑力、拉力和推力所产生的正效应，因此国家情报工作这个复杂大系统将反向突变，使国家情报工作这个复杂的大系统瓦解，演化出现停滞状态（直线 CF），甚至倒退状态（曲线 CD）；第二种，由于在演化繁荣期成功培育了新的增长点，形成了新的比较优势，这时决定国家情报工作这个复杂大系统演化方向的是支撑力、拉力和推力所起的积极作用，其远远超过压力所起的消极作用，国家情报工作这个复杂的大系统形成了新的高级稳定有序的耗散结构（曲线 CE），开始了另一轮的演化周期。

7.1.5.4　促进国家情报工作和谐演替的举措

舒尔斯基在其著作《无声的战争——认识情报世界》中指出，避免情报失误的路径有两种，即在"制度上"和"智能上"寻求解决方案①。前者指情报工作制度框架的重设，后者指情报支撑技术的创新。情报支撑技术决定情报工作赖以生存的能力，决定情报工作实际的动作，决定情报工作实际的作为；情报工作制度就是确保情报工作得以正常运作的保障性规范。2016 年《国家创新驱动发展战略纲要》坚持科技创新和体制机制创新"双轮驱动"，彰显国家层面要依赖制度和技术的"双轮驱动"经济增长的战略思路②。因而，探讨制度创新和科技创新对促进国家情报工作和谐演替应当成为研究的重要方向。在复杂的大数据环境下，面临国家安全与发展新博弈，为国家安全与发展保驾

---

① 艾布拉姆·N. 舒尔斯基. 无声的战争：认识情报世界 [M]. 肖皓元，译. 北京：金城出版社，2011：103-116.
② 赵玉林，谷军健. 制造业创新增长的源泉是技术还是制度？[J]. 科学学研究，2018（5）：800-812，912.

护航的国家情报工作，对于国家竞争优势重塑具有不可忽视的作用。笔者认为，要促进国家情报工作和谐演替，也必须沿着"技术"与"制度"路径，从技术创新视角和制度创新视角制定相应的措施。

（1）厘清两种路径的相互作用关系

马克思主义理论认为，生产力决定生产关系，生产关系反过来影响生产力的发展。"技术"代表"生产力"，"制度"代表"生产关系"。依据马克思的观点，"技术"与"制度"是相辅相成的关系，技术与制度要相匹配，二者之间的关系是辩证的。在国家情报工作视域下，技术会促进情报工作的发展和进步，然而，拥有先进技术的国家，其情报工作并不一定领先。例如，拥有一流电脑技术的印度的国家情报工作并不领先，一些没有科技优势的国家凭借适合国情的情报工作制度，情报工作的发展却突飞猛进。所以，对于国家情报工作而言，制度和技术的重要性是辩证的。在情报工作制度确定的情况下，技术的进步对促进情报工作发展是非常关键的；在技术水平相对不变的情况下，情报工作制度的优劣或适应性将决定情报工作的发展。如果相信技术决定论，认为技术比体制更重要，就会影响情报人员的判断和决策，在国家情报工作的理论研究和实践中，要防止片面强调技术的"技术拜物教"，也要防范片面夸大制度的"制度拜物教"，因此，要正确认识制度和技术的辩证关系，才能推动各项情报工作的进展①。

首先，基于资源稀缺性观点，技术与制度二者都与资源的稀缺性相关，由于资源是稀缺的，技术和制度在对情报工作做出相应的贡献时，技术创新可以降低情报开发、传递等工作的直接成本，制度创新可以降低情报工作的交易成本。情报工作必须在技术创新与制度创新之间合理分配资源。从根本上看，既不是技术决定制度，也不是制度决定技术，二者的关系取决于在资源稀缺性前提下进行技术创新、制度创新的相对成本收益比，促进国家情报工作演替的措施呈现为技术创新主导型或制度创新主导型，即演替均衡非常态。

其次，国家情报工作面临新经济发展和国家安全等多重需求，在国家情报工作这个大系统内部必将出现技术创新与制度创新的"亲和互动性"趋势，双方相互联系、互为促动，整合为一体，成为共同推动国家情报工作发展的现实力量。良性的情报工作演替应当是在非均衡状态的推力作用下的演化过程，即技术创新主导型或制度创新主导型推力交互作用中的创新发展。

---

① 冯套柱. 技术与制度关系的新解释 [J]. 长安大学学报（社会科学版），2003，5（3）：35-38.

最后，在科学地认识和把握技术与制度关系的基础上，合理进行优化技术创新和制度创新的资源配置，制定正确的战略和政策，以及防范资源配置中的盲目与低效率，国家情报工作应当遵循非均衡理论中的"短线决定原理"，依据技术创新或制度创新的相对成本收益比，正确选择推动技术创新还是推动制度创新，以更好地促进国家情报工作的和谐演替。

（2）坚持技术创新驱动

200多年来，从亚当·斯密开始，整个经济学界对驱动经济增长的因素并无定论，但在相当长的时期里，经济学界认为一国的经济增长主要取决于以下三个要素：①生产性资源随时间的积累；②在技术知识既定的情况下，资源存量的使用效率；③技术的进步程度①。直到20世纪60年代，新古典经济增长理论产生，依据柯布—道格拉斯生产函数建立的增长模型主要以劳动投入量和物质资本投入量为自变量，而把技术进步等作为外生因素来解释经济增长②。20世纪90年代初期形成内生增长理论（The Theory of Endogenous Growth），强调不完全竞争和收益递增。保罗·罗默（Paul Romer）（1990）、格罗斯曼（Gene·Grossman）和埃尔赫南·赫尔普曼（Elhanan Helpman）（1991）提出的新增长理论和知识溢出模型指出，知识在经济增长中所起的巨大作用，在物质资本积累过程中包含着因研究与开发、发明、创新等活动而形成的知识创新和技术进步，知识创新和技术进步等要素内生化，使经济能够不依赖外力推动实现持续增长，实现全球范围收益递增和技术外部性，内生的知识创新和技术进步是保证经济持续增长的决定因素③。保罗·罗默等人提出的新增长理论最大的贡献是促使各国明确了经济的发展趋势，确立了知识的战略地位，引起了各国政府对知识创新和技术进步的重视。据估计，OECD的主要成员国国内生产总值的50%是以知识为基础的，技术和知识的增长占美国生产率增长的80%④。依据新增长理论可知技术进步和人力资本是驱动国家情报工作发展的源泉。科学技术是第一生产力。科技创新能够提高情报对国家战略的支撑能力，2016年5月，中共中央、国务院印发《国家创新驱动发展战略纲要》，强调科技创新能

---

① 袁富华，张平，刘霞辉，等. 增长跨越：经济结构服务化、知识过程和效率模式重塑 [J]. 经济研究，2016，51（10）：12-26.

② 宋冬林，王林辉，董直庆. 资本体现式技术进步及其对经济增长的贡献率（1981—2007）[J]. 中国社会科学，2011（2）：91-106，222.

③ 王双，陈柳钦. 内生经济增长理论的演进和最新发展 [J]. 经济与管理评论，2012（4）：20-24.

④ ACEMOGLU D, JOHNSON S, ROBINSON J A. The colonial origins of comparative development: an empirical investigation [J]. The American economic review, 2001, 91（5）: 1369-1401.

力是国家力量的核心支撑；2016年8月，出台《"十三五"国家科技创新规划》，首次将"科技创新"作为一个整体进行顶层设计。我国情报工作与科学技术发展共命运与共辉煌。在推进和实施国家创新驱动发展战略和科技创新计划的新历史征程中，国家情报工作必须加速新技术的研发和应用，努力营造情报工作创新发展环境，提升情报创新能力，加快培养情报专门人才，实现情报工作的全方位科技创新。

高端科技就是现代的国之利器，没有核心技术的优势就没有政治上的强势。大数据时代，情报工作与国家发展战略紧密关联，计算机技术、网络技术、大数据技术群、人工智能等广泛应用于情报工作，情报工作与技术发展的密切关系与日俱升，情报工作应当专注于技术，即深入研究情报技术，研究情报加工、情报组织、情报分析、情报传递、情报服务等环节的技术，同时研究如何将最新信息技术和人工智能技术应用到情报工作中。未来的情报工作效能取决于数据访问、围绕数据开发人工智能的能力，通过人机协同工作加快对数据的语境理解，在海量数据中操作和定位，提升情报分析的技能。情报界必须开发访问、处理和分析数据的新技术和方法，包括结构化情报分析技术和用于机器智能的情报分析技术等。充分利用云计算技术和大数据技术群，积极构建面向国家安全治理和经济发展的国家情报数据中心，利用各种最新技术挖掘政府、社会和企事业的大数据资源，为国家制定重大决策提供准确、高效、及时的情报支撑服务。

首先，互联网核心技术是国家网络与信息安全最大的"命门"，如果核心技术受制于人，必将给网络与信息安全带来无法弥补的隐患。全球的发达国家，都在网络信息技术领域投入最大力度的研发支持，互联网核心技术是全球技术创新竞争的制高点，我国也必须紧紧牵住互联网核心技术自主创新这个"牛鼻子"，力争突破制约网络发展和国家安全的前沿技术，提升国际竞争力，加快推进国产自主创新的可控替代计划，构建安全可控的信息技术体系，保障情报工作的机密性。

其次，大数据信息技术的高速发展、数据挖掘技术的普及与应用，促使情报分析方法和数据挖掘技术的深度融合，促使情报分析结果的可视化。新兴的大数据技术推动情报分析技术的演进，使情报分析技术上升为整个应用领域的横断分析技术，如情报学中的引文分析已成为包括科学研究、科技管理与规划、科学学研究等多个领域的一项非常重要的分析方法与工具，所以，信息技术与情报分析技术的深度融合，将促进情报分析技术向其他领域扩张，使情报学逐渐成为类似横断科学的一种学科，从而促使情报学学科快速发展。

最后，人工智能技术保证了情报服务更加智能，信息技术发展提升了情报的显性价值。人工智能水平的提升，可以使情报人员发现数据的微小变化，情报人员凭借人工智能对大数据和机器的思维能力，保证了情报分析的及时性和准确度，拓展了情报服务的时空范围。人工智能水平的提升，为情报的深度加工分析打下了基础，因此，智能化的情报技术必将成为情报工作依赖的技术增长点。人工智能和机器学习为情报分析人员获得和保持竞争优势或时间优势提供了技术保障。数据的数字化转型、多域数据的集成和"算法战"将是情报工作保持技术竞争优势的核心。

（3）坚持制度创新驱动

制度又称建制，制度是要求大家共同遵守的办事规程或行动准则。用社会科学的角度来解释制度：制度泛指规则或运作模式，是规范个体行动的一种社会结构，制度规则运行代表着一个社会的秩序，制度代表一种人们有目的建构的存在物，代表人们的价值判断，从而能够规范、影响建制内人们的行为。新制度经济学理论认为，保罗·罗默等提出的经济新增长模型是在有效产权和市场机制等假设下才会成立的，但是，制度环境在长期中并不会一直完美，所以，在长期中决定经济绩效的根本因素不是技术而是制度[1]。新制度经济学的研究对象就是人与组织及社会之间的行为关系和规则。制度表现的是社会的博弈规则，制度会提供特定的激励框架结构，这种激励框架结构又会形成各种经济组织、政治组织、社会组织。制度架构由正式规则（法律、宪法、规则）、非正式规则（习惯、道德、行为准则）及正式规则和非正式规则的实施效果构成。制度实施可由第一方通过行为自律承担，也可由第二方通过报复来承担，还可以由第三方通过法律执行与社会流放来承担。制度通过交易和转换（生产）成本来影响经济绩效，因为制度和技术之间存在密切联系，所以制度经济学认为制度直接决定市场的有效性[2]。新制度经济学拓宽了经济学的研究范围，涉足社会学、政治学、法学和史学等领域，借鉴新制度经济学理论，可以指导国家情报工作的改革，促进国家情报工作向和谐发展的方向演替。

第一，新制度经济学认为个体的理性不会是"完全理性"的，而是"有限理性"的，因此，在人的"有限理性"约束下，制度作为人有目的建构的存在物，它的形成与演变是一个复杂过程，制度的动态演化过程受意识、文化、观念、意识形态认识能力等非经济因素的影响。习近平总书记强调，要坚持中国特色社会主义道路自信、理论自

---

[1] BENNETT D L, FARIA H J, GWARTNEY J D, et al. Economic institutions and comparative economic development: a post-colonial perspective [J]. World development, 2017, 96: 503-519.

[2] 孙绪娜. 新制度经济学理论概述 [J]. 资料通讯, 2007 (7): 51-55.

信、制度自信、文化自信,"四个自信"具有统一性,构成一个内在的逻辑统一整体①。"四个自信"理论为情报工作发展提供精神引领,需要把"四个自信"融入情报工作的意识和观念。情报工作"为经济建设服务,为国防建设服务,为领导决策服务……",因此,必须正确认识国家情报事业的未来发展方向,考察情报工作对国家治理的支撑作用,系统认识情报工作的战略环境变革、战略任务转型及方法论建设等问题,顶住技术革命和国家安全治理等巨大压力,这样才会认清时代形势,理解国家情报事业的战略转型,通过制度变革来推动情报治理的现代化,推动情报事业的大发展。

第二,新制度经济学在分析制度的起源时,借助于博弈论和交易成本及外部性概念。从实践视角看,我国的情报工作部门包括军事情报部门、国安情报部门、公安情报部门、政府信息中心、舆情分析部门、统计局、社科院、政研室、科技情报所、智库(思想库)、高校、图书馆等②。这些情报部门工作中往往会形成重复博弈的囚徒困境均衡,而国家情报制度是这几个部门博弈的均衡解。交易成本则是导致国家情报工作各种制度得以形成和存在的原因。从外部性概念来看,情报部门行为的外部性使有的情报工作行为过量,而有的不足,因此,制定相应的情报工作制度来使国家情报工作行为的外部性内部化势在必行。国家情报制度会为各类情报部门的合作创造条件,使各类情报工作交易成本降低,促进情报工作的外部性内部化,从而使情报工作具有的负外部性行为减少,增加其正外部性的行为。

第三,新制度经济学指出,交易费用是导致制度产生的原因,制度的运作必然降低交易费用。制度会规制人们之间的相互关系,必然减少信息成本和不确定性,把阻碍人们合作的因素减少到最低程度,因此,从公民自由、经济发展诸多目标来看,没有政府制定制度是不行的。我国现有的情报工作各自为政、相互分割、互不相干,各类情报体系独立运行,跨行业、跨领域的情报机构更缺乏统一的规划和管理,情报工作与服务相互重复,这种"体制"影响了"情报服务决策"的竞争优势和整体效能的提升,针对我国情报工作实践中的不足,必须由国家制定相应制度,从顶层设计层面推动我国情报工作的发展,建成"国家情报体系"——涉及多部门、多机构、多领域与多学科的复杂性情报工作系统,形成国家情报软实力。

第四,新制度经济学指出产权起源于资源稀缺性,无产权的稀缺性资源在使用过程

---

① 陈立民. 马克思主义是"四个自信"的科学基础[N]. 新华日报,2018-07-24(11).
② 沈固朝. 智库热中的一点冷思考[J]. 智库理论与实践,2016,1(2):137-139.

中具有负外部性，即会产生"公共地悲剧"。此时，良好的产权制度会产生有效的激励，有效降低交易费用；差的产权制度则正好相反，会增加交易费用。因此，政府必须在建立和维持产权制度中发挥应有的作用，为各类情报机构提供博弈的基本规则，建立和维持特定的产权制度及其他各种配套制度，降低各类情报机构的交易成本。目前，尽管我国的情报体系已初具规模，但我国情报体系归口不统一，各类情报机构代表不同部门的利益，利益范围极易出现交叉，情报部门为了本部门的利益过分保护自有产权的资源，而对产权界定不清的资源又会过度使用。情报机构之间无法信息共享，影响情报的时效性，造成情报工作的整体损失，情报工作容易出现产权纠纷，相互之间推卸责任会造成更大的损失，这种局面必须由国家制定相应制度，否则国家情报工作将难以发挥整体优势。

7.2　国家情报工作制度战略规划

习近平总书记强调，要坚持中国特色社会主义道路自信、理论自信、制度自信、文化自信，并指出"文化自信，是更基础、更广泛、更深厚的自信"[①]。国家安全与崛起不仅需要硬实力的提升，更需要文化软实力的支撑。中华民族优秀文化蕴含着中华民族的历史养分，形成民族最深沉的人文禀赋，代表中华民族最深层的精神追求，同时是中华民族最独特的精神标识。中华民族的文化是激励我们做好各项工作的精神力量，必然给我们的工作提供支撑与滋养。但是，正如中国科技领域的"李约瑟难题"和中国教育领域的"钱学森之问"一样，中国的情报工作领域缺乏既根植于中国情报工作实践沃土，又具有中国优秀文化支撑和滋养的国家情报思想体系、理论或学说[②]。《孙子兵法》在世界情报史上占据重要地位，被世界情报界视为经典、奉为圭臬。《孙子兵法》是中国优秀文化长河中的明珠，蕴含着深厚的中国文化底蕴，同时又富含发达战略思维，表达中国文化思维方式的整体性、系统性和辩证性。为达到至善境界而从《孙子兵法》中提炼出"五事""七计"等多因素制胜思想体系，这一缜密的制胜逻辑与严整的思想体系，对我们构建总体国家安全观视阈下情报安全体系具有重要的启示作用[③]。以下将以

---

　①　陈立民. 马克思主义是"四个自信"的科学基础［N］. 新华日报，2018-07-24（11）.
　②　包昌火，马德辉，李艳，等. 我国国家情报工作的挑战、机遇和应对［J］. 情报杂志，2016，35（10）：1-6.
　③　萧新永. 从孙子兵法探讨竞争策略［J］. 滨州学院学报，2011，27（2）：6-9.

《孙子兵法》"五事""七计"的文化精髓作为情报安全体系构建的哲学体系的元理论,以开放包容的精神吸取借鉴国际情报安全的理论新成果,依据总体国家安全观的要求,建构总体国家安全观视阈下的国家情报安全体系。从学术角度看,希望遵循情报科学和中国哲学的理论知识,拓展横断学科的理论知识,促进多个学科的交叉融合和深入发展。

7.2.1 相关概念内涵阐释

党的十八大以来,党中央顺应时代发展要求和维护国家利益的需要,将国家安全工作提高到了一个新的战略高度。2013年11月,党的十八届三中全会通过的《中共中央关于全面深化改革若干重大问题的决定》提出设立中央国家安全委员会,完善国家安全体制和国家安全战略。2014年4月15日,习近平总书记在中央国家安全委员会第一次会议上明确指出,要准确把握国家安全形势变化新特点新趋势,坚持总体国家安全观,走出一条中国特色国家安全道路。2015年4月20日提请十二届全国人大常委会第十四次会议进行二次审议的国家安全法草案,明确了总体国家安全观的内涵。2015年7月1日,《中华人民共和国国家安全法》颁布,将每年4月15日确定为全民国家安全教育日。2016年4月15日,习近平总书记在首个全民国家安全教育日做出重要指示,要以设立全民国家安全教育日为契机,以总体国家安全观为指导,全面实施国家安全法,深入开展国家安全宣传教育,切实增强全民国家安全意识①。

7.2.1.1 总体国家安全观内涵

2016年4月21日,中共中央组织部、中共中央宣传部联合发出通知,要求认真组织学习《总体国家安全观干部读本》,它全面介绍了总体国家安全观的丰富内涵、道路依托、领域任务、法治保障和实践要求。坚持总体国家安全观,关键就在"总体"二字,国家安全观的内在要素之间具有严密的逻辑结构及其内在联系。总体国家安全观以人民安全为宗旨,以政治安全为根本,以经济安全为基础,以军事、文化、社会安全为保障,以促进国际安全为依托,走出一条中国特色国家安全道路——"以人民安全为宗旨,统筹国家安全方方面面的国家安全道路"。如图7-3所示②,总体国家安全观的宗旨、根本、基础、保障、依托五个方面,指出了总体国家安全观五大要素的构成,也明确了不同领域、不同性质安全在总体国家安全观中的不同地位和作用。

---

① 习近平.坚持总体国家安全观 走中国特色国家安全道路[N].人民日报,2014-04-16(1).
② 特别策划:习近平总体安全观图解[J].人民论坛,2017(10):24-25.

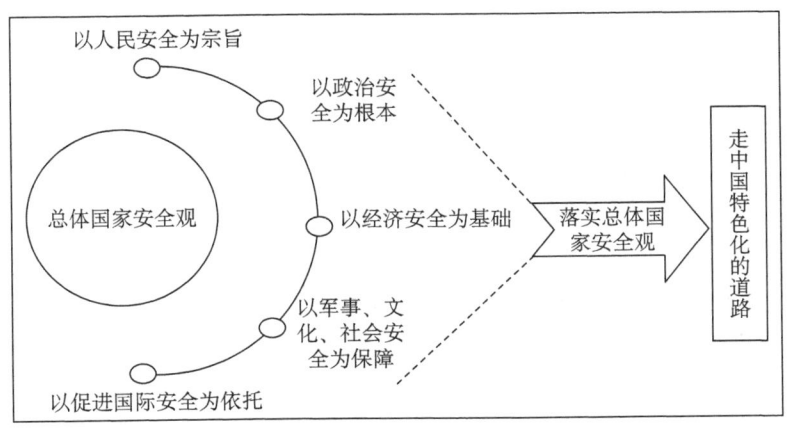

图 7-3　习近平总书记总体国家安全观图解

贯彻落实总体国家安全观，要求做到以下五点：一是外部安全与内部安全并重；二是在国家安全前提下以国民安全为根本；三是传统安全与非传统安全整合；四是发展与安全辩证统一；五是在推动共同安全中谋求自身安全。这五对关系，从不同视角体现了总体国家安全观"统筹国家安全方方面面"的重要特征。总体安全的含义为：国家安全包括人民安全、政治安全、经济安全、军事安全、文化安全、社会安全等全方位内涵，兼顾传统安全与信息安全、生态安全、资源安全、核安全等非传统安全，既重视外部安全，又重视内部安全，对内求发展、求变革、求稳定、建设平安中国，对外求和平、求合作、求共赢、建设和谐世界，实现本国安全与他国安全的共同安全，甚至包括人与自然、国家与国际的总体安全（图 7-4）。

如图 7-5 所示，当前国家安全分为 11 个基本要素。国家安全问题必须既重视传统的领陆、领水、领空、底土等领土安全，又重视非传统的海洋毗邻区、专属经济区、大陆架、防空识别区及外太空空间、电磁空间、网络空间的安全，因而必须在传统的"国土安全"基础上，确立非传统的"国域安全"概念，并用"国域安全"来概括当前最为广泛的国家生存发展的空间安全问题。陆域安全、水域安全、底域安全、空域安全、天域安全、磁域安全、网域安全七个国家安全二级要素构成"七域一体"的"国域安全"[①]。其中水域安全二级要素再分为三级要素：内水安全、邻水安全、海域安全，而海域安全三级要素又分为领海安全、毗邻区安全、专属经济区安全和大陆架安全四个国家安全的四级要素，领海安全四级要素又分为内领海安全与外领海安全两个国家安全的五

---

① 刘跃进，刘思偲. 国域安全观：国家安全新思维[N]. 中国社会科学报，2017-07-12（7）.

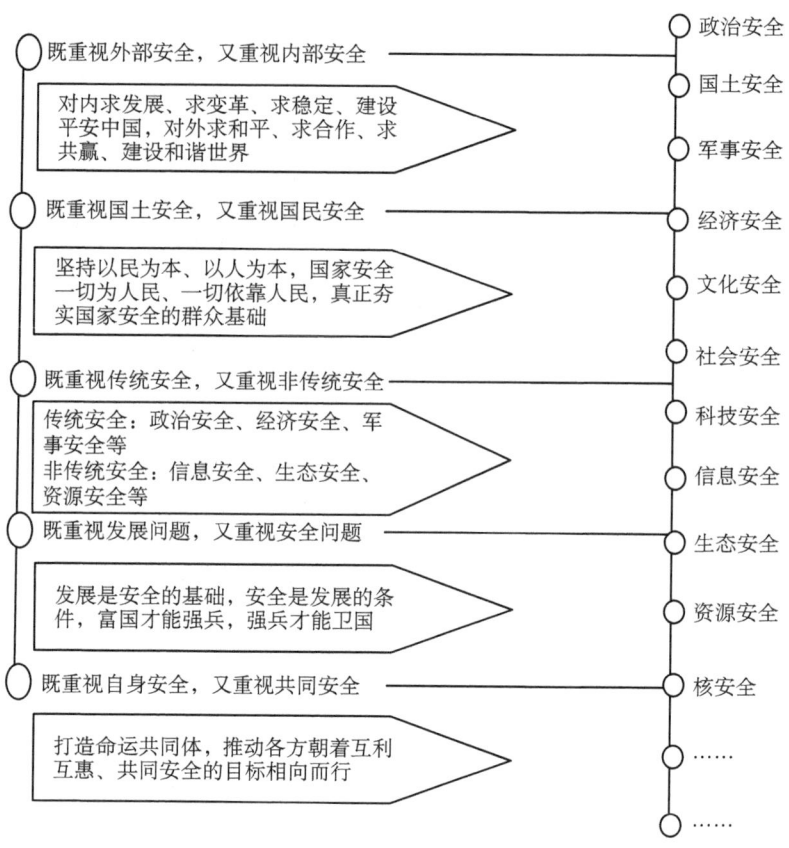

图 7-4 总体国家安全观的安全体系

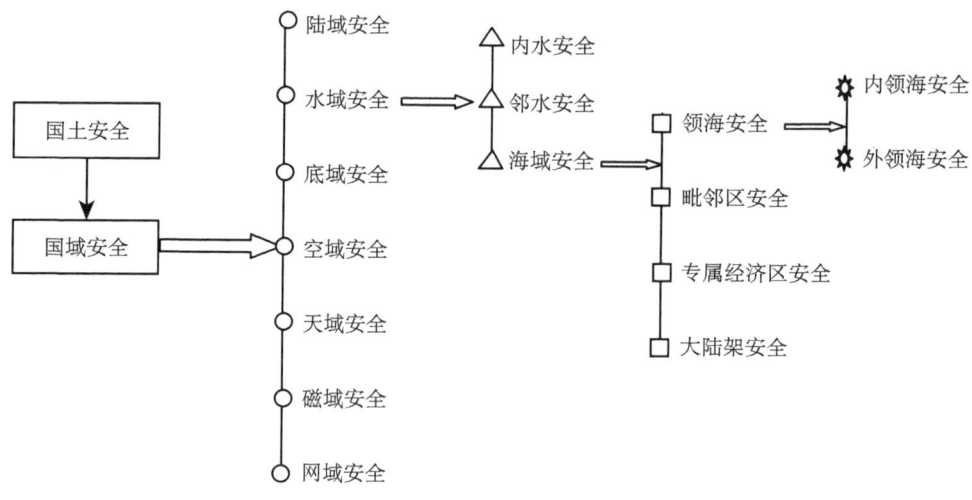

图 7-5 从"国土安全"到"国域安全"的多层级体系

级要素。对国家安全构成的 11 个基本要素进行细分,就可以形成国家安全要素系统体系,可以指导我们进行更深入的国家安全体系研究,如图 7-5 所示。

总体国家安全观有两个非常重要的特征:一是系统科学统筹国家安全各个方面,重视国家安全和国家安全工作的系统性;二是秉承"以人民安全为宗旨"的国家安全核心价值观,重视中国特色国家安全工作的人民性。落实总体国家安全观必须坚持科学统筹,要把国家安全问题置于中国特色社会主义事业的全局中来考量,充分调动国家各方面的积极性,形成全国各条战线维护国家安全的合力。

7.2.1.2 传统文化思维支撑

2018 年 4 月,十九届中央国家安全委员会第一次会议召开,习近平总书记强调要全面贯彻落实总体国家安全观,努力开创新时代国家安全工作新局面。国家安全不仅需要以经济为基础,以军事实力为保障,更需要文化软实力的凝聚和影响。国民对本民族文化的认同和坚守,才能形成核心价值观的生命力、凝聚力、感召力,蕴含民族文化的核心价值观是国家稳定器,关系社会和谐稳定,更关系国家长治久安。总体国家安全的概念本身就是中国概念,总体国家安全观的具体内涵体现出明显的中国特色,正如习近平总书记指出的,中国的总体安全以人民安全为宗旨,必须走出一条中国特色国家安全道路①。总体国家安全观始终把走中国特色社会主义道路放在首位,再谈解决我国各方面安全的现实问题,因此,落实总体国家安全观要遵循中国特色的内在逻辑,多方位总结我国各领域安全实践经验,既要反映时代的要求,更要融入中华民族传统特色,同时以开放包容的精神吸取借鉴人类文明的优秀成果,这样才能解答现阶段中国社会发展中遇到的各种安全问题,促进中国社会的发展和进步。总体国家安全观是在汲取中国传统文化的精髓、运用马克思主义基本原理进行科学辩证思维的基础上创造性地提出的。中国传统优秀文化是总体国家安全观的一个重要思想来源。第一,总体国家安全观汲取中国传统思维方式的精华——整体主义观念和系统性思维方式,从整体性、系统性和联动性的视角研究国家安全。第二,总体国家安全观以人民安全为宗旨,这是中国优秀传统文化价值的当代体现。第三,总体国家安全观强调忧患意识,正是遵从中国古代先哲"生于忧患,死于安乐"思想。第四,总体国家安全观中包括的生态安全、资源安全等领域,正是遵循中国传统文化中讲求"人与自然和谐统一"的思想。总之,总体国家安全

---

① 刘跃进. 总体安全为人民:学习习近平总书记关于总体国家安全观的重要论述 [J]. 紫光阁,2018(7):16-17.

观是在坚持中国传统文化的基础上，对人类文明有益成果的学习借鉴，是在多种文化交流互动的基础上提出的。落实中国特色的国家安全，实现中华民族的伟大复兴，保障国家发展利益与安全利益，代表的是一种文明、文化的崛起，是东方文明的复兴，这种东方文明的和谐共赢思想与西方世界观中的丛林法则、弱肉强食及零和博弈思维，必然发生碰撞，所以，落实总体国家安全观更应该从中国传统优秀文化中汲取营养，抵制西方国家的联手对付与遏制。

7.2.2 总体国家安全观对情报工作的战略要求

《中华人民共和国国家安全法》明确指出，安全不仅代表一种客观状态，还包括维护这个状态的能力。因此，落实总体国家安全观，除了要研究我国客观的安全状态外，还必须研究维护安全的能力，此外，那就是维护国家安全的主观判断，即感知安全的能力。世界变局导致国际安全领域的新变化，这种新变化对中国国家安全产生了深刻的影响。经济问题、国际恐怖主义、核扩散、网络安全、难民问题等一系列全球性挑战，既威胁着中国的国家安全，又威胁着整个人类的安全。近年来，世界经济复苏持续乏力，西方世界的"逆全球化"思潮开始涌动，各种民粹主义、保护主义泛滥，给我国的国家安全带来的挑战层出不穷。中国国家安全的内涵和外延不断扩张，中国国家安全面临的内外挑战日益加剧和复杂，但同时，经济全球化对各国经济上相互依存及利益上高度交融的需求更强烈，在新的国际安全局势下，要全面贯彻落实总体国家安全观，实现国家的长治久安。

情报不仅是国家战争冲突的伴生物，也是国家安全与发展的伴生物。2017年6月颁布的《中华人民共和国国家情报法》中对情报工作的规定为："国家情报工作坚持总体国家安全观，为国家重大决策提供情报参考，为防范和化解危害国家安全的风险提供情报支持，维护国家政权、主权、统一和领土完整、人民福祉、经济社会可持续发展和国家其他重大利益。"因此，落实总体国家安全观，需要情报工作对国家安全的保障，在国家战略框架下，开展有效的国家情报工作和部门情报工作是历史赋予的使命，必须在中央安全委员会的统一领导下，融合军事情报、外宣情报、公安情报、经济情报、科技情报等，形成统一的国家情报体系和国家安全力量，满足落实总体国家安全观的战略需求[①]。

---

① 张家年，马费成. 总体国家安全观视角下新时代情报工作的新内涵、新挑战、新机遇和新功效[J]. 情报理论与实践，2018，41（7）：1-6.

7.2.3 《孙子兵法》缜密的制胜逻辑对情报安全体系构建的启示

《孙子兵法》的多因素制胜论——从道、天、地、将、法五种视角展开研究，遵循复杂系统协同演化机制，既符合系统论的观点，又符合协同论的观点，同时遵循中国特色理论——是科学社会主义与中国实际相结合，吸收实践经验、融入民族传统、反映时代要求的必然表现。《孙子兵法》的多因素制胜论——道、天、地、将、法五种视角和"七计"的多途考量能为总体国家安全观视阈下的国家情报安全战略提供唯物辩证法和系统思维的理论支撑。

7.2.3.1 《孙子兵法》多因素制胜逻辑思想体系

《孙子兵法》的首篇"计篇"是战略规划篇，"计篇"中的"五事""七计"是对决定战争胜负诸因素的高度概括，代表一种多因素制胜理论。"五事"——"一曰道，二曰天，三曰地，四曰将，五曰法"；"七计"——"主孰有道？将孰有能？天地孰得？法令孰行？兵众孰强？士卒孰练？赏罚孰明？"（《孙子兵法·计篇》）概括而言，"五事"包含了五大方面的内容，即天时、地利、人和、武备与谋略。顺天时、得地利、贵人和、重武备、尚谋略，乃是"巧能成事"的五大要素。"道、天、地、将、法"包含了"天时""地利""人和"三个方面，同时又概括出"客观"和"主观"两大系统①。这五大要素包含着促使事物成功的内因与外因，蕴含着力量源泉中的硬实力、软实力，秉承着客观实在性、主观能动性，五大要素之间相互制约、相辅相成、动态互补、密不可分，构成了逻辑连贯、有机统一的思想体系，如图7-6所示。

"七计"是在"道、天、地、将、法"五大要素基础上分七个方面进行运筹"庙算"，对敌我双方进行定性和定量的多节点、多路径、多侧面、多维度分析，在分析的基础上进行综合比较，找到敌我双方各自的优势和劣势，最后制定决定战争胜负的对策。"道、天、地、将、法"组成的"五事"与"七计"彼此交叉，形成一个由多个子系统构成的复杂的大系统。指导我们思考问题时，有时在单个子系统内进行分析与决策，有时又必须运用复杂的大系统进行分析与决策，进行多节点、多路径、多侧面、多维度的动态分析与决策，才能通过事物的现象追索到本质，形成对事物完整的、具有规律性的认识。

---

① 颜震.《孙子兵法》中的军事决策模型及应用[J].孙子研究，2017（4）：62-66.

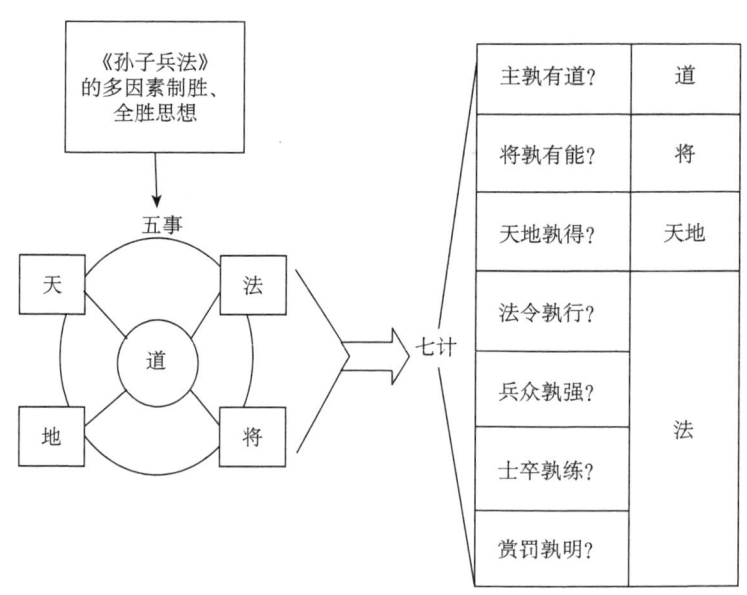

图 7-6　《孙子兵法》的多因素制胜逻辑思想体系

7.2.3.2　《孙子兵法》多因素制胜逻辑对情报工作的指导意义

"五事""七计"蕴含"明画深图"的多因素制胜原则。一是先胜原则。谋在先，分析各种导致胜利的因素。通过谋，尽量把对自己不利的变为有利的、把少利变为多利，达到"致人而不致于人"的境界，然后才做出决策以达成胜利。二是全胜原则。谋在全，做事力求减少损失，少投入多产出，做到多胜全胜。三是全局原则。考虑问题要着眼全局，不谋局部性而谋全局胜。四是长远原则。从长远角度思考问题，不谋一时胜而谋长远胜。"五事""七计"这种多维思考、分析问题的方法，能够指导我们打破常规，从总体思维、协同思维，从事物不断发展变化的客观规律中由已知推测未知，从横、纵联系上把握事物的全程，立体全方位思考。因此，能够指导我们比较全面地把握事物的基本规律和特殊规律，能够科学、准确地预测事物的发展方向，进而拟定出具有竞争优势的计谋与策略。构建总体国家安全观视阈下情报安全体系，需要这种多维制胜论思想的支撑，这种多因素制胜论能够提升思维的深刻性、创造性、广泛性和独立性。作为国家情报安全体系构建者，学会运用多维思考，就能对纷繁复杂的要素进行科学、合理的分析，提出切合实际的解决办法。尤其对涉及国家安全的国内外环境的研究，运用多维思考，是获得信息、把握机遇、实现决策科学化的前提。

依据"五事""七计"要素与内在逻辑，构建起重德保民、审时度势、因地制宜、择人任势、曲制官道、不战而全胜的思想体系。这一缜密的制胜逻辑与严整的思想体系，对制定国家情报工作战略具有重要启示。首先，启示我们要多维思考。在制定国家情报工作战略时，要多视角、多方面、多方式地去认识情报工作、分析情报工作，从横的联系上比较全面地把握国家情报工作的基本规律和特殊规律。其次，要从发展的视角看问题。从不断发展变化的情报工作客观规律中由已知推测未知，从国家情报工作纵的联系上把握全程，科学、准确地预测国家情报工作的发展方向。最后，运用立体全方位思考。充分考虑国内外环境，运用多维思考，对情报工作众多复杂的问题进行科学、合理的分析，制定出切合实际的国家情报工作战略。

7.2.3.3 《孙子兵法》多因素制胜逻辑与国家情报安全工作战略对接

如图7-7所示，构建总体国家安全观视阈下的国家情报安全体系，需要跨学科开展学术研究，才能全面反映国家情报工作的不同侧面，实现全方位、具体化研究。"新时代中国特色的国家情报安全体系"是中国特色理论——在总体国家安全观指导下，在各种国家安全的实践基础上，分析现在国家情报工作中技术、制度、人才培养、产业协同不健全的原因，建构新型国家情报安全工作体系。遵从"五事"的多因素制胜思维，综合考量"七计"的多个节点，提出《孙子兵法》"五事""七计"思维与国家情报安全工作战略的对接。

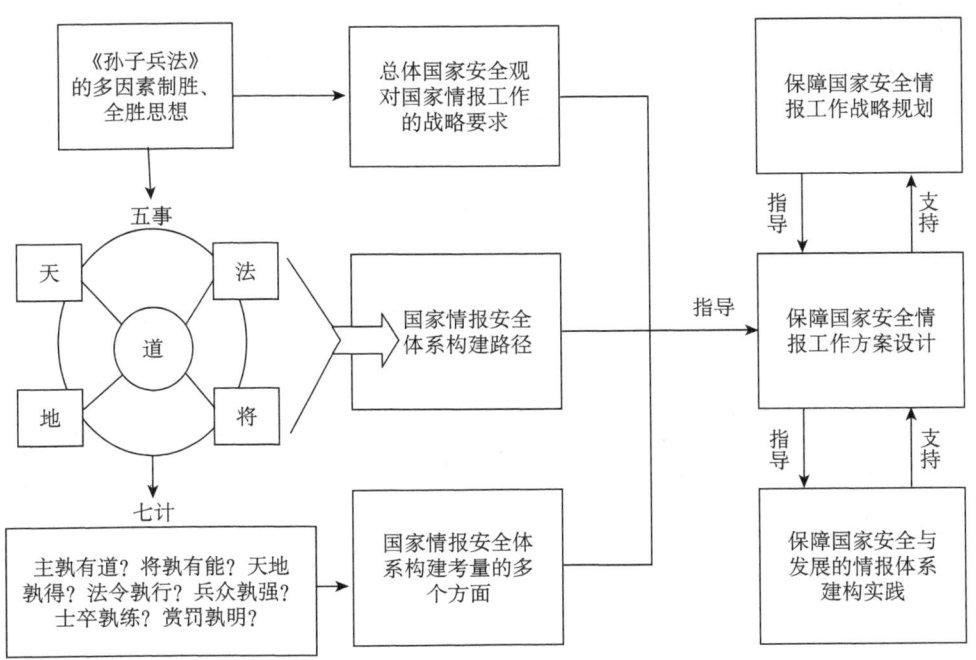

图7-7 《孙子兵法》"五事""七计"思维与国家情报安全工作战略对接

第一，看道胜。道者"令民与上同意也，可与之死，可与之生，民弗诡也"。孙子在论述战争胜利的条件时总结出这样一条原理："上下同欲者胜。"国家安全是头等大事，为国家安全与发展保驾护航的情报工作要基于总体国家安全观的要求，体现保护人民利益的根本宗旨，厘清国家情报工作的概念和分类，明确国家情报工作的战略需求，结合总体国家安全观、国家情报工作的新特征和《中华人民共和国国家情报法》的影响，考虑不同安全领域情报工作特点，改革国家情报工作，以适应新情况。情报工作维护国家安全问题要以维护经济安全为基础，保障军事、文化、社会安全，还要促进国际安全，这样才能真正实现以人民安全为宗旨，得到人民的拥护与支持，实现情报工作"上下同欲"的"道"胜。

第二，看天时。"天者，阴阳、寒暑、时制也"，意思是顺天时，因时制宜。有学者指出，中国传统的思想原点是以时间为本位来审视、理解和对待世间的一切。"五事"中的"天时"思想晓示我们，包括人在内的宇宙万象，都是时的存在。因此，维护国家安全与发展的国家情报工作必须考虑时代特点，明确国家安全不仅包括人民安全、政治安全、经济安全、军事安全、文化安全、社会安全等传统安全，更要兼顾信息安全、生态安全、资源安全、核安全等非传统安全。国家情报工作战略必须考量世界变局导致国际安全领域的新变化，迎接当代的经济问题、国际恐怖主义、核扩散、网络安全、难民问题等一系列全球性挑战，抵制西方世界的"逆全球化"思潮和各种民粹主义、保护主义的泛滥，国家情报工作体系必须掌握和利用目前先进的技术来营造国家情报战略的最新优势。

第三，看地利。"五事"中所言的"地利"，未必是指具体的地理位置，其强调，人立身行事要选择并保持恰当的"位"而不能盲动妄为，与兵学所追求的地利是相通的。落实总体国家安全观，各类型情报工作要在中央安全委员会的统一领导下，融合军事情报、外宣情报、公安情报、经济情报、科技情报等，形成统一的国家情报体系和国家安全力量，建立中国特色的基于国家发展与安全的情报工作融合路径，实现情报工作、先进技术和多种资源的互融互通。不断加强政府情报机构、私营情报机构、民间情报机构之间在保障国家安全与发展各项工作中的联动与合作，共同探讨和联手解决情报工作难题，深入交流、全方位进行情报安全防护的协作方式。

第四，看择将。"五事"中的"将"，"将者，智、信、仁、勇、严也"。孙子对古代的将帅提出了很高的要求。在当代的国际形势下，情报工作人员应该是"智勇双全"的"将"才，才能做好情报工作，并在维护国家安全和发展方面发挥其独特的作用。不管是在从事咨询和决策服务、预警和应急管理等具体的情报工作,还是做国家安全和发展的战略环境态势分析或情境感知,情报工作人员都应具有前瞻性、引领性思维,要综合利用信息聚合、情报挖掘、智能分析等技术手段,才能做好为国家安全和发展提供情报支撑的工作。国内外形势变幻莫测,国家安全与发展的需求在发展、在变化,这就要求情报人员目光要远大,对发展态势要有更整体的把握,能够具有"走一步,看三步"的预测能力,同时能明晓"人情之理",通过"修道而保法",以达"人之和"和"人之用",通过"择人任势"才能实现情报工作的"不战"而"全胜",因此,情报工作需要卓越的人才梯队,当务之急是要做好情报人才的培养和选拔工作,有了人才,才能形成显著的技术优势和科学的制度优势,最后形成强大的情报保障优势。

第五,看法制。"五事"中的"法","法者,曲制、官道、主用也"。"一手抓建设,一手抓法制",这是邓小平同志对我国几十年改革开放经验的科学总结。国家情报工作必须要纳入法治的轨道,才能实现情报工作管理的制度化、标准化、法制化。中国传统文化主张"备物致用"则"文武兼备"——"有文事者,必有武备;有武事者,必有文备"。情报工作管理的制度化、标准化、法制化就是"备物致用",因"备"而"先胜",国家情报工作反对"无备""不戒"。要从战略高度重视国家情报工作,更要从政治、经济、军事、外交等方面进行周全准备,积累储备国家情报工作的综合实力,分析大数据等技术革新带来的机遇和挑战,总结新时期国家情报工作的特征,并结合《中华人民共和国国家情报法》,分析该法对国家情报工作的改变和推动,明确国家情报工作的现状,完善相关法律与政策体系,制定相应的工作标准,真正实现情报工作管理的制度化、标准化、法制化。

7.3 基于《孙子兵法》哲理的国家情报安全体系构建策略

以《孙子兵法》"五事""七计"的多因素制胜理论为国家情报体系构建哲学体系的元理论,建构总体国家安全观视阈下的情报安全体系,如图7-8所示。以总体国家安全观为引领,通过思想认识上的"系统升级",把国家情报安全体系建设不断向前推进;核心技术是国家安全最大的"命门",核心技术受制于人是国家安全最大的隐患,要紧紧牵住核心技术自主创新这个"牛鼻子",加快推进国产自主可控替代计划,构建安全可控的技术体系;国家情报安全体系是系统工程,需要各情报领域统筹协调、步调一致,共同向前推进,加强国家情报治理总体布局,从顶层提出了国家情报战略的总体目标,建设全国一体化的国家情报中心,推进情报工作的技术融合、业务融合、数据融合,实现跨层级、跨地域、跨系统、跨部门、跨业务的协同管理和服务,用信息化、智能化手段更好地感知社会安全态势、畅通沟通渠道、辅助决策施政;情报工作必须以人为本,人才是国家安全的本源,培养造就一大批具有国际水平的情报工作专家,建成有效维护国家安全的情报人才体系。

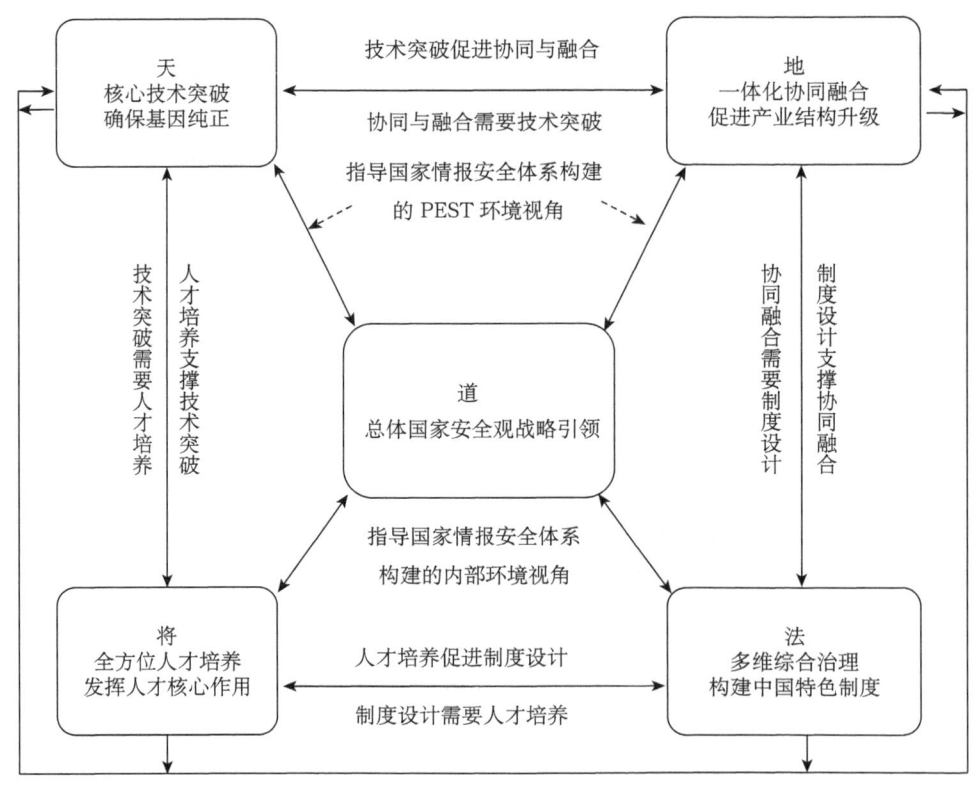

图7-8 基于《孙子兵法》的国家情报安全体系构建路径

为了更好地论证国家情报安全体系构建的路径与策略,以下在具体的构建阐述中,将采用6W2H标准化思维流程,在阐述国家情报安全体系构建的路径与策略的过程中,都要经过选择该路径的目标(which)→选择该路径原因(why)→该路径功能如何(what)→该路径实施地点(where)→该路径实施时间(when)→该路径需要的人力(who)→该路径如何实施操作(how to do)→该路径实施的资源配置(how much)8个方面来具体分析,力争具体而翔实地论证国家情报安全体系构建的路径与策略,如图7-9所示。

第 7 章
大数据观下的国家情报工作战略新布局

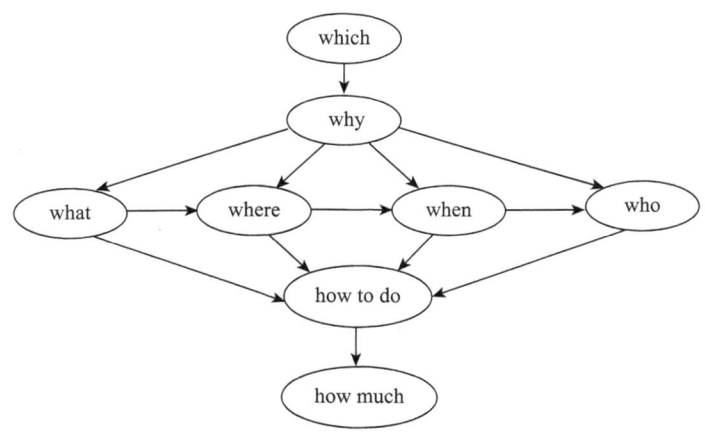

图 7-9　6W2H 标准化思维流程

7.3.1　"道"胜视角——遵从总体国家安全观战略引领

Which："道"胜思想启示我们，构建国家情报安全体系的顶层设计，必须以保障人民的利益为出发点和归宿，实现"上下同欲"。国家存在的价值和目的是保障和实现人民权利，国家安全的首要价值就是人民安全。总体国家安全观以人民安全为宗旨，强调要坚持以民为本、以人为本，坚持国家安全一切为了人民、一切依靠人民，真正夯实国家安全的群众基础。总体国家安全观以人民安全为宗旨的思想，遵循马克思主义中人民群众是全部历史的创造者的主张，遵循毛泽东思想的"一切为了群众，一切依靠群众，从群众中来，到群众中去"，更遵循邓小平理论强调的发展生产力的最终目的是实现人民群众的共同富裕。因此，国家情报工作以总体国家安全观为重要的指导思想，引领国家情报工作，才能实现情报工作作为维护国家安全的重要支撑力量，履行维护国家安全与人民利益的宗旨，实现情报工作的"道"胜。

Why：《中华人民共和国国家情报法》（简称《国家情报法》）总则第二条规定："国家情报工作坚持总体国家安全观，为国家重大决策提供情报参考，为防范和化解危害国家安全的风险提供情报支持，维护国家政权、主权、统一和领土完整、人民福祉、经济社会可持续发展和国家其他重大利益。"① 总体国家安全观是全面系统、注重统筹中国特色的工作思路和机制路径，是一个开放型国家安全思想体系，彰显国家安全理论的

---

① 中华人民共和国国家情报法 [N]．人民日报，2017-07-14（12）．

创新和升华，是国家安全工作的总纲领。所以，国家情报工作的目的就是维护国家安全和人民利益。国家情报工作坚持总体国家安全观，就能为国家重大决策提供情报参考，能为防范和化解那些危害国家安全的风险提供情报支持，就能维护国家安全与发展，增进人民福祉，因此，情报工作坚持总体国家安全观引领，就能保障人民的利益，必然实现"上下同欲"的"胜"。

What：情报不仅是战争冲突的伴生物，也是国家政治安全、国家公共安全、国家外交文宣、国家经济等方面的伴生物，要站在人类命运的道义制高点，从全球治理的角度思考问题。国家情报工作与国家安全紧密相连，总体国家安全观将我国国家安全体系扩展到11个重要领域，即政治安全、国土安全、军事安全、经济安全、文化安全、社会安全、科技安全、信息安全、生态安全、资源安全、核安全，并且每一个领域都可以逐层细分，我国的国家安全体系是一个复杂的大系统。以总体国家安全观作为指导思想，国家情报工作就是维护国家安全这个复杂大系统的重要支撑力量。

Where：以总体国家安全观为引领，情报工作统筹了多个对立统一的安全关系。情报工作主要是维护五大领域的安全：外部安全与内部安全；维护国家安全前提下的国民安全；维护传统安全与非传统安全；既维护发展又维护安全；既维护共同安全又维护自身安全。情报工作既要为保障国家安全服务，又要为促进国家发展服务，因为发展是安全的基础，安全是发展的条件，在总体国家安全观视阈下统一安全与发展。依据总体国家安全观理论既要统筹国家安全机制、体制和战略，又要统筹国家安全在宏观、中观和微观领域的层次关系，还兼顾了涉及国家安全和发展的关键要素安全，如信息、资源、核能等要素。

When：21世纪以来，传统威胁与非传统安全威胁交织、国内安全问题与国际安全问题互动，国家安全和社会稳定问题日益复杂。党的十八大以来，世界格局变化更不稳定，我国对外崛起和国内社会转型的形势更加复杂。我国对外维护国家主权、安全与发展利益，对内维护政治安全和社会稳定的双重压力与风险因素明显增多，目前，面临的国家安全形势日益复杂、严峻，面对严峻的反民族分裂斗争、严峻的反恐工作、维护国家领土完整斗争等，情报是夺取这些斗争胜利、维护国家安全的生命线和根本，国家安全情报在国家安全体系中发挥着基础性和保障性作用，在世界大变局中，在新的国际安全局势下，应该树立人类命运共同体意识，国家情报工作为打造人类命运共同体，落实总体国家安全观，真正实现国家的长治久安。在国家战略框架下，开展有效的国家情报工作和部门情报工作，在可预期的未来10~15年内，中央国家安全委员会将融合军事情报、外宣情报、公安情报、经济情报、科技情报等,形成统一的国家情报体系和国家安全力量①。

Who:根据《国家情报法》总则第五条可知国家情报机构由国家安全机关、公安机关情报机构、军队情报机构组成,由此,国家情报工作可以分成两个组成部分,即对外情报(军事情报)和安全情报,安全情报工作要维持治安和社会稳定、保卫政权的安全,这也是情报机构的重要使命,公安情报或执法情报成为情报工作的另一源头。情报机构是打好"国家安全"这场战争的中坚力量,情报机构之间应该构建国家情报支援与共享机制,这样才能更好地发挥国家情报的社会价值和预警作用。情报机构必须实现国家安全情报支援与共享,要成立国家安全情报信息共享机构,建立一体化的国家情报支援与共享环境,增强情报机构间情报信息支援与共享的能力②。习近平总书记提出了全球安全观的思想,主张共同、综合、合作、可持续的新安全观,营造全球公平正义、共建共享的人类安全格局,营造世界和平新环境。我国情报界要采取措施积极构建国家间情报支援与共享机制,建设反恐工作国际情报交流合作平台,准确、高效打击全球性恐怖主义③。

How to do:在世界政治、经济、军事、外交等形势发生深刻而复杂变化的形势下,维护国家安全,必须坚持以总体国家安全观为指导,发挥情报工作对国家安全的保障作用,在总体国家安全观指导下制定国家情报安全战略,完善国家情报机制、健全法制、加强教育。在中央国家安全委员会的统一领导下,完善国家情报安全工作体制机制,加强对保障国家安全的情报工作的集中统一领导,制定安全目标和政策措施,提高情报工作应对各种安全风险挑战的能力,加强国家情报工作的科技和装备建设;建立健全国家安全情报监测预警体系,提升情报、信息搜集分析和处理能力;加强重大安全风险的情报监测评估,制定国家安全重大风险事件的情报应急处置预案;推进国家安全领域的法治建设,完善《国家情报法》等法律、法规,为在新形势下全面保障国家安全提供相关法律的支撑。强化国家安全宣传教育,提高全民国家安全意识。要以4月15日的全民国

---

① 张家年. 国家安全保障视域下安全情报与战略抗逆力的融合与对策 [J]. 情报杂志, 2017, 36 (1): 1-8, 22.
② 孙敏,栗琳,孙晓,等. 国家安全领域的情报信息共享意愿研究 [J]. 情报杂志, 2017, 36 (1): 35-39.
③ 高婷婷,王红霞. 应对"一带一路"战略沿线国家恐怖主义的情报支援机制探究 [J]. 海军工程大学学报(综合版), 2017, 14 (2): 51-54.

家安全教育日为契机，以总体国家安全观为指导，号召全民全面学习国家安全法，全民明确："任何组织和公民都应当依法支持、协助和配合国家情报工作，保守所知悉的国家情报工作秘密。"切实增强全民国家安全意识，清楚保守国家情报秘密，支持、协助、配合国家情报工作是《国家情报法》规定的公民义务①。

How much：《国家情报法》总则第七条："任何组织和公民都应当依法支持、协助和配合国家情报工作，保守所知悉的国家情报工作秘密。"《国家情报法》第三章"国家情报工作保障"的第二十条至第二十七条，规定了保障国家情报工作正常进行的方方面面。国家安全是头等大事，"安而不忘危，存而不忘亡，治而不忘乱"。国家安全是国家发展最重要的基石，是人民福祉的最根本保障。从《国家情报法》总则第七条可以看出，国家情报工作需要全民支持与参与，为实现中华民族的伟大复兴，保障人民安居乐业，国家情报战略可以协调运用各种国家情报资源，提升国家情报能力，确保构筑认知优势，实现国家情报工作目标。

7.3.2 知"天"视角——加快核心技术突破

Which："时遇"是人所不可自主选择的，但人可以成功回应"时遇"，通过"应时因机适遇"而成就事业。"大数据"包括采集数据技术、存储数据技术、数据传输及数据处理分析技术等，"大数据"技术群与物联网、云计算技术形成技术价值链；大数据为重塑国家竞争优势提供新机遇，为提升政府治理能力开发新路径，大数据是社会发展中的基础性、战略性、先导性资源②。

Why：核心技术与高端科技是现代的国之利器，科技是第一生产力，要提升国际竞争力，增强国家的综合国力，保障国家安全与发展，就必须提升情报工作的效能。

What：《国家情报法》规定，国家情报工作机构可以采取技术侦察措施，对外谍报派遣，应用特种技术进行侦察和分析。随着科学技术的发展和情报工作的进步，越来越多的先进技术装备用于情报侦察、情报分析与情报提供。

Where：互联网核心技术受制于人是情报工作最大的隐患，如果核心元器件严重依赖外国，那么技术的"命门"就掌握在别人手里，就无法掌握我国互联网发展主动权，要保障互联网安全、国家安全，就必须突破核心技术这个难题，构建安全可靠的

---

① 刘跃进，王啸. 我国国家安全战略展现新布局 [N]. 人民日报，2016-08-23（7）.
② 苗圩. 大数据：变革世界的关键资源 [N]. 人民日报，2015-10-13（7）.

情报技术体系。

When：20世纪90年代保罗·罗默等提出知识创新和技术进步等要素内生化，使经济能够不依赖外力推动实现持续增长。科学技术是第一生产力，创新是引领发展的第一动力。2016年8月，出台《"十三五"国家科技创新规划》，这是我国吹响建设世界科技强国号角后的第一个科技创新规划。

Who：我国情报工作要大力培养急需的创新型高层次人才和人才团队，实现情报工作的全方位科技创新迫切需要情报机构之间以创造性的方式协作，并推进人与机器协作、机器与机器协作，这样情报分析人员才能最好地利用他们有限的时间来处理最难的问题。

How to do：情报工作采用的情报分析挖掘技术包括情报获取与识别提取、情报融合评价和情报关联分析三大关键技术。首先，要采用情报获取与识别技术，提取不同信息平台，如技术文章、社交媒体、Web开源信息等，利用动态爬虫与检测更新等方法，获取情报的基础信息，通过信息预处理、IOC提取等技术手段，将其转换成OpenIOC，STIX等标准化情报格式；其次，采用情报融合评价技术，对多源异构情报基础数据进行整合、萃取和提炼，并建立相关质量评价指标对情报的质量及可信性进行评价，为后续情报的关联挖掘提供输入线索；最后，应用情报的关联分析技术，运用Kill-Chain模型、钻石模型或异构信息网络能模型，在不同应用场景中结合已有情报与实时流量数据，对情报进行深度关联、碰撞、分析操作，以发现一些潜在的情报攻击行为。国家情报工作必须采取多方协作的方式，并推进人机及机器之间的协作，充分发挥情报人员"专家智慧"的优势，形成像美国国家安全局开发的"无边界情报员"系统那样的全球网络情报系统[①]。

How much：情报来自对数据和信息进行统计分析的结果，大数据时代，信息技术高速发展，数据挖掘技术融合了传统情报分析方法，信息技术与情报分析技术的融合，提升了情报展现能力和情报的显性价值。人工智能水平的提升，为情报的深度加工分析打下了基础，通过人机协同工作加快对数据的语境理解和分析技能。情报界需要进行培训来提升情报人员有效利用这些新技术的能力。《国家情报法》第二十二条规定："国家情报工作机构应当运用科学技术手段，提高对情报信息的鉴别、筛选、综合和研判分析水平。"可见，对情报人员进行培训受法律保护，必然得到国家财政的支持和人民的拥护，

---

① 王双，陈柳钦. 内生经济增长理论的演进和最新发展[J]. 经济与管理评论，2012（4）：20-24.

因此，国家进行全方位的投入，产出的价值必然无法估量。

7.3.3 知"地"视角——促进"一体化"情报体系落地

Which："地者，高下、远近、险易、广狭、死生也"，意思是说要知地利，因地制宜。要考虑"高下、远近、险易、广狭"等相互制约的因素，协调统筹，综合考量。坚持总体国家安全观，认清国家安全形势，情报工作要维护国家安全，就要立足国际秩序大变局，立足防范风险的大前提，立足我国安全与发展的大背景来谋划。《国家情报法》总则第三条明确规定："国家建立健全集中统一、分工协作、科学高效的国家情报体制。"国家情报工作由中央国家安全领导机构统一领导，该领导机构负责制定国家情报工作方针政策，规划国家情报工作整体发展，建立健全国家情报工作协调机制，统筹协调各领域国家情报工作，研究国家情报工作中的重大事项①。

Why：国家情报工作机构主要包括国家安全机关、公安机关情报机构和军队情报机构。这三个主要机构必须按照职责分工，相互配合，才能做好情报工作。国家情报工作是一个超越单一领域情报活动的情报工作体系，必须建立协调、统一、高效的国家情报工作协作体制和工作机制，才能推进情报、指挥、行动一体化建设，打破"信息孤岛"（"烟囱"）现象，避免信息利己主义综合征泛滥②③。"一体化"情报体系落地，能够构建高效、权威的情报指挥体系，能够锻造素质过硬的情报人员队伍，能够提升情报指挥、情报预警、情报应急处置能力和水平，为维护国家安全和社会稳定做出贡献。

What：依据总体国家安全观思想，国家情报工作的具体情报领域可划分为政治情报、军事情报、经济情报、文化情报、科技情报、国土安全情报、社会安全情报、生态安全情报、资源安全情报、信息安全情报、核安全情报、粮食安全情报、金融安全情报等。每个情报领域又可细分为多层级、多个子领域，因此，不同情报行业领域之间、各自情报行业领域内部会出现部门重设问题，不仅会导致资源浪费，更会致使数据信息标准不统一，各类情报服务系统无法实现对接，情报分析结果无法达成统一，因此，国家总体战略和重大决策的情报需求无法得到满足，大数据时代国家情报工作的使命要求各级各类情报部门必须信息共享、协作和整合发展。国家要整合情报界，为重塑国家竞争

---

① 中华人民共和国国家情报法［N］. 人民日报，2017-07-14（12）.
② 马德辉，黄紫斐. 美国《国家情报战略》的演进与国家情报工作的新变化、新特点与新趋势［J］. 情报杂志，2015，34（6）：1-4，11.
③ 约瑟夫·斯蒂格利茨. 知识经济的公共政策［J］. 经济社会体制比较，1999（5）：20-28.

优势、提升政府治理能力提供情报支持①。

Where：从情报工作实践来看，我国相关的情报供应渠道包括部队情报部门、国安情报部门、公安情报部门、政府信息中心、统计局、社科院、政研室、舆情分析部门、科技情报所、智库（思想库）、高校、图书馆等。以上的情报部门隶属军事安全情报体系、经济信息体系、文献服务情报体系等。实践中各类情报体系只依据自己的工作轨迹独立运行，跨行业、跨领域的情报机构协同意识缺乏，协同能力不高，很多情报机构的情报工作重复或存在缺口，这种"烟囱"式分割的"体制"阻碍了国家情报服务决策整体效能的提升，难以真正发挥情报工作的"耳目""尖兵""参谋"作用。在这样的情报机构布局下，各级政府决策部门获得的面向"安全"（和平）与"发展"的情报资源却是缺乏的②。

When：2013年11月，为维护国家主权、安全、发展利益，中央决定设立国家安全委员会，中央国家安全委员会在2014年1月24日正式成立，目的是健全或完善国家安全体制机制。中央国家安全委员会向中央政治局、中央政治局常务委员会负责，统筹协调涉及国家安全的重大事项和重要工作。2014年4月15日，习近平总书记提出了总体国家安全观。中央国家安全委员会已经设立，但健全国家安全体制机制的任务却不能说已经完成。国家需要尽快成立"国家的国家安全委员会"，应该比照中央军事委员会"一套人马、两块牌子"的模式，在"中共中央国家安全委员会"上再挂"中华人民共和国国家安全委员会"牌子，使其同时成为国家机构。2016年12月9日，中央政治局会议审议通过《关于加强国家安全工作的意见》，概括了官方国家安全的总体布局，肯定国家安全工作在制度方面取得了新的明显进展。在2017年2月17日召开的国家安全工作座谈会上，党中央高度重视国家安全工作，明确国家安全战略方针和总体部署。

Who：各种情报工作种类相互依存，相互影响，共同维系着整个国家情报工作的生态平衡，保证了国家情报工作生态系统的健康发展。

How to do：由于体制、经费、知识产权问题和非商业化运营等因素的影响，我国情报事业处于分散状态，像美国情报界那样的"一体化""大情报体系"尚未形成，必须协调各情报成员单位，集中优势资源来满足各种情报需求，并优先保证国家安全③。应

---

① 张家年，马费成. 我国国家安全情报体系构建及运作［J］. 情报理论与实践，2015，38（8）：5-10.
② 沈固朝. 智库热中的一点冷思考［J］. 智库理论与实践，2016，1（2）：137-139.
③ 高庆德. 美国情报界"一体化"的理论与实践［J］. 情报杂志，2012（3）：65-69.

从顶层设计层面推动国家情报体系建设，建设成一个多部门、多机构、多领域与多学科的"一体化""大情报体系"，彰显国家软实力。一体化国家情报体系的落地，要具备战略眼光，可以借鉴美国、法国等国外发达国家的模式，设立国家层面领导机构，这样才能对军事、国家安全、公安、科技、经济等情报分支领域进行全面统领、组织协调①。有学者提出将情报统筹部门设立在中国科学技术信息研究所，作为应急决策提供情报支撑的常设机构，该机构构建全国范围内的情报体系②。也有学者提出由网络安全与信息化领导小组担此应急"情报大任"③。沈固朝强调，需要在现行行政体制下设立一个专门的行政挂靠型的政府情报机构，作为情报事业单位协调和疏通政府内外部情报供应渠道，整合情报资源④。主要做三个方面的领导协调工作：一是国际合作协调，开展情报共享预警、情报能力提升和人才培训方面的国际合作；二是加强对政府情报部门、私营情报机构或公民个人在情报工作方面的领导协调；三是负责指引和保障各种情报工作基础设施的建设、维护和监管。

How much：《国家情报法》总则第五条指出："国家安全机关和公安机关情报机构、军队情报机构（以下统称国家情报工作机构）按照职责分工，相互配合，做好情报工作、开展情报行动。"第七条："任何组织和公民都应当依法支持、协助和配合国家情报工作，保守所知悉的国家情报工作秘密。"第十二条："国家情报工作机构可以按照国家有关规定，与有关个人和组织建立合作关系，委托开展相关工作。"第十四条："国家情报工作机构依法开展情报工作，可以要求有关机关、组织和公民提供必要的支持、协助和配合。"《中华人民共和国国家安全法》第七十九条规定："企业事业组织根据国家安全工作的要求，应当配合有关部门采取相关安全措施。"所以，协调各领域情报部门的工作，要求企事业组织和公民个人配合情报工作，是法律赋予政府的职责，为保障情报工作正常进行，政府必须出资建设情报机构，完善情报工作体系，并加强政府监管控制⑤。

---

① 陈峰. 中国情报学的宣传推介策略 [J]. 情报杂志, 2016, 35 (3): 1-6.
② 苏新宁, 朱晓峰. 面向突发事件应急决策的快速响应情报体系构建 [J]. 情报学报, 2014 (12): 1264-1276.
③ 李纲, 李阳. 智慧城市应急决策情报体系构建研究 [J]. 中国图书馆学报, 2016, 42 (3): 39-54.
④ 沈固朝. 智库热中的一点冷思考 [J]. 智库理论与实践, 2016, 1 (2): 137-139.
⑤ 马德辉, 黄紫斐. 美国《国家情报战略》的演进与国家情报工作的新变化、新特点与新趋势 [J]. 情报杂志, 2015, 34 (6): 1-4, 11.

7.3.4 择"将"视角——全方位人才培养

Which:"夫将者,国之辅也,辅周则国必强,辅隙则国必弱。"孙子认为,将帅的职责是辅佐国君、维护国家安全,将帅的一举一动与国家的安危、兴旺发展息息相关。因此,如何发现并培养合格、优秀的军事指挥员就成了当权者要面对的首要问题。"将"要具备"智、信、仁、勇、严"等"将道"之外,还必须唯实不唯上,一切从工作实际出发,不计较个人得失,勇于为所从事的事业做奉献。落实总体国家安全观,开展国家情报工作,保障国家安全与发展,培养情报人才是根本,培养人才、发现人才、使用人才是做好情报工作的首要任务。《国家情报法》的出台,正是对我国国家情报工作重要意义的肯定,情报工作必然离不开情报人才的培养,为满足国家安全与发展需要培养人才是情报教育领域的使命。

Why:老一辈革命者聂荣臻、张爱萍认为,情报工作是"耳目""尖兵""参谋"。从事情报工作的人员,要具备"智、信、仁、勇、严"等"将道",就应当具备足智多谋、对信仰忠诚、勇于奉献、坚忍不拔、坚守国家机密等品质。正如朱德总司令对情报工作者的评价:"唯有最有学识、最勇敢、最有天才、党的最好同志,才能做好情报工作。"① 党的十八大之后,为落实总体国家安全观,对情报工作人才的培养更受到党和国家的重视。然而,作为培养杰出情报工作者的情报学学科,其培养人才的方向、人才培养的方法、培养的情报人才的质量等方面却遭到质疑,原有的情报学学科发展体系得不到应有的重视,甚至被边缘化②。所以,中国情报学界开始关注国家安全情报工作,强调为保障国家安全与发展,推动情报学学科建设和培养新时代要求的情报工作人才的呼声越来越高,专业刊物《情报杂志》设立"焦点话题"专栏,专门开设情报工作人才培养的专题,号召学者们进行讨论,专家学者们积极响应,力图提出更多具有建设性的观点③。

What:贯彻总体国家安全观要坚持人才为先,为维护国家安全和人民的权益,《国家情报法》的第六、第二十一、第二十二条对国家情报工作机构和情报工作人员的政治素质、业务技能提出多方面的要求,并对情报人员培训等多方面做了阐述。一个合格的情报工作人员,既要具有丰富的情报专业知识,又要对情报工作的实践有深入的了

---

① 高金虎. 军事情报学 [M]. 南京:江苏人民出版社,2017:133.
② 陈文勇. 情报学理论思维与情报学研究变革 [J]. 情报理论与实践,2010,33(7):14-17.
③ 薇子. 推动中国情报学学科建设创新发展 培养新形势下的情报人才 [J]. 情报杂志,2017,36(2):封4.

解——清楚情报需求，熟悉情报工作的流程，掌握情报工作相关技巧。这对情报人才的培养提出多种要求。首先，要求情报人才具有敏锐的情报侦察意识和反情报意识，必须是两栖或多栖复合型人才，既要具有情报处理分析能力，还必须具有相关专业及多方面知识，做出的情报要更有针对性、更有深入度。其次，情报人才除了具有过硬的情报分析水平和业务素养外，还要具有良好的政治思想素质，对自己的国家、人民无比忠诚，具有大局观念。最后，情报人才要具有较强的心理承受能力和应急权变能力，能够处理突发事件，能够保持周密、细致的工作作风，避免出现重大失误。

Where：目前高等教育领域以"信息管理"为核心的情报学教育内容，面临严峻的挑战①。《国家情报法》正式施行，贯彻执行总体国家安全观和国家情报法律，更要重视我国情报人才的培养，国家要设立专门的情报机构，与国家安全部门各取所长，联合培养高级情报人才。我国情报教育对"intelligence studies"的理论、知识、方法与技巧关注较少，在课程设置、教育目标方面情报学都应该面向"intelligence studies"，应该借鉴美国、以色列那种"人才培养与情报研究并重"的人才培养方式，根据国内外新形势和国家安全与发展的需要，在相关情报研究机构与大学、科研院所共同开展战略性、专门性的情报人才培养。设立美国国家情报学院这样的国家情报人才专业培训机构，培养以职业为导向、面向情报工作实践的高品质情报人员，增加情报技术侦察的主要课程，如设立电子设备和音频监听、对他国侦察员的技术监视与高级卧底行动、恐怖主义等行为的防护等相关课程。经培训的情报人员能更好地掌握和利用情报技术侦察手段，为国家安全与发展提供更有价值的情报，从而有效打击恐怖主义和犯罪活动，从而真正能为国家安全与发展保驾护航②。

When：情报人才所具备的素养必须适应大数据时代的变化，大数据与情报息息相关，大数据时代，情报学要培养数据科学的情报高级人才，情报人员能够进行数据的深度获取、关联、分析、利用，情报人员应用大数据的技术水平决定其对快速变化的情报决策需求的敏锐把握③。面对大数据技术环境和我国情报法颁布的大背景，传统的"图情一体化"情报人才培养体系无法满足时代的需求。"大数据"实质上是一个具有"破坏性创新"威力的技术群，与"大数据"技术群息息相关并且相互交融的技术包括物联

---

① 高金虎. 从"国家情报法"谈中国情报学的重构［J］. 情报杂志，2017（6）：1-7.
② 张培. 美国国家情报学院技术侦查培训［J］. 现代世界警察，2017（4）：66-69.
③ 王君，彭玉芳，张巍巍. 美国高校的国家安全与情报教学研究［J］. 情报杂志，2017，36（2）：20-24.

网、云计算、下一代互联网和通信技术,"大数据"技术群与这些技术形成技术价值链。大数据时代,人与物必然呈现网络化、数据化、智能化、互联化、共享化、便捷化的特点。因此,必须加强情报人员对数据进行自动化、智能化处理方面的教育与培训,提高情报人员预测和预警能力,加强数据的数字化转型、多域的数据集成和数据"算法战"方面的教育是当前时代的需求,对现今尖端情报人才培养具有启发意义。

Who:为回归情报的本质功能,推进我国的情报学人才培养变革与发展,很多学者主张设立"情报学"一级学科,重构中国特色的情报学理论体系[1][2][3]。虽然也有学者提出设立"情报学"一级学科的障碍和现实问题[4][5],但在《国家情报法》视野下,中国情报学学科教育和人才培养体系,应当借鉴国外的情报学教育模式,设立"情报学"一级学科是未来发展的方向。落实总体国家安全观,突出国家情报工作对国家安全与发展的保障作用,应在"情报学"一级学科下增设"国家安全学"二级学科,专门着力培养国家安全与情报研究的高级复合型人才。加大国家安全领域的课程理论教学和实践培训,加强国家安全、情报的法律保障、情报采集与分析技能、情报组织、情报共享等方面的课程建设[6]。

How to do:培养具备坚定的政治信仰、知识结构合理、心理素质过硬,且具有敏锐的情报意识、严密的逻辑思维能力的情报人才,实现国家安全人才支撑体系的构建,是落实总体国家安全观的必然需求,对情报人才的培养,应该被视为当前国家安全工作的重要环节,不仅需要统一部署,更需要真正落实、推进。首先,要由中央国家安全委员会做国家安全人才的战略部署,并负责监督各教育机构贯彻实施;其次,成立"国家安全"的跨部门和跨机构专家团队,调查与梳理国家安全领域对情报人才的需求,并制定国家安全情报人才职业发展规划,在此基础上进行情报人才教育和培训的课程体系设计;再次,选择相关军、警、地方高校进行教育试点,根据试点经验,逐渐掌握国家安全人才培养的培养模式,依据情报职业发展的规律,形成情报人才培养的机制和制度;最后,构建国家层面的国家安全人才体系,搭建人才培训交流平台,组建军、警、地方

---

[1] 张晓军.情报、情报学与国家安全:包昌火先生访谈录[J].情报杂志,2017,36(5):1-5.
[2] 高金虎.从"国家情报法"谈中国情报学的重构[J].情报杂志,2017,36(6):1-7.
[3] 袁勤俭.关于设立情报学一级学科之我见[J].情报杂志,2017,36(6):8-9.
[4] 黄长著.关于建立情报学一级学科的考虑[J].情报杂志,2017,36(5):6-8.
[5] 谢晓专.关于设立"情报学一级学科"之浅见[J].情报杂志,2017,36(7):1-2,15.
[6] 包昌火,马德辉,李艳,等.我国国家情报工作的挑战、机遇和应对[J].情报杂志,2016,35(10):1-6.

高校的情报教育联盟，加速信息共享，加强经验分享机制，提升情报人才的培养质量，满足国家安全与发展对情报人才的需求。

How much：《国家情报法》第三章第二十一条："国家加强国家情报工作机构建设，对其机构设置、人员、编制、经费、资产实行特殊管理，给予特殊保障。国家建立适应情报工作需要的人员录用、选调、考核、培训、待遇、退出等管理制度。"第二十二条："国家情报工作机构应当适应情报工作需要，提高开展情报工作的能力。"① 这不仅对国家情报工作人员的职业能力水准提出了更高的要求，同时也说明情报人才培养是国家层面的重要工作，必然受到国家财政支持和其他各方面的辅助。以人为本，人才是维护国家安全的本源。党的十九大报告提出人才强国战略，培养具有国际水平的情报专门人才，建成有效维护国家安全的人才体系，满足国家安全与发展的人才需求②。

7.3.5 保"法"视角——加强多维综合治理

Which："法者，曲制、官道、主用也"，"善用兵者，修道而保法"（《孙子兵法·形篇》）。"保法"，就是要健全法律和各种规章制度，加强多维综合治理。落实总体国家安全观，构建国家安全情报体系，需要加强国家安全治理总体布局，从顶层提出保障国家安全与发展，构建国家安全情报体系的总体目标，依据《国家情报法》，抓住当前社会治理模式、政府行政管理等公共事务与网络技术发展、网络空间演化、网络力量结构等方面的"焊接点"与"熔合面"，以数据集成和共享为途径，建设全国一体化的国家大数据中心，完善立体化情报安全保障体系，提高情报对社会治理整体水平提升的保障作用。

Why：情报工作"为经济建设服务，为国防建设服务，为领导决策服务"，情报工作在推进国家治理体系和治理能力现代化过程中发挥重要作用，因此要加强情报工作体制机制、法律法规建设，不断构建新的情报工作体制机制、法律法规，使情报工作各方面制度更加科学、更加完善，实现情报治理制度化、规范化、程序化，通过制度变革推动情报治理的现代化，推动情报事业的大发展。

What：《国家情报法》为情报工作提供了制度化的法治环境。《国家情报法》共五章三十二条，它吸取国际情报立法的经验，立足国家安全和国家情报工作的现实需要，

---

① 中华人民共和国家情报法［N］. 人民日报，2017-07-14（12）.
② 程莉，吴广印，王鑫，等. 科技情报机构的发展模式研究：基于兰德公司与国内情报院所的对比分析［J］. 情报杂志，2014，33（5）：13-18.

是在我国前期相关法律和国家情报工作集体智慧的基础上凝聚形成的。《国家情报法》经人大常委会审议通过，于 2017 年 6 月 28 日起施行，是我国首部情报方面的法律，标志国家情报工作进入法制化轨道，标志国家情报工作对国家安全与发展的保障有法可依。《国家情报法》的颁布将促进落实总体国家安全观，推进国家情报工作，维护国家安全利益[①]。《国家情报法》以总体国家安全观为指导思想，以维护国家安全和人民利益为宗旨，主要内容包括总则、国家情报工作机构职权、国家情报工作保障、法律责任、附则共五大部分。《国家情报法》中每一个条款的含义丰富，对新时期国家情报与国家安全工作做出了明确的法律规定，使得对国家情报工作的综合治理有法可依[②]。

Where：《国家情报法》颁布的意义体现在哪里？情报工作立法是国际惯例。《国家情报法》第二条强调国家情报工作的主旨是："国家情报工作坚持总体国家安全观，为国家重大决策提供情报参考，为防范和化解危害国家安全的风险提供情报支持……"《国家情报法》的三十二个条款蕴含的法律关系和含义十分深刻，强调国家情报机构之间的"合作关系"，指出人民群众配合情报机构维护国家安全和国家利益的责任和义务。《国家情报法》第十二条规定："国家情报工作机构可以按照国家有关规定，与有关个人和组织建立合作关系，委托开展相关工作。"其他涉及此问题的条款还有第十六、第二十一、第二十四、第二十八条等。

When：在国家安全的战略框架下我国先后制定或出台了一系列法律法规，如《中华人民共和国反分裂国家法》（2005 年 3 月 14 日）、《中华人民共和国保守国家秘密法》（2010 年 4 月 29 日修订）、《中华人民共和国反间谍法》（2014 年 11 月 1 日）、《中华人民共和国国家安全法》（2015 年 7 月 1 日）、《中华人民共和国反间谍法实施细则》（2017 年 11 月 22 日）、《中华人民共和国国家情报法》（2017 年 6 月 27 日）、《中华人民共和国保守国家秘密法实施条例》（2014 年 1 月 17 日）、《中华人民共和国境外非政府组织境内活动管理法》（2017 年 11 月 4 日修正）、《中华人民共和国反恐怖主义法》（2015 年 12 月 27 日发布，2018 年 4 月 27 日修正）、《中华人民共和国核安全法》（2017 年 9 月 1 日）、《中华人民共和国网络安全法》（2016 年 11 月 7 日）、《中华人民共和国刑法（部分）》（2017 年 11 月 4 日修正）等。《中华人民共和国个人信息保护法》（2021 年 8 月 20 日）出台，标志着对情报工作涉及公民隐私权的系统保护的法律出台，建立

---

① 邓灵斌.《国家情报法》解读：基于"总体国家安全观"视角的思考［J］. 图书馆，2018（8）：52-56.

② 中华人民共和国国家情报法［N］. 人民日报，2017-07-14（12）.

了制度化的法律监督制度。以上法律法规的出台，说明近年来我国加紧了相关法律的制定，虽然还没有完全建成科学又成熟的制度化的国家情报工作法治体系，但距离国家情报工作有法可依、有法必依、违法必究、执法必严的法治目标更近了一步。

Who：《国家情报法》规定，国家情报工作的目的是维护国家安全和利益，为国家重大决策提供情报参考。这样的职能由国家安全机关和公安机关情报机构、军队情报机构联合履行。国家情报工作包括军事情报工作和安全情报工作，其中，国家安全情报和公安情报为保障国家安全与利益、为维护社会稳定起支撑作用。虽然《国家情报法》没把诸如图书情报、经济情报、竞争情报、科技情报等纳入国家情报机构体系范围内，但依据总体国家安全观思想体系，这些情报工作对于国家安全，包括人民安全、政治安全、经济安全、军事安全、文化安全、社会安全、信息安全、生态安全、资源安全、核安全等，具有较大的情报保障作用，在《国家情报法》的法律保障和规范下，图书情报、经济情报、竞争情报、科技情报与军事情报、安全情报互为补充，融合发展。《国家情报法》的实施为我国情报工作的发展提供了发展机遇——构建"一体化"的情报工作体系，发挥情报的引领和保障作用，让情报工作服务于国家安全和经济发展，开创我国情报工作发展的新局面。

How to do：《国家情报法》颁布后，它为国家情报工作"授权"，使情报工作在法治的轨道上运行。国家对情报工作进行了顶层设计，完善了国家安全治理的相关问题，强化国家安全领域软、硬实力的建设，构建了完整的国家情报战略体系，全方位维护国家安全与发展。在《国家情报法》的规范下，建设国家安全管理机构，实现对不同层次的情报部门纵横交错的衔接，使得各部门职责明确，并能进行及时有效沟通，建成国家安全防御情报组织网；同时，国家安全管理机构要与媒体构建一张联合运作网，通过二者间形成的互动关系来对信息进行自动过滤与加工，加强政府对信息安全的监管，进一步防范来自网络对国家安全的威胁。注重建立国际合作，与跨国公司构建战略联盟，签署相关协议，增强国际互信，提升国际合作安全防护的能力等①。

How much：在总体国家安全观理论的指导下，在中央国家安全委员会的领导下，依据《中华人民共和国国家情报法》（2017年6月27日全国人民代表大会常务委员会第二十八次会议通过，2017年6月28日起施行）。真正推进国家安全法治建设；依据2016

---

① 胡雅萍，潘彬彬. Intelligence 视角下的美国情报学研究进展：以 Studies in Intelligence 解密文献为例［J］. 情报杂志，2014（1）：6-10.

年 3 月公布的《中华人民共和国国民经济和社会发展第十三个五年规划纲要》，健全国家安全保障体制机制①。

本章小结

本章的主题是大数据观下的国家情报工作战略新布局，在分析国家情报工作演替趋势的基础上，总结了大数据时代特点与其对国家情报工作的要求，指出了国家情报工作不和谐的现象，分析了国家情报工作出现不和谐的必然性，阐述了国家情报工作走向和谐的生态演替趋势和国家情报工作系统演替的动力机制：内力激发机制、外力触发机制、内外协同机制。在阐释总体国家安全观内涵的基础上，依据传统文化思维支撑，用《孙子兵法》缜密的制胜逻辑提出国家情报安全体系构建的策略，即"道"胜视角——遵从总体国家安全观战略引领；知"天"视角——加快核心技术突破；知"地"视角——促进"一体化"情报体系落地；择"将"视角——全方位人才培养；保"法"视角——加强多维综合治理。

---

① 陈峰. 中国情报学的宣传推介策略［J］. 情报杂志，2016，35（3）：1-6.

第 8 章
大数据观下的国家情报工作制度构建

本章主要分析大数据观下国家情报工作制度构建的基本模式，提出国家情报工作制度构建的基本逻辑、顶层设计、现实路径。

8.1 国家情报工作制度构建的基本模式

模式是主体行为的一般方式或标准样式。国家情报工作制度构建的基本模式是一定时期内国家情报工作所呈现的管理方式，是管理主体与管理客体之间遵循的管理行为准则，这其中涉及权力关系、结构形态、程序规则、决策过程、管理效率等诸多问题。国家情报工作制度的基本模式不是任意选择的，常常与国家情报工作所处的历史阶段和演变历程密切相关，有明显的阶段特征和过程依赖性。

合理完善的国家情报工作制度，能够优化国家情报力量及资源的配置，提高情报机构的工作效率，准确识别国家在不同时期、不同领域的情报需求，在国家重大情报问题上快速形成情报界的共同意见。不合理的国家情报工作制度则会干扰情报工作的有序正常开展，影响单独情报机构的工作效率，妨碍情报机构之间的情报共享，情报机构之间各自为战，甚至互相提防、进行资源攀比，造成情报资源的浪费，情报界难以形成合力。因此，合理完善的情报工作管理模式是满足总体国家安全情报需求的有效保障。

在制度设计理论中，根据制度的构建主体与执行主体是否为同一主体，可将制度的构建模式划分为自构建、他构建和嵌入式构建。面向公司治理的制度构建一般属于自构建，即公司所执行的制度是由公司内部人员自己制定的。这种模式的优点在于成本较低，缺点在于容易夹带私心，自构建的制度容易发生有违公平的情形。自构建一般可再进一步划分为自上而下设计和自下而上设计。他构建的代表性范例是法律法规的制定，法律法规的制定过程一般是制定主体与执行主体分开，立法机构负责制度构建，制度适用范围内的所有对象有遵守该法律法规的义务。嵌入式构建则是指制度构建主体深入执行主体内部，充分考虑制度执行主体的处境并以跳脱当局者局限的上层视角辅助其进行制度构建。国家情报工作制度的构建基本属于他构建的范畴，由国家政府通过颁布法律法规、政令等行政手段完成对情报机构的权力分配、职责划分、组织搭建、规则运转、奖惩实施等一系列制度构建过程。综观各国情报工作历史，根据制度执行主体之间的结构关系，曾经主要出现过三种类型的国家情报工作制度模式，可将其划分为分散模式、集中模式及协调模式。

8.1.1 分散模式

在分散型国家情报工作制度构建模式下，情报机构一般按军种或部门设立，有极少数国家设立了综合性的总参情报部或国防情报部，多数国家则没有建立正式的情报协调机构，国家和军队通过职能部门管理下属情报机构，缺乏专职的情报管理部门[①]。情报工作最初源于战争中的决策需要，战争观决定了当时的情报观，在当时很多国家的情报工作管理中重复着一个相同模式：在和平时期，置情报工作于不顾；当国家面临危机或进入战争状态，国家情报需求，尤其是军事情报需求立即增多，情报机构及情报工作受到重用；危机过后，情报工作又急剧萎缩，情报机构的地位又迅速下降。分散型的情报工作制度构建模式的特点主要体现在缺乏一个专职的情报管理部门，各情报机构之间缺少协调机制，各情报机构可依据自身所属领域有针对性地开展情报搜集，在情报搜集、分析、处理方面各自为政、各为其主，在情报评估方面自圆其说。这种分散型的模式在情报工作历史上持续了较长一段时间。

在第二次世界大战之前，各国情报机构之间相互隔绝、分散管理的模式大抵相似。例如，20 世纪 30 年代的英国安全局（军情五局）和秘密情报局（军情六局）的负责人之间很少联系，问题均通过各自的主管部门，即内政部和外交部来进行沟通；在中国国民政府时期，也明确规定中统和军统的工作人员私下里不得接触；"第三帝国"德国的情报机构之间也是竞争多过合作，情报机构以吞并对方为目标而非协同开展工作；第二次世界大战前，美国联邦调查局、陆军情报部和海军情报部对新出现的情报协调局充满

---

① 高金虎. 试论国家情报体制的管理：基于美国情报界的考察［J］. 情报杂志，2014，33（2）：1-5，9.

敌意；美国陆军情报部无权分享美国海军通信部与英国关于信号情报合作问题的谈判内容。处于分散型模式下的美国情报界，情报只在部门范围内生产和使用，情报组织以军事情报组织为主，外交与安全情报次之，各个情报组织基本上只是按照各自的传统程序，互不往来地为各自的上级行政部门服务。经不同渠道、从多种来源搜集而来的情报在各部门之间很少交流，也没有一个中心机构定期汇总并分发所有情报，当时也没有人认为这种分散的做法存在严重的缺陷①。在分散模式下，各个部门的情报需求能得到基本保障，但尚不能实现全部满足，以偏概全的情报问题观察视角使得整体的国家情报需求几乎无人问津。当时美国总统的情报来自陆军参谋部情报局、海军情报局、联邦调查局、国务院、海关总署、战略情报局、移民局和联邦电信局等八个部门，总统不得不自己来做情报官。情报管理也就主要在部门层级上进行，整体的国家情报工作处于随意的状态②。

分散模式确实在一定程度上提高了情报搜集的效率，但各情报机构仅从军种利益或部门利益出发，缺少全局视角的情报观，产生了严重的管理问题。问题主要表现为情报力量的重复配置及因此导致的资源浪费，各个情报机构只对自己的主管部门负责，各情报机构搜集的情报资料彼此隔绝，互相之间没有情报共享，就会产生某一主题情报被各情报机构通过自身的渠道和方式重复搜集，而某一方面的重要情报却被普遍忽视，造成决策盲区。各情报机构各自为政地收集情报，没有经过综合分析和评估，成为情报失察的主要原因。在英国伊丽莎白时代之后，随着英国第一帝国的建立及国力提升，情报工作多由军队中各级指挥官组织实施，情报工作缺乏统一协调，不足以支撑战场上军事决策的需要，使得情报工作无法在当时的国家发展中发挥保障作用。贝茨（Richard K. Betts）在《情报失误的两面："9·11"事件和伊拉克消失的大规模杀伤性武器》中指出，导致"9·11"事件情报失察的原因在于情报不足，这种情报不足是由情报机构之间缺乏内部交流与联系导致的。再以日本为例，以往每次发动对外侵略战争前，日本都会尽量以各种方式获取对象国或作战区域的相关情报，但是日本缺少类似于英国内阁委员会那样专门制定国家战略的机构，使得一些重要的战略情报游离于日本战略决策之外。

8.1.2 集中模式

集中模式走向了分散模式的另一个极端，主要表现为情报工作管理权力高度集中，

---

① 布雷德利·F. 史密斯. 美国战略情报局始末 [M]. 北京：国际文化出版社，1988：354.
② 申华. 美国国家情报管理制度研究 [M]. 北京：军事科学出版社，2010：34-35.

情报机构负责人位高权重，情报需求由国家最高决策者统一决定，情报资源由一个机构统一调配，在情报评估上出现"一言堂"现象。

例如，苏联时期国家情报工作是国家安全机构一家独大，当时的总参情报部实际上受制于国家安全机构，军事情报机构负责人来自国家安全机构，国家安全机构的负责人还会成为政治局常委。同样的集中模式还出现在第四次中东战争以前的以色列，以色列之所以能在第三次中东战争中取得胜利，其军事情报部功不可没，因此战后其地位扶摇直上，高于其他情报机构。作为军事情报部门，以色列军事情报部还搜集包括军事情报在内的其他情报，成为政府主要的情报来源并参与政府决策。英国于16世纪70年代创建了保密局，保密局是英国第一个国家情报机构。保密局对经由各种渠道获得的情报进行分析研究，对重要的情报资料进行评估，然后利用多种情报来源核实该情报准确后，交由当时的英国议会与伊丽莎白女王为决策层提供决策支持。这一时期的英国国家情报体系作为政府职能的一部分，缺乏独立性，各情报机构的情报主管无权对其所管辖的情报机构进行重组与改革。不可否认，这种集中的英国情报工作制度为当时建立"第一帝国"扫清了国内外障碍，但过于集中的情报工作管理制度，使得情报失误的发生不可避免，一个情报机构的错误可能成为整个情报界的集体错误。

8.1.3　协调模式

对于协调型的理解，高金虎曾将其与分散型和集中型做过量化比喻：在一个数为100的坐标上，若以集中度来划分，集中度在1%~25%的是分散型，集中度在75%~100%的是集中型，集中度在25%~50%的是协调型①。

马克思曾表示："一切规模较大的直接社会劳动或共同劳动，都或多或少地需要指挥，以协调个人的活动，并执行生产总体的活动——不同于这一总体的独立器官的运动——所产生的各种一般职能。一个单独的提琴手是自己指挥自己，一个乐队就需要一个乐队指挥。"同理，时至今日，情报事务仍是政府活动中唯一的、高度复杂的、极为需要跨越部门与机构界限进行总体管理的领域。

随着国家安全形势的演进，分散模式与集中模式分别表现出了对新形势的"水土不服"，由此造成的重大情报失误带来的惨痛教训进一步暴露出原有模式的不足。珍珠港

---

① 高金虎. 试论国家情报体制的管理：基于美国情报界的考察[J]. 情报杂志，2014，33（2）：1-5，9.

事件后，时任总统杜鲁门亦认同国家情报工作缺乏协调是珍珠港事件发生的根本原因，提出"应对联邦所有的对外情报活动进行计划、发展和协调，以确保有关国家安全的情报得到高效履行"。为使国家情报工作更好地服务于国家安全与发展决策，从20世纪初开始，许多国家开始着手探索国家情报工作的协调问题。由于在战争中情报活动开展得最为频繁，在取得成就的同时也不断暴露问题，这些问题甚至造成了一些重大的情报失误，"二战"后各国针对情报工作的协调改制频频开展。苏联于1947年建立了情报委员会，负责对秘密情报工作的全面指导。英国于1945年底成立联合情报局（Joint Intelligence Bureau，JIB），协调原先由各军种情报机构和经济战部等机构负责的科技情报和经济情报工作，这是英国协调各情报机构资源、统一处理和分析情报方面进行的第一个尝试。1942年2月11日，美国成立了美国联合情报委员会。对珍珠港事件的大量调查显示，缺乏一个高质量的情报协调机构是珍珠港事件发生的根本原因。美国在战后成立的第一个中央情报机构就是一个情报协调机构。标志着美国现代国家情报工作制度建立的1947年《国家安全法》设立了以中央情报主任为首的情报协调制度，中央情报主任及中央情报局的设立，将各部门情报整合为国家情报，从国家需求层面开展情报工作，总统由此摆脱了过去一直面对的各部门情报分别报送的混乱局面①。但中央情报主任存续期的协调模式是一种"有限的协调"，原因在于中央情报主任的权限非常有限，不具有拨款权和人事权，不能影响情报经费的支配和情报机构工作人员的人事调动，对国家情报工作的协调管理功能非常有限。"9·11"事件后，美国通过2004年《情报改革和预防恐怖主义法案》取消了中央情报主任，设立了国家情报总监（Director of National Intelligence，DNI）。国家情报总监是总统的首席情报顾问，是情报界的首长，手握人事大权，情报机构负责人的任命必须得到其许可，在主管部长同意的前提下，国家情报总监有权更改某个情报机构的情报项目，相较于中央情报主任，国家情报总监对情报界的协调管理能力大大提升。同时，各情报部门仍然在情报搜集、反情报、隐蔽行动管理上具有自主管理和行动的权力，依据2004年《情报改革和预防恐怖主义法案》，国家情报总监办公室是一个不具备行动能力的协调机构，因此避免了集中模式的情报工作管理。

8.1.4 国家情报工作制度构建模式的基本原则

我国提出的总体国家安全观"以进行伟大斗争为逻辑起点，以统筹发展、安全两件

---

① 申华. 美国国家情报管理制度研究[M]. 北京：军事科学出版社，2010：43-44.

大事为鲜明主线,以国家利益至上为准则,以人民安全为宗旨,以政治安全为根本"①,将国家安全划分为包括政治安全、国土安全、军事安全、经济安全、文化安全、社会安全、科技安全、信息安全、生态安全、资源安全、核安全、国民安全十二个重要领域的国家安全体系②。当前我国所面临的国家安全问题形势表现出整体性、全局性的特点,靠单独的情报机构难以独立完成支撑国家安全决策的任务,提供跨领域、跨部门的综合情报需要多个情报机构与部门之间共享信息、协调利益、集中统筹、协同联动。在具有总体性的国家安全需求下,国家情报工作制度向统筹、融合、协作的方向迈进,力求牢牢抓住维护国家安全的全局主动性。构建协调型国家情报工作制度模式,应遵循以下基本原则。

(1) 以国家安全与发展需求为目标导向

维护国家安全与发展是国家情报工作制度构建的逻辑起点。综观情报工作发展史上主要的情报工作制度管理模式可见,任何一种模式的产生和变革都围绕着当时历史条件下的国家安全与发展需求,并在检验其与需求适应的过程中继续保持或变革。国家情报工作制度从无到有,从过去到现在,尽管各个时期表现不同,但始终将维护国家安全与国家利益作为其首要任务。情报工作制度的模式和国家安全与发展需求是否相适应,决定了情报工作组织的有效性和准确性,进而决定了该模式的续存期。当情报工作组织有效,能够进行正确的情报分析与预测时,情报工作制度管理模式就能够满足国家生存与发展的需求,成为国家发展的助推力;如若情报工作机构组织松散,各行其是,往往无法及时有效获取有关当前局势的情报,甚至做出错误判断,对国家生存与发展产生负面影响,则说明形成这一情报工作局面的情报工作制度管理模式并没有顺应国家生存与发展的需求,亟须进行适时改革和调整。

(2) 情报机构在决策中的合理定位

情报机构包括中央情报机构与各部门情报机构,而本部分将其作为一个整体探讨情报机构在政府决策中的定位问题。情报与国家战略决策之间相互依存、相互依赖。国家情报机构在国家决策中的定位决定了情报资源能否被科学合理地配置,决定了情报工作的组织和协调程度,决定了情报力量是否能够高效运作。美国情报界巨匠威廉·多诺万

---

① 江涌. 深悟科学内涵 体现真理光辉:学习习近平总书记总体国家安全观 [J]. 中国领导科学, 2017 (9): 6-10.

② 杨晨. 全面贯彻落实总体国家安全观:专访国家安全学创始人、国际关系学院教授刘跃进 [EB/OL]. (2018-07-28) [2021-07-29]. https://mp.weixin.qq.com/s/-P8CbLx7r_VFyA1z9v1dBA.

指出:"没有情报支持的战略决策是不能成立的,同样,不能指导战略决策制定的情报是无用的。"埃里森(Graham Allison)在其对情报失察的研究中指出,情报产品的影响力大小取决于情报机构在政府机构中的地位①。情报机构的任务如果与情报部门在组织中的定位存在矛盾则失察的发生不可避免。

在英国迅速崛起并建立"第一帝国"后,英国政府随即疏远了与情报机构之间的关系,将其架空,任由英国情报部门自生自灭,丧失了应有的完整性与纪律性,导致英国情报工作缺乏组织性与协调性,各情报机构各自为战,情报资源无法得到有效整合,造成了情报资源的巨大浪费。在北美独立战争期间,英国政府违背了情报机构与政府决策之间的基本关系准则,使英国情报部门与英国政府决策层渐行渐远。情报部门只有在国家危难之际才会全力运作,而当危机过后,国家政府则会对情报部门不闻不问、搁置一旁。情报机构与政府决策之间的定位失当导致英国情报工作漏洞百出,情报失误直接影响了战争中英国政府的战略决策,英国军队在战场上逐步丧失了军事优势,"第一帝国"最终瓦解。而与之相比的美国军方则充分发挥情报的力量,利用情报优势弥补自身不足,助推美国走向战争胜利。

(3)明晰中央情报机构权责

在协调模式中,中央情报机构负责对各部门情报机构的协调管理工作。对于如何明晰中央情报机构权责这一问题,谢尔曼·肯特在其60年前的经典著作《战略情报:为美国世界政策服务》一书中就已做过讨论。他明确指出,中央情报机构具备的两项基本职能分别是协调职能和行动职能,且重在前者。就协调职能而言,主要包括六条活动路线。第一,为各类部门情报组织划清管辖权限,必须明确各个情报机构的情报搜集范围。第二,在确定部门的管辖权限后对其进行连续监督,包括处理某个管辖权限不可避免地向另一个管辖权限扩展的问题,但要注意不能随意将两个看似相似的职能认定为重复;必须使每个部门充分履行其权限范围内的职能,不得挑拣、随意敷衍、逃避责任;面对对国家安全至关重要的新问题时,须将其安排成某个部门的具体任务,并由自己管辖。第三,跟踪调查部门情报产品,确保其符合质量标准和部门方向。第四,帮助判断部门情报组织情报失误原因并协助其纠正。第五,必须直接或间接地管理所有情报部门项目。第六,了解该部门情报组织的人事政策,在人事招募和选拔上发挥积极作用。同

---

① 刘强,等.情报工作与国家生存发展:基于西方主要国家的历史考察与思考[M].北京:时事出版社,2014:33-37.

时中央情报局应摆脱初级的具体工作。就行动职能而言，中央情报机构应该摆脱初级的原创性研究工作，避免使自己陷入具体的情报业务。当发现某情报部门水平低下时，中央情报机构要做的不是努力替代其完成本职工作，而是要重建该情报部门[①]。

（4）适度集中是协调的前提

将情报机构及其具体情报业务进行适度集中可有效避免重复的情报工作，这对于提高情报界整体的工作效率、开展进一步的协调工作十分必要。"二战"期间，英国把分散在陆军和海军的信号情报工作统一于政府通信总部。美国在1946年把分散在陆军和海军的信号情报机构统一于武装部队安全局（Armed Forces Security Agency），后又被进一步归口于国家安全局。在1993年以前，美国通过航天侦察获取的图像情报一直由国家侦察办公室负责提供，通过地面测绘获取的地面图像情报则由防卫地图局（Defense Mapping Agency）提供，二者统一归中央情报局国家图像译释中心（National Photographic Interpretation Center）判读。1996年10月1日，与国家图像情报有关的机构人员全部合并到国家影像情报局（National Imaginary and Mapping Agency），即后来的国家地理空间情报局。而在情报分析方面，美国各情报机构均在部门层级有相应的情报分析活动，中央情报局、国防情报局、国务院情报研究局同时负责进行重要情报的分析，后来为了避免不同机构间的情报分析活动重复进行，美国情报界建立了国家情报评估制度，通过设立国家情报委员会（National Intelligence Council，NIC）来专门从事国家情报评估及评估产品的生产工作，汇集情报界共同的意见一并呈送给决策者，避免了"一言堂"和重复生产相似的情报产品。

8.2 国家情报工作制度构建的基本逻辑

构建合理的国家情报工作制度是国家情报工作根本的核心问题之一。近年来，我国发生了多起重大暴力恐怖事件及突发性公共安全事件，给人民生命财产带来巨大损失，产生了恶劣的社会影响。应对突发事件的情报保障工作好坏是检验情报工作机制是否合理、高效的重要标准之一，上述安全事件的发生和后续处理也暴露了相关情报工作仍存在优化改进空间。现实情形充分说明，我国尚未建立起集中统一、高效协调的国家情报

---

① 谢尔曼·肯特. 战略情报：为美国世界政策服务[M]. 刘微，肖皓元，译. 北京：金城出版社，2012：68.

工作管理制度，在总体国家安全观指导下的我国情报工作制度构建仍处于理论建构与实践探索阶段。

中国在制度构建方面的历史实践源远流长，古代中国可称得上是最早建立起当时所谓"现代国家制度"的国家。公元前221年，秦朝通过制定并执行郡县制和军功制进行国家治理，使得秦国从一个西部偏隅弹丸之国，一跃而成为六国之首。尽管该制度所依附的法律本身受限于秦朝当时特定的历史条件而难以被照搬和复制①，但仍不影响其作为一种极具开创性的国家制度的历史地位和贡献。从历史角度来看，国家情报工作建章立制、形成体系、投入运转、发挥功效亦不是一蹴而就的，是在无数的历史博弈中、在遭遇和解决各种问题的过程中，甚至是在经历情报失察带来的惨重损失之后不断加深着对国家情报工作认知而逐步确立、调整和完善的。国家情报工作制度构建是一个重要而宏大的命题，历史分析法应是研究探讨这一具有非凡意义和深远影响的制度构建的适宜方法，梳理迄今为止人们在情报工作制度构建方面做出过哪些努力、遭受过何种挫败、取得了怎样的成果，在这些行为及成败的结果背后，有着怎样的经验教训和因果规律。"以人为鉴，可以明得失；以史为鉴，可以知兴替"，研究历史，汲取历史经验和教训，可以帮助当代人更深刻地认清现状、把握未来。

制度是人类的理性之光，大到国家治理，小到企业运营，其兴衰成败均与制度有着密不可分的关联，"制度优势"已成为当今全球范围内各级各类组织间开展竞争的一大法宝。制度是重要的，同时制度是可以人为安排的，由此产生了制度论或制度设计/构建研究。面向具体领域的制度研究不应割裂学科间的交叉融合，制度本身的特质也决定了须对其从多学科、多角度进行整合式的探索。对情报工作制度的研究也不应仅局限于情报领域，只有将情报工作特点与其他学科对制度研究的多重视角相融合才能真正理解情报工作制度。

如何理解逻辑？在我国古代，逻辑学又被称为理学、理则学、名学、刑名之学等。广义上的逻辑泛指规律，包括思维规律和客观规律②。国家情报工作制度的基本构建逻辑探究即尝试寻找并揭示国家情报工作制度建立的基本规律，回溯历史，立足当下，面向未来，从宏观视角俯视国家情报工作制度的生成机制。

---

① 马增军，耿卫，汪川. 美国开源情报制度分析及发展趋势［J］. 创新科技，2017（9）：78-81.
② 吴常青，吴轩，李晨蕾. 英国秘密情报向诉讼证据转化制度研究［J］. 情报杂志，2018（2）：24-29.

8.2.1 国家情报工作制度构建的逻辑起点

逻辑起点是研究对象最基本的属性,并在其研究过程中一以贯之。国家情报工作制度构建的逻辑起点是维护国家安全。保障国家安全、维护国家利益是国家情报工作安身立命之根本,是国家情报工作的使命与职责所在,能否满足国家安全与发展决策的信息需求是检验国家情报工作制度有效性的决定性评判指标。

国家情报工作的发展总是与其所服务国家的发展轨迹有着千丝万缕的联系。国家情报工作因国家安全需求而动,不同国家在不同历史阶段有着不同的安全与发展需求,尽管需求的具体内容会发生变化,甚至会循环往复,但情报工作始终与之响应。回顾世界主要国家发展历程,若在历史脚步所绘制的起伏曲线中将情报工作单独剥离出来,可见情报工作所经历的历史沉浮与国家发展兴衰或相交或背离,而其中的相交点,恰是许多国家发展的重要历史转折点[1]。

(1) 维护国家安全是建立国家情报工作制度的出发点和归宿

《中华人民共和国国家情报法》总则第一、第二条均强调,国家情报工作维护国家安全和利益。情报工作保障国家安全,其前提是要明确情报工作所服务的国家安全内涵和外延。内涵是概念的根本,具备超越时空的稳定性和被普遍接受的共识性。根据《中华人民共和国国家安全法》中的内容,国家安全是指国家政权、主权、统一和领土完整、人民福祉、经济社会可持续发展和国家其他重大利益相对处于没有危险和不受内外威胁的状态,以及保障持续安全状态的能力[2]。国家安全的外延是其内涵基于不同视角的延伸,随时空环境变化具有一定的灵活性、适应性,具体表现为特定国家在特定历史时期的国家安全问题。对国家安全的界定及对国家所面临的安全问题的理解,决定了国家情报工作的任务、范畴,进而牵引着国家情报工作制度的建立和调整。

国内外学界一致认为,美国现代国家情报工作管理制度的创立源于1947年《国家安全法》。该法颁布的历史背景为美国在获得世界大国地位后,日益卷入复杂的国际问题旋涡,美国国家安全利益受到威胁。"二战"结束后,以杜鲁门主义为标志的美苏冷战全面展开。据前中央情报主任罗伯特·盖茨(Rober M. Gates)透露,直到苏联垮台之

---

[1] 刘强,等. 情报工作与国家生存发展:基于西方主要国家的历史考察与思考[M]. 北京:时事出版社,2014:2.
[2] 授权发布:中华人民共和国国家安全法[EB/OL]. (2015-07-01)[2021-07-31]. http://www.xinhuanet.com/legal/2015-07/01/c_1115787801_2.htm.

前，冷战一直是美国国家安全的首要问题①，遏制苏联是美国国家安全战略的基本逻辑。以 1947 年《国家安全法》为基础构建的国家情报工作制度尽管在运行过程中仍存在不少的缺陷和不足，但它在之后较长的时间内较好地维护了美国国家安全，并帮助美国赢得了冷战的最终胜利。美国国家情报工作制度的重大变革同样是伴随着对美国国家安全及国家安全问题理解的变化而发生的。"9·11"事件后，恐怖主义被视为美国国家安全的头号威胁。为顺应国家安全形势的变化，有效应对威胁国家安全的各类挑战，美国国会颁布了 2004 年《情报改革和预防恐怖主义法案》，组建了国家反恐中心，设立了国家反恐中心主任，设立了信息共享环境办公室和信息共享委员会，创设了国家情报总监一职。美国国家情报总监办公室于 2004 年 10 月—2014 年 9 月 10 年间共发布了三份《国家情报战略》，作为美国国家情报工作的基本设计，其 10 年间的内容变化集中体现了美国国家情报工作对美国国家安全需求的关切与贴合。

（2）国家情报工作制度迎合总体性国家安全需求

国家情报工作制度要根据国家安全利益协调政府各部门的情报活动，协调和评估与国家安全有关的情报。2018 年 3 月，美国国家情报总监办公室宣布启动一项"转型计划"（Transformation Plan），在 100 天内精心策划并重组完善新的流程及组织结构，以确保美国情报工作与发生本质变化的国家安全环境相匹配。该计划的愿景是通过对情报界强有力的领导获得决定性的国家安全优势，更好地融合情报界的资源与能力以提供针对网络安全、恐怖主义和内部威胁等关键问题的总体洞察②。

当前，国家安全和发展与包括军事在内的多个领域有关，非传统安全问题地位迅速升级，传统安全问题依然存在，国家安全的外延不断扩展与延伸，情报工作所涉及的范畴随之扩大，情报工作的内容变得更为纷繁复杂，从传统的军事、政治和外交领域扩展至经济、金融、信息、反恐等多个领域。

8.2.2 国家情报工作制度建立的根本方式

建立系统融贯的国家情报工作法制体系是国家情报工作制度建立的根本方式。秦朝商鞅曾言"以治法者，强；以治政者，削"，强调法治而反对单凭人治的治理方式。法律法规极具权威，在管理方面其显著优势在于管理效力较长，不会在短时间内出现太大

---

① 马克·洛文塔尔. 情报：从秘密到政策 [M]. 北京：金城出版社，2015：332.
② ODNI completes transformation effort [EB/OL]. (2018-07-25) [2021-07-27]. https://www.dni.gov/index.php/newsroom/press-releases/item/1891-odni-completes-transformation-effort.

的变化和波动，较少受到领导人的人事变迁或主观意志的影响①，采取这一方式有利于形成相对稳定且规范的国家情报工作秩序。珍珠港事件、"9·11"事件、2015 年巴黎恐怖袭击事件、叙利亚移民危机等事件发生之后，在各国情报界最直接的反映是呼吁通过法制手段对情报界进行全面改革②，赋予情报机构在国家情报工作体系中的合法地位，使该机构及其负责人依法获得各类管理资源和行动权力。历史经验表明，非法律形式固定下来的情报机构及其负责人在国家情报工作体系中始终难以摆脱"临时性"身份③，名不正而言不顺，不具权威，"使得其无力提供情报为国家决策层服务"④。

（1）对国家情报工作法制体系中系统融贯要求的理解

制度设计观点认为，制度是社会公认的比较复杂且有系统性的行为规则，是一系列权利、义务、责任的总和。在美国著名科技历史学家梅尔文·克兰兹伯格（Melvin Kranzberg）提出的著名"科技六定律"中第三条定律指出"技术总是配套而来"，本研究认为，这一观点对于解释国家情报工作法制体系的系统融贯性亦具有普适性。若将国家情报工作法制体系视为一种社会技术，它亦是由诸多法律法规单元衔接、匹配、嵌套构成。法规之间要形成深度关联，即一项法规的功能释放以另一法规的存在为条件，在重视独立法律法规本身逻辑自洽的同时，实现体系内各法律法规之间的匹配是系统融贯的核心要求。此外，国家情报工作法制体系作为法制单元本身将嵌套进更大的法制系统，更需要避免相互之间不匹配带来的"制度风险"。

美国国家情报工作制度在本质上就是一种以建立法规体系为根本方式的法制管理，宪法和 1947 年《国家安全法》是该体系主轴，其中 1947 年《国家安全法》在宪法的指导下初创了美国国家情报工作制度的基本框架。美国依照宪法和 1947 年《国家安全法》设立国家情报工作管理职位、机构及人事等规则，依法投放国家情报资源，依法开展情报评估工作。根据美国国家安全形势的不断变化，依法拥有相应权威和权力的美国国会、总统、国家安全委员会、国家情报总监发布各类情报指令和政策，通过增补、修正具体法规渐进式构建科学完备的国家情报工作法规体系，从而使美国国家情报工作能够

---

① 胡荟. 美国国家情报法制管理研究 [M]. 北京：时事出版社, 2017: 48.
② FAGERSTEN B. For EU eyes only? Intelligence and European security [J]. European Union Institute for security studies: Brief, 2016.
③ CEPIK M. Bosses and gatekeepers: a network analysis of south america's intelligence systems [J]. International journal of intelligence and counterintelligence, 2017, 30 (4): 701-722.
④ PRADOS J. Flawed by design: the evolution of the CIA, JCS, and NSC by Amy B. Zegart [J]. American historical review, 2001, 106 (3): 1020-1021.

在短时间内以最高的效率完成对国家安全形势的动态调适。

（2）国家情报工作法制体系的基本构成

任何制度都有其构成要素。结合美国国家情报工作制度体系及制度设计研究观点，从系统论的角度看待国家情报工作法制体系的基本构成，本研究认为应包括理念、实体、程序、监督四个基本方面，从而保证国家情报工作制度在保障情报工作秩序、合理配置国家情报资源、优化国家情报能力、维护国家安全与发展方面的功能实现。

第一，理念。理念是制度规则所体现出来的价值判断与目标定位①。理念体现国家情报工作制度的核心价值追求，是制度构建所依据的价值观。而作为制度的价值理念往往是比较抽象的，可通过制度中具体的法规章程行文所表达出的原则来作为体现。

第二，实体。实体包括国家情报工作的管理主体和管理对象，即明确国家情报工作行政与业务管理主体法定身份和管理范畴，搭建国家情报工作组织机构体系并依法界定各层次机构与角色职能。国家情报工作管理主体的主要功能是从整体上评估国家的情报需求，根据形势的发展适时调整国家情报力量的工作重点，使各个情报机构有一个清晰明确的工作方向。国家情报工作管理对象则须明确自身情报活动边界，依法利用各类资源配合情报目标达成。

第三，程序。程序或流程是制度的落地机制，其重要性不亚于实体。实体明确了组织或成员的行为自由和边界，程序则指明了行为的路径。有统计发现，一个制度或法律规范没有一半以上的程序规则，实际上是很难落实的②，没有或未明确程序的制度是无法真正运作并发挥管理功效的。程序明确、周密，有助于增强制度的可执行性。

第四，监督。赋予情报机构法定身份的同时即赋予其掌控信息的权力，掌控信息是一项极其特殊、可产生深远影响的特权。为避免特权的滥用，监督是国家情报工作管理中一个非常重要的问题。监督的核心在于国家情报机构及成员是否恰当地使用信息履行了其维护国家安全与发展的职能，包括提出的问题是否正确、是否响应了决策需求、情报分析是否严谨、是否具备适当的行动能力等。

8.2.3 国家情报工作制度运转机制的设计依据

情报流程是国家情报工作制度运转机制的设计依据。制度的生命在于运转实施，

---

① 辛鸣. 制度论：制度哲学的理论建构 [M]. 北京：人民出版社，2005：53.
② 江必新，王红霞. 国家治理现代化与制度构建 [M]. 北京：中国法制出版社，2016：30.

"世不患无法,而患无必行之法",制度的运转机制指的是制度实际运转和执行的规则安排。制度设计学的观点认为,合理的制度设计必须要遵循客观规律,否则制度的实际运转和执行将很有可能偏离甚至背离制度设计的初衷。规律客观存在且必然要在事物发展过程中反复发生作用,从规律的角度看待制度设计,制度是行为的预设,行为过程落实到具体工作情境之下即表现为工作流程。任何一个组织的运作、制度的实施都离不开流程,制度的运转机制在流程中得到最充分的展示和体现。当前越来越多的组织重视流程优化,主要源于流程的优化会带来显著的竞争优势。科学、适宜的流程设计有助于组织成员在具体的执行过程中更加明确自己的职责及时间、顺序、标准等要求,有助于消除组织内部各部门壁垒。这不仅适用于企业管理,更多地在社会组织中具有普遍指导意义。

早在1949年,美国战略情报学之父谢尔曼·肯特(Shaerman Kent)基于其在战略情报分析工作领域中近30年从业经验给出关于情报概念的经典描述:情报是知识、情报是组织、情报是活动[①]。本研究认为,运行中的情报工作制度是融合了情报这三方属性为一体的系统,可将其具体描述为:"information"向"intelligence"演化的信息流(Information Flow)、层级展开的情报组织成员结构、推动信息链由底层向高端流动并制约情报机构设置的情报生产流程。有研究指出,情报系统是由结点(组织)和连接(层次关系和信息流)组成的网络[②]。国家情报工作制度运转机制的设计从根本上要以情报流程作为依据,优化国家情报工作制度实施机制的本质切入点应是优化情报流程。

(1) 情报流程推动信息向情报演化

1992年美国情报专家安吉洛·科迪维拉(Angelo Codevilla)在其著作《知晓治国方略:新世纪的情报》中指出,情报的本质属性是决策性。2008年,时任国家情报总监的迈克尔·麦康奈尔在《展望2015》一文中指出,情报界的使命是向决策者提供"决策优势"。"决策优势"指的是决策者获得情报后,获得超过对手的知识优势,让其在做出决策时更加自信,增加成功概率[③]。因此,无论情报工作面对的安全问题、信息环境有多么复杂,国家情报工作制度向内作用的着力点始终应是保持并放大情报机构的潜在非对称优势,即对信息的快速理解和利用能力。

---

① 谢尔曼·肯特. 战略情报:为美国世界政策服务 [M]. 刘微,肖皓元,译. 北京:金城出版社,2012:1-3.
② GILL P, PHYTHIAN M. Intelligence in an insecure world [M]. Cambrige: Polity Press, 2006:46.
③ 胡荟. 美国国家情报法制管理研究 [M]. 北京:时事出版社,2017:43.

在总体国家安全观视野下，国家情报工作制度的管理幅度前所未有地加大。尽管具有全局性的国家情报工作在面向不同的领域安全问题时在信息源、信息整序与分析等情报流程的具体操作环节上表现出特殊性，但仍然在整体上表现出普遍共性，其中之一就是信息流由"information"向"intelligence"的演化，且这一演化过程要依附于情报工作流程的推动才能得以最终实现。以最终为决策提供有效支撑、发挥情报效用为目标，信息流与情报流程二者合力形成了由一系列连环相扣、接续递进的情报活动环节构成信息演化增值、情报价值创造的过程，即情报价值链。从信息中分析和提炼出的情报须对决策者制定决策提供有价值参考，但信息不会自动加工为情报，其生成动能来自情报流程在信息向情报转化过程中所发挥的增值功能。

情报工作制度运行机制在设计上要遵循情报工作基本规律，从根本上讲是要通过优化情报流程管理来推动情报效能的更好发挥。依据情报流程明确情报价值链上实现信息价值转化增值的重要节点、确定每段流程的价值目标及每个节点所要完成的任务和质量标准。在碎片化的信息世界中，越来越强调情报的可靠性评估与验证①。因此，情报流程各环节的着力程度也随着安全问题与信息环境的发展演变而呈现不同的分布，由早期的"重情报收集，轻情报研判"发展过渡到"情报收集与情报研判并重"的历史阶段。国家情报工作制度的设计也应在机构设置、规则制定、资源分配上体现出上述情报流程各环节在着力程度上的差异。依据情报流程设计情报工作制度，通过制度手段优化情报流程管理，其影响必然渗透至情报价值链层面，以情报效能发挥情况作为影响的现实表现。

（2）情报流程制约情报机构设置

20世纪90年代，"业务流程再造"（Business Process Reengineering，BPR）在企业界兴起，其潮流曾席卷全球企业界，这一管理思想广泛影响并渗透于其他各类型组织中，由此，组织管理者的管理切入点也从传统的职能管理转投向流程管理。组织机构设置与流程之间是相互制约的关系，根据业务流程来设置组织机构，有什么样的业务流程就有什么样的组织结构，同时，组织机构保证了流程的正常运行，流程开展以组织机构为依托实体。

技术的变革、大数据时代的到来催生了新的情报需求，产生新的情报目标和情报工

---

① AGRELL W. The next 100 years? Reflections on the future of intelligence [J]. Intelligence and National Security, 2012, 27 (1): 118-132.

作技术手段，深刻影响和改变了情报的收集、交流和处理能力。但情报归根究底是关于事实的、关于"真实世界"的内容，它要通过一个线性的、范围逐渐扩张的工业化知识生产体系被揭示出来①。目前的国家情报工作涉及从大量的跨学科、跨领域信息集中提取有价值的信息，情报价值链底层的信息体量变得异常庞大，从而显得价值链顶端的知识犹如"一根藏在草堆里的针"。情报流程的关键要素是从信息收集转向知识验证、由单一情报处理转向信息综合研判，传统情报机构之间的"烟囱"式分布模式与情报流程的分野统合模式相背离。

在经历了一次次代价惨痛的情报失察事件之后，"情报界作为一个整体"的观念已经成为一种共识，跨部门的情报流程协调已经成为情报界广泛认同的公理，情报资源的统筹协调成为国家情报工作管理的肯綮所在，各国为此付出了长期不懈的努力。英国建立了联合情报委员会，形成了以联合情报委员会为核心的中央总体协调模式。在避免了机构之间恶性竞争的同时，能够站在国家的高度统筹规划情报资源②。"9·11"事件后，布什总统于2004年12月17日签署了《情报改革和预防恐怖主义法案》，设立国家情报总监一职，大规模地整合国家情报机构，以期根治情报资源统筹协调不利的沉疴宿疾。美国国家情报总监办公室于2018年3月启动新一轮对情报界的整合，重组四个理事会③。情报机构的调整反映了情报流程的优化。

8.2.4 国家情报工作制度变迁的关键诱因

制度具有于稳定中变迁的特点。制度不仅是理性选择的产物，也是历史发展的必然，是积极人为构建与其本身自生自发相结合的产物。制度必须随着环境的变化而变化，这是生存竞争和淘汰适应过程的结果。制度亦具有生命周期，会随着制度目标、制度环境等因素的变化而做出相应调整。及时关注环境变化从而对制度进行修订，因制度本身所具有的相对稳定性，往往容易造成制度的滞后，若不及时调整，制度反而会成为发展的障碍。因此，制度的构建应成为一种有目的的制度变迁。制度变迁是制度的规则或其功能、结构的形成、变迁和演化的过程，是新制度或新制度结构产生与旧制度改变

---

① HERMAN M. Intelligence power in peace and war [M]. Cambridge：Cambridge University Press，1996：246.
② 刘帅，刘志良. 英国国家情报评估制度初探 [J]. 国际研究参考，2015（6）：21-26.
③ ODNI completes transformation effort [EB/OL]. (2018-07-25) [2021-07-27]. https：//www.dni.gov/index.php/newsroom/press-releases/item/1891-odni-completes-transformation-effort.

或被否定、扬弃的过程①。

马克思认为，生产力的发展是制度变迁的内在驱动力。科学技术是第一生产力，科学技术在各类社会问题的早期预警和解决方案中发挥越来越大的作用。科学技术深刻影响了国家安全环境，同时改变了情报工作元素，进而引发情报界以制度为手段对人力资本、预算编制等进行改革。技术是国家情报工作制度变迁的关键诱因，它像一把无形大手带动着、牵引着国家情报工作制度做出适应性调整。

（1）国家安全环境受技术变革的深远影响

如前文所述，国家情报工作仰国家安全问题的鼻息而动，国家安全问题的演变带动国家情报工作的调整。在国家安全问题演变过程中，技术发挥了不可替代的关键助推作用，国家安全受到技术进步的深远影响。曾经，美国因其"独处一方，远离他国"这一天然独特的国家地理优势奉行孤立外交政策，而后这一政策就被技术革新所颠覆。"二战"中，日本的飞机远渡重洋偷袭美国珍珠港宣告了孤立外交政策的破产，技术赋予了各类觊觎者跨越空间的能力，国家安全不再受限于地理空间的阻隔。"9·11"事件发生以前，美国政府已经意识到大规模恐怖袭击、导弹及相关技术扩散，以及网络攻击等可能对其国土安全构成严峻挑战。"9·11"事件后，美国充分意识到"地理隔绝再也不能保障国土安全"，新技术时代重新界定的国土安全问题被前所未有地提到美国国家安全战略核心地位，国家情报工作必须进行针对性调整和应对，2004年《情报改革和预防恐怖主义法案》作为美国国家情报工作制度的纲领性文件之一应运而生。

当今世界，互联网、人工智能技术的发展对如何维护国家主权安全和保障社会进步提出了新的挑战。在美国最近公布的《国家安全战略》和《国防战略》中，都提到了人工智能和自主系统对国家安全和战争的重要性。近年来，暗网的存在引起各国政府的高度关注，暗网的匿名服务为各类犯罪和恐怖活动提供了隐蔽空间，美国高度重视利用暗网开展军事、情报和执法活动②。习近平总书记强调，"没有网络安全就没有国家安全""网络和信息安全牵涉到国家安全和社会稳定，是我们面临的新的综合性挑战"。情报工作制度若没有依据技术环境做出相应调整，国家情报工作必将面临失败的巨大风险。

---

① 江必新，王红霞. 国家治理现代化与制度构建［M］. 北京：中国法制出版社，2016：149.
② 肖尧. 美国高度重视利用暗网开展军事、情报和执法活动［EB/OL］.（2018-08-30）［2021-08-10］. https：//mp.weixin.qq.com/s/CF7OwXlZMT1eqbA51juU7w.

(2) 技术变革深刻改变了情报生产要素

技术的发展带来了情报生产方式的巨大变革,技术变革持续不断地改变着情报来源、情报工作手段等情报生产要素,生产要素的变化带动了管理生产要素的情报工作制度的变迁。冷战开始之后的十几年里,利用新的现代技术提高情报搜集能力,是美国情报机构体系扩充的直接原因。在当前大数据背景下的各类决策活动中,情报生产过程面临着来源信息数量、信息产生速度及内容复杂性的多重挑战。国家在发展和应用各项新情报技术的同时,需要设置新的情报机构、制定新的工作规则和条例来管理这些新技术。例如,美国专门成立了情报高级研究计划局来从事与情报科技相关的研发工作,力图通过创新情报科技保障国家安全。

在数据驱动时代,情报工作需获取、管理、关联、融合和分析各国、各类机构之间不断增长的数据,对数据间可能存在的有重要关联的不同理解会直接导致情报分析工作产生完全不同的决策结论,这些问题不可能只在任何一个机构、一个项目或一个情报部门内得到妥善解决。美国《2016国防情报局战略》中要求:"政策与谍报技术的现代化,依赖各领域、各学科以及不同组织间快速分享、储存和处理数据以达到技术的最佳利用,营造一个安全与合作的情报界信息技术行业(Intelligence Community Information Technology Enterprise,ICITE)环境以推动情报整合。"当今时代,国际局势瞬息万变,最佳决策时机稍纵即逝,这对情报工作的快速应急反应及预判、前瞻能力提出更高要求。当机密情报来得太慢或由于太过机密而无法使用时,决策者会越来越依赖非机密的公开来源,使得公开来源情报在情报搜集环节中所占比重上升,与机密情报近乎置于同等重要的地位。公开可用的信息和开源信息将为情报提供第一层基础,情报收集观念从"最高机密情报最可靠"转变为"接受和整合非传统和非机密来源"情报[①]。情报生产过程对互联网等现代技术的依赖日渐加深,情报来源以互联网信息作为主体,海量的信息资源使情报研判成为情报工作的新难点,人机结合成为主要的情报工作手段[②]。这些都是因技术变革在情报生产要素方面带来的影响,国家情报工作制度的构建必须重视技术带来的情报生产要素变化,适时调整制度形式与内容的变迁。

---

① 薛晓芳. 数据驱动时代的情报面临的挑战[EB/OL]. (2018-07-31)[2021-08-01]. https://mp.weixin.qq.com/s/_YDTsuQXM7te5xkIyICgOQ.

② 吴晨生,陈飞雪,李佳娱,等. 情报3.0环境下的情报生产要素特征与情报生产方式变革[J]. 情报理论与实践,2018,41(1):1-4.

8.3 国家情报工作制度构建的顶层设计

1949年11月，我国制定了《中共中央关于情报工作的决定》，从现在意义上讲，这是中共中央关于情报工作的纲领性政策，是国家情报工作的顶层设计[①]。新中国成立初期的国内外环境，是以敌对战争为主要内容和基本特征的，情报工作以服务于军事战争、政治斗争为主，以防范和消灭敌对反动势力、保障新中国国家政权安全为基本目标。70年过去了，经历了改革开放40多年的新中国，如今迈进了有中国特色社会主义事业发展改革的新时代，国家建设与发展面临着比以往任何时候都更为严峻、复杂多样的国内外发展和安全环境，有发展机遇，但更有难以预料的、需要预防和应对的安全威胁与挑战，我国的国家安全问题呈现多样化、复杂化的倾向。强调国家安全就要注重顶层设计，因此我国国家领导人站在历史的高度，用战略眼光，总揽国内与国际全局，统筹发展和安全，高屋建瓴地提出了总体国家安全观的新国家安全战略。相应地，新国家安全战略的实施需要依靠国家情报工作制度的推进和保障，因此，迫切需要国家对情报工作进行制度上的顶层设计，从而形成总体国家情报观，成为与总体国家安全观相配套的新时代国家情报战略，确保总体国家安全战略的实现。国家情报工作坚持总体国家安全观，以总体国家安全观为指导，通过顶层设计，形成具有新时代特征的、符合总体国家安全观要求的、惠及国家长治久安的总体国家情报观战略，才能使国家情报工作、安全工作得到全面加强。情报工作制度的顶层设计是新国家安全战略——总体国家安全观的必然要求，也是新时代情报事业改革发展的内在必然要求。

8.3.1 顶层设计的内涵

"顶层设计"（Top-down，Top Level Design），其字面含义是指自高端开始的总体构想和战略设计，对全局的谋划，被定义为从最高端向最低端、从一般到特殊展开系统推进的设计方法。"顶层设计"最早是工程学概念，是源于自然科学或大型工程技术领域的一种设计理念，原本指工程师们为完成某项工程，运用系统论方法，以全局视野，统筹兼顾工程的各方面、各层次、各功能、各要素，协调和处理当中的多种关系，树立目

---

① 包昌火，马德辉，李艳. Intelligence视域下的中国情报学研究［J］. 情报杂志，2015，34（12）：1-6，47.

标,选择完成目标的主要方式,制定合理的战略技术,适当调整和避免可能会造成失败的风险,不断提升经济效益,减少成本,采用最经济的路径,使理论与实践统一,完成最艰巨的工程项目。从产生背景、基本内涵和衍生发展来看,顶层设计具有系统性、整体性、统领性、协同性、可操作性等基本特点。顶层设计理念提出后,其应用范围很快超出工程设计领域,在西方国家被广泛应用于信息科学、军事学、社会学、教育学等领域,也进一步被广泛运用于科技领域的巨系统工程和社会领域的复杂系统工程,成为在众多领域制定发展战略的一种重要思维方式。顶层设计理念与思维、方法被广泛应用于许多领域,并赋予更全面、深刻的理解、认识与内涵,对解决不同领域的系统性复杂问题发挥了重要作用。

8.3.2　顶层设计理念与思维方法适用于情报工作制度建设

从顶层设计的含义、特点、作用等方面及情报工作制度本身特性来看,顶层设计所体现的理念与思维方法适合国家情报工作制度构建。

第一,顶层设计理念在我国各项改革事业中广泛应用并取得成效。顶层设计理论内涵本身体现出整体主义战略、缜密的理性思维及强调执行力等特点,加之我国经济社会转型的必要性和必然性,决定了我国改革发展需要理性、需要统筹、需要全局观,进行"顶层设计"①。党和国家领导人审时度势,在我国改革发展事业中提出并善用顶层设计观念,把"顶层设计"的思维方式创新地用于持续深化改革及中国特色社会主义宏伟事业进程中②,顶层设计被用于描述体制改革,首先见于我国的"十二五"规划,2010年10月,中共中央关于"十二五"规划建议中首次提出"顶层设计","顶层设计"逐渐成为中国新的政治名词,"顶层设计"这一政治"新名词"逐步被写入国家发展规划。我国改革事业走到现在,必须进行自上而下的顶层设计,实践证明,加强改革发展"顶层设计"是现阶段我国解决错综复杂矛盾的重要路径③。顶层设计理念广泛应用在我国改革发展事业的多个领域,都达到了预期目标,取得不错效果,这表明顶层设计理念与我国制度的优越性有极高的契合度,与新时代治国理政的方略一致,完全可以应用于国家各项事业改革发展,当然也包括国家情报事业的改革发展。在当今国

---

① "顶层设计":在高层次上寻求问题的解决之道:访中央社会主义学院党组书记叶小文[EB/OL].[2021-08-11]. http://www.cnr.cn/gundong/201103/t20110313_507786301.shtml.
② 董立人. 顶层设计观的时代价值和实践意义[J]. 领导科学论坛, 2013 (1): 36-38.
③ 胡文瑞. 世界需要"顶层设计"[J]. 中国石油化工, 2008 (1): 80-81.

内外复杂的发展环境与安全形势下，国家情报事业的发展被提升至国家安全、发展与创新保障的新高度，情报工作被赋予了新的使命任务，需要改革发展来适应新时代国家安全的需要，因此必须站在全局高度，构建新的情报工作制度，而情报工作的发展现状、主要特点，尤其是其在维护保障国家安全与利益方面的重要作用，决定了情报工作制度的建设属于国家层面的战略任务，需要国家层面以全局视角，统筹考虑相关要素，追根溯源，从长计议，确定情报工作和情报事业的发展目标并为其制定正确的发展战略、路径，通过顶层战略规划设计，在最高层次上寻求我国情报工作和情报事业深层次的综合性、矛盾性问题的解决之道。

第二，情报工作制度建设是一项复杂的系统性工程，本身适于顶层设计。顶层设计是一项系统工程"整体理念"的具体化，顶层设计是有现实针对性的，是一个系统内部各要素的具体化。"顶层设计"方法实质上是将系统理念贯穿于该系统内的各子系统，每个子系统同样需要经过提炼的理念并向下一级系统延伸，直到阐明系统的基本要素为止。回顾历史，立足当前，放眼未来，可以说情报工作制度建设是涉及各方面、各领域、各层次、各种要素的一项复杂的系统性工程，它由众多纵横相间的子系统及相互关联的诸多要素组成，而"顶层设计"是运用系统论的方法，对某项任务或某个项目的各方面、各层次、各要素统筹规划，以集中有效资源，高效、快捷地实现目标。"顶层设计"注重规划设计与实际需求的紧密结合，强调设计对象定位上的准确、结构上的优化、功能上的协调、资源上的整合，是一种将复杂对象简单化、具体化、程式化的设计方法，适合于复杂系统工程问题的解决。"顶层设计"有两层含义。一是顶层决定性。顶层设计是自高端向低端展开的设计方法，"顶层设计"的核心理念与目标都源自顶层，高端决定低端，顶层决定底层，核心理念与顶层目标是"顶层设计"的关键之魂。在我国，国家安全工作已经经过顶层设计，提出了总体国家安全观，确定了核心理念与目标，但对于在保障国家安全和发展利益方面具有显要作用和地位的情报工作而言，国家层面虽然出台了《国家情报法》，但尚缺乏国家层面具有系统性、全局性、战略性的顶层设计与布置规划，情报工作的整体目标和理念导向的统一性尚不清晰，情报工作制度建设和实践操作的各方面内容都需要来自顶层的战略决断与战略定位，一句话，需要顶层设计确定情报工作的核心理念与发展目标。二是整体关联性。"顶层设计"强调设计对象大系统与子系统、子系统与子系统之间，以及内部要素之间围绕核心理念和顶层目标所形成的关联、匹配与有机衔接。这对于国家情报工作制度建设是最为需要的，情报工作制度是由若干子系统和要素组成的复杂巨系统，情报工作制度建设实质上就是系统、子系统、要素之间的有机组合、关联与布局设计，如何实现，则取决于国家顶层高端设计，高端顶层具有战略眼光和协调协作力、决策权力，有能力破除影响关联性和系统优化的各种阻力，提出具有全局性、统筹性、指导性的理念和思路，并开展长远的宏观规划设计与战略布局，是情报工作制度建设的行动纲领。可以说，将顶层设计的理念引入我国国家情报工作制度建设，是我国情报事业进入一个目标明确、规划具体、战略得当的发展新时代的标志。

8.3.3 我国情报工作需要国家顶层的制度设计

（1）情报和情报工作的作用和地位上升为国家层面问题

第一，情报自古就有，以保障领导阶层的决策为主，情报研究以为国家、专门机构提供决策保障为目的[①]。情报的本质属性是决策性[②]。情报是决策和行动的先导，所谓先导，即先有情报，后有决策（行动），决策（行动）必须建立在情报的基础上[③]。情报是科学决策的根本[④]，情报为政策服务，为政策制定提供安全、及时和客观的信息，是国家决策的基础[⑤]，国家安全、发展战略的基础和支撑[⑥]，是维护国家安全的重要手段。国家情报是国家安全和国家发展的战略中坚，是国家治理的重要力量和重要手段[⑦]。

在当今的新时代，各类情报更是为保障国家各领域安全与发展的决策提供服务，事关国家的整体安全与创新发展。在当前日渐复杂的国家安全形势下，情报在维护国家安全中的地位更加突出和重要，情报正日益成为国家软实力的重要构成部分，情报代表着国家对安全形势、竞争形势、发展形势的认知优势和掌控能力，情报力成为国家决策力和影响力的基础，是国家软实力的重要体现[⑧]。国家情报与国家安全、国家发展在国家

---

① 刘记，王延飞. 情报学教育生态探析 [J]. 情报理论与实践，2018（1）：16-21.
② 包昌火，刘彦君，张婧，等. 中国情报学论纲 [J]. 情报杂志，2018，37（1）：1-8.
③ 高金虎. 中西情报史 [M]. 南京：江苏人民出版社，2017.
④ 高金虎. 军事情报学研究现状与发展前瞻 [J]. 情报学报，2018，37（5）：477-485.
⑤ 储节旺，杨雪. 公共政策管理的情报工作研究：以实施创新驱动发展战略为例 [J]. 情报理论与实践，2019（2）：19-24.
⑥ 包昌火. 对当前我国情报工作发展方向的几点建议 [J]. 情报杂志，2015，33（5）：1-2.
⑦ 赵冰峰. 我国情报事业面临的环境变革、战略转型与方法论革命 [J]. 情报杂志，2016，35（12）：1-5.
⑧ 张秋波，唐超. 总体国家安全观指导下情报学发展研究 [J]. 情报杂志，2015（12）：7-10，20.

治理中的关系为①：国家情报主导国家安全战略，国家情报引导国家发展战略②。

第二，情报工作是大国重器，是国家安全的第一道防线，是最高统帅部的战略哨兵，在整个国家安全工作中，发挥着支撑作用和引领作用，没有一流的情报工作，就没有一流的国家安全工作③。情报工作在保障国家安全中担负着情报职能、反情报职能、隐蔽行动职能④，古今中外，概莫能外。国家的兴亡安危系于情报工作，"情报兴，国运兴；情报衰，国运衰"这种说法说明情报工作的作用并不为过，安全工作是情报工作的重要组成部分，安全情报工作维持一国安全⑤。情报工作成为国家发展的重要战略资源，成为生产力的重要组成部分，能有效促进经济和社会的快速发展⑥，因此，情报工作的地位得到各国高度重视，已经形成独立的发展范式⑦。美国情报专家安吉洛·科迪维拉在著作《知晓治国方略：新世纪的情报》中将情报提升至国家情报高度，因此，业界泰斗级人物——包昌火提出我国情报学中的情报工作可提升至国家层面，即"中国情报工作"⑧。

情报和情报工作成为事关国家安危、利益与发展的大事，但现实中，长期以来我国业界对情报和情报工作乃至情报学的认识都存在严重的偏差，缺乏认知的共识及研究思路和内容的整合，缺少整体化、系统化的认识，因此有必要通过国家层面设计来统一认识，进行战略层面规划，确定情报工作制度的总基调和发展策略。

（2）总体国家安全观需要对情报工作制度进行顶层设计

国家安全是国家的最高利益，情报工作已经成为维护国家安全的重要组成部分，是国家安全中的"超级耳目""隐形盾牌""决策中的智囊"⑨。情报工作与国家安全密不可分，一国的情报工作服从并服务于国家整体安全战略⑩。

---

① 赵冰峰. 论国家情报与国家安全及国家发展的互动关系 [J]. 情报杂志, 2015, 34 (1)：1-7.
② 赵冰峰. 论国家情报 [J]. 情报杂志, 2013, 32 (7)：1-7.
③ 高金虎. 论国家安全情报工作：兼论国家安全情报学的研究对象 [J]. 情报杂志, 2019, 29 (1)：1-7.
④ 江焕辉. 国家安全与情报工作关系的嬗变研究 [J]. 情报杂志, 2015 (12)：11-15.
⑤ 高金虎. 中西情报史 [M]. 南京：江苏人民出版社, 2017.
⑥ 魏明坤. 基于文献计量的情报工作发展演变分析 [J]. 情报资料工作, 2019, 40 (1)：6-14.
⑦ 同⑥.
⑧ 包昌火，刘彦君，张婧，等. 中国情报学论纲 [J]. 情报杂志, 2018, 137 (1)：1-8.
⑨ 同④.
⑩ 翟金一. 论国家安全与情报工作战略统筹的必然性 [J]. 决策与信息（下旬刊）, 2016 (8)：180-188.

第 8 章
大数据观下的国家情报工作制度构建

国家安全是头等大事,近年来我国不断推进国家安全领域的顶层设计。2013 年 11 月 12 日,十八届中央委员会第三次全体会议决定,设立国家安全委员会,完善国家安全体制和国家安全战略,确保国家安全。2014 年 4 月 15 日,习近平总书记在中央国家安全委员会第一次全体会议上首次提出总体国家安全观重大战略思想,强调当前我国国家安全内涵和外延比历史上任何时候都要丰富,时空领域比历史上任何时候都要宽广,内外因素比历史上任何时候都要复杂,必须坚持总体国家安全观,走中国特色国家安全道路①。2015 年 1 月 23 日,中共中央政治局召开会议,审议通过《国家安全战略纲要》②,为有效维护国家安全的迫切需要,提出以总体国家安全观为指导,坚持集中统一、高效权威的国家安全工作领导体制,要求把法治贯穿于维护国家安全全过程,做好各领域国家安全工作,推进国家安全各种保障能力建设,加强国家安全意识教育,打造高素质国家安全专业队伍。2015 年 7 月 1 日,第十二届全国人民代表大会常务委员会第十五次会议通过《中华人民共和国国家安全法》,提出国家安全工作应当坚持总体国家安全观,建立集中统一、高效权威的国家安全领导体制。2016 年 11 月 7 日,第十二届全国人民代表大会常务委员会第二十四次会议通过《中华人民共和国网络安全法》,旨在维护国家网络空间主权和国家安全。2017 年 6 月 27 日,第十二届全国人民代表大会常务委员会第二十八次会议通过《中华人民共和国国家情报法》,该法的起草、修订、实施无不打上"国家安全"的烙印③,该法提出通过加强和保障国家情报工作来维护国家安全和利益,明确了国家情报工作的职能,包括对国家情报工作实行统一领导,制定国家情报工作方针政策,规划国家情报工作整体发展,建立健全国家情报工作协调机制,统筹协调各领域国家情报工作,研究决定国家情报工作中的重大事项。

从中央国家安全委员会的成立到"总体国家安全观"理念的提出,从《国家安全战略纲要》的推出到国家安全领域法律的出台实施,这一系列行动正是我国在国家安全领域顶层设计的重要体现,体现了党中央对整体国家安全观的清晰设计与战略规划。总体国家安全观需要总体国家情报观的配合呼应与保障支持,因此,基于我国对国家安全进

---

① 钟国安.以习近平总书记总体国家安全观为指引 谱写国家安全新篇章[EB/OL].(2017-04-15)[2021-08-25].http://www.qstheory.cn/dukan/qs/2017-04/15/c_1120788993.htm.
② 中共中央政治局召开会议审议通过《国家安全战略纲要》[EB/OL].[2021-08-17].http://www.xinhuanet.com//politics/2015-01/23/c_1114112093.htm.
③ 邓灵斌.《国家情报法》视野下我国情报学发展动向的思考[J].情报杂志,2018,37(3):1-4.

行了顶层设计的现实,作为国家安全重要组成部分的情报工作制度也需要顶层设计。

传统的国家安全观的情报工作强调以国家为中心、以军事力量为支撑,安全威胁主要来自其他国家的武力侵犯,而全球化时代的国家安全威胁呈现多元化,国家安全战略选择已受到非政治或军事性问题的深远影响,如今国家安全概念的内涵和外延都发生了重要改变,情报在国家安全中扮演的角色及发挥的功能也已嬗变,此时情报工作在国家安全中呈现出社会治理、情报法治、情报整合、国土安全情报功能等变化①。也就是说,情报工作随着国家安全环境的变化、国家安全内容的变化、国家安全观念的变化,其所承担任务的内容、职能等呈现出多样性、综合性、复杂性、特殊性等特点,因此,如何强化情报工作在国家安全中的定位,需要来自国家顶层的制度性规划设计,确定与总体国家安全观一致的国家安全情报思想、理念和战略规划与任务布局,使情报工作制度成为总体国家安全体系的有机组成部分,使情报工作能充分融入总体国家安全体系建设。

总而言之,为应对国内外错综复杂、日益多变的安全形势与发展环境,为确保实现总体国家安全观的目标,必须有总体国家情报观,总体国家情报观与总体国家安全观一样,需要国家对情报工作事业进行高端层面的总体设计规划与战略部署,为各领域情报工作的开展指明前进的思路与路径,以实现情报工作保障国家安全和利益的基本职能。

(3)情报事业改革发展需要对情报工作制度进行顶层设计

近年来,随着总体国家安全观的提出及《国家情报法》的出台,我国情报学界开始以前所未有的态度和力度再次对我国几十年来情报学研究与情报工作发展进行全面历史回顾、总结和深度反思,从情报的概念内核、情报工作的历史等多角度全方位深刻剖析情报事业发展面临的困境,以及情报工作存在的问题,重新思考和认识情报工作的性质、定位和作用,展望在总体国家安全观和《国家情报法》指引下情报学科和情报工作的未来发展方向、路径、目标、任务,并很快形成了基本共识,即我国的情报事业迎来了发展的新挑战和新机遇,情报工作必须要改革发展,这是情报工作领域基层研究者和实践工作者的呼声。情报事业发展需要顶层的最终决断。

第一,将情报工作的发展上升到国家安全的战略高度。在新形势下,我国情报学界研究认为,情报工作是国家安全和社会发展的一个基本工具。国家情报工作与国家安全紧密相连,关系到国计民生,为国家和企业的战略决策和安全保障服务,仍然是我国情报界的基本方向和路线问题,情报工作肩负服务于国家安全治理和经济社会发展的重大

---

① 江焕辉.国家安全与情报工作关系的嬗变研究[J].情报杂志,2015(12):11-15.

决策的光荣使命和历史重任。除了相关研究之外，最为突出的就是《南京共识》的达成。2017年10月，我国科技情报学界、社会科学情报学界、军事安全情报学界、医学情报学界的一百余名专家学者参加在南京举办的情报学与情报工作发展论坛，最终达成《情报学与情报工作发展南京共识》①，重新认识情报工作的性质与作用，将情报工作与国家创新、发展与安全关联在一起，认为当前国内、国际形势日益复杂，国家的发展与安全面临新挑战，国家安全治理与科技、经济、社会发展步入全面改革的关键时期，情报学与情报工作理应有所担当，将情报之"魂"与国家战略相匹配，情报学与情报工作将以服务于国家创新、发展与安全为宗旨。可以说，这是情报界顶层专家学者对情报工作性质、作用和未来发展方向的思考、设计与定位，是业界未来开展情报学研究、情报工作实践、情报学学科建设与人才培养的纲领性文件，而对于国家层面来说，这是来自基层研究者、实践者对多年理论研究与情报活动实践成果与经验的总结与升华，是情报工作底层自下而上的呼唤，它应该可以为国家顶层设计情报工作制度提供"群众"思想基础。

第二，情报工作摆脱发展困境需要来自顶层战略谋划与构想设计。我国各领域情报工作存在着亟待解决的、普遍存在的问题，如缺乏明晰化的国家情报工作界定、缺乏一体化的国家情报工作体制、缺乏融合化的国家情报数据平台、缺乏特色化的国家情报思想体系、缺乏制度化的国家情报法治体系，这些问题错综复杂，交互影响，严重制约国家情报工作全面发展和深化改革，影响我国情报事业的现代化发展。加之我国长期缺乏一体化的情报体制机制，各领域情报工作分散割据、利益冲突、协调困难等难以解决的关键问题日益突出②，这些问题无法通过局部创新来实现全局性改善，必须借助于底层思维和顶层设计来实行系统性再造③。如今的底层思维——情报界研究者已经有了基本思路和共识，如情报学研究者、情报工作从业者提出了情报学和情报工作发展的新思路，接下来需要顶层设计予以决定。我国情报事业面临着情报领域国际化、情报体系网络化、情报治理一体化的战略转型④，战略转型显然不是局部、个体力量所能做到的，

---

① 情报学与情报工作发展论坛南京共识［J］. 情报理论与实践，2017（11）：145-146.
② 包昌火，马德辉，李艳，等. 我国国家情报工作的挑战、机遇和应对［J］. 情报杂志，2016，35（10）：1-6.
③ 赵冰峰. 我国情报事业面临的环境变革、战略转型与方法论革命［J］. 情报杂志，2016，35（12）：1-5.
④ 同③.

必须有国家层面的顶层思维和全局战略设计。各领域情报工作面临问题使得情报工作难以适应总体国家安全观的要求，难以实现全方位保障国家整体安全的任务。

第三，情报工作整体化、一体化发展，建立举国一致的情报体制。情报学界普遍认为，总体国家安全观的提出是我国情报工作深化的重大发展机遇，要树立与总体国家安全观战略一致的总体国家情报思维和构建总体国家情报工作体系，纠正和改变情报工作领域的方向性、历史性错误，正本清源，变"图书情报一体化"为情报的"军民融合"……为此情报界需要重新认识情报工作，转变原有研究范式，重构情报工作思维，深化情报工作在总体国家安全观中的价值①，要加强国家情报工作，推动国家情报工作的整体发展②，对国家情报工作进行总体部署，推动情报工作一体化发展③，强调各领域情报规划的一致性，各领域情报工作及相应部门之间界限无缝性，工作内容的衔接性，情报工作的目标定位、战略任务与价值建构的聚焦化、共识性，情报工作活动过程标准化和规范化，各类情报工作制度统筹协调，协同一致。为此情报学界付诸实际行动，其中以华山情报论坛的举办为典型代表，引导各领域情报学者跨界交流，对情报工作走整体化、一体化之路及建立举国一致的情报体制形成业界共识，也奠定了研究基础。

2017年7月，陕西省科学技术情报研究院《情报杂志》编辑部主办了第四届华山情报论坛——《国家情报法》与中国情报学发展，有来自解放军（陆、海、空三大兵种）、武警、公安、高校、情报机构（国防和地方）、社会组织及企业，以及隐蔽战线等七大系统40多家单位的百余名代表参加；2018年10月，第五届华山情报论坛——新时期开启中国情报研究新征程，有来自解放军、武警、公安、国安、高校、中国科学院、中国社科院、国防情报机构、省级科技情报（信息）机构、社会组织及企业等11个行业领域的150多名代表参加论坛。"跨界融合"成为华山情报论坛的突出特点，也是论坛期望的最终目标，情报领域的各界专家学者齐聚一堂、各抒己见，观点碰撞，思想交锋，不同行业领域的情报学者和工作者集思广益，为促进情报工作的全面整体发展建言献策，凸显情报界力图情报学科交融、不同类型情报工作融合的期望之势。《情报杂志》近年来组织的相关主题研究也突出体现了希望国家情报工作实现一体化的愿望。

---

① 杨国立，李品. 总体国家安全观背景下情报工作的深化 [J]. 情报杂志，2018，37（5）：52-58，122.
② 包昌火，刘彦君，张婧，等. 中国情报学论纲 [J]. 情报杂志，2018，37（1）：1-8.
③ 同①.

国家情报工作一体化在国外有先行成功经验可循，如美国在"9·11"事件之后，为应对复杂的战略环境，对国家情报工作进行顶层设计，出台《国家情报战略》，不断丰富国家情报内涵，改革情报工作体制机制，强化情报体系整体建设，国家情报工作呈现一体化、全局性、适应性的特点，使国家情报工作形成国家情报用户、国家情报任务、国家情报体系建设、国家情报价值观的逻辑统一体[①]。

在总体安全形势下，国家安全形势的复杂性和重要性决定我国各领域情报应当走向一体融合，也是我国情报事业发展的必然之路。国家情报工作一体化需要总体的构想与规划布局，需要变革国家情报体制、建立国家情报中心、制定国家情报学说和发展战略、推进情报法制建设、加强情报文化建设、整合各类情报资源、规范情报工作活动等，这些工作无疑都是迫切需要国家层面的思考构想与高层设计，释放党中央的总体情报观信号，打造有中国特色的国家情报事业。

8.4 国家情报工作制度构建的现实路径

国家情报工作制度是一个复杂系统，国家情报工作制度构建则是一个复杂的系统工程。

8.4.1 国家情报工作制度构建的信息准备

国家情报工作制度构建本身是由一系列决策过程和环节构成的，需要信息在决策过程中给予全面支持。因此，完备信息是国家情报工作制度构建的基本前提。国家情报工作制度是正式制度，正式制度的特点是依靠人为设计，通过权威手段凝聚组织力量与共识，共同致力于实现组织目标。在信息和知识条件充分具备的情况下，人为设计的制度往往具有选择性和前瞻性，从而规避制度运行过程中的诸多问题。相反，如果信息和知识条件欠缺，人为设计的制度则会或多或少地脱离对象和环境，或大或小地偏离目的和需求，导致制度乏效甚至失败[②]。国家情报工作制度构建过程所需的信息准备应包括以下几个方面。

---

① 马德辉，黄紫斐. 美国《国家情报战略》的演进与国家情报工作的新变化、新特点与新趋势[J]. 情报杂志，2015，34（6）：1-4，11.
② 江必新，王红霞. 国家治理现代化与制度构建[M]. 北京：中国法制出版社，2016：85.

（1）全面而深刻理解国家安全问题

维护国家安全是国家情报工作的出发点和归宿，国家情报工作制度构建的逻辑起点是解决国家安全问题。国家安全与国家情报工作间关系的亲疏远近在相当程度上决定了国家的生存与发展状况。国家情报工作是应对国家安全问题的有力武器，国家安全需求促进了国家情报工作的发展。对国家安全问题理解的全面性、准确性和深度直接决定了对国家情报工作范围和性质的界定，国家情报工作制度作为对国家情报工作的总体引领和规范，其构建应首先对制度所面向的国家安全问题有客观、全面、准确的理解。

所谓全面了解国家安全问题，不仅包括国家安全问题的具体表现形式，还包括问题的影响范围及危害层级。深刻理解是指要深入理解国家安全问题产生的各种原因，既要分析主要原因，又要总结次要原因。对于长期存在的问题，要探求其产生和发展的历史根源和演进过程。对于新产生的问题，既要考虑问题产生的新时期背景因素，如恐怖主义等非传统安全问题，又如大数据、人工智能等新技术手段的应用，也要联系这些新的国家安全问题与传统国家安全问题或事件之间存在的关联，其中既包括横向与纵向的相关关系，也包括因果关系。

全面而深刻理解国家情报工作问题本身是一项非典型的情报任务，是对国家情报工作历史发展脉络的梳理，是对当下国家情报工作形势的统筹剖析，也是在新时代背景和技术环境下对未来国家情报工作的远眺前瞻。这其中整合着对国家情报工作业务流程、工作绩效、发展定位的整理和反思，既要以当局者身份进行广泛、细致、深入的调查研究，又要以旁观者视角进行客观、冷静、正面的分析研判。

（2）广泛搜集相关主体对国家情报工作的看法和意见

全面信息准备还意味着要广泛搜集国家情报工作所涉及的相关主体的看法和意见。相关主体主要包括领域专家、国家情报工作者、国家情报用户及其他利益相关者。相关主体从不同角度和层面对国家情报工作给予解读，广泛搜集相关主体的看法和意见有利于促进对国家情报工作的全面解读，避免领域偏见和认知死角。

领域专家除从事自身领域研究之外，可能既是国家情报工作的参与者，又是国家情报产品的用户。领域专家站在自己熟知的具体问题领域视角提出对国家情报工作及国家情报工作制度的见解，包含着具体而又不失丰富的理性观点，其看法和意见会跳出单纯从事情报工作和研究的局限，成为国家情报工作制度构建的重要参考来源。国家情报工作者、国家情报用户、利益相关者是国家情报工作的当事人，是国家情报工作制度的主要规范对象和监督力量。

利益相关者理论（Stakeholder Theory）是 20 世纪 60 年代从公司治理模式中逐步发展起来的。有别于传统的股东至上主义，利益相关者理论认为，任何一个公司的发展都离不开各种利益相关者的投入或参与。之后这一理论的应用范围进一步扩大，对利益相关者的理解也扩展为组织外部环境中受组织决策和行动影响的任何相关者。利益相关者理论应用的关键在于如何界定利益相关者。明确界定国家情报工作的利益相关者，为在国家情报工作制度构建的信息准备过程中对相关主体信息收集的全面性提供保障。

（3）认真学习了解制度构建理论及其在其他组织中的运用

制度构建问题对于我国的很多组织系统而言都是一个待解决的问题。1992 年，邓小平同志在南方谈话中曾指出，恐怕再过 30 年（到 2022 年），中国才会在各个方面形成一套更加成熟、更加定型的制度。制度研究、制度构建这一论题曾多次作为主要议题出现在我国的重要政治会议讨论环节，也在学术界的相关领域中受到广泛关注和研究。关于制度构建需强调两点。其一，制度构建是一个重要的问题。党的十八大报告强调要把制度建设摆在突出位置。党的十九大报告则继续强调必须坚持和完善中国特色社会主义制度，并提出在国防、军事、党建、财政、住房等多个问题领域进行相关制度的建立、调整、改革和完善。其二，制度构建是一个复杂的问题，包括经济学、社会学、政治学、心理学等诸多学科都对其进行研究，其中不仅有理论探索，更有案例、实证和经验研究。值得注意的是，某一具体制度的构建必然要扎根于该制度所面向的具体实践领域，但同时亦需要以制度理论作为基本引领，这也正是制度理论得以在经济学、社会学、政治学、心理学等诸多学科领域中获得广泛且深入研究的根本原因。

国家情报工作制度作为制度问题下的子范畴，依现有理论研究与实践成果来看均处于起步阶段，问题意识多于理论论证和实践检验，因此亦宜在其制度构建研究论证与实施过程中充分了解和学习领悟制度构建基本理论在各学科领域中所经历的理论推敲和逻辑打磨，广泛收集制度构建在具体问题领域中的应用实践案例，在参透制度及其基本运行要义的基础上融入国家情报工作的具体应用情境特征。

2000 多年前中国人就认识到这样一个道理，"橘生淮南则为橘，生于淮北则为枳，叶徒相似，其实味不同，所以然者何？水土异也"。解决某个具体领域的制度构建问题，是由该领域问题的特点、组织特征、历史传承、文化传统、组织发展水平决定的。因此，需要特别强调的是，要关注其他领域的制度论研究在国家情报工作制度构建过程中的适用性问题，对制度论内容的准确掌握及对国家情报工作的深刻理解是将二者有机融合的基础和前提。

8.4.2 国家情报工作制度构建的要素组成

任何制度都有其基本的构成要素，有关制度的构成要素国内外有各种不同的观点。诺斯教授主张，制度包括正式制度、非正式制度和实施机制①。我国学者辛鸣教授认为，完整意义上的制度应该是一个包含规则、对象、理念、载体四大要素的系统。其中，规则是制度的内容，对象是制度的指向与范围，理念是制度规则所体现的价值判断与目标定位，载体是制度的形式②。江必新教授主张，任何一项完整的制度都应包含理念与原则、实体规则、程序规则、实施机制和监督机制五方面要素③。以上对其所针对领域问题的制度及其构建的解读均具有合理性和启发性。本部分综合上述见解，结合国家情报工作的特征，主张要素出现的先后顺序可作为国家情报工作制度构建的参考路径，主要包括目标问题、制度主体、规则规范、运行机制四个方面，主要回答在国家情报工作中"谁？依据什么？在哪些方面？怎样行事？"的问题。

（1）确定目标问题

制度构建的现实路径遵循问题导向的基本原则。所谓问题导向是指问题在先、制度在后，制度是为解决问题而产生的。此处的问题，既包括已产生的问题，也包括预见的问题。因此，问题导向的制度构建，既要明确当前已产生的问题应该如何利用制度手段应对，又要以发展、前瞻的眼光看待问题多种形式及性质的演化，预判未来可能产生的问题，通过制度手段规避、提前应对未来可能产生的问题。国家情报工作制度亦可称为国家情报工作管理制度，是为提供能够满足维护国家安全与发展所需的情报而对国家情报工作组织体系及其情报活动实施计划、组织、指挥、控制和协调的规范系统。因此，明确国家情报工作所面临及将要面临的国家安全问题、形势的变化是引导国家情报工作制度构建的第一步。对国家安全的理解从最初的应对军事、政治领域冲突，过渡到应对包括恐怖主义、文化安全问题、经济安全问题等多领域的总体国家安全问题，国家情报工作面对的具体目标和问题领域在过去发生了重大转变。是什么引起国家安全问题内容及性质的演变？国家安全问题在未来又将趋向于何种发展方向？这是在国家情报工作制度构建过程中需要不断斟酌、反思、展望的问题。国家情报工作制度构建的起点，决定

---

① 道格拉斯·C. 诺斯. 制度、制度变迁与经济绩效 [M]. 杭行, 译. 上海：格致出版社, 上海三联书店, 上海人民出版社, 2008：13.
② 辛鸣. 制度论：制度哲学的理论建构 [M]. 北京：人民出版社, 2005：58.
③ 江必新, 王红霞. 国家治理现代化与制度建构 [M]. 北京：中国法制出版社, 2016：30-35.

了国家情报工作制度的效力范围，同时也是国家情报工作制度在未来调整、变迁的依据。

(2) 明确制度主体

哲学意义上，主体是指对客体有认识和实践能力的人，是客体的存在意义的决定者，如犯罪主体是刑法中因犯罪而负刑事责任的人。美国国家情报管理制度的内涵在近60年间都保持了相对稳定，其中揭示了国家情报工作制度主体所包括的内容。美国国家情报管理制度是指围绕国家情报活动针对的管理对象（美国国家情报体系成员），由总统国会、国家安全委员会、国家情报总监等国家情报管理主体颁布相关法律法规并调节有关情报管理职位与机构设置、情报管理、权限划分、情报管理手段选择等方面的规则①。由此可见，国家情报工作制度的主体包括两个，即国家情报工作的管理者（国家情报工作制度的构建者）及受到该制度管理约束的国家情报管理对象。

国家情报工作制度构建中最重要环节之一是要明确国家最高层次的情报管理主体身份，其主要功能是从整体上明确国家的情报需求，根据形势的发展适时调配国家情报力量，使国家情报工作体系中的各个情报机构有一个清晰明确的工作方向。管理主体包括横纵多元的管理主体。例如，美国国家情报工作的管理主体包括四个：①总体负责国家情报工作的总统，是情报指挥链上的最高行政长官；②美国国会，通过授权、审查预算等方式参与国家情报管理；③国家安全委员会，具体负责对国家情报工作的审查和指导；④国家情报总监，是国家情报工作管理任务的主要承担者。从管理主体层次来看，总统与国会是第一层主体，国家安全委员会是第二层主体，国家情报总监是第三层主体，位于第四层的是情报界成员②。国家情报管理主体主要运用发布命令、建立或调整组织、制订计划、协调关系等手段，分层、分工地共同完成情报管理任务。国家情报工作制度约束的对象既包括对国家情报组织生产活动环节与类型的业务管理，也包括对国家情报工作组织资源的行政管理，如人事管理、财政管理、后勤管理等。

(3) 立法保障与规范制定

体制确立后要转化为正式的法律规范才能有效发挥治理功效，因此立法是制度构建的重要环节，是调节利益关系的重要方式，是树立管理权威、凝聚组织共识、分担工作风险、推动改革深入的有效途径。在不同国家不同领域的制度建设过程中，构建制度的

---

① 申华. 美国国家情报管理制度研究 [M]. 北京：军事科学出版社，2010：6.
② 同①76-95.

法律框架基本成为制度建立的首要方式。以"二战"结束后的德国为例，联邦德国经济快速恢复并创造连续十余年持续增长的"德国经济奇迹"，国家治理水平为世界瞩目，正式制度法律框架的支撑是德国社会市场经济体制发生转变的关键性因素。德国在确立了新的经济理论后，实施了体制和机制的改革，必须对此前的诸多法律条款进行修改和补充。1949—1990 年，德国因《基本法》的修改而重新修订了 36 部法律，其中 12 部法律、涉及《基本法》61 个条款的修改是在 1966—1969 年大联合政府执政期间完成的①。

在宪法及相关基本法的基础上，制度的理念和制度主体的利益诉求需进一步通过规范来表达，制定各类规范是国家情报工作实施管理的基本方式。制度规范一般包括实体规范和程序规范两个层面。实体规范直接规范人或组织的行为，一般包括组织结构规范和权利义务规范。组织结构规范的实质是搭建起权力体系或权力框架，而通过权利义务规范明确权利义务关系则是制度的核心，进而确认主体地位。典型的行为规范是由条件假定、处分构成（行为模式 + 行为后果），从而明确特定人在特定条件下可以做什么，不可以做什么，以及如果违反有怎样的后果。行为模式假定设计往往包括应当、不得和可以三种类型。处分后果则根据具体情况有诸多种类。程序规范是行为操作的保障，其重要性不亚于实体规范，在制度中不可或缺。有统计研究表明，一个制度或法律规范若没有一半以上的程序规范构成，在现实中很难落实。没有任何程序规范的实体规范是不可能推进执行的，程序规范与实体规范二者的比例越大，制度的可执行性越强，甚至在某些时候程序规范可代替实体规范更好地实现制度目标。在制度构建中，当实体规范难以设计或难以达成一致意见时，可以通过设计程序寻求制度目标的达成。

西方国家一直较为重视情报工作法律建设问题。例如，美国制定了诸如《国家安全法》《爱国者法》《情报改革和预防恐怖主义法案》，以及执法情报单位协会《犯罪情报档案指南》和《联邦规章典集》等与国家情报和执法情报相关的法律和法规，规范和制约国家安全情报和执法情报工作。又如，英国制定了《安全机构法》《情报机构法》《2000 年调查权规范法》《秘密情报人力资源使用与行为操作守则》《通信截取操作守则》等规范制约情报搜集的法律法规，同时，情报搜集工作需经内政大臣批准并接受情报机构专员实行的独立外部审查及通信截取专员的监督等。相对而言，我国的情报立法相对滞后，缺少制度化的法律监督。从事国家情报工作实际上是赋予了一种掌握信息的权力，要从源头上对权力进行制约和制衡，解决权力错位、越位等会带来深远影响的问

---

① 徐晓冬. 中国的制度改革：历史维度与现实路径 [J]. 人民论坛·学术前沿，2014（14）：86-94.

题，要通过监督"将权力关进制度的笼子"。

（4）制度减设

制度构建并不是要一直增加组织机构规模及法律规范数目，优良制度构建过程包括制度的建设和制度的减设两层含义。制度减设是指通过制度梳理和筛选，删除无效制度，保留最重要的、具有核心价值的制度并加以完善，提高制度的实效水平①。制度在制定之初往往是在某一历史时间节点针对某一具体领域的具体问题而进行的，随着时间的推移，制度所针对的具体问题会发生演化，人们对问题的理解程度也会不断深化，相关制度会不断增设以应对问题的变化，化解人们在原有问题上发现的新问题。如此一来，制度体系会愈加庞杂，若不及时删减，有可能会出现解决同一问题的制度不相容，甚至需要增设新的制度以解决制度不相容的局面。制度主体则往往受庞杂的制度体系所累，无所适从，形成制度疲劳，最终导致制度乏效。另外，制度减设还意味着制度要与时俱进。当制度所针对的问题随时代发展而消失或迭代，制度的续存就会造成制度空转。维持制度的运转仍然需要消耗社会资源，这实际上就是一种资源浪费。因此，意义不大、陈腐过时、不合时宜的制度要及时废止。但是，制度减设亦有限度，过度删减不但不会实现制度效力的有效发挥，反而会使制度所针对的问题变得更为复杂。如何防止制度减设的过犹不及，可以参考复杂度守恒定律（Law of Conservation of Complexity）。复杂度守恒定律由泰斯勒（Larry Tesler）于 1984 年提出，也称泰斯勒定律（Tesler's Law）。根据复杂度守恒定律，每个应用程序都具有其内在的、无法简化的复杂度，即存在一个临界点，一旦超过了这个临界点，过程就不能再简化了，只能设法调整和平衡。国家情报工作制度是针对复杂问题的制度系统，复杂问题制度的构建既要避免制度过度庞杂以致制度运转乏效，又不能过于简化制度导致复杂的问题无法获得解决的困境。

（5）制度变迁

制度变迁是指制度或规则及其结构功能变迁和演化的过程，是制度在一定条件下由于受到某种因素的影响，制度变迁由制度目标、制度环境和行动者自身特质决定。国家情报工作制度从无到有、逐步改良优化与国家安全问题的转变、技术条件变化、情报文化传统是分不开的。国家情报工作制度的变迁既是国家意识与技术力量推动的结果，也是在情报文化传统基础上长期发展、渐进改进、内生性演化的结果。

包括大数据技术、人工智能技术在内的现代化技术在不断赋予人们新的能力，但新

---

① 江必新，王红霞. 国家治理现代化与制度构建 [M]. 北京：中国法制出版社，2016：89-91.

的国家安全问题也在不断产生。决策层对多源异构数据实时分析和深度挖掘的需求日益强烈，数据的体量和类型已经远远超出手工分析的能力。随着信息技术的迅猛发展，现代化的信息技术手段和专用软件工具在情报工作中体现了巨大的威力，但必须强调的是手段工具只是诸多要素中的一个，拥有现代信息技术和专业专用情报软件装备的计算机辅助技术的快速更新迭代及在技术应用前提下产生的新问题容易带来"技术决定论"的错觉，认为技术决定了问题的产生、是解决问题的根本途径。在被技术包围的情形下，要避免国家情报工作制度建设中表现出极端现代主义。极端现代主义是指强烈相信甚至迷信科学和技术进步，并把这种进步应用在所有国家事务里，这种意识形态的历史观是直线型的，认为过去通通是愚昧落后的，而未来一定是光明先进的。为了快点迎接未来，那就要尽快甩开传统、习俗和历史的包袱。极端现代主义是从国家视角看待问题产生的偏差。国家视角是指从国家的角度看待世界、国家和社会问题。国家视角并不像个人看到的那样五彩缤纷，充满了差异和个性，而是高度简化，把纷繁复杂的人类活动简化为可以进行行政管理的一项项条目，只有这样国家才能有效管理，从而达到包括保护国家安全在内的管理功能和目标。追求清晰化、简单化，是任何现代国家行政管理的必经之路[1]。想要避免极端现代主义在推行国家意识过程中出现，就要尊重社会自身的生长机制，尊重历史经验与知识。在国家情报工作制度构建过程中需要尊重情报文化、情报传统实践知识与经验。社会学观点认为制度与文化是一对同义词，可见文化与制度之间的密切关系。也有观点将文化理解为一种非正式制度，并指出如果忽视了正式制度与非正式制度及习俗传统文化发展水平的有机统一和对接，制度就不可能有效运作。

"制度形成的现实逻辑，并不如同后来学者构建的那样是共时性的，而更多是历时性的。制度的发生、形成和确立都在时间流逝中完成，在无数人的历史活动中形成。"[2] 1971 年，在英国伦敦召开的国际园林艺术研讨会上，获得世界最佳设计奖的是迪士尼乐园的路径设计。其设计师格罗培斯在路过一处绵延 100 多公里的葡萄产区时发现这样一个现象：有一个葡萄园设置了一个可以投币的箱子，只要往箱子里投入五个法郎就可以摘一篮子葡萄，而这个葡萄园在无人售卖和看管的情况下卖出了最多的葡萄。受到这一现象的启发，在迪士尼乐园的路径设计上，格罗培斯吩咐施工单位在乐园里的各景区之间撒遍了草籽，被游客踩过的地方自然形成了曲折蜿蜒、宽窄适度、自然而优雅的小

---

[1] 詹姆斯·C. 斯科特. 国家的视角 [M]. 王晓毅，译. 北京：社会科学文献出版社，2011：37.
[2] 苏力. 制度是如何形成的 [M]. 北京：北京大学出版社，2007：封底.

路,按照这些踩出来的痕迹铺设人行道。那个获得最佳设计奖的方案,就是格罗培斯按此人行道绘制的。在西方设计界有一句名言——"自然的东西不需要规划",制度构建作为规划的一类具体行为,也在过程中关注到"不需要规划"的自然存在。制度构建的现实路径必然要加入对经验、传统、人性的考虑。

本章小结

国家情报工作制度的构建常常与国家情报工作所处的历史阶段和演变历程密切相关,有明显的阶段特征和过程依赖性。本章主要分析大数据观下国家情报工作制度构建的基本模式、基本逻辑、顶层设计和现实路径。从国家情报工作制度构建的基本模式来看,根据制度执行主体之间的结构关系,可将其划分为分散模式、集中模式及协调模式。就我国当前所面临的国家安全问题形势,国家情报工作制度应朝向统筹、融合、协作的方向迈进,构建协调型国家情报工作制度模式,并应在模式建立过程中遵循四个基本原则。从国家情报工作制度的基本构建逻辑来看,维护国家安全是国家情报工作制度构建的逻辑起点,建立系统融贯的国家情报工作法制体系是国家情报工作制度建立的根本方式,情报流程是国家情报工作制度运转机制的设计依据,同时技术是国家情报工作制度变迁的关键诱因,它像一双无形大手带动着、牵引着国家情报工作制度做出适应性调整。从国家情报工作制度的顶层设计来看,在总体安全形势下,国家安全形势的复杂性和重要性决定我国各领域情报工作应当走向一体化融合,通过总体的构想与规划布局,变革国家情报体制,建立国家情报中心,制定国家情报学说和发展战略,推进情报法制建设,加强情报文化建设,整合各类情报资源,规范情报工作活动。从国家情报工作制度的现实路径来看,国家情报工作制度构建过程应从以下几方面做好信息准备工作,包括全面认知国家安全问题、广泛搜集相关主体对国家情报工作的看法和意见以及掌握制度理论知识及其应用情况,并按照确定目标问题、明确制度主体、立法保障与规范制定、建设制度和制度变迁的基本路径实施国家情报工作制度的构建过程。

参考文献

［1］ ACEMOGLUD, JOHNSON S, ROBINSON J A. The colonial origins of comparative development: an empirical investigation ［J］. The American economic review, 2001, 91 (5): 1369-1401.

［2］ AGRELL W. The next 100 years? Reflections on the future of intelligence ［J］. Intelligence and national security, 2012, 27 (1): 118-132.

［3］ BAARS H, KEMPER H G. Management support with structured and unstructured data: an integrated business intelligence framework ［J］. Information systems management, 2009 (25): 132-148.

［4］ BENNETT D L, FARIA H J, GWARTNEY J D, et al. Economic institutions and comparative economic development: a post-colonial perspective ［J］. World development, 2017, 96: 503-519.

［5］ BEST J R. Intelligence estimates: how useful to congress? ［EB/OL］. ［2021-08-03］. https://www.zhangqiaokeyan.com/ntis-science-report other thesis/02071453644.html.

［6］ BROWN H, RUDMAN W B. Preparing for the 21st century: an appraisal of US intelligence ［M］. Cambridge: DIANE Publishing, 1996.

［7］ BRUIJIN H D. One fight, one team: the 9/11 commission report on intelligence, fragmentation and information ［J］. Public administration, 2006, 84 (2): 267-287.

［8］ Cabinet Office. National intelligence machinery ［M］. London: HMSO, 2010.

［9］ CEPIK M. Bosses and gatekeepers: a network analysis of South America's intelligence systems ［J］. International journal of intelligence and counterintelligence, 2017, 30 (4): 701-722.

[10] CLARK R M. The technical collection of intelligence [M]. Washington D. C.: Congressional Quarterly Press, 2010: 279.

[11] CODEVILLA A. Informing statecraft: intelligence for a new century [M]. Cambridge: Free Press, 1992.

[12] Congress U. S. Senate select committee to study governmental operations with respect to intelligence activities [J]. Alleged assassination plots involving foreign leaders, 1976, 94: 1-347.

[13] LAMBERT E, WU Y, JIANG S, et al. Support for community policing in India and the US: an exploratory study among college students [J]. Policing, 2014, 37 (1): 3-29.

[14] DAMA International. The DAMA guide to the data management body of knowledge [M]. NJ: Technics Publications, 2009: 8.

[15] DOTY J M. Geospatial intelligence: an emerging discipline in national intelligence with an important security assistance role [J]. The DISAM journal, 2005, 27 (3): 1-14.

[16] ERIKSSONG . A theoretical reframing of the intelligence—policy relation [J]. Intelligence and national security, 2018 (4): 553-561.

[17] FAGERSTEN B. For EU eyes only? Intelligence and European security [J]. European Union Institute for security studies: Brief, 2016.

[18] FRICK M. Big data and its epistemology [J]. Journal of the association for information science and technology, 2014 (66): 651-661.

[19] GALLAGHERM J. Intelligence and national security strategy: reexamining project solarium [J]. Intelligence and national security, 2015 (4): 461-485.

[20] GARTNERS S. All mistakes are not equal: intelligence errors and national security [J]. Intelligence and national security, 2013 (5): 634-654.

[21] GERARD G, HAAS M, PENTLAND A. Big data and management [J]. Academy of management journal, 2014 (2): 321-326.

[22] GILL P, PHYTHIAN M. Intelligence in an insecure world [M]. Cambrige: Polity Press, 2006.

[23] GRAHAM, ALLISON H Z. Essence of decision: explaining the Cuban missile crisis [M]. New York: Longman, 1999.

[24] HABERMAS J. Between facts and norms: contributions to a discourse theory of law and democracy [M]. Massachusetts: The MIT Press, 1996: 392.

[25] HALL P A. Policy paradigms, social learning and the state: the case of economic policy making in Britain [J]. Comparative politics, 1993, 25 (3): 275-297.

[26] HAMRAH S S. Therole of culture in intelligence reform [J]. Journal of strategic security, 2013, 6 (3): 160-171.

[27] HANDEL M I. Leaders and intelligence [M]. London: Frank Cass & Co. Ltd, 2004: 20-21.

[28] HERMAN M. Intelligence power in peace and war [M]. Cambridge: Cambridge University Press, 1996.

[29] HEUER R J, PHERSON R H. Structured analytic techniques for intelligence analysis [M]. Washington: CQ Press, 145.

[30] HEUER R. The psychology of intelligence analysis [M]. Washington, D. C.: Center for the study of intelligence, Central Intelligence Agency, 1999.

[31] HUWDYLAN, MARTIN S, ALEXANDER M S. Intelligence and national security: a century of british intelligence [J]. Intelligence and national security, 2012 (1): 1-4.

[32] JABLONSKY D. The paradox of duality: Adolf Hitler and the concept of military surprise [J]. Intelligence and national security, 1988 (3): 55-117.

[33] JOHNSON L K. Handbook of intelligence studies [M]. Abingdon: Routledge, 2007: 28-37.

[34] KENTS. Strategic intelligence and American foreign policy [M]. Princeton: Princeton University Press, 1949, 195.

[35] KENT S. Strategic intelligence for American world policy: the basic descriptive element [M]. Princeton: Princeton University Press, 2015.

[36] KING C S. Stalin's secret war: soviet counterintelligence against the nazis, 1941-1945 (review) [J]. Journal of military history, 2005, 69 (2): 595-596.

[37] KLEINMAN M. Cities, data and digital innovation [R]. Toronto: University of Toronto, 2016.

[38] LEWIS B, MONTEMAYOR J, PIATKO C, et al. Supporting insight-based information exploration in intelligence analysis [J]. Communications of the ACM, 2006 (4):

63-68.

[39] LU R. Enhance the automaticacquisition of knowledge [J]. Journal of computer science and technology, 1989, 4 (4): 295-303.

[40] LUVAAS J. Napoleon's use of intelligence: the Jena campaign of 1805 [J]. Intelligence and national security, 1988 (3): 40-54.

[41] NYMAN R, ORMEROD P, SMITH R, et al. Big data and economic forecasting: a top-down approach using directed algorithmic text analysis [C] //In: ECB Workshop on using big data for forecasting and statists. Frankfurt, 2014.

[42] OLIVER W, CHRISTIAN S, SABINE D. Specialized international financial centres and their crisis resilience: the case of Luxembourg [J]. Geographische zeitschrift, 2011, 99 (2-3): 123-142.

[43] PRADOS J. Flawed by design: the evolution of the CIA, JCS, and NSC by Amy B. Zegart [J]. American historical review, 2001, 106 (3): 1020-1021.

[44] PUYVWLDE D V, COULTHART S, HOSSAIN M S. Beyond the buzzword: big data and national security decision-making [J]. International affairs, 2017, 93 (6): 1397-1416.

[45] SCHLETTE D, BÖHM F, CASELLI M, et al. Measuring and visualizing cyber threat intelligence quality [J]. International journal of information security, 2021, 20 (1): 21-38.

[46] SILVER N. The signal and noise [M]. New York: Penguin, 2012.

[47] SIMON H A. Models of man: social and rational [M]. New York: John Wiley and Sons, Inc., 1957.

[48] BEST R A. Leadership of the US intelligence community: from DCI to DNI [J]. International journal of intelligence and counterintelligence, 2014, 27 (2): 253-333.

[49] SURHONE L M, TENNOE M T, HENSSONOW S F, et al. National intelligence strategy of the United States of America [M]. New York: Betascript Publishing, 2011.

[50] TALLON P. Corporate governance of big data: perspectives on value, risk, and cost [J]. Computer, 2013 (6): 32-38.

[51] TAMA J. The Purpose and impact of quadrennial reviews by US national security agencies [J]. American political science association, 2013 (12): 10-11.

[52] TAT-KEI HO A. Big data and evidence-driven decision-making: analyzing the practices of large and mid-sized US cities [C]. Proceedings of the 50th Hawaii International Conference on system sciences, 2017: 2794-2803.

[53] U. S. Marine Corps. MCWP 2-1. Intelligence operations [C]. Washington, D. C., 2003: 1-3.

[54] 艾布拉姆·N. 舒尔斯基. 无声的战争: 认识情报世界 [M]. 肖皓元, 译. 北京: 金城出版社, 2011: 103-116.

[55] 艾红, 王君, 慕尧. 俄罗斯情报组织揭秘 [M]. 北京: 时事出版社, 2013: 52-94.

[56] 安会杰. 德国信息安全法律法规建设情况 [J]. 中国信息安全, 2013 (2): 60-62.

[57] 白清平. 浅谈情报思维品质在情报创造中的作用 [J]. 情报资料工作, 1996 (5): 11-12.

[58] 白燕琼, 王菊. 解读国家情报法, 研讨中国情报学: 第四届华山情报论坛成功举行 [J]. 情报杂志, 2017, 36 (7): 208.

[59] 柏慧. 美国国家信息安全立法及政策体系研究 [J]. 信息网络安全, 2009 (8): 44-46, 63.

[60] 包昌火, 包琰. 中国情报工作和情报学研究 [M]. 北京: 科学出版社, 2014.

[61] 包昌火. 对当前我国情报工作发展方向的几点建议 [J]. 情报杂志, 2015, 33 (4): 1-2.

[62] 包昌火, 李艳. 情报缺失的中国情报学 [J]. 情报学报, 2007, 26 (1): 29-34.

[63] 包昌火, 刘彦君, 张娟, 等. 中国情报学论纲 [J]. 情报杂志, 2018, 37 (1): 1-8.

[64] 包昌火, 马德辉, 李艳. Intelligence 视域下的中国情报学研究 [J]. 情报杂志, 2015, 34 (12): 1-6, 47.

[65] 包昌火, 马德辉, 李艳, 等. 我国国家情报工作的挑战、机遇和应对 [J]. 情报杂志, 2016, 35 (10): 1-6.

[66] 包昌火, 缪其浩, 谢新洲. 对我国情报研究工作的认识和对策研究 (上) [J]. 情报理论与实践, 1997, 20 (3): 133-135.

[67] 伯特·查普曼. 国家安全与情报政策研究 [M]. 徐雪峰, 叶红婷, 译. 北京: 金城出版社, 2017: 432-433.

[68] 布雷德利·F. 史密斯. 美国战略情报局始末 [M]. 北京：国际文化出版社，1988.

[69] 蔡晶晶. 美国1947年《国家安全法》研究 [D]. 长春：吉林大学，2009.

[70] 常大伟. 面向政府决策的大数据资源建设研究 [J]. 图书馆学研究，2018（13）：28-32.

[71] 常小兵. 筑牢我国大数据管理的安全防线 [J]. 求是，2014（24）：55-56.

[72] 陈超. 谈谈情报思维 [J]. 竞争情报，2017，13（1）：3.

[73] 陈党. 问责法律制度研究 [M]. 北京：知识产权出版社，2008：207.

[74] 陈峰，张薇. 从"美国301调查"看国家竞争情报产品的特征及形成条件 [J]. 情报杂志，2018，37（6）：1-5.

[75] 陈峰. 中国情报学的宣传推介策略 [J]. 情报杂志，2016，35（3）：1-6.

[76] 陈国青，吴刚，顾远东，等. 管理决策情境下大数据驱动的研究和应用挑战：范式转变与研究方向 [J]. 管理科学学报，2018，21（7）：1-10.

[77] 陈怀珍. 第八次全国科技情报工作会议在京召开 [J]. 科技管理研究，1993（1）：9.

[78] 陈建龙. 论情报思维及其概念来源 [J]. 情报学刊，1993（5）：328-333.

[79] 陈景辉，王锴，李红勃. 理论法学 [M]. 北京：中国政法大学出版社，2016.

[80] 陈立民. 马克思主义是"四个自信"的科学基础 [N]. 新华日报，2018-07-24（11）.

[81] 陈胜. 制度的形成与演变 [D]. 济南：山东大学，2012.

[82] 陈文勇. 情报学理论思维与情报学研究变革 [J]. 情报理论与实践，2010，33（7）：14-17.

[83] 程莉，吴广印，王鑫，等. 科技情报机构的发展模式研究：基于兰德公司与国内情报院所的对比分析 [J]. 情报杂志，2014，33（5）：13-18.

[84] 迟玉琢，马海群. 国家情报工作制度的基本构建逻辑 [J]. 情报资料工作，2019（1）：23-32.

[85] 初景利. 新时代情报学与情报工作的新定位与新认识："情报学与情报工作发展论坛（2017）"侧记与思考 [J]. 图书情报工作，2018，62（1）：140-142.

[86] 储道立.《间书》述评 [J]. 军事历史研究，1992（2）：119-126.

[87] 储节旺，杨雪. 公共政策管理的情报工作研究：以实施创新驱动发展战略为例

[J]. 情报理论与实践, 2019 (2): 19-24.

[88] 崔燕. 哈贝马斯程序主义法律范式及其当下隐喻 [J]. 社科纵横, 2012 (3): 73-75.

[89] 戴艳梅. 俄罗斯联邦安全总局探析 [J]. 情报杂志, 2010, 29 (Z1): 51-53.

[90] 单东. 美国国家情报战略体系解析 [J]. 情报杂志, 2016 (3): 7-11.

[91] 道格拉斯·C. 诺斯. 制度、制度变迁与经济绩效 [M]. 上海: 格致出版社, 上海三联书店, 上海人民出版社, 2008: 13.

[92] 邓灵斌.《国家情报法》解读: 基于"总体国家安全观"视角的思考 [J]. 图书馆, 2018 (8): 52-56.

[93] 邓灵斌.《国家情报法》视野下我国情报学发展动向的思考 [J]. 情报杂志, 2018, 37 (3) 1-4.

[94] 邓三鸿, 郭骅. 情报学与情报工作发展论坛 (2017) 隆重召开并凝聚形成《南京共识》[J]. 图书情报知识, 2017 (6): 125-127.

[95] 董立人. 顶层设计观的时代价值和实践意义 [J]. 领导科学论坛, 2013 (1): 36-38.

[96] 董伟, 聂清凯. 大数据时代地方政府治理: 以北京市朝阳区为例 [M]. 北京: 人民日报出版社, 2016: 24.

[97] 杜林. 再论热力学第二定律 [J]. 山东工业技术, 2016 (1): 226.

[98] 段竹, 田宏, 吴旭东, 等. 大数据基础与管理 [M]. 北京: 清华大学出版社, 2016: 7.

[99] 厄内斯特·沃克曼. 间谍的历史 [M]. 刘彬, 文智, 译. 上海: 文汇出版社, 2009: 330.

[100] 范传贵. 非传统安全问题威胁国家安全 [N]. 法制日报, 2014-05-08 (4).

[101] 范玉刚. 从"文化冷战"到"文化热战": 非传统国家文化安全及其症候分析 [J]. 探索与争鸣, 2016 (11): 115-122.

[102] 冯套住. 技术与制度关系的新解释 [J]. 长安大学学报 (社会科学版), 2003, 5 (3): 35-38.

[103] 冯跃飞, 唐晖. 形势与政策 [M]. 北京: 国家行政学院出版社, 2016: 172.

[104] 高畅. 第二次世界大战后日本情报保密法制建设概述 [J]. 保密科学技术, 2017 (2): 44-49.

[105] 高风华. 略论情报素质教育在大学生素质教育中的地位和作用 [J]. 图书馆学研究, 2002（11）: 90-91.

[106] 高金虎. 从"国家情报法"谈中国情报学的重构 [J]. 情报杂志, 2017, 36 (6): 1-7.

[107] 高金虎. 军事情报学 [M]. 南京: 江苏人民出版社, 2017: 133.

[108] 高金虎. 军事情报学研究现状与发展前瞻 [J]. 情报学报. 2018, 37 (5): 477-485.

[109] 高金虎. 论国家安全情报工作: 兼论国家安全情报学的研究对象 [J]. 情报杂志, 2019, 29 (1): 1-7.

[110] 高金虎. 美国情报机构大揭秘: 神秘的第三只手 [M]. 北京: 东方出版社, 2012: 31-36.

[111] 高金虎. 试论国家情报体制的管理: 基于美国情报界的考察 [J]. 情报杂志, 2014, 33 (2): 1-5, 9.

[112] 高金虎. 试论情报文化对情报工作的影响 [J]. 江南社会学院学报, 2010 (4): 77-80.

[113] 高金虎. 中西情报史 [M]. 南京: 江苏人民出版社, 2017.

[114] 高庆德. 美国情报界"一体化"的理论与实践 [J]. 情报杂志, 2012 (3): 65-69.

[115] 高庆德. 美国情报组织揭秘 [M]. 北京: 时事出版社, 2016: 398.

[116] 高婷婷, 王红霞. 应对"一带一路"战略沿线国家恐怖主义的情报支援机制探究 [J]. 海军工程大学学报（综合版）, 2017, 14 (2): 51-54.

[117] 高新元. 美国情报文化研究: 从思维行动到决策的透视 [M]. 北京: 军事谊文出版社, 2008: 12-13.

[118] 高振明. 法国情报组织揭秘 [M]. 北京: 时事出版社, 2013: 105-121.

[119] 耿蓓, 王斌. 情报评估体系建设研究 [J]. 图书馆学研究, 2014 (23): 7-11.

[120] 公维梁. 试析《武经七书》中的战场情报准备思想 [J]. 军事历史, 2016 (2): 60-63.

[121] 谷树忠, 姚予龙. 国家资源安全及其系统分析 [J]. 中国人口·资源与环境, 2006 (6): 142-148.

[122] 郭秦茂. 论国家情报体制的法律建构: 基于《国家安全法》与《反恐怖主义法》

的视角［J］．情报杂志，2016，35（6）：19-22，28.

［123］郭永良．国家情报体制的历史沿革［J］．情报资料工作，2008（1）：15-19.

［124］国务院．国务院关于核安全与放射性污染防治"十三五"规划及2025年远景目标的批复［EB/OL］．（2017-03-23）［2021-05-20］．http：//www.fmprc.gov.cn/web/ziliao_674904/tytj_674911/2cwj_674915/t4547.shtml.

［125］哈贝马斯．在事实与规范之间：关于法律和民主法治国的商谈理论［M］．童世骏，译．北京：生活·读书·新知三联书店，2003：492.

［126］韩毅，李红．大数据语境下情报学的坚守与拓展［J］．图书情报工作，2015，59（5）：47-52，81.

［127］韩影．我国情报管理技术支撑体系优化研究［D］．长春：吉林大学，2008.

［128］韩玉贵．非传统安全威胁上升与国家安全观念的演变［J］．教学与研究，2004（9）：86-90.

［129］郝龙，李凤翔．社会科学大数据计算：大数据时代计算社会科学的核心议题［J］．图书馆学研究，2017（22）：20-20，35.

［130］何盛明．财经大辞典［M］．北京：中国财政经济出版社，1990.

［131］何摇新．新国家主义经济学［M］．北京：同心出版社，2013：12-13.

［132］何哲．网络社会兴起对传统国家安全的冲击及对策［J］．中国浦东干部学院学报，2016，10（2）：121-130.

［133］贺德方．我国科技情报行业发展战略与发展路径的思考［J］．情报学报，2007，26（4）：483-487.

［134］胡荟．美国国家情报法制管理研究［M］．北京：时事出版社，2017.

［135］胡荟，孟祥．论法在美国情报管理体制中的地位与作用［J］．情报杂志，2015（8）：6-10.

［136］胡文瑞．世界需要"顶层设计"［J］．中国石油化工，2008（1）：80-81.

［137］胡雅萍，潘彬彬．Intelligence视角下的美国情报学研究进展：以Studies in Intelligence解密文献为例［J］．情报杂志，2014（1）：6-10.

［138］华勋基．试论情报科学体系［J］．情报学报，1987（6）：446-450.

［139］化国宇．法国反恐情报机制研究［J］．情报杂志，2017（9）：7-13，18.

［140］黄爱武．战后美国国家安全法律制度研究［D］．上海：华东政法大学，2009.

［141］黄长著．对情报学学科发展的几点思考［J］．信息资源管理学报，2018，8（1）：

4-8.

[142] 黄长著. 关于建立情报学一级学科的考虑 [J]. 情报杂志, 2017, 36 (5): 6-8.

[143] 黄进. 资本建设: 农民工政策范式的新走向 [J]. 农村经济, 2009 (6): 117-120.

[144] 黄亚茜. 非传统威胁下美国情报共享体系的建设及启示 [J]. 江苏警官学院学报, 2018, 33 (1): 123-128.

[145] 嵇绍乾. 社会政策的新范式: 从规范性社会政策到发展型政策 [J]. 社会工作(学术版), 2011 (2): 45-50.

[146] 吉林工业大学科技情报研究室. 情报学概论 [M]. 阜新: 辽宁省阜新市机械局情报室, 1983: 169.

[147] 纪真. 总统与情报 [M]. 北京: 军事科学出版社, 2008: 34-223.

[148] 江必新, 王红霞. 国家治理现代化与制度构建 [M]. 北京: 中国法制出版社, 2016.

[149] 江焕辉. 国家安全与情报工作关系的嬗变研究 [J]. 情报杂志, 2015 (12): 11-15.

[150] 江涌. 深悟科学内涵 体现真理光辉: 学习习近平总书记总体国家安全观 [J]. 中国领导科学, 2017 (9): 6-10.

[151] 姜树森. 应加强我国情报文献标准化管理工作 [J]. 情报理论与实践, 1990 (3): 9-10.

[152] 杰弗里·里彻逊. 美国情报界 [M]. 郑云海, 陈玉华, 王捷, 译. 北京: 时事出版社, 1988: 413.

[153] 杰弗里·琼斯. 美国谍报史: 从安全勤务局到中央情报局 [M]. 北京: 群众出版社, 1985.

[154] 靖继鹏. 实用情报学 [M]. 北京: 海洋出版社, 1989: 306.

[155] 鞠海龙, 葛红亮. 2015年南海国际舆论、外交与安全形势回顾 [J]. 东南亚研究, 2016 (2): 13-21.

[156] 赖茂生. 新环境、新范式、新方法、新能力: 新时代情报学发展的思考 [J]. 情报理论与实践, 2017 (12): 1-5.

[157] 李纲, 李阳. 智慧城市应急决策情报体系构建研究 [J]. 中国图书馆学报, 2016, 42 (3): 39-54.

[158] 李广建,化柏林.大数据分析与情报分析关系辨析[J].中国图书馆学报,2014,40(5):14-22.

[159] 李会明.美国利用公开情报的新进展及我国的对策[J].智库理论与实践,2016,1(3):31-34.

[160] 李建中.科学与技术的离散和自洽:我国高校科技成果转化率低的根源与对策[J].科技管理研究,2018(11):260-266.

[161] 李锦,丁文丽.非传统国家安全的理论研究[J].现代商业,2010(32):170-172.

[162] 李奎乐.日本政府网络安全领域跨部门情报共享机制剖析[J].情报杂志,2017,36(10):60-65.

[163] 李沐,卓尔.全球经济间谍案[M].广州:南方日报出版社,2002.

[164] 李炜,伍思妍.美俄情报界管理模式比较研究[J].情报杂志,2009,28(B12):59-63.

[165] 李章瑞,邹振宁.美军情报系统综合集成现状与发展趋势[J].外国军事学术,2006(8):18-21.

[166] 李志鹏.美国情报业务外包制度述评:以"斯诺登事件"为切入点[J].江南社会学院学报,2014(1):13-18,43.

[167] 连燕华,马维野.科技安全:国家安全的新概念[J].科学学与科学技术管理,1998(11):20-22.

[168] 连玉明.中国大参考:2013—2014[M].北京:当代中国出版社,2014:276.

[169] 梁炳超,刘雅婧.俄罗斯信息社会建设的经验与启示[J].现代情报,2011,31(5):161-163.

[170] 梁君林.社会政策范式转型视阈下的农民工市民化[J].常熟理工学院学报(哲学社会科学版),2018(1):45-51.

[171] 梁艳菊,宋晓梅.论政治安全与政治稳定、政治发展的关系[J].内蒙古社会科学(汉文版),2001(6):1-3.

[172] 刘本旺.参政议政用语集[M].修订版.北京:群言出版社,2015:324.

[173] 刘光斌.论哈贝马斯对权利和法律理论的理性重构[J].石家庄学院学报,2017,19(5):14-19.

[174] 刘洪岩.俄罗斯定密制度问题研究[J].保密科学技术,2011(2):29-34.

[175] 刘记，王延飞．情报学教育生态探析［J］．情报理论与实践，2018，41（1）：16-21.

[176] 刘磊．美国国会现代情报授权制度探析［J］．人文杂志，2013（6）：96-103.

[177] 刘黎明，苏全霖．论总体国家安全观视域下的核安全［J］．江南社会学院学报，2016，18（1）：1-5.

[178] 刘强，等．情报工作与国家生存发展：基于西方主要国家的历史考察与思考［M］．北京：时事出版社，2014：33-37.

[179] 刘帅，刘志良．英国国家情报评估制度初探［J］．国际研究参考，2015（6）：21-26.

[180] 刘水．我国图书情报人员的继续教育工作［J］．人力资源管理，2017（7）：223-225.

[181] 刘文祥，张琦．后"9·11"时期美国情报政策改革及其启示［J］．武汉交通职业学院学报，2016，18（2）：30-37.

[182] 刘阳．各国情报立法概述［J］．保密科学技术，2017（8）：10-13.

[183] 刘一．国外网络信息安全建设概述［J］．信息安全与技术，2013，4（6）：3-4，7.

[184] 刘迎．欧盟信息安全保障架构概述［J］．信息网络安全，2009（8）：23-26，58.

[185] 刘跃进．"安全"及其相关概念［J］．江南社会学院学报，2000（3）：17-23.

[186] 刘跃进．大安全时代的总体国家安全观［J］．当代社科视野，2014（6）：31.

[187] 刘跃进．当代国家安全系统中的国家文化安全问题［J］．文化艺术研究，2011，4（2）：14-21.

[188] 刘跃进．非传统的总体国家安全观［J］．国际安全研究，2014，32（6）：3-25.

[189] 刘跃进．关注自然因素对国家安全的影响：在传统安全观与非传统安全观之外［J］．新视野，2005（1）：41-44.

[190] 刘跃进．国家安全体系中的社会安全问题［J］．中央社会主义学院学报，2012（2）：95-99.

[191] 刘跃进．解析国家文化安全的基本内容［J］．北方论丛，2004（5）：88-91.

[192] 刘跃进，刘思恩．国域安全观：国家安全新思维［N］．中国社会科学报，2017-07-12（7）．

[193] 刘跃进．论总体国家安全观的五个"总体"［J］．人民论坛·学术前沿，2014

(11)：14-20.

[194] 刘跃进，王啸．我国国家安全战略展现新布局［N］．人民日报，2016-08-23（7）．

[195] 刘跃进．我国军事安全的概念、内容及面临的挑战［J］．江南社会学院学报，2016，18（3）：7-10．

[196] 刘跃进．信息安全、网络安全、国家安全之间的概念关系与构成关系［J］．保密科学技术，2014（5）：12-19．

[197] 刘跃进．政治安全的内容及在国家安全体系中的地位［J］．国际安全研究，2016（6）：3-21，141．

[198] 刘跃进．总体安全为人民：学习习近平总书记关于总体国家安全观的重要论述［J］．紫光阁，2018（7）：16-17．

[199] 刘跃进．总体国家安全观：民心基础与理论溯源［J］．人民论坛，2014（11）：24-27．

[200] 刘跃进．总体国家安全观视野下的传统国家安全问题［J］．当代世界与社会主义，2014（6）：10-15．

[201] 刘植惠．评"大情报"观［J］．情报理论与实践，1999（2）：6-8，26．

[202] 刘宗和，高金虎．外国情报体制研究［M］．北京：军事科学出版社，2003：2-10．

[203] 卢泰宏，杨联纲．变革中的情报工作新观念与新方式［J］．科技情报工作，1987（3）：15-17．

[204] LOWENTHAL M M．情报从秘密到政策［M］．杜效坤，译．北京：金城出版社，2014：216．

[205] 马德辉，黄紫斐．美国《国家情报战略》的演进与国家情报工作的新变化、新特点与新趋势［J］．情报杂志，2015，34（6）：1-4，11．

[206] 马费成．情报学发展的历史回顾及前沿课题［J］．图书情报知识，2013（2）：4-12．

[207] 马费成．推进大数据、人工智能等信息技术与人文社会科学研究深度融合［N］．光明日报，2018-07-29（6）．

[208] 马费成，张瑞，李志元．大数据对情报学研究的影响［J］．图书情报知识，2018（5）：4-9．

[209] 马海群,范莉萍. 俄罗斯联邦信息安全立法体系及对我国的启示 [J]. 俄罗斯中亚东欧研究, 2011 (3): 19-26.

[210] 马海群,蒲攀. 大数据视阈下我国数据人才培养的思考 [J]. 数字图书馆论坛, 2016 (1): 2-9.

[211] 马海群,蒲攀. 钱学森情报思想影响力分析: 兼评《情报理论与实践》的学术贡献 [J]. 情报理论与实践, 2014, 37 (9): 26-29.

[212] 马克·洛文塔尔. 情报: 从秘密到政策 [M]. 北京: 金城出版社, 2015: 332.

[213] 马莉. 加强标准情报工作 [J]. 化工管理, 2003 (3): 38-39.

[214] 马维野. 科技安全: 定义、内涵和外延 [J]. 国际技术经济研究, 1999 (2): 13-17.

[215] 马增军,耿卫,汪川. 美国开源情报制度分析及发展趋势 [J]. 创新科技, 2017, (9): 78-81.

[216] 马智冲. 红星诞生日 彼得格勒十月武装起义世纪回眸 [J]. 国际展望, 2007 (1): 42-45.

[217] 迈克尔·豪利特,M. 拉米什. 公共政策研究: 政策循环与政策子系统 [M]. 庞诗,等译. 上海: 生活·读书·新知三联书店, 2006: 330.

[218] 毛楚众. 俄罗斯反恐情报体系的历史演进 [J]. 黑河学刊, 2017 (5): 84-86.

[219] 孟汉峥,孟汉嵘. 浅论情报意识 [J]. 雁北师院学报, 1995 (4): 75-76.

[220] 苗圩. 大数据: 变革世界的关键资源 [N]. 人民日报, 2015-10-13 (7).

[221] M. 克兰兹伯格. 技术与历史: "克兰兹伯格定律" [M]. 北京: 中国社会科学哲学自然辩证法研究室, 1991.

[222] 尼·布哈林,叶·普列奥布拉任斯基,布哈林,等. 共产主义 ABC [M]. 上海: 生活·读书·新知三联书店, 1982: 26-32.

[223] 潘云涛,田瑞强. 工程化视角下的情报服务: 国外情报工程实践的典型案例研究 [J]. 情报学报, 2014, 33 (12): 1242-1254.

[224] 庞超伟,马晓雷,侯豫,等. 论美军在非常规作战中的文化情报工作: 美陆军人文地形系统的建设与启示 [J]. 情报杂志, 2015, 34 (3): 5-9.

[225] 彭刚虎,吴向阳,许乐. 浅析《孙子兵法·用间篇》的情报思想及其哲学内涵 [J]. 社科纵横, 2012, 27 (2): 115-116.

[226] 彭亚平,王亮. 俄罗斯联邦情报法制建设及其特点 [J]. 情报杂志, 2017, 36

（1）：14-17.

[227] 彭知辉．论公安情报学的学科属性及大数据环境下的变化［J］．情报资料工作，2017（5）：42-48.

[228] 彭知辉．情报流程研究：述评与反思［J］．情报学报，2016，35（10）：1110-1120.

[229] 彭知辉．数据：大数据环境下情报学的研究对象［J］．情报学报，2017，36（2）：123-131.

[230] 平俊丽．近看美国［M］．北京：中央编译出版社，2007：71-92.

[231] 平松毅．情报公开［M］．东京：有斐阁，1983：195.

[232] 蒲攀．大数据环境下我国开放数据政策模型构建研究［D］．哈尔滨：黑龙江大学，2016.

[233] 乔晓东，朱礼军，李颖，等．大数据时代的技术情报工程［J］．情报学报，2014（12）：1255-1263.

[234] 裘树祥，金浩波．区块链技术应用下的合成侦查情报管理［J］．公安学刊（浙江警察学院学报），2018（4）：28-34.

[235] 曲格平．关注生态安全之一：生态环境问题已经成为国家安全的热门话题［J］．环境保护，2002（5）：3-5.

[236] 任卫东．传统国家安全观：界限、设定及其体系［J］．中央社会主义学院学报，2004（4）：68-73.

[237] 任翔．公安情报政策法规体系框架研究［J］．中国人民公安大学学报（社会科学版），2008（6）：26-32.

[238] 桑尼尔·索雷斯．大数据治理［M］．匡斌，译．北京：清华大学出版社，2014：34.

[239] 桑尼尔·索雷斯．大数据治理［M］．匡斌，译．北京：清华大学出版社，2014：231-246.

[240] 商健霞．中国科技安全问题研究［D］．成都：电子科技大学，2006：11.

[241] 商君书［M］．石磊，译注．北京：中华书局，2016.

[242] 申华．美国国家情报管理制度研究［M］．北京：军事科学出版社，2010.

[243] 申华．《武经七书》情报分析思想简析［J］．情报杂志，2002（2）：90-91.

[244] 沈固朝．将情报思维纳入保密意识中［J］．保密工作，2011（5）：32-34.

[245] 沈固朝. 两种情报观：Information 还是 Intelligence？情报学和情报工作中引入"Intelligence"的思考 [J]. 术语标准化与信息技术，2009（1）：22-30.

[246] 沈固朝. 智库热中的一点冷思考 [J]. 智库理论与实践，2016，1（2）：137-139.

[247] 沈镭，张红丽，钟帅，等. 新时代下中国自然资源安全的战略思考 [J]. 自然资源学报，2018，33（5）：721-734.

[248] 市中小企业服务中心启动大数据产业情报服务平台."大数据情报"助力中小企业 [N]. 牡丹晚报，2015-02-02（A2）.

[249] 数据科学家应具备四项能力 [N]. 中国计算机报，2013-10-21（11）.

[250] 宋冬林，王林辉，董直庆. 资本体现式技术进步及其对经济增长的贡献率（1981—2007）[J]. 中国社会科学，2011（2）：91-106，222.

[251] 苏力. 制度是如何形成的 [M]. 北京：北京大学出版社，2007.

[252] 苏新宁. 大数据时代情报学学科崛起之思考 [J]. 情报学报，2018，37（5）：451-459.

[253] 苏新宁. 大数据时代情报学与情报工作的回归 [J]. 情报学报，2017，36（4）：331-337.

[254] 苏新宁，朱晓峰. 面向突发事件应急决策的快速响应情报体系构建 [J]. 情报学报，2014（12）：1264-1276.

[255] 孙建民.《孙子兵法》军事情报思想初探 [J]. 解放军外语学院学报，1998（5）：103-107.

[256] 孙敏，栗琳，孙晓，等. 国家安全领域的情报信息共享意愿研究 [J]. 情报杂志，2017，36（1）：35-39.

[257] 孙崎享. 日本的情报与外交 [M]. 刘林，译. 北京：新华出版社，2015.

[258] 孙瑞英. 从信息异化到信息生态系统和谐发展的演化博弈研究 [J]. 情报科学，2013（9）：122-127.

[259] 孙瑞英，蒋永福，刘丹丹. 基于生态学视角的信息异化问题研究 [J]. 情报理论与实践，2011（4）：5-9.

[260] 孙绪娜. 新制度经济学理论概述 [J]. 资料通讯，2007（7）：51-55.

[261] 谭安洛. 情报思维刍论 [J]. 情报科学，1990（2）：54-59.

[262] 唐永胜. 局部动荡与大国竞合：2017年国际安全形势主要特点 [J]. 当代世界，

2018（1）：20-23.

[263] 陶翔．国家竞争情报：是什么　为什么　怎么做［M］．上海：上海科学技术文献出版社，2008：2.

[264] 特别策划：习近平总体安全观图解［J］．人民论坛，2017（10）：24-25.

[265] 田杰．情报学的核心概念、真正起源及逻辑起点研究［J］．情报杂志，2014（7）：7，16-19.

[266] 田杰棠．大数据的潜在影响及制度需求［EB/OL］．[2021-08-03].http：//tech.sina.com.cn/it/2014-08-04/13509534086.shtml.

[267] 涂子沛．大数据时代的来临［N］．第一财经日报，2013-01-04（C01）.

[268] 托马斯·F.特罗伊．历史的回顾：美国中央情报局的由来和发展［M］．北京：群众出版社，1988.

[269] 托马斯·库恩．科学革命的结构［M］．4版．北京：北京大学出版社，2012：8.

[270] 汪明敏，谢海星，蒋旭光．美国情报监督机制研究［M］．北京：光明日报出版社，2013：10-29.

[271] 汪涛．孙子军事欺骗思想对美国情报理论研究的影响［J］．滨州学院学报，2012，28（2）：41-48.

[272] 汪晓风．信息与国家安全：美国国家安全战略转型中的信息战略分析［M］．上海：复旦大学，2004.

[273] 王晨，张乐．论马克思主义哲学历史必然性观念对社会科学研究方法的启示［J］．中共郑州市委党校学报，2017（2）：39-41.

[274] 王程韡，曾国屏．政策范式的社会形塑：《美国竞争法》为例［J］．科学学研究，2008，26（1）：3-12.

[275] 王崇德．情报学引论［M］．天津：天津大学出版社，1994：1-18.

[276] 王丹，赵文兵，丁治明．大数据安全保障关键技术分析综述［J］．北京工业大学学报，2017，43（3）：322，335-349.

[277] 王洪林，赵冰峰．"科技情报"改名"科技信息"后的反思［J］．情报杂志，2014，33（6）：1-3.

[278] 王君，彭玉芳，张巍巍．美国高校的国家安全与情报教学研究［J］．情报杂志，2017，36（2）：20-24.

[279] 王君清，屈健．中国古代情报思想研究：《鬼谷子》情报思想为例［J］．辽宁警

察学院学报，2017，19（4）：24-28.

[280] 王康庆，蔡鑫. 日本网络信息安全保护的政策法规研究及启示：日本关键信息基础设施保护的政策法规为视角［J］. 福建警察学院学报，2015（6）：14-18.

[281] 王名扬. 美国行政法［M］. 北京：中国法制出版社，1995：953-962.

[282] 王宁远. 日本设立标准情报制度［J］. 化工标准化与质量监督，1997（9）：34.

[283] 王鹏飞. 论日本信息安全战略的"保障型"［J］. 东北亚论坛，2007，16（2）：95-99.

[284] 王谦. 英国情报组织揭秘［M］. 北京：时事出版社，2011：139-167.

[285] 王日华，漆海霞. 春秋战国时期国家间战争相关性统计分析［J］. 国际政治研究，2013，34（1）：103-120.

[286] 王荣.《美国国家安全战略报告》研究［M］. 北京：时事出版社，2014.

[287] 王世伟. 论大数据时代信息安全的新特点与新要求［J］. 图书情报工作，2016（6）：5-14.

[288] 王双，陈柳钦. 内生经济增长理论的演进和最新发展［J］. 经济与管理评论，2012（4）：20-24.

[289] 王腾飞，张学建. 俄罗斯情报法规概念试析［J］. 法制博览，2016（24）：199-200.

[290] 王小芳，王树理. 解决合法性危机的新出路：哈贝马斯程序主义法律范式［J］. 沈阳大学学报，2011，23（6）：30-34.

[291] 王新雷. 英国信息安全法律法规建设情况［J］. 中国信息安全，2013（2）：63-65.

[292] 王新清，李响. 美国电子监控与情报搜集制度研究：论我国反恐情报与技术侦查制度的完善［J］. 中国刑事法杂志，2017（1）：94-112.

[293] 王延飞，陈美华，赵柯然，等. 报治理的研究解析［J］. 情报学报，2018，37（8）：753-759.

[294] 王延飞，刘记，陈美华，等. 情报治理的生态观［J］. 情报理论与实践，2018，41（1）：5-8.

[295] 王英，王涛. 我国网络与信息安全政策法律中的情报观［J］. 情报资料工作，2019，40（1）：15-22.

[296] 薇子. 推动中国情报学学科建设创新发展培养新形势下的情报人才［J］. 情报杂

志，2017，36（2）：封4.

[297] 维克托·迈尔·舍恩伯格，肯尼思·库克耶.大数据时代［M］.盛杨燕，周涛，译.杭州：浙江人民出版社，2013：2-23.

[298] 魏健馨，宋仁超.日本个人信息权利立法保护的经验及借鉴［J］.沈阳工业大学学报（社会科学版），2018，11（4）：289-296.

[299] 魏明坤.基于文献计量的情报工作发展演变分析［J］.情报资料工作，2019，40（1）：6-14.

[300] 吴常青，吴轩，李晨蕾.英国秘密情报向诉讼证据转化制度研究［J］.情报杂志，2018，(2)：24-29.

[301] 吴常青，薛大政，李晨蕾.美国涉外情报监控法院制度研究［J］.情报杂志，2017（4）：6-11.

[302] 吴晨生，陈飞雪，李佳娱，等.情报3.0环境下的情报生产要素特征与情报生产方式变革［J］.情报理论与实践，2018，41（1）：1-4.

[303] 吴晨生，李辉，付宏，等.情报服务迈向3.0时代［J］.情报理论与实践，2015，38（9）：1-7.

[304] 吴笃卿.大情报观及其对情报事业的指导意义［J］.情报学刊，1992（5）：321-326.

[305] 吴国恩.论现代情报思维［J］.图书情报工作，1992（5）：5-9.

[306] 吴韬.习近平的大数据观及当代价值［J］.中共云南省委党校学报，2018，19（4）：51-56.

[307] 习近平.坚持总体国家安全观 走中国特色国家安全道路［N］.人民日报，2014-04-16（1）.

[308] 萧新永.从孙子兵法探讨竞争策略［J］.滨州学院学报，2011，27（1）：6-9.

[309] 肖传国.冷战后日本情报体制改革探析［J］.日本学刊，2012（4）：95-108，159.

[310] 肖军.反恐背景下欧洲情报体系的建设及其启示［J］.情报杂志，2018，37（3）：28-32，63.

[311] 肖秋惠.20世纪90年代以来俄罗斯国家信息政策综述［J］.图书情报工作，2006，50（5）：139-143.

[312] 谢尔曼·肯特.战略情报：为美国世界政策服务［M］.刘微，肖皓元，译.北

京：金城出版社，2012：68.

[313] 谢高地．国家生态安全的维护机制建设研究［J］．环境保护，2018，46（Z1）：13-16.

[314] 谢晓专．关于设立"情报学一级学科"之浅见［J］．情报杂志，2017，36（7）：1-2，15.

[315] 谢晓专．美国执法情报共享融合：发展轨迹、特点与关键成功因素［J］．情报杂志，2019，38（2）：12-20，115.

[316] 辛鸣．制度论：制度哲学的理论建构［M］．北京：人民出版社，2005.

[317] 徐晓冬．中国的制度改革：历史维度与现实路径［J］．人民论坛·学术前沿，2014，（14）：86-94.

[318] 徐晓虎，陈圻．智库发展历程及前景展望［J］．中国科技论坛，2012（7）：63-68.

[319] 徐晓虎，陈圻．中国智库的基本问题研究［J］．学术论坛，2012，35（11）：178-184.

[320] 徐英倩．论我国国家经济安全立法［J］．学习与探索，2017（10）：65-70.

[321] 许慎．说文解字［M］．段玉裁，注．上海：上海古籍出版社，1981：116，182.

[322] 闫冰．税收情报交换制度法律问题研究［D］．哈尔滨：黑龙江大学，2018.

[323] 闫晋中．军事情报学［M］．北京：时事出版社，2003：36-37.

[324] 严怡民．情报学概论［M］．修订版．武汉：武汉大学出版社，2000：273.

[325] 严怡民．现代情报学理论［M］．武汉：武汉大学出版社，1997：60-80.

[326] 颜震．《孙子兵法》中的军事决策模型及应用［J］．孙子研究，2017（4）：62-66.

[327] 杨国挥．国外信息安全建设情况综述［J］．电力信息化，2006（9）：123-125.

[328] 杨国立，李品．总体国家安全观背景下情报工作的深化［J］．情报杂志，2018，37（5）：52-58，122.

[329] 杨名刚．论国家科技安全诉求的现实困境与出路［J］．学术交流，2011（9）：95-98.

[330] 杨赛赛．"9·11"事件后美国反情报体系建设及对中国的启示研究［D］．北京：中国人民公安大学，2017.

[331] 葉茂之，劉子威．《中國國安委》：秘密擴張的秘密［M］．紐約：明鏡出版

社，2013.

[332] 于彦周．简析《三十六计》首计中的公开军事情报思想［J］．情报杂志，1998（2）：97．

[333] 余少瑛．信息生态系统的自动演替与环境调控机制的耦合研究［J］．情报资料工作，2012（4）：33-36．

[334] 袁富华，张平，刘霞辉，等．增长跨越：经济结构服务化、知识过程和效率模式重塑［J］．经济研究，2016，51（10）：12-26．

[335] 袁敏．《六韬》军事情报思想浅析［J］．上饶师范学院学报，2001（4）：61-65．

[336] 袁勤俭．关于设立情报学一级学科之我见［J］．情报杂志，2017，36（6）：8-9．

[337] 约翰·普拉多斯．掌权者：从杜鲁门到布什［M］．封长虹，译．北京：时事出版社，1992．

[338] 约瑟夫·斯蒂格利茨．知识经济的公共政策［J］．经济社会体制比较，1999（5）：20-28．

[339] 约书亚·瑞夫纳．锁定真相：美国国家安全与情报战略［M］．张旸，译．北京：金城出版社，2015：5．

[340] 岳经纶，郭巍青．中国公共政策评论：第1卷［M］．上海：上海人民出版社，2007：1-3．

[341] 臧纯钢．美国杜鲁门政府国家情报体系研究［D］．北京：中共中央党校，2016．

[342] 曾建勋，魏来．大数据时代的情报学变革［J］．情报学报，2015，34（1）：37-44．

[343] 曾忠禄．大数据分析：方向、方法与工具［J］．情报理论与实践，2017，40（1）：1-5．

[344] 曾忠禄．情报背后的情报：日本利用公开信息获得大庆油田情报的秘密［J］．情报杂志，2016，35（2）：7-11．

[345] 曾忠禄．21世纪商业情报分析［M］．北京：中国经济出版社，2018：109．

[346] 翟金一．论国家安全与情报工作战略统筹的必然性［J］．决策与信息（下旬刊），2016（8）：180-181．

[347] 翟云．中国大数据治理模式创新及其发展路径研究［J］．电子政务，2018（8）：12-26．

[348] 詹静芳，詹幼鹏．窃听风云：美国中央情报局绝密行动［M］．哈尔滨：北方文艺

出版社，2012.

[349] 詹姆斯·C. 斯科特. 国家的视角［M］. 王晓毅，译. 北京：社会科学文献出版社，2011.

[350] 张长城，薛春海，蒋明克. 软科学辞典［M］. 长春：吉林人民出版社，1991.

[351] 张春顺，赵玲. 国家安全部中应有消防首脑的一席之地［J］. 科技信息，2009（21）：591.

[352] 张佳琦，张明. 总体国家安全观下核安全的纵深与维度［J］. 中国核工业，2017（7）：42-44.

[353] 张家年. 国家安全保障视域下安全情报与战略抗逆力的融合与对策［J］. 情报杂志，2017，36（1）：1-8，22.

[354] 张家年，马费成. 我国国家安全情报体系构建及运作［J］. 情报理论与实践，2015，38（8）：5-10.

[355] 张家年，马费成. 总体国家安全观视角下新时代情报工作的新内涵、新挑战、新机遇和新功效［J］. 情报理论与实践，2018，41（7）：1-6.

[356] 张培. 美国国家情报学院技术侦查培训［J］. 现代世界警察，2017（4）：66-69.

[357] 张鹏，周西平. 基于演进视角的美国情报共享研究：从"犯罪情报共享"到"情报融合"再到"情报透明"［J］. 情报杂志，2018，37（3）：11-14.

[358] 张青磊，郑群. 非传统安全视阈下的国家安全战略探析［J］. 北京警察学院学报，2014（2）：1-4.

[359] 张秋波，唐超. 总体国家安全观指导下情报学发展研究［J］. 情报杂志，2015，34（12）：7-10.

[360] 张淑春. 创新素质的内涵、结构及特征［J］. 辽宁科技学院学报，2007（3）：54-55.

[361] 张薇. 推动中国情报学学科建设创新发展 培养新形势下的情报人才［J］. 情报杂志，2017（2）：208.

[362] 张晓军. 美国军事情报理论研究［M］. 北京：军事科学出版社，2007：57.

[363] 张晓军. 情报、情报学与国家安全：包昌火先生访谈录［J］. 情报杂志，2017，36（5）：1-5.

[364] 张允壮，刘戟锋. 大数据时代信息安全的机遇与挑战：以公开信息情报为例［J］. 国防科技，2013，34（2）：6-9.

[365] 张中勇. 情报与国家安全之研究 [M]. 台北：三峰出版社，1993.

[366] 赵冰峰. 论国家情报 [J]. 情报杂志，2013，32（7）：1-7.

[367] 赵冰峰. 论国家情报体系的基本属性、系统运筹与对外政策 [J]. 情报杂志，2018（2）：1-7.

[368] 赵冰峰. 论国家情报与国家安全及国家发展的互动关系 [J]. 情报杂志，2015，34（1）：1-7.

[369] 赵冰峰. 论面向国家安全与发展的中国现代情报体系与情报学科 [J]. 情报杂志，2016（10）：7-12.

[370] 赵冰峰. 论情报的历史演化形态 [J]. 情报杂志，2010，29（6）：18-21.

[371] 赵冰峰. 情报学：服务国家安全与发展的现代情报理论 [M]. 北京：金城出版社，2018：343-344.

[372] 赵冰峰. 我国情报事业面临的环境变革、战略转型与方法论革命 [J]. 情报杂志，2016，35（12）：1-5.

[373] 赵冰峰. 现代情报理论研究的国际比较与战略启示 [J]. 情报杂志，2017（1）：9-13.

[374] 赵冰峰. 中国情报学派的兴起与历史使命 [J]. 情报杂志，2016，35（4）：1-4.

[375] 赵晖，姜练琳. 日本网络地理信息安全政策建设的经验与启示 [J]. 金陵科技学院学报（社会科学版），2015，29（2）：1-6.

[376] 赵阳. 军事知识和常识百科全书 [M]. 北京：北京联合出版公司，2015.

[377] 赵玉林，谷军健. 制造业创新增长的源泉是技术还是制度？[J]. 科学学研究，2018（5）：800-812，912.

[378] 甄桂英. 情报概念的内涵、外延与相关学科的分析评述 [J]. 情报理论与实践，2011（3）：6-9.

[379] 郑彦宁. 我国科技情报机构核心业务研究 [J]. 情报理论与实践，2007（4）：444-446.

[380] 中国科学技术情报学会，中国社会科学情报学会. 情报学与情报工作发展南京共识 [J]. 图书情报工作，2018，62（1）：142-143.

[381] 中华人民共和国国家情报法 [N]. 人民日报，2017-07-14（12）.

[382] 钟国安. 以习近平总书记总体国家安全观为指引 谱写国家安全新篇章[EB/OL].（2017-04-15）[2021-08-25]. http：//www.qstheory.cn/dukan/qs/2017-04-15/c_

1120788993. htm.

[383] 周秀云，娄策群. 信息生态群落演替的概念、过程与特征 [J]. 情报理论与实践，2011，34（6）：12-14.

[384] 朱逢甲. 间书 [M]. 南宁：广西人民出版社，2007.

[385] 朱礼军. 主编寄语 [J]. 情报工程，2015，1（2）：2-3.

[386] 朱扬勇，熊赟. 大数据时代的数据科学家培养 [J]. 大数据，2016，2（3）：106-112.

[387] 邹瑜，顾明. 法学大辞典 [M]. 北京：中国政法大学出版社，1991.

[388] 邹志仁. "大情报"观之我见 [J]. 情报理论与实践，1999，22（4）：228-229.

索 引

A

安全道德制度 …………………… 78
安全法律制度 …………………… 76
安全管理制度 …………………… 78
安全技术制度 …………………… 79
安全教育制度 …………………… 79
安全困境 ………………………… 81
安全形态 ………………………… 9

B

标准情报制度 …………………… 12

C

传统安全形态 …………………… 59

D

大情报观 ………………………… 30
大情报思维 ……………………… 117
大数据观 ………………………… 30
电子踪迹数据 …………………… 37

F

法律范式 ………………………… 192
反情报 …………………………… 18
非传统安全形态 ………………… 59
分散模式 ………………………… 325

G

公安情报 ………………………… 9
国家安全体系 …………………… 33
国家情报法律体系 ……………… 197
国家情报工作制度 ……………… 1
国家情报工作制度构建 ………… 324
国家情报共享制度 ……………… 238
国家情报管理制度 ……………… 238
国家情报评估 …………………… 238
国家情报评估制度 ……………… 238
国家情报体制 …………………… 10
国家情报政策框架 ……………… 197
国家情报制度 …………………… 1
国家税收情报交换制度 ………… 238

国民安全	58	情报鸿沟	183
国土安全	58	情报活动	5

H

		情报机构	6
		情报技术	6
核安全	58	情报价值	36
		情报监督体制	154

J

		情报检索语言	275
集中模式	325	情报交流体制	164
经济安全	11	情报立法	6
军事安全	57	情报领袖	26
军事情报	2	情报评估制度	12

K

		情报人员	6
		情报失败	34
开源情报	6	情报授权	13
科技安全	58	情报思维	51
科技情报	2	情报素质	87
		情报挖掘	40

N

		情报外包	25
南京共识	116	情报协调体制	153
		情报新思维	98

Q

		情报预警	25
欺骗性情报	42	情报预算体制	148
情报	1	情报政策范式	195
情报错误	34	情报治理	46
情报法律范式	197	情报智库	96
情报分析体制	147	情报众包	172
情报工作标准	164		
情报工作机制	14	R	
情报工作问责制度	34	人民安全	57
情报公开制度	11	人民情报	101

S

涉外情报 …………………………… 12
生态安全 …………………………… 58
生态演替 …………………………… 285
市场情报 …………………………… 9
数据安全 …………………………… 41
数据风险 …………………………… 44
数据加值 …………………………… 44
数据科学家 ………………………… 31
数据融合 …………………………… 36
数据质量 …………………………… 44
数据治理 …………………………… 43
数据重用 …………………………… 44
税收情报交换 ……………………… 238

W

文化安全 …………………………… 11

X

协调模式 …………………………… 325

新制度经济学 ……………………… 295
信息安全 …………………………… 11

Y

用户生成内容（UGC） …………… 37
有限理性 …………………………… 51

Z

战略情报 …………………………… 30
政策范式 …………………………… 192
政府信息公开 ……………………… 11
政治安全 …………………………… 11
制度 ………………………………… 1
制度变迁 …………………………… 339
制度环境 …………………………… 21
制度建设 …………………………… 357
制度主体 …………………………… 354
资源安全 …………………………… 33
总体国家安全观 …………………… 30